U0221719

牛病

类症鉴别诊断与安全用药

（附视频）

金东航　主编

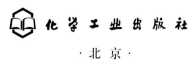
化学工业出版社

·北京·

图书在版编目（CIP）数据

牛病类症鉴别诊断与安全用药：附视频 / 金东航主编 . -- 北京：化学工业出版社，2024.12. -- ISBN 978-7-122-46611-2

Ⅰ . S858.23

中国国家版本馆CIP数据核字第2024ZV2547号

责任编辑：邵桂林　　　　　装帧设计：韩　飞
责任校对：边　涛

出版发行：化学工业出版社
　　　　　（北京市东城区青年湖南街13号　邮政编码100011）
印　　装：河北京平诚乾印刷有限公司
787mm×1092mm　1/16　印张23¾　字数569千字
2025年2月北京第1版第1次印刷

购书咨询：010-64518888　　　售后服务：010-64518899
网　　址：http://www.cip.com.cn

本书编写人员名单

主　编　金东航

副主编　李睿文　刘明超　王海富　石　刚
　　　　　叶宝娜

编写人员（以姓氏汉语拼音为序）

白海浪	陈福星	崔顺永	范京惠
顾宪锐	郭思宇	胡文斌	记龙海
姜国均	金东航	孔维杰	李睿文
李　妍	李玉龙	刘　刚	刘海亮
刘明超	骆月茹	马　宁	马玉忠
宁　鹏	牛俊生	秦建华	石　刚
史书军	田　朝	汪恩强	王海富
王　浩	王林国	夏润东	徐　博
叶宝娜	张　健	仲喜芬	

　　养牛业是畜牧业生产的重要组成部分。随着城乡居民消费结构进入加速升级阶段，肉、蛋、奶等动物蛋白摄入量增加，对乳品、牛羊肉的需求快速增长，绿色优质畜产品市场空间不断拓展。为了保障"菜篮子"产品供给，需要加快扩大牛羊肉和奶业生产，推进草原畜牧业转型升级试点示范。畜牧业是关系国计民生的重要产业，是农业农村经济的支柱产业，是保障食物安全和居民生活的战略产业，是农业现代化的标志性产业。农业农村部的《"十四五"全国畜牧兽医行业发展规划》中的重点产业要求奶业养殖业产值达到1500亿元，肉牛肉羊养殖业产值达到9000亿元。为了全面推进乡村振兴和完成十四五全国畜牧兽医行业发展规划，就必须大力发展畜牧业。养牛业是畜牧业中不可或缺的，而疾病防控是保证养牛业健康发展必不可少的方面。因此，我们组织了有关专家和生产一线人员编写了《牛病类症鉴别诊断与安全用药（附视频）》一书。希冀本书能够对广大养牛从业者和兽医人员有所帮助，为我国的畜牧业尽微薄之力。

　　本书在编写过程中力求内容全面、图文并茂、视频典型、技术实用、可操作性强、通俗易懂，以便读者"一看即懂、一懂便会"，成为他们生产实践中的好帮手。

　　本书在编写过程中，参阅了较多有关资料，但由于篇幅所限，在此未能一一列出，在此对资料著作者表示诚挚的谢意。

　　由于本书涉及内容较广，加之编者水平有限，以及时间紧迫，书中难免存在疏漏或不妥之处，敬请专家同仁不吝赐教，给予指正，以便将来再版时修订。

编　者

2024 年 11 月

目 录

第二章　牛呼吸系统疾病的类症鉴别诊断与安全用药

第三章 牛皮肤、泌尿系统疾病的类症鉴别诊断与安全用药

第五章　牛生殖系统疾病的类症鉴别诊断与安全用药

第六章　牛可视黏膜黄疸（黄染）、苍白、消瘦疾病的类症鉴别诊断与安全用药

第七章 牛眼科疾病的类症鉴别诊断与安全用药

附录

参考文献

视频目录

视频序号	视频标题	所在页码
视频 4-16	停止采食，惊恐不安，耳朵煽动，甩头，肌肉震颤	252
视频 4-17	肌肉强直，口吐白沫，牙关紧闭，眼球震颤，有阵挛	252
视频 4-18	呼吸型牛流行热	259
视频 4-19	牛舔舐泥土	266
视频 4-20	牛舔舐铁门	266
视频 4-21	牛舔舐铁管	266
视频 4-22	舔舐其他牛身上的被毛	266
视频 4-23	骨折的肢体在负重时，出现屈曲、旋转	269
视频 4-24	奶牛小腿骨骨折，做被动运动时，出现屈曲、旋转	269
视频 4-25	用 1% ～ 2% 硫酸铜溶液给牛蹄喷洒	274
视频 4-26	新生犊牛衰弱，起立困难	278
视频 4-27	佝偻病牛前肢呈 "O" 形姿势	280
视频 5-1	小产，在无分娩征兆的情况下排出很小的胎儿及胎膜	286
视频 5-2	早产，排出未足月的活胎	286
视频 5-3	胎儿腐败分解后从阴道内流出污褐色的液体	286
视频 5-4	头和蹄露在阴门外的难产牛	293
视频 5-5	剖宫产手术	296
视频 5-6	胎衣全部不下	296
视频 5-7	子宫内投药的动画视频和作用	298
视频 5-8	剥离胎衣的原则	299
视频 5-9	胎衣不下徒手剥离胎衣法	299
视频 5-10	生产瘫痪多在顺产后 12 ～ 48 小时内	304
视频 5-11	牛分娩前生产瘫痪	304
视频 5-12	生产瘫痪病牛不愿走动，四肢肌肉震颤	304
视频 5-13	产后卧地不起，头颈姿势不自然，食欲废绝，对外反射机能减弱	305
视频 5-14	子宫内膜炎，病牛阴道流脓性分泌物	308
视频 5-15	乳汁中有絮片、凝块	312
视频 5-16	乳腺炎初期进行冷疗，冷水冲洗乳房	315
视频 5-17	病牛以头抵硬物	323
视频 5-18	纤维素性腹膜炎，腹腔肠管发生粘连	324
视频 6-1	附红细胞体病，初期病牛异食	334
视频 6-2	附红细胞体病牛体温升高，呼吸增数	334

第一章

牛消化系统疾病的类症鉴别诊断与安全用药

第一节　以流涎、咀嚼和吞咽困难为特征的消化系统疾病

一、口蹄疫

口蹄疫俗称"口疮""蹄癀"，是由口蹄疫病毒引起的偶蹄动物共患的一种急性、热性、高度接触性传染病。该病有"政治经济病"（《哈根家畜传染病学》1981年第七版）之称。临床特征是传播速度快、流行范围广，成年动物的口腔黏膜、蹄部和乳房等处皮肤发生水疱和溃烂，幼龄动物多因心肌炎使其死亡率升高。此病流行可造成巨大经济损失，世界动物卫生组织（OIE）和联合国粮农组织（FAO）将其列为必须报告的动物传染病，《中华人民共和国动物防疫法》规定的一类动物疫病。

【病原】病原为口蹄疫病毒。口蹄疫病毒属于微RNA病毒科、口蹄疫病毒属。口蹄疫病毒具有多型性和变异性，根据抗原的不同，目前已发现O型、A型、C型、亚洲Ⅰ型、南非Ⅰ型、南非Ⅱ型、南非Ⅲ型7个不同的血清型和80多个亚型，各血清型之间均无交叉免疫性，同一血清型内各亚型之间仅有部分交叉免疫性。我国流行范围最广的是O型口蹄疫病毒，其次是A型口蹄疫病毒，再次是亚洲Ⅰ型口蹄疫病毒。病毒具有较大变异性，经过不断的抗原"漂移"过程，从而在流行地区常导致有新的亚型出现。因此，该病在流行初期和流行末期的毒型往往不同。动物感染后只对本型病毒产生免疫力。口蹄疫病毒具有较强的环境适应性，对外界的抵抗力相当大，耐低温，不怕干燥，在牛毛、干草和粪便中能存活很长时间，特别是秋冬季节保存活力更长。该病毒对有些消毒剂［如酚类、酒精、醚、氯仿及季铵盐类表面活性消毒剂（如新洁尔灭）等］不敏感，但对阳光、高温、强酸（pH < 6.5）、强碱（pH > 11）等的敏感性很强。常用的消毒剂有1%～2%的氢氧化钠溶液、30%的草木灰水、1%～2%的福尔马林溶液、0.2%～0.5%的过氧乙酸、4%的碳酸氢钠溶液等。

【流行特征】口蹄疫最大特征就是传染性强、发病率高和传播迅速，流行猛烈，有时在同一时间内，牛、羊、猪等一起发病，且发病数量很多，对畜牧业危害相当严重。本病常呈流行性，流行也有一定周期性，一般每隔1～2年或3～5年流行1次。发生季节因地

区而异，牧区常表现为秋末开始，冬季加剧，春季减轻，夏季平息。而农区季节性不明显。家畜口蹄疫常呈流行性或大流行性。人的口蹄疫多为散发，以儿童发病为多，病情亦严重。

患病动物是本病最主要的传染源，发病初期的动物是最重要的传染源。患病动物能从疱液、口涎、乳汁、粪尿、泪液等排出病毒。病牛痊愈较长时间仍可从唾液中排毒，有的长达5个月之久，有时康复1年后仍然带毒而引起本病的传播流行。口蹄疫病毒以直接接触和间接接触方式而传播。主要经消化道和呼吸道传染［猪主要通过消化道途径感染，牛主要通过呼吸道途径感染，羊主要通过呼吸道途径感染；常说牛是"报警器"，猪是"放大器"，羊是"储存器"（其含义是牛对口蹄疫病毒最易感，猪感染后排毒量最大，羊多呈隐性感染，少有表现临床症状但却带毒）］，也可经损伤的皮肤、黏膜、乳头而传播，或通过人或犬、蝇、蜱、鸟等动物媒介，或经车辆、器具等被污染物传播。如果环境气候适宜，病毒可随风远距离传播。空气也是一种重要的传播媒介，病毒能随风传播到50～100千米以外的地方，甚至能引起远距离的跳跃式传播，气源性传播在口蹄疫流行中起着重要作用。

口蹄疫病毒可侵害70多种的家养动物和野生动物，但以偶蹄动物的易感性较高，从易感性的高低顺序排列为黄牛、牦牛、犏牛和水牛、骆驼、绵羊、山羊和猪。在野生动物中，黄羊、鹿、麝、野猪、象、长颈鹿、野牛、羚羊均可感染口蹄疫。一般幼畜的易感性高，死亡也多。人对本病也有易感性。仓鼠是实验室中最易感的动物。马对口蹄疫具有极强的抵抗力。

【临床症状】潜伏期一般为2～7天，最长14天左右，病牛以口腔黏膜水疱为主要特征。病初，体温升高至40～41℃，精神委顿，食欲减少或废食，反刍停止，口腔有明显牵缕状流涎并带有泡沫（图1-1），开口时有吸吮声。口腔黏膜发炎，口腔、舌及蹄部出现水疱，水疱呈蚕豆至核桃大小，内含透明的液体，主要发生于口唇、舌面、齿龈、软腭、颊部黏膜及蹄冠、蹄踵和趾间的皮肤，偶尔见于鼻镜、乳房、阴唇等部位。经过1～2天后水疱破裂，表皮剥脱，形成浅表的边缘整齐的红色糜烂（图1-2～图1-6）。若继发细菌感染则可导致病牛不能采食、站立困难，甚至蹄匣脱落，病程延长。病牛体重减轻和泌乳量显著减少，特别是引起乳腺炎时，产乳量损失可高达75%，甚至停止泌乳乃至不能恢复。役牛不能使役。本病多取良性经过，经1周即可痊愈，但有蹄部病变时病程可延长至2～3周以上。哺乳犊牛患病时，水疱症状不明显，常呈急性胃肠炎和心肌炎症状而突然死亡。犊牛死亡率为20%～50%，成年牛病死率在1%～3%之间。但也有些患牛可能在恢复过程中突然恶化（发生心肌麻痹而表现为心跳加快，节律失调，站立不稳，肌肉震颤，最后突然到底死亡）而死亡，称为恶性口蹄疫。

图1-1 口腔有带有泡沫的牵缕状流涎

图1-2 口唇内面的红色糜烂

图 1-3　舌面红色糜烂

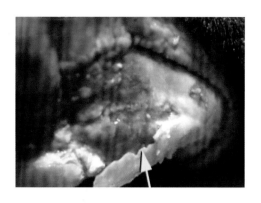

图 1-4　软腭黏膜红色糜烂

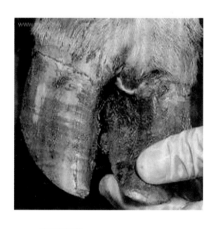

图 1-5　趾间皮肤红色糜烂

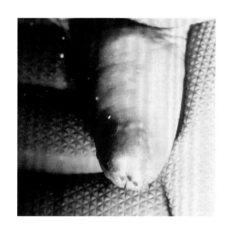

图 1-6　乳头皮肤水疱

【剖检变化】在患牛的口腔、舌头、蹄部、乳房、咽喉、气管、支气管和前胃黏膜发生水疱、圆形烂斑和溃疡，上面覆有黑棕色的痂块（图 1-7，图 1-8）。皱胃黏膜和大小肠黏膜可见出血性炎症（图 1-9）。具有诊断意义的是心脏病变，心包膜有弥漫性及点状出血，心肌断面有灰白或淡黄色斑点或条纹，好似老虎身上的斑纹，称为"虎斑心"（图1-10）。心脏松软似煮肉状。

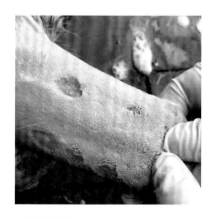

图 1-7　舌面上有圆形溃疡

图 1-8　蹄部趾间有烂斑，上面有痂块

图 1-9　皱胃黏膜出血性炎症

图 1-10　虎斑心

【诊断】根据流行特征、临床特征和剖检变化的特点，一般不难做出疑似诊断。但为了与其他疫病进行鉴别，有必要按下列程序进行实验室诊断。被检材料的采集：可供检查的病料有水疱液、水疱皮、脱落的表皮组织、食道 - 咽部黏液、肝素抗凝血液（约 5 毫升）、血清（约 10 毫升）等。被检材料送检时，除血清外可将其他病料浸入 50% 的甘油磷酸盐缓冲液（浓度为 0.04 摩尔 / 升，pH7.2 ～ 7.6）中，经密封包装运送。死亡动物可采集淋巴结、肾上腺、肾脏、心脏等组织（各 10 克）和水疱皮、食道 - 咽喉黏液和血清送检。口蹄疫的实验室诊断需在国家指定的实验室内进行。

【类症鉴别】

1. 与传染性水疱性口炎的鉴别

（1）相似点　有传染性，体温高（40 ～ 41℃），舌、唇黏膜有水疱，食欲减退，流涎。

（2）不同点　传染性水疱性口炎一岁以下的牛感染率低（口蹄疫犊牛比成年牛感染率高），马也易感，不形成大流行。

2. 与牛病毒性腹泻 – 黏膜病的鉴别

（1）相似点　有传染性，体温高（41 ～ 42℃），口腔有溃疡流涎，蹄部有糜烂、跛行。

（2）不同点　牛病毒性腹泻 - 黏膜病多发生于 6 ～ 18 月龄犊牛，有腹泻、蹄叶炎、不呈大流行。

3. 与牛恶性卡他热的鉴别

（1）相似点　有传染性，体温高（40 ～ 41℃），口腔黏膜有糜烂，流涎。

（2）不同点　牛恶性卡他热病牛的鼻黏膜和鼻镜也有坏死过程，还有角膜混浊和全眼球炎，全身症状严重，死亡率高，它的发生常与羊的接触有关，呈散发。

4. 与口炎的鉴别

（1）相似点　大量流涎，食欲反刍减少。

（2）不同点　口炎病牛体温不升高，蹄部不出现水疱和糜烂，非传染病。

5. 与牛狂犬病的鉴别

（1）相似点　有传染性，体温高（40～41℃），食欲、反刍减少或废绝，大量流涎。

（2）不同点　牛狂犬病不形成大流行，有视力障碍，不断哞叫，有疝痛，蹄部不发生水疱和糜烂。

6. 与蓝舌病的鉴别

（1）相似点　有传染性，体温高（41℃），口唇糜烂，流涎，跛行。

（2）不同点　蓝舌病流行不快，唇上皮褪色或苍白，口腔黏膜糜烂不生水疱，蹄部不发生水疱和糜烂。

【预防措施】

1. 平时预防措施

强制注射口蹄疫疫苗（详见【安全用药】）。在疫区、受威胁区根据流行的毒型注射口蹄疫疫苗。中国农科院兰州兽医研究所和哈尔滨兽医研究所等单位研制生产并已经使用的口蹄疫活疫苗，其型号有口蹄疫O型灭活疫苗（单价苗），口蹄疫A型灭活疫苗（单价苗），口蹄疫O型、A型双价灭活疫苗和口蹄疫O型、亚洲I型双价灭活疫苗，免疫保护率一般为80%～90%，接种疫苗后10天产生免疫力，免疫持续期为4～6个月。注射方法、用量及注射以后的注意事项，必须严格按照疫苗说明书执行。免疫所用疫苗的毒型必须与流行的口蹄疫病毒毒型一致，否则无效。注射后有时会出现副反应，必须事先做好护理和治疗的准备工作。

2. 发病控制措施

当牛群中发现最初几个疑似口蹄疫的病例时，必须按照《中华人民共和国动物防疫法》及有关规定，采取紧急、强制性、综合性的控制和扑灭措施。应采取的处理措施如下：

（1）应立即向当地动物防疫监督机构报告疫情，包括发病动物种类、发病数、死亡数、发病地点及范围，临床症状和实验室检疫结果，并逐步上报至国务院畜牧兽医行政主管部门。当地畜牧兽医行政主管部门接到疫情报告后，应立即划定疫点、疫区、受威胁区。由发病当地县级以上人民政府实行封锁，并通知毗邻地区加强防范，以免扩大传播。

（2）采取水疱皮和水疱液等病料，送检定型。

（3）扑杀患病动物和同群动物。按照"早、快、严、小"的原则，进行控制、扑杀。禁止患病动物外运，杜绝易感动物调入。饲养人员要严格执行消毒制度和措施。

（4）对全群动物进行检疫，立即隔离患病动物。

（5）实行紧急预防接种，对假定健康动物、受威胁区内的动物实施预防接种。建立免疫带，防止口蹄疫从疫区内传出。

（6）严格消毒　畜舍及用具用4%烧碱水消毒，生皮用饱和盐水加0.2%烧碱液消毒，毛及干皮用甲醛溶液熏蒸消毒。粪便送指定地点发酵后利用。

（7）在最后一头患病动物痊愈、扑杀后，经14天无新病例出现时，经过彻底消毒后，由发布封锁令的政府宣布解除封锁。

【安全用药】

1. 牛口蹄疫疫苗

（1）口蹄疫 O 型、A 型双价灭活疫苗

[主要成分与含量] 含灭活的口蹄疫 O 型、A 型病毒，灭活前的病毒含量分别应至少为 $10^{7.0}TCID_{50}$/毫升或 0.2 毫升病毒含量应至少为 $10^{7.0}LD_{50}$。

[性状] 乳白色或淡粉红色黏滞性均匀乳状液。

[作用与用途] 用于预防牛和羊 O 型、A 型口蹄疫。免疫期为 4～6 个月。

[用法与用量] 肌内注射。6 月龄以上牛，每头 4 毫升；6 月龄以下牛和 1 岁以上羊，每头（只）2 毫升；1 岁以下羊，每只 1 毫升。

[不良反应] 一般不良反应，是注射部位肿胀，体温升高，减食 1～2 天。随着时间延长，反应逐渐减轻，直至消失。严重不良反应，因品种、个体的差异，少数牛、羊有可能出现急性变态反应，如焦躁不安、呼吸加快、肌肉震颤、口角出现白沫、鼻腔出血等，甚至因抢救不及时而死亡，部分妊娠母畜可能出现流产。建议及时使用肾上腺素等药物治疗，同时采用适当的辅助治疗措施，以减少损失。

[注意事项]

① 疫苗应冷藏运输，但不得冻结。运输和使用过程中避免日光直射。疫苗在使用前和使用过程中，均应充分摇匀。疫苗瓶开启后，限当日用完。

② 在使用本品前应仔细检查，如发现疫苗瓶破损、封口不严、无标签或标签不清楚、疫苗中有异物或变质、已过有效期或未在规定条件下保存的，均不能使用。

③ 注射器具和注射部位应严格消毒。接种时应执行常规无菌操作，每注射一头（只）牛（羊），应更换一个针头。注射时，进针应达到适当深度（肌肉内），勿注入皮下或脂肪层，以免影响免疫效果。

④ 本品仅用于接种健康牛、羊。接种前，应对牛、羊进行检查，患病、瘦弱或临产畜不予注射。接种妊娠母畜时，保定和注射动作应轻柔，以免影响胎儿，防止因粗暴操作导致母畜流产。

⑤ 首次使用本疫苗的地区，应选一定数量（约 50 头）的牛，进行小范围试用观察，确认无不良反应后，方可扩大接种数量；接种后还应加强饲养管理并详细观察。预防接种最好安排在气候适宜的季节，如需在炎热季节接种，应在清晨或傍晚进行。

⑥ 本疫苗适用于接种疫区、受威胁区、安全区的牛、羊。接种时，应从安全区到受威胁区，最后再接种疫区内的安全畜群和受威胁畜群。

⑦ 非疫区的牛、羊，接种疫苗 21 天后方可移动或调运。

⑧ 接种时，应严格遵守操作规程，接种人员要更换衣服、鞋、帽和进行必要的消毒之后，方可参与疫苗的接种；接种时还须有专人做好记录，写明省（区）、县、乡（镇）、自然村、畜主姓名、畜种、大小、性别、接种头数和未接种头数等。在安全区接种后，观察 7～10 天，并详细记载有关情况。

⑨ 接种后的用具、疫苗瓶、包装物和未用完的疫苗等应集中进行无害化处理，不得随意丢弃，以防污染环境。

⑩ 由于口蹄疫的特殊性，特别忠告：接种疫苗只是消灭和预防该病的多项措施之一，在接种疫苗的同时还应对疫区采取封锁、隔离、消毒等综合防控措施，对非疫区也应进行

综合防控。

[储藏与有效期] 在 2 ～ 8℃保存，有效期为 12 个月。

（2）口蹄疫 O 型、亚洲 I 型双价灭活疫苗

[主要成分与含量] 含灭活的口蹄疫 O 型病毒（ONXC 株）及亚洲 I 型病毒（JSL 株），灭活前的病毒含量分别应至少为 $10^{7.0}TCID_{50}$/ 毫升或 0.2 毫升病毒含量应至少为 $10^{7.0}LD_{50}$。

[性状] 淡粉红色略带黏滞性乳状液。

[作用与用途] 用于预防牛和羊 O 型、亚洲 I 型口蹄疫。免疫期为 4 ～ 6 个月。

[用法与用量] 牛颈部肌内注射，每头 2 毫升；羊后肢肌内注射，每只 1 毫升。

[不良反应] 一般不良反应，是注射部位肿胀，一过性体温反应，减食或停食 1 ～ 2 天。奶牛可出现一过性泌乳量减少，随着时间延长，症状逐渐减轻，直至消失。严重不良反应，因品种、个体的差异，少数牛、羊有可能出现急性变态反应，如焦躁不安、呼吸加快、肌肉震颤、可视黏膜充血、瘤胃臌气、口角出现白沫、鼻腔出血等，甚至因抢救不及时而死亡，部分妊娠母畜可能出现流产。建议及时使用肾上腺素等药物治疗，同时采用适当的辅助治疗措施，以减少损失。

[注意事项] 参见口蹄疫 O 型、A 型双价灭活疫苗。

[储藏与有效期] 在 2 ～ 8℃保存，有效期为 12 个月。

（3）口蹄疫 O 型灭活疫苗（O/MYA98/BY/2010 株）。

[主要成分与含量] 含灭活的口蹄疫 O 型病毒（O/MYA98/BY/2010 株），灭活前的病毒含量至少为 $10^{7.0}TCID_{50}$/ 毫升或 0.2 毫升病毒含量应至少为 $10^{7.0}LD_{50}$。

[性状] 淡粉红色略带黏滞性乳状液。

[作用与用途] 用于预防猪和牛 O 型口蹄疫。免疫期暂定为 6 个月。

[用法与用量] 体重 25 千克以上的猪，耳根后肌内注射，每头注射 2 毫升；体重 15 ～ 25 千克的仔猪，耳根后分点肌内注射，每头注射 1 毫升。牛颈部肌内注射，每头 2 毫升。

[不良反应] 一般不良反应，是注射部位肿胀，一过性体温反应，减食或停食 1 ～ 2 天。奶牛可出现一过性泌乳量减少。一般在注射疫苗后 3 ～ 5 天，症状减轻，逐渐恢复正常。严重不良反应，因品种、个体的差异，个别动物接种后有可能出现急性变态反应，如焦躁不安、呼吸加快、肌肉震颤、可视黏膜充血、瘤胃臌气、口角出现白沫、鼻腔出血等，甚至因抢救不及时而死亡；少数妊娠母畜可能出现流产。建议及时使用肾上腺素等药物治疗，同时采用适当的辅助治疗措施，以减少损失。

[注意事项] 参见口蹄疫 O 型、A 型双价灭活疫苗。

[储藏与有效期] 在 2 ～ 8℃保存，有效期暂定为 12 个月。

（4）口蹄疫 A 型灭活疫苗（AF/72 株）。

[主要成分与含量] 含灭活的口蹄疫 A 型病毒（AF/72 株），灭活前的病毒含量至少为 $10^{7.0}TCID_{50}$/ 毫升或 0.2 毫升病毒含量应至少为 $10^{7.0}LD_{50}$。

[性状] 乳白色或淡红色黏滞性均匀乳状液。

[作用与用途] 用于预防牛 A 型口蹄疫。免疫期为 6 个月。

[用法与用量] 肌内注射，6 月龄以上牛每头 2 毫升，6 月龄以下牛每头 1 毫升。

[不良反应] 一般不良反应，是注射部位肿胀，体温升高，减食 1 ～ 2 天。随着时间的延长，症状逐渐减轻，直至消失。严重不良反应，因品种、个体的差异，少数牛有可能出现急性变态反应，如焦躁不安、呼吸加快、肌肉震颤、可视黏膜充血、瘤胃臌气、口角

出现白沫、鼻腔出血等，甚至因抢救不及时而死亡；少数妊娠母牛可能出现流产。建议及时使用肾上腺素等药物治疗，同时采用适当的辅助治疗措施，以减少损失。

[注意事项] 参见口蹄疫 O 型、A 型双价灭活疫苗。

[储藏与有效期] 在 2 ～ 8℃保存，有效期为 12 个月。

2. 牛口蹄疫常用的消毒防腐药

（1）氢氧化钠（苛性钠、烧碱）

[理化性质] 本品为白色干燥的颗粒、棒状、块状或片状结晶，易溶于水及酒精，极易潮解，易吸收空气中的二氧化碳形成碳酸钠或碳酸氢钠盐。应密封保存。

[适用范围] 对细菌的繁殖体、芽孢和病毒都有很强的杀灭作用，对寄生虫卵也有杀灭作用浓度增加和温度升高可明显增强杀灭效果，但低浓度时对组织有刺激性，高浓度时有腐蚀性。常用于预防病毒或细菌性传染病的环境消毒或污染畜禽场地的消毒。

[制剂与用法] 粗制烧碱或固体碱含氢氧化钠94% 左右。2% 的热溶液用于被病毒和细菌污染的栏舍、饲槽和运输工具的消毒。3% ～ 5% 溶液用于炭疽杆菌、口蹄疫病毒的消毒。10% 溶液 24 小时才能杀死结核杆菌。50% 的溶液也可用于腐蚀牛皮肤上的赘生物及新生角质等。

[药物相互作用] 高浓度氢氧化钠溶液可灼伤组织，对铝制品、棉织物、毛织物、漆面等具有损坏作用。

[注意事项] 一般用工业碱代替氢氧化钠作消毒剂使用，价格低廉，效果良好；密闭保存。

（2）福尔马林（40% 甲醛水溶液）

[理化性质] 福尔马林为甲醛的水溶液，粗制的福尔马林为含36% 甲醛的水溶液，精制的福尔马林为含40% 甲醛的水溶液。福尔马林为无色或几乎无色的透明液体，能与水或乙醇任意混合。甲醛是一种有机化学物质，通常为无色气体，有刺激性气味，对人眼、鼻等有刺激作用，又称蚁醛。易溶于水和乙醇。

[适用范围] 甲醛不仅能杀死细菌的繁殖体，也能杀死芽孢（如炭疽芽孢），以及抵抗力强的结核杆菌、病毒及真菌等。甲醛对皮肤和黏膜的刺激性很强，但不损坏金属、皮毛、纺织物和橡胶等。甲醛的穿透力差，不易透入物品深部发挥作用。具有滞留性，消毒结束后即应通风或用水冲洗，甲醛的刺激性气味不易散失，故消毒空间仅需要相对密闭。主要用于畜禽栏舍、用具、仓库孵化室、皮毛、衣物及器械等的消毒，还有硬化组织的作用，可用于固定生物标本、保存尸体。低浓度内服可用于胃肠道制酵。

[制剂与用法] 5% 福尔马林酒精溶液，可用于术部消毒；10% ～ 20% 福尔马林可用于治疗蹄叉腐烂；5% ～ 10% 福尔马林可用于器具消毒；5% ～ 10% 的福尔马林（含 2% ～ 4% 甲醛）可用于标本、尸体的防腐；2% ～ 4% 福尔马林用于喷洒墙壁、地面、用具、饲槽等；1% 福尔马林可作畜体体表消毒；对用 0.5% 碱液洗涤过的皮毛，于 60℃用 4% 福尔马林浸泡 2 小时可以杀死其中的炭疽杆菌。福尔马林还可用于畜舍、孵化器等的熏蒸消毒。熏蒸消毒，按每立方米空间用 12.5 ～ 50 毫升的剂量，加等量水一起加热蒸发，以提高相对湿度；无热源时，也可加入高锰酸钾（每立方米空间用 20 克）即可产生高热蒸发。牛内服福尔马林，一次量为 8 ～ 25 毫升，内服时用水稀释 20 ～ 30 倍。

[药物相互作用] 皮肤接触甲醛会引起刺激、灼伤、腐蚀及变态反应。此外，对黏膜有刺激性；可致癌，尤其是肺癌。

[注意事项]①皮肤污染甲醛溶液，应立即用肥皂和水清洗；动物误服大量甲醛溶液，应迅速灌服氨水解毒。

②进行熏蒸消毒时，栏舍内不能有畜禽，并将饲料、粪便等移去，将舍内待消毒的物品、橱柜、用具等敞开，门窗和通气孔尽量密闭。用甲醛熏蒸消毒时，与高锰酸钾混合立即发生反应，沸腾并产生大量气泡，所以使用的容器容积应比加入的甲醛容积大 10 倍以上；使用时应先加入高锰酸钾，再加入甲醛溶液，而不要把高锰酸钾加入到甲醛溶液中。熏蒸时工作人员应当离开消毒场所，将消毒场所密封。甲醛的熏蒸消毒法是密闭畜舍，室温不低于 12 ～ 15℃，相对湿度为 60% ～ 80%，熏蒸消毒时间为 24 ～ 48 小时，然后打开畜舍逸出甲醛气体。

3. 过氧乙酸（过乙酸、PAA）

[理化性质]本品为无色透明的液体，具有很强的醋酸臭味，易溶于水、酒精和硫酸。易挥发，有腐蚀性。当过热、遇有机物或杂质时容易分解。急剧分解时可发生爆炸，但浓度在 40% 以下时，于室温储存不易爆炸。

[适用范围]具有高效、速效、广谱抑菌和灭菌作用。对细菌的繁殖体、芽孢、真菌和病毒均具有杀灭作用。作为消毒防腐剂，其作用范围广、毒性低、使用方便，对畜禽刺激性小，除金属制品外，可用于大多数器具和物品的消毒，常用于带畜消毒，也可用于饲养人员手臂消毒。

[制剂与用法]溶液规格，500 毫升 / 瓶。市售的过氧乙酸有一元包（混合型，浓度为 20%）和二元包（A、B 液）。浸泡消毒：0.04% ～ 0.2% 溶液，用于饲养用具和饲养人员手臂消毒；空气消毒：可直接用 20% 成品，每立方米空间 1 ～ 3 毫升，最好将 20% 成品稀释成 4% ～ 5% 溶液后，加热熏蒸；喷雾消毒：用 5% 浓度，用于实验室、无菌室或仓库消毒，每立方米空间 2 ～ 5 毫升；喷洒消毒：用 0.5% 浓度，对室内空气和墙壁、地面、门窗、笼具等表面进行喷洒消毒；饮水消毒：每升饮水加 20% 过氧乙酸溶液 1 毫升，让畜禽饮用，半小时内用完。

[注意事项]第一，因本品不稳定，容易自然分解，因此水溶液应新鲜配制，一般配制后可使用 3 天。第二，增加湿度可增强本品的杀菌效果，当温度为 15℃ 时则相对湿度以 60% ～ 80% 为宜；当温度为 0 ～ 5℃ 时则相对湿度以 90% ～ 100% 为宜。第三，本品对金属有腐蚀性，不能用于对金属器具的消毒。第四，置于阴凉、通风、干燥处保存，贮存容器以聚乙烯桶或瓶为宜。第五，本品对眼睛、皮肤、黏膜和上呼吸道具有强刺激性，溅到人手、黏膜上赶快用清水冲洗，使用时注意防护。

二、牛传染性水疱性口炎

牛传染性水疱性口炎是由水疱性口炎病毒引起牛的一种急性、热性传染病，也可感染马、羊和猪，人偶可感染。其特征是以口腔黏膜发生水疱，流泡沫样口涎，间或在蹄冠和趾间皮肤上发生水疱。本病很少发生死亡。

【病原】本病的病原是水疱性口炎病毒，属弹状病毒科、水疱性病毒属。该病毒有两个主型和若干个亚型，型间无交互免疫性。病毒对外环境因素抵抗力不强，在 58℃ 经 30

分钟灭活，在直射阳光和紫外线照射下迅速死亡。对脂溶剂敏感，2%氢氧化钠或1%福尔马林可在数分钟内杀死病毒。在4～6℃下于含50%甘油的磷酸盐缓冲液中（pH7.5）可活存4～6个月，在−20～−10℃低温状态下可存活数月至一年。

【流行特征】本病能侵害多种动物，牛、马、猪和猴较易感，野生动物中野羊、鹿、野猪、浣熊及刺猬等亦可感染。绵羊、山羊、犬和兔一般不易感染。人与患病动物接触也易感染本病。本病存在"逆年龄感受性"，成年牛的感染性高于1岁以内的犊牛，后者极少发生临床感染。患病动物和患病的野生动物是主要传染源。病毒从患病动物的水疱液和唾液排出，通过损伤的皮肤和黏膜而感染；也可通过污染的饲料和饮水经消化道感染；还可通过双翅目的昆虫为媒介由叮咬而感染。本病的发生具有明显的季节性，多见于夏季及秋初，秋末后本病的流行则趋于平稳。

【临床症状】自然感染潜伏期约为3～5天。病牛病初体温升高达40～41℃，精神沉郁，食欲减退，反刍减少，进而在舌、唇黏膜上出现米粒大的小水疱（图1-11），逐渐融合成大水疱，内含透明黄色液体，经1～2天后，水疱破裂，遗留浅而边缘不齐的鲜红色烂斑（图1-12，图1-13），与此同时病牛大量流出清亮的黏稠唾液，呈丝缕状挂满嘴边（图1-14），并发生呷唇音，采食困难，喜饮水。有时病牛在乳头及蹄部也可能发生水疱。病程为1～2周，转归良好，极少死亡。

图 1-11 舌、唇黏膜上出现米粒大的小水疱

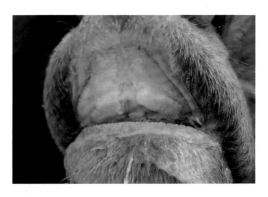

图 1-12 病牛唇黏膜遗留浅而不整齐的烂斑

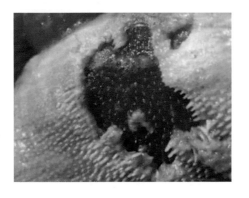

图 1-13 舌头上水疱破裂遗留浅而边缘不齐的鲜红色烂斑

图 1-14 病牛口腔流出大量清亮的黏稠唾液，呈丝缕状挂满嘴边

【诊断】根据本病流行有明显的季节性及典型的水疱样病变，以及流涎的特征症状，结合本病极少侵害蹄和乳房，传染性弱，发病率低，可以做出初步诊断。确诊需要在实验室进行病毒的分离鉴定或补体结合反应、中和试验、荧光抗体试验、ELISA 试验等。

【类症鉴别】

1. 与口蹄疫的鉴别

（1）相似点　有传染性，体温高（40～41℃），舌、唇、乳头有水疱，食欲减退，流涎。

（2）不同点　口蹄疫偶蹄动物易感，马不感染，传播速度快。

2. 与水疱性口炎的鉴别

（1）相似点　舌、唇有水疱，水疱破裂后有鲜红烂斑，采食困难，流涎。

（2）不同点　水疱性口炎没有传染性、体温不高，其他部位不发生水疱。

3. 与牛病毒性腹泻 – 黏膜病的鉴别

（1）相似点　有传染性，体温高（40～41℃），口黏膜有烂斑，大量流涎。

（2）不同点　牛病毒性腹泻 - 黏膜病只牛、羊感染，马不感染，流行季节多在冬、春，鼻孔、鼻镜有糜烂，腹泻。粪中含有黏液和血，蹄部不发生水疱，常发生蹄叶炎。

【预防措施】首先是消灭蚊等吸血昆虫；其次是要加强饲养管理，注意保持环境卫生，定期用 5% 烧碱水消毒牛舍、用具等，增强机体抵抗力；最后是在发生本病时，应隔离病牛和可疑病牛，封锁疫区，并对污染的场地用 5% 烧碱水进行严格消毒。

【安全用药】

1. 病牛治疗

对轻症病牛采取对症治疗。口腔黏膜的烂斑可先用 0.1% 高锰酸钾溶液冲洗，然后涂抹 5% 碘甘油溶液（碘 5 克、碘化钾 10 克、甘油 20 毫升，加蒸馏水至 100 毫升即成）；或撒布冰硼散（冰片 15 克、硼砂 150 克、芒硝 18 克，三者研末混合均匀即得）。对进食困难的病牛，用 25% 葡萄糖溶液 500 毫升、5% 糖盐水 2000 毫升、25% 维生素 C 注射液 4～6 毫升、樟脑磺酸钠注射液 20 毫升静脉注射，每天 1 次，连用 3 天。

2. 高锰酸钾的安全使用

［理化性质］本品为黑紫色斜方形结晶或结晶性粉末，无臭，能溶于水，容易因其浓度不同而呈现暗紫色至粉红色。本品粉末遇甘油即发生剧烈燃烧。与活性炭研磨时会发生爆炸，高锰酸钾溶液遇有机物则分解失效。

［适用范围］本品为强氧化剂，遇有机物或加热、加酸或碱等物质时，即放出新生态氧（非游离态氧，不产生气泡）而呈现杀菌、除臭、氧化作用。高锰酸钾的抗菌作用、除臭作用比过氧化氢溶液强而持久，但其作用极易因有机物的存在而减弱。高锰酸钾还原后所生成的二氧化锰，能与蛋白质结合成蛋白盐类复合物，故还有收敛、止泻等作用。低浓度高锰酸钾溶液（0.1%）可杀死多数细菌的繁殖体，高浓度（2%～5%）时可在 24 小时内杀死细菌芽孢。可用于饮水、用具消毒和冲洗伤口。

[制剂与用法] 0.02% ～ 0.1% 的高锰酸钾溶液可用于皮肤、黏膜的消毒，也可用于畜禽的饮水消毒，可杀灭肠道病原微生物；0.01% ～ 0.05% 的高锰酸钾溶液可用于冲洗膀胱、子宫、阴道等器官，以及用于某些有机物中毒解救时的洗胃；0.1% ～ 0.2% 高锰酸钾的溶液可用来冲洗黏膜及皮肤创伤、脓肿、溃疡等；1% 高锰酸钾溶液可用于蛇咬伤的局部消毒；2% ～ 5% 的高锰酸钾溶液可用于冲洗食槽、饮水器、浸泡器械；与福尔马林合用可用于畜禽栏舍的空气熏蒸消毒。

[药物相互作用] 在酸性环境下杀菌作用增强，遇到有机物（如酒精等）容易失效。遇到氨水及其制剂可产生沉淀。高锰酸钾粉末遇福尔马林、甘油等容易发生剧烈燃烧，与活性炭或碘等还原型物质共同研合时可发生爆炸；高浓度时对皮肤和组织具有刺激性和腐蚀性作用。

[注意事项] 高锰酸钾水溶液应现用现配，注意避光保存；内服中毒时，应用温水或添加 3% 过氧化氢溶液洗胃，并服用牛奶、豆浆、氢氧化铝凝胶等加以缓解吸收。

三、牛恶性卡他热

牛恶性卡他热，亦称"牛恶性头卡他"或"坏疽性鼻卡他"等，是由恶性卡他热病毒引起的一种急性、热性、非接触性传染病。本病的特征是持续发热，口、鼻流出黏脓性鼻液、眼黏膜发炎，角膜混浊，并有脑炎症状，病死率很高。OIE 将其列为 B 类疫病。

【病原】本病病原是牛恶性卡他热病毒，又称"欧洲牛卡他热病毒"，学名"麋羚疱疹病毒 1 型"，又名"角马疱疹病毒 1 型"，为疱疹病毒丙亚科的成员。其病原为两种 γ- 疱疹病毒中的任何一种：狷羚属疱疹病毒 1 型（AIHV-1），其自然宿主为角马；另一种是作为亚临床感染在绵羊中流行的绵羊疱疹病毒 2 型（OVHV-2）。本病毒可在牛、羊甲状腺、牛肾上腺、睾丸、肾等的细胞培养物中生长，引起细胞病变。病毒对外界环境的抵抗力不强，不能抵抗冷冻和干燥。含病毒的血液在室温中 24 小时则失去活力，冰点以下温度可使病毒失去活性。

【流行特征】隐性感染的绵羊、山羊和角马是本病的主要传染源。黄牛、水牛、奶牛易感，多发生于 2 ～ 5 岁的牛，老龄牛及 1 岁以下的牛发病较少。绵羊、非洲角马也感染，但呈隐性经过，是本病的自然宿主及传播媒介。本病以散发为主，病牛不能接触传染健康牛，主要通过绵羊、角马以及吸血昆虫而传播。病牛都有与绵羊接触史，如同群放牧或同栏喂养，特别是在绵羊产羔期最易传播本病。本病一年四季均可发生，但在冬季和早春发生较多。

【临床症状】本病自然感染潜伏期平均为 3 ～ 8 周，人工感染为 14 ～ 90 天。病初高热，达 40 ～ 42℃，精神沉郁，于第 1 天末或第 2 天，眼、口及鼻黏膜发生病变。临床上分头眼型、肠型、皮肤型和混合型四种。

1. 头眼型

眼结膜发炎，羞明流泪，以后角膜混浊（图 1-15），眼球萎缩、溃疡及失明。鼻腔、喉头、气管、支气管及颌窦卡他性及伪膜性炎症，呼吸困难，鼻腔流出大量脓性黏稠分泌物（图 1-16）。炎症可蔓延到鼻窦、额窦、角窦，角根发热，严重者两角脱落。鼻镜和鼻黏膜先充血，后坏死、糜烂、结痂。口腔黏膜潮红肿胀，出现灰白色丘疹或糜烂，流涎（图 1-17）。病死率较高。

 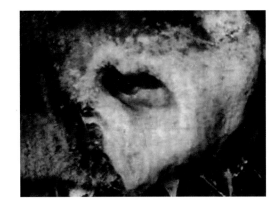

图 1-15 病牛眼结膜发炎，羞明流泪，角膜混浊　**图 1-16** 病牛鼻腔流出大量的脓性黏稠分泌物

2. 肠型

先便秘后下痢，粪便带血、恶臭（视频 1-1）。口腔黏膜充血，常在唇、齿龈、硬腭等部位出现伪膜，脱落后形成糜烂及溃疡。

视频 1-1

3. 皮肤型

在颈部、肩胛部、背部、乳房、阴囊等处皮肤出现丘疹、水泡，结痂后脱落，有时形成脓肿。

4. 混合型

此型多见。病牛同时有头眼症状、胃肠炎症状及皮肤丘疹等。有的病牛呈现脑炎症状（图 1-18）。一般经 5 ～ 14 天死亡。病死率达 60%。

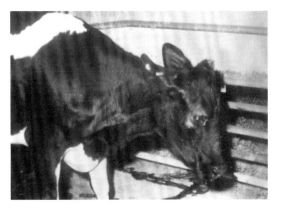

图 1-17 病牛口腔黏膜潮红肿胀，流涎　**图 1-18** 病牛表现出脑炎的神经症状

【**剖检变化**】剖检变化以黏膜的变化最明显。鼻窦、喉、气管及支气管黏膜充血肿胀，有假膜及溃疡。口、咽、食道的黏膜有糜烂、溃疡，第四胃黏膜充血水肿、斑块出血及

溃疡（图 1-19），整个小肠充血、出血（图 1-20）。头颈部淋巴结充血和水肿，脑膜充血，呈非化脓性脑炎变化。肾皮质有白色病灶是本病特征性病变（图 1-21）。

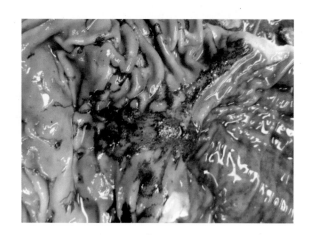

图 1-19　真胃黏膜充血水肿、斑块出血及溃疡

图 1-20　小肠充血出血

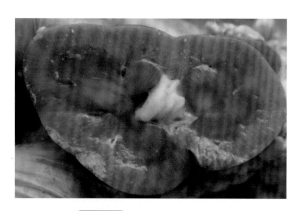

图 1-21　肾皮质有白色病灶

【诊断】根据典型流行特征、临床症状和剖检变化可做出初步诊断，确诊需进一步做实验室诊断。实验室诊断包括病原检查［病毒分离鉴定（病料接种牛甲状腺细胞、牛睾丸或牛胚肾原代细胞，培养 3 ～ 10 天可出现细胞病变，用中和试验或免疫荧光试验进行鉴定）］和血清学检查（间接荧光抗体试验、免疫过氧化物酶试验、病毒中和试验）。

【类症鉴别】

1. 与口蹄疫的鉴别

（1）相似点　有传染性，体温高（40 ～ 41℃），口腔黏膜有糜烂，流涎。

（2）不同点　口蹄疫传播迅速，口腔先生出水疱后破溃糜烂，蹄趾间也有水疱糜烂，眼鼻不发炎，不流分泌物。

2. 与水牛类恶性卡他热的鉴别

（1）相似点　有传染性，多散发，体温高（40℃以上），眼结膜高度潮红，流泪，流鼻液，体表淋巴结肿大，排恶臭稀粪。

（2）不同点　水牛类恶性卡他热病只有水牛感染，黄牛不感染，角膜、虹膜不发炎，口腔不糜烂、不流涎。心悸亢进，背、腹、臀部可听到心音。

3. 与牛病毒性腹泻（黏膜病）的鉴别

（1）相似点　有传染性，体温高（40～42℃），鼻眼有分泌物流涎，腹泻。

（2）不同点　牛病毒性腹泻（黏膜病）发病多为6～18月龄牛，鼻镜糜烂。白细胞初减少，1～6天后增多，以后又减少，初泻如水，瓦灰色。

4. 与牛传染性鼻气管炎（呼吸型）的鉴别

（1）相似点　有传染性，体量高（40℃），鼻黏膜充血坏死，流脓性鼻液，结膜炎流泪。

（2）不同点　牛传染性鼻气管炎（呼吸型）口腔无病变不流涎，角膜不发炎无溃疡，不发生腹泻。

5. 与牛传染性角膜结膜炎的鉴别

（1）相似点　结膜红肿，羞明流泪，角膜炎。

（2）不同点　牛传染性角膜结膜炎不发热，口鼻无炎症坏死、无脓鼻液。

6. 与牛蓝舌病的鉴别

（1）相似点　有传染性，体温高（41℃），口鼻流脓性分泌物，呼吸迫促。

（2）不同点　牛蓝舌病口唇水肿，褪色苍白，腿僵硬跛行，蹄叶炎甚至蹄壳脱落。

7. 与牛副流感的鉴别

（1）相似点　有传染性，体温高（41℃）。脓性结膜炎，流脓性鼻液，呼吸困难，消瘦，下痢，步态不稳。

（2）不同点　副流感病牛鼻镜干、无糜烂，口黏膜无丘疹、糜烂，不流涎；角膜无溃疡穿孔。用双份血清作副流感的中和试验或血凝抑制试验，如抗体滴度增加4倍即为阳性。

【预防措施】主要是加强饲养管理，增强动物抵抗力，注意栏舍卫生。牛、羊分开饲养，分群放牧。

【安全用药】发现患病动物后，按《中华人民共和国动物防疫法》及有关规定，采取严格控制、扑灭措施，防止扩散。患病动物应隔离扑杀，污染场所及用具等实施严格消毒。

1. 输液疗法

用土霉素1～2克（或四环素同量）、5%糖盐水2000毫升、5%氢化可的松注射液60毫升、25%维生素C注射液4～6毫升、樟脑磺酸钠注射液20～30毫升静注。12小时1次，如绝食可加25%葡萄糖注射液500毫升。

2. 中药疗法

用龙胆草、黄芩、柴胡、车前草、淡竹叶、地骨皮各 60 克，薄荷、僵蚕、牛蒡子、板蓝根、金银花、连翘、玄参各 30 克，栀子 45 克，茵陈 120 克，水煎服，每天 1 次，连用 3 次。

3. 局部疗法

用金霉素眼膏或氯霉素眼药水点眼；用 0.1% 雷佛奴尔溶液冲洗鼻腔；用 0.1% 高锰酸钾溶液和稀碘液分别冲洗口腔。

四、牛放线菌病

牛放线菌病俗称"大颌病"，是由放线菌引起的牛的一种非接触性、慢性化脓性、肉芽肿性传染病。病的特征是在头、颈、下颌和舌上发生放线菌肿，其它动物如马、猪、人也可感染发病。

【病原】本病的病原是牛放线菌和林氏放线杆菌。牛放线菌革兰氏染色阳性，菌丝末端膨大，呈大头针状，压片后镜检形如菊花，呈放射状排列。在病灶的脓汁中呈灰色、灰黄色或棕色、质地柔软或坚硬的辐射状颗粒凝聚物，外观似硫黄样颗粒，常侵害硬组织，损伤下颌骨和牙齿，对青霉素、链霉素、四环素等抗生素敏感；林氏放线杆菌为革兰氏阴性菌，呈杆状或丝状，在病灶中呈灰白色小颗粒，常侵害软组织，形成化脓性肉芽肿，对链霉素、四环素和氟苯尼考等抗生素敏感。病原菌对外界抵抗力较弱，常规消毒药均可将其杀灭。

【流行特征】本病主要侵害牛，特别是 2～5 岁的牛，多为散发，偶尔可呈地方性流行。放线菌病的病原体广泛存在于污染的土壤、饲料和饮水中，或寄居于牛的口腔和上呼吸道中。本病的病原体不能从完好的黏膜、皮肤侵入。当换牙或采食粗糙带刺的饲料时，口腔黏膜被刺破为此菌的侵入创造条件而发病，也可由呼吸道吸入而侵害肺脏。细菌进入机体组织后，发生局部的慢性炎症，白血球向此处游走，结缔组织包围而成结节，在它的边缘又可产生新的结节，因而成为环状的"放线菌肿"。在发病过程中葡萄球菌有时参与致病。本病一年四季均可发生。

【临床症状】病牛多见于上下颌骨肿大（图 1-22），极为坚硬，不能移动，界限明显，与皮肤粘连，无热痛。肿胀进展缓慢，一般经过 6～18 个月才出现一个小而坚实的硬块。有时肿胀发展很快，牵连整个头骨。鼻骨以及下颌间隙处、肉垂处（视频 1-2、图 1-23）、头颈部的皮肤和皮下组织也时常发生。骨组织严重侵害时，则骨质变为疏松，骨表面高低不平，在

视频 1-2

骨组织上形成瘘管，经久不愈。软组织部位发生病变时，局部形成坚硬的肿胀，并与皮肤粘连，形成厚层包囊；肿胀由蚕豆大、拳头大（图 1-24）至小孩头大（图 1-25），无热无痛，不附着在骨组织时能移动。切开后其中为脓肿，肿胀有时自然破溃或形成瘘管，流出多量脓性分泌物（图 1-26）。舌头受侵害时，舌肿大，坚硬，活动困难，故称"木舌"，病牛流涎，咀嚼、吞咽、呼吸皆困难。病牛乳房被侵害时，呈弥漫性肿大或有局限性硬结，乳汁黏稠、混有脓液，乳房淋巴结肿大。

图 1-22　下颌骨肿大

图 1-23　肉垂处的放线菌肿

图 1-24　胸前肿胀如拳头大

图 1-25　上下颌骨的放线菌肿如小孩头大

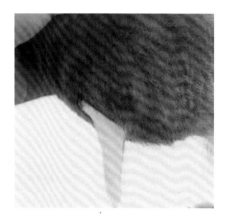

图 1-26　切开后流出多量脓性分泌物

　　【剖检变化】 放线菌在组织内感染引起组织坏死、化脓，脓汁可穿透皮肤向外排脓，形成瘘管。在骨组织内的放线菌瘘管是弯弯曲曲伸向骨组织深部，破坏骨组织，使骨组织进一步坏死，呈豆腐渣状（图 1-27）。在软组织内的放线菌病灶，其瘘管都伸向颌下间隙深部。脓液中含有坚硬光滑的、黄白色的细小菌块（图 1-28），甚似硫黄颗粒。当舌体上患病时，舌体增粗变硬（图 1-29），称为木舌症。

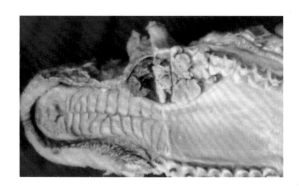

图 1-27　颌骨的放线菌肿，内呈豆腐渣状

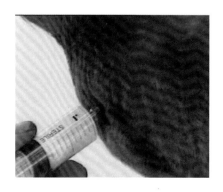

图 1-28　放线菌肿内有黄白色的细小菌块

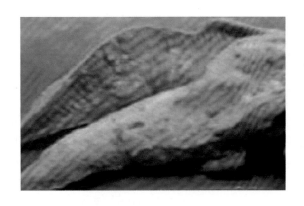

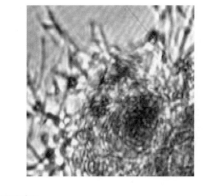

图1-29 舌体增粗变硬　　图1-30 有黄色的直径为3毫米的菊花状放线菌

【诊断】根据流行特征、临床症状和剖检变化即可确定，必要时进行脓液镜检。方法是用灭菌注射器于脓肿部无菌抽取少量脓液，将1～2滴脓液滴于载玻片上，加1滴10%氢氧化钠溶液，混匀溶解脓液后，加盖玻片搓压。低倍弱光下镜检，有黄色的直径为3毫米的菊花状放线菌菌（图1-30），确认为放线菌病。

【类症鉴别】

1. 与齿槽骨膜炎的鉴别

（1）相似点　上颌或下颌肿大，咀嚼、吞咽困难，流涎，出现下颌瘘管。
（2）不同点　齿槽骨膜炎肿胀有热痛，表面平整，有热痛，体温稍高。

2. 与舌创伤的鉴别

（1）相似点　舌尖露于唇外，流涎，吃食困难。
（2）不同点　舌创伤舌面可见创伤，不发硬。

【预防措施】平时做好卫生工作，不用带刺的或带芒的粗硬干草饲喂牛，避免在低湿地带放牧；经常检查口腔，发现外伤要及时治疗。

【安全用药】放线菌病的软组织和内脏病灶，经不断治疗比较容易恢复，而骨质病变往往预后不良。

1. 手术疗法

对于局部浅表性脓肿，可采用手术切开排脓的方法，用1%高锰酸钾溶液或10%双氧水冲洗，然后塞入浸有5%碘酊的纱布或注入适量5%碘酊（图1-31），隔1～2天更换1次，直到伤口完全愈合为止；对于游离性的脓肿，可完全摘除；对于上下颌骨上的放线菌脓肿，可采用切开排脓与烧烙法相结合的方法进行治疗；伤口周围用10%碘仿乙醚或2%碘水溶液做点状注射（图1-32），同时给病牛口服碘化钾，成年牛每次5～10克、犊牛2～4克，每天1次，可连用2～4周。在服药过程中若出现碘中毒现象（出现浆液性流泪、浆液性或黏液性鼻液、面部和颈部皮肤出现鳞片样皮屑等症状），可停药5～6天后再用。

 腔内注入适量 5% 碘酊

图 1-32 点状注射 2% 碘水溶液

2. 全身疗法

重症者，可静脉注射 10% 碘化钠溶液 50 ～ 100 毫升，隔日 1 次，共用 3 ～ 5 次。

3. 局部疗法

"木舌病"，用开口器开口，在舌硬部位稍后方用青霉素 100 万国际单位（先用 10 毫升蒸馏水稀释）加 2% 普鲁卡因溶液 10 毫升作封闭。而后用青霉素、链霉素各 100 万国际单位分 5 ～ 6 点于病部注入舌体，隔日 1 次；在发病初期用青霉素（200 万～ 300 万单位）和链霉素（300 万单位），注射用水 20 ～ 50 毫升，混合溶解后，在肿块周围做点状注射，每日 1 次，5 天为 1 个疗程。或用 0.5% 黄色素注射液 15 ～ 30 毫升，于肿胀部位周围分点注射，每天或隔天使用 1 次；或用 5% ～ 7% 氢氧化钠溶液，每个病灶部位用量 10 ～ 20 毫升，获得满意效果。其方法如下：对无脓期的病牛，用注射器吸取氢氧化钠溶液，在病灶基部以十字交叉法注入药液，边注射边退针，将药液注完后，再用清水洗净外部漏出的药液，以免烧伤正常组织。或用高锰酸钾治疗，治疗时应选择患牛放线菌肿块成熟软化时为佳，将高锰酸钾撒于湿纱布上，填塞患牛肿块创腔内。如肿块发硬，可外涂鱼石脂软膏，促其成熟。

4. 中药疗法

（1）郁金、连翘、黄连、大黄、生地黄、黄芩、栀子、玄参各 45 克，甘草 25 克。水煎取汁，候温化入芒硝 90 克，一次灌服。

（2）木舌症时，可用葱叶擦舌，取 1500 克擦完即可。

（3）冰片 12 克，青黛 9 克，芒硝 30 克，薄荷 6 克，滑石 60 克，研为细末，用蜂蜜调涂患部。

（4）黄柏 12 克，明矾 9 克，黄连 6 克，白及、白蔹各 30 克，研末后用沸水冲调成糊状，装入布袋，让病牛含于口中，布袋两端系绳，固定于病牛头部。

（5）黄连、黄芩、乳香、没药、血竭各 30 克，共研为末，沸水冲调，候温灌服。

（6）黄芩、玄参、生地黄各 90 克，金银花、桔梗、山豆根、赤芍各 60 克，黄柏、麦门冬、射干各 45 克，黄连、连翘、牛蒡子各 30 克，甘草 15 克，水煎灌服。

（7）生大蒜 250 克，白醋 1000 毫升，将大蒜研碎，以白醋冲服。

（8）石膏 200 克，大黄、黄芩、赤芍各 45 克，黄连 30 克，竹茹、车前草各 15 克，灯芯草 10 克，研末冲服。

（9）芒硝 60 克，栀子、玄参各 45 克，连翘、黄芩、知母、麦门冬、大黄、葛根、淡竹叶各 30 克，黄连 15 克，灯芯草 10 克，水煎灌服。

五、牛狂犬病

狂犬病又称"恐水病""疯狗病"，是由狂犬病病毒引起的多种动物和人共患的一种接触性传染病。本病的临床特征是患病动物出现极度的神经兴奋、狂暴和意识障碍，最后全身麻痹而死亡。本病潜伏期较长，一旦发病常常因严重的脑脊髓炎而以死亡告终。

【病原】狂犬病病毒属于弹状病毒科狂犬病病毒属。病毒在唾液腺和中枢神经（尤其在脑海马角、大脑皮层、小脑等）细胞的胞浆内形成狂犬病特异的包涵体。病毒对外界环境抵抗力较弱，70% 酒精、石炭酸、福尔马林、升汞和季铵盐类等消毒药均可使其灭活。

【流行特征】狂犬病病毒感染的宿主范围非常广泛，人及所有温血动物都能感染，如犬、猫、猪、牛、马及野生肉食类的狼、狐、虎、豺和各种啮齿类动物等。尤其是犬科野生动物（如野犬、狐和狼等）更易感染，并可成为本病的自然保毒者。此外，吸血蝙蝠及某些食虫蝙蝠和食果蝙蝠也可成为该病毒的自然宿主（图 1-33）。患病动物和带毒者是本病的传染源，患狂犬病的病犬是最危险的传染源，它们通过咬伤、抓伤其他动物而使其感染。因此该病发生时具有明显的连锁性，容易追查到传染源。在病毒从咬伤部位向中枢系统扩散的过程中，如用抗体处理，可推迟感染过程。此外，当健康动物的皮肤黏膜损伤时，接触患病动物的唾液，也有感染的可能性。也有经吸入带毒空气和误食污染饲料引起感染的报道。在患病动物体内，以中枢神经组织、唾液腺和唾液中的含毒量最高，其他脏器、血液和乳汁中也可能有少量病毒存在，病毒可在感染组织的胞浆内形成特异的嗜酸性包涵体，叫内基小体。本病呈散发，一年四季都可发生，以春夏和秋冬之交多见，病死率为 100%。

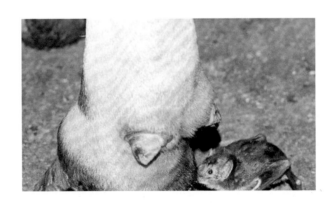

图 1-33　吸血蝙蝠在吸牛蹄部的血液

【临床症状】潜伏期差异很大，短则 7 天，长则 3 个月甚至数年不等。主要与咬伤部位、程度及唾液中所含病毒量有关，咬伤部位越靠近头部，发病率越高，症状越严重。病牛多呈急性经过，出现症状后5天左右死亡。典型临床症状表现有明显的前驱期、狂暴期和麻痹期。

1. 前驱期

精神沉郁，食欲下降，瘤胃积食，受到刺激后反应迟钝或易兴奋，持续几天。

2. 狂暴期

视频 1-3

体温升高，哞叫不止（图1-34），频繁起卧，空口磨牙，感觉过敏，眼光凶恶，两耳直立，对接近它的人或动物有攻击行为（图1-35，视频1-3）。盲目转圈，强行挣脱绳索或系枷，用头冲向饲槽或墙壁。大量流涎，唾液常呈丝状挂在口边（图1-36）。异嗜，吃入异物或土块。剧烈擦痒。性欲旺盛，频繁爬跨。持续2～4天。

图 1-34 病牛哞叫不止　　图 1-35 病牛攻击其他牛　　图 1-36 病牛大量流涎呈丝状挂在口边

3. 麻痹期

站立不稳，行走无力，后躯瘫痪呈现犬坐姿势（图1-37）。粪尿失禁，舌悬垂于唇边，流涎，叫声嘶哑、哀鸣，最后麻痹死亡（图1-38）。

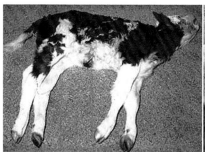

图 1-37 牛狂犬病后躯瘫痪呈犬坐姿势　　图 1-38 牛狂犬病麻痹死亡

【剖检变化】尸体消瘦，体表有伤痕，口腔和咽喉黏膜充血或糜烂，胃内空虚或有异物，胃肠道黏膜充血或出血。内脏充血、实质变性。硬脑膜有时充血。组织学检查较为特征，常在大脑海马角及小脑和延脑的神经细胞浆内出现嗜酸性包涵体（内基氏小体），呈圆形或卵圆形，内部可见明显的嗜碱性颗粒。

【诊断】根据流行特征、临床症状和剖检变化进行综合分析，可做出初步诊断。确诊需进行实验室诊断，包括脑组织触片镜检、组织学检查、动物接种试验等。

【类症鉴别】

1. 与口炎的鉴别

（1）相似点　大量流涎，食欲减退或废绝。

（2）不同点　口炎病牛口腔有炎症或溃疡，但无视觉障碍，不出现高温和不断哞叫及疝痛。

2. 与口蹄疫的鉴别

（1）相似点　有传染性，体温高（40～41℃），大量流涎，减食或废绝。

（2）不同点　牛口蹄疫病牛唇、舌、齿龈有水疱和糜烂，同时蹄部也有水疱和糜烂，传播迅速，不出现不断哞叫和视力障碍及疝痛。

3. 与青草搐搦的鉴别

（1）相似点　体温高（40～40.5℃），步态蹒跚，吃草反刍废绝，吼叫、口流涎，行动盲目。

（2）不同点　牛青草搐搦无传染性，多在施钾肥、氮肥多、低镁的草地放牧。在恶劣天气泌乳母牛易发病、感觉过敏，静卧时如有突发音响和触动即重发阵挛性惊厥，两耳及肌肉明显抽搐，心跳音亢进，距离牛体一定距离也可听到。血镁低于 0.81 毫克 / 升。

【预防措施】狂犬病的控制措施包括建立并实施疫情监测，及时发现并扑杀患病动物，认真贯彻执行所有防止和控制狂犬病的规章制度，包括扑杀野犬、野猫以及各种限养犬等措施；加强对犬猫等动物狂犬病疫苗的免疫接种工作，在狂犬病多发地区应定期进行冻干疫苗的免疫接种。目前国内使用的疫苗有狂犬病弱毒疫苗或其他疫苗联合制成的多联苗可供选用。

【安全用药】

1. 处理方法

目前狂犬病患病动物仍然无法治愈，因此当发现患病动物或可疑动物时应尽快采取不放血的方法扑杀、化制或销毁，不得屠宰利用，防止其攻击人及其他动物而造成本病的传播。

2. 咬后处理

如果人和动物被患病动物咬后，可按以下方法处理：①不要急于止血，要让伤口局部流些血，以冲出已进入伤口的部分狂犬病病毒；②然后用 20% 肥皂水或 0.1% 新洁尔灭溶液、75% 酒精、3% 石炭酸等溶液，反复清洗伤口并用清水洗净，或烧烙伤口进行消毒；③创口小的可用消毒刀片做"十"字形扩创，挤压排出污血，局部再依次用 5% 碘酊和

75% 酒精消毒；④若伤口较深，可用注射器插入创口内部，彻底冲洗和消毒，创口不必缝合。⑤有条件的，在咬伤后用狂犬病血清在伤口周围做浸润注射，并尽早注射狂犬病疫苗 20 ～ 50 毫升，间隔 3 ～ 5 天，重复注射 1 次。⑥污染场地、用具等用 2% 氢氧化钠溶液或 3% 福尔马林彻底消毒。⑦对与病牛有接触的人员立即接种狂犬病疫苗。

3. 中药疗法

在严格隔离的前提下，对发病比较缓慢的牛可用以下中药治疗。

（1）大黄、水牛角各 30 克，山羊角 25 克，川黄连、生地黄各 20 克，连翘 15 克，党参、朱砂、茯神、远志、川贝母、知母、藁本、焦蒲黄、栀子、琥珀、土鳖虫、桃仁各 10 克，共研为末，加蜂蜜 200 克，猪胆 2 个、鸡蛋清 4 个、童便半碗，一次灌服。

（2）竹根 350 ～ 500 克，荆芥、防风、茯苓、枳壳、桔梗、前胡、柴胡、羌活、川芎各 60 克，甘草 30 克，水煎灌服，每天 1 剂，连用 2 ～ 3 天。

六、口炎

口炎亦称"口膜炎"，是口腔黏膜表层和深层组织的炎症的统称，包括舌炎、腭炎和齿龈炎。其病演变过程有单纯性局部炎症和继发性全身反应。临床上以食欲部分或完全丧失、咀嚼障碍和流涎等为特征。

【病因】 原发性口炎主要是由于口腔黏膜遭受机械性、化学性等刺激引起（图 1-39，视频 1-4）。如吃了粗糙或尖锐的饲料，饲料中混有木片、玻璃或麦芒等杂物所造成；牙齿磨灭不正或各种坚硬机械的刺激；或服用高浓度的刺激性药物如冰醋酸、酒石酸锑钾等；吃了有毒植物，误饮氨水等；另外霉菌性中毒、过敏反应也可引起原发性口炎。继发性口炎常继发于舌伤（图 1-40）、咽炎、唾液腺炎、食管炎、急性胃卡他、营养缺乏症（如维生素 A、核黄素、抗坏血酸、烟酸、锌、钙等营养缺乏症）、中毒病（如汞、铜、铅和氟中毒以及农药中毒等）以及某些传染病（如口蹄疫、牛恶性卡他热、牛传染性水疱性口炎、牛放线菌病、牛狂犬病、坏死杆菌病、牛黏膜病、牛流行热、蓝舌病等）。

视频 1-4

图 1-39 由于牛舔舐氧化镁造成舌炎

图 1-40 舌的陈旧性创伤

【临床症状】原发性口炎病牛常采食减少或停止，口腔黏膜潮红、肿胀、疼痛、流涎（图1-41），甚至糜烂、出血和溃疡（图1-42），口臭，全身变化不大。继发性口炎多见有体温升高等各传染病固有的其他全身反应。如口蹄疫时，除口腔黏膜发生水疱及烂斑外（图1-43、图1-44），趾间及皮肤也有类似病变。另外，霉菌性口炎，常有采食发霉饲料的病史，除口腔黏膜发炎外，还表现下泻、黄疸等病变过程。过敏反应性口炎，多与突然采食或接触某种过敏原有关，除口腔有炎症变化外，在鼻腔、乳房、肘部和股部内侧等处见有充血、渗出、溃烂、结痂等变化。

图 1-41 原发性口炎病牛流涎

图 1-42 原发性口炎病牛口腔黏膜潮红、肿胀、出血

图 1-43 口蹄疫病牛口唇内面的红色糜烂

图 1-44 口蹄疫病牛舌面红色糜烂

【诊断】原发性单纯性口炎，根据病性及口腔黏膜炎症的变化，进行诊断不难。但还应注意临床检查和鉴别诊断，要考虑到营养缺乏症、中毒病、传染性疾病等。

【类症鉴别】

1. 与口蹄疫的鉴别

（1）相似点　口黏膜潮红肿胀，或有水疱、溃疡、流涎、食欲减少或废绝。

（2）不同点　口蹄疫有传染性，体温升高到40～41℃，仅见于偶蹄兽，蹄部也有水疱和溃疡。

2. 与牛恶性卡他热的鉴别

（1）相似点　口腔黏膜潮红肿胀、流涎、拒食。

（2）不同点　牛恶性卡他热有传染性，体温升高到41℃，眼睑、头部肿胀，眼、鼻有分泌物，腹泻。

3. 与牛狂犬病的鉴别

（1）相似点　流涎、拒食。

（2）不同点　牛狂犬病有传染性，体温升到40℃或以上，口黏膜不红肿，不断哞叫直至声音嘶哑，阵发性腹痛并排黑软粪，且视力障碍。

4. 与传染性水疱性口炎的鉴别

（1）相似点　口黏膜潮红、流涎、拒食。

（2）不同点　传染性水疱性口炎有传染性，呈地方性流行，蹄趾间有水疱，体温升至40℃左右。

5. 与咽炎的鉴别

（1）相似点　流涎、拒食。

（2）不同点　咽炎病牛咽部敏感，鼻孔也流黏液和泡沫，饮水时有水从鼻孔流出。

6. 与食道炎的鉴别

（1）相似点　流涎、拒食。

（2）不同点　食道炎病牛颈静脉沟处常可见食管充盈而有波动，低头鼻流涎液，导管探入食道感有阻力，但稍用力即可通过。

7. 与有机磷中毒的鉴别

（1）相似点　流涎、拒食。

（2）不同点　有机磷中毒病牛误食有机磷污染的饲草、饲料而发病。瞳孔缩小，腹痛，黏膜苍白，呼吸困难，全身颤抖、抽搐。

8. 与牛病毒性腹泻－黏膜病的鉴别

（1）相似点　口黏膜有糜烂，流涎多。

（2）不同点　牛病毒性腹泻-黏膜病有传染性，体温升至40～42℃，眼鼻有分泌物，有腹泻。

9. 与牛蓝舌病的鉴别

（1）相似点　颊黏膜糜烂，流涎，厌食，吞咽困难、口臭。

（2）不同点　牛蓝舌病有传染性，体温升至41℃，有蹄叶炎、跛行，孕牛可流产。

【预防措施】加强饲养管理，合理调配饲料，对粗硬饲草可进行碱化、粉碎处理；防止不良因素对口腔黏膜的刺激，口服给药时，药物温度不能过高，使用开口器时应避免损伤黏膜等；不喂粗硬的、带芒刺的草料和严防损伤口舌的刺激性异物进入口腔，如口腔内有芒刺等异物要取出，防止因口腔受伤而发生原发性口炎；若在牛群中发现口炎病牛，应立即隔离病牛，观察治疗，查明原因，并对全场牛只进行监测，以防止某些传染病的蔓延。

【安全用药】

1. 局部疗法

反复洗涤口腔，一般用 1% 食盐水或 3% 硼酸溶液或 0.1% 雷佛奴尔溶液，一日数次洗口；口腔恶臭，用 0.1% 的高锰酸钾溶液冲洗；唾液分泌旺盛，用 1%～2% 明矾溶液或鞣酸溶液洗口；口腔黏膜溃烂或溃疡时，口腔洗涤后溃烂面涂 10% 磺胺甘油乳剂或碘甘油（5% 碘酊 1 份、甘油 9 份），每日 2 次；用青霉素 80 万单位加适量蜂蜜混匀后，每日涂抹数次。

2. 中药疗法

方剂 1：青黛、黄柏、薄荷、黄连、桔梗、儿茶各等份，研末，取适量装入纱布袋内，衔于口中，或直接将药末撒在患处。

方剂 2：黄柏、儿茶、枯矾各等份，共研细末，取少许涂于舌体糜烂处。

方剂 3：冰片 12 克，青黛 9 克，芒硝 30 克，薄荷 6 克，滑石 60 克，共研为细末，调蜂蜜涂于患处，每天 2 次。

方剂 4：取市售冰硼散、青黛散，用时涂于患处。

方剂 5：石膏 150 克，金银花、玄参、车前子（包）各 60 克，连翘、黄连、黄芩、知母、栀子各 30 克，水煎灌服，每天 2 次。

方剂 6：蜂蜜 200 克，生绿豆粉 50 克，元明粉 30 克，青黛、枯矾粉各 10 克，冰片 5 克，阿莫西林 5 克，加适量水，将以上药物混合调成膏剂装入纱布袋内，袋的两端系绳备用。先以 0.2% 高锰酸钾溶液清洗口腔，将药袋放入病牛口内，并固定在病牛头上，饲喂和饮水时取下。每天 2 次，每次放置 1.5 小时左右。

方剂 7：黄柏 10 克，青黛 6 克，冰片 3 克，共研为末，撒布于溃烂面。

方剂 8：山药 30 克，冰糖 30 克，共研为末，撒在患处。

方剂 9：取冰片 5 克，朱砂 6 克，硼砂 50 克，元明粉 50 克，混合均匀，吹入溃疡面上。

3. 输液疗法和消炎疗法

病情严重，体温升高，不能采食时，要静脉注射葡萄糖，并结合抗菌药物或磺胺药物疗法等；每日 2 次经胃管投入流质饲料。

4. 治疗原发病

对传染病合并口腔炎症者，在治疗口炎的同时，宜隔离治疗传染病并消毒。

七、食管阻塞

食管阻塞是由于吞咽物过于粗大和（或）咽下机能紊乱所致的一种食管疾病。临床上以突发吞咽障碍、流涎和瘤胃臌胀等为特征。

【病因】病因分为原发性与继发性两种区别。原发性食管阻塞常发生在饥饿、抢食、采食受惊等应激状态下或麻醉复苏之后，采食马铃薯（图1-45）、甘薯、洋芋、芜菁、甘蓝、甜菜、包心菜根、萝卜等块根块茎类饲料以及西瓜皮或苹果等，吞咽过急；或因采食大块豆饼、花生饼、谷秆、玉米棒以及谷草、稻草、青干草等，未经充分咀嚼，急忙吞咽而引起；还有由于误咽毛巾、手帕、破布、毛线球、木片、塑料袋、地膜或胎衣等而发病。继发性食管阻塞常伴随于异嗜癖（营养缺乏症）、颈部肿瘤以及食管的炎症、痉挛、麻痹、狭窄、扩张、憩室等疾病。

图1-45　食管阻塞物马铃薯

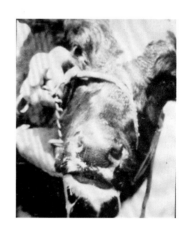

图1-46　病牛口腔和鼻腔大量流涎

【临床症状】按其程度，可分为完全阻塞和不完全阻塞。按其部位，可分为咽部食管阻塞、颈部食管阻塞和胸部食管阻塞。采食中止，突然发病。口腔和鼻腔大量流涎（图1-46）；低头伸颈，徘徊不安或摇头缩脖，做吞咽动作（图1-47）。几番吞咽或试以饮水后，随着一阵颈项挛缩和咳嗽发作，大量饮水和（或）唾液从口腔和鼻孔喷涌而出（图1-48）。若为颈部食管阻塞，可见局限性膨隆，能摸到堵塞物（图1-49）。若为胸部食管阻塞，由于咽下的唾液积存于阻塞物前部的食管中，可看到左颈静脉沟处出现膨大的食管，触诊有

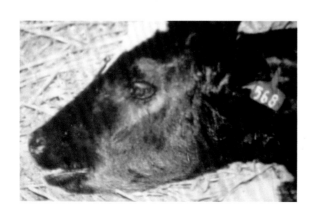

图1-47　病牛摇头缩颈，做吞咽动作

图1-48　大量唾液从口腔和鼻孔喷涌而出

波动，如用手向口腔方向挤压，则有大量泡沫状唾液从口、鼻流出。不完全阻塞，液体可以通过食管，而食物不能下咽。完全阻塞，在阻塞物上方部位可积存液体，手触有波动感，由于不能嗳气而迅速继发瘤胃臌胀和呼吸困难（图1-50）。食管阻塞时，如有异物吸入气管可发生异物性气管炎和异物性肺炎。

图 1-49　颈部食管局限性膨隆，能摸到堵塞物　　图 1-50　食管完全阻塞病牛出现呼吸困难

【诊断】食管阻塞的诊断，临床上根据在采食中突然发生咽下障碍和胃管插至阻塞部即不能前进，容易诊断，确诊依据于食管探诊和X射线检查。但还要注意类症鉴别诊断。

【类症鉴别】

1. 与咽炎的鉴别

（1）相似点　口流涎，有时鼻也流涎，喝水能从鼻孔流出，头颈伸直，吞咽障碍。
（2）不同点　咽炎在缓慢和少量喝水时鼻不流水，咽部肿胀敏感，食管无积液波动。

2. 与喉囊炎肿的鉴别

（1）相似点　流涎，有时头颈伸直。
（2）不同点　喉囊炎肿时喉部有肿胀热肿，呼吸困难，呼吸有鼾声，喝水鼻不流涎。

3. 与食管炎的鉴别

（1）相似点　口鼻流涎，吃草吞咽困难，大口喝水时水从鼻孔流出。
（2）不同点　食管炎时咽、食管内无硬结，用导管探诊排出食管积液后灌水能入胃，至炎症处即阻止胃管进入，但稍用力即可通过。消炎疗法有一定的效果。

4. 与破伤风的鉴别

（1）相似点　头颈伸直，口腔潴留大量唾液，嘴张开时流涎。
（2）不同点　破伤风有传染性，病牛两耳直立，牙关紧闭，四肢强直如木马。

【预防措施】为了预防该病的发生，应防止牛在饥饿、抢食或受惊时偷食未加工的块根饲料；补喂牛生长素制剂或饲料添加剂；清理牧场、厩舍周围的废弃杂物以防止被误食。

【安全用药】治疗要点是润滑管腔，缓解痉挛，清除堵塞物。

1. 瘤胃穿刺减压

对已经发生瘤胃臌胀的病牛，应立即用套管针在饿眼穴穿刺，缓慢放出瘤胃内气体后，再做其他处理。

2. 镇静并疏通食管

应用镇痛解痉药，并以 1% ～ 2% 普鲁卡因溶液混以适量液体石蜡或植物油灌入食管。然后依据阻塞部位和堵塞物性状，选用下列方法疏通食管。

（1）直接掏取法　若阻塞物在近咽部，妥善保定后，先给牛戴上开口器，用胃管灌入液状石蜡或植物油 100 ～ 300 毫升，一人用双手在食管两侧将堵塞塞物推至咽部，另一人将手或钝钳伸入咽内取出。

（2）推送法　先用胃管将液状石蜡或植物油 150 ～ 200 毫升、2% 盐酸普鲁卡因注射液 30 毫升，投入到阻塞部，10 ～ 15 分钟后用硬质胃管推送或接打气管气压推送或接水管水压推送阻塞物至胃内。

（3）挤出法　颈部垫以平板，手掌抵堵塞物下端，向咽部挤压，从咽部取出。

（4）砸碎法　当阻塞物易碎、表面光滑并阻塞在颈部食管时，可在阻塞物两侧垫上软垫，将一侧固定，在另一侧用木槌或拳头砸（用力要均匀），使其破碎后咽入瘤胃。

（5）吸取法　阻塞物如为草料食团，可将牛保定好，送入胃管后用橡皮球吸取水，注入胃管，在阻塞物上部或前部软化阻塞物，反复冲洗，边注入水边吸出，反复操作，直至食管畅通。

（6）手术法　若上述方法无效时，采用手术方法，切开食管，取出堵塞物（视频 1-5）。

视频 1-5

第二节　以反刍功能异常为特征的消化系统疾病

一、前胃弛缓

前胃弛缓又称"脾胃虚弱"，是由各种原因导致的前胃神经兴奋性降低、肌肉收缩力减弱，瘤胃内容物运转缓慢，微生物菌群紊乱，产生大量发酵和腐败的物质，引起消化障碍和全身机能紊乱的一种疾病。临床上以食欲减退，前胃蠕动机能减弱，反刍、嗳气减少或丧失为特征。本病是反刍动物的常见病，舍饲牛多发。

【发病原因】分为原发性前胃弛缓（亦称单纯性消化不良）和继发性前胃弛缓。

1. 原发性前胃弛缓的原因

主要是饲养不当。当长期饲喂粗硬劣质难以消化的饲料时，如豆秸、甘薯蔓、糠秕、秸秆等，强烈刺激胃壁，尤其在饮水不足时，前胃内容物是缠结成难以移动的团块，影响瘤胃内微生物的消化活动；反之，当长期饲喂柔软、刺激性小或缺乏刺激性的饲料，如麸皮、面粉、细碎精料等，不足以兴奋前胃机能，均易发生前胃弛缓。饲喂品质不良的草料，如发酵变质的青草、青贮料、酒糟、豆腐渣等，或草料突然变换，前胃机能一时不易适应，也是前胃弛缓的常见原因。另外，血钙水平降低、矿物质和维生素缺乏、管理不当（主要是过度使役或运动不足）、应激反应等因素也可造成。

2.继发性前胃弛缓的原因

主要是由胃肠道疾病（如瘤胃臌气、瘤胃积食、创伤性网胃炎、皱胃变位、腹膜炎等）、口腔疾病、外产科疾病、营养代谢病（酮血病）、某些传染病和寄生虫病（肝片吸虫病等）、治疗中用药不当引起菌群失调等因素而继发的。本病在冬末、春初粗饲料缺乏时最为常见。

【临床症状】临床症状可分为急性和慢性两种类型。

1.急性前胃弛缓

多呈现急性消化不良，精神委顿，神情不活泼，表现为应激状态。食欲减退或消失，反刍迟缓或停止。体温、呼吸、脉搏及全身机能无明显异常。瘤胃肌肉收缩力减弱，蠕动次数减少或正常，瓣胃蠕动音低沉，泌乳产量下降，时而嗳气，有酸臭味，便秘，粪便干硬、呈深褐色。瘤胃内容物充满，黏硬，或呈粥状；由变质饲料（图1-51）引起的，瘤胃收缩力消失，轻度或中等度膨胀，下痢；由应激反应引起的，瘤胃内容物黏硬，而无膨胀现象。一般病例病情轻，容易康复。如果继发前胃炎或酸毒症，病情急剧恶化，呻吟、磨牙，食欲反刍废绝，牛粪便大量为棕褐色糊状便，具有恶臭，精神高度沉郁，皮温不整。体温降低，鼻镜干燥（图1-52），眼球下陷，黏膜发绀，发生脱水现象（图1-53）。实验室检查，瘤胃内容物pH可下降到6.5～5.5，甚至5.5以下。纤毛虫活性降低，数量减少，甚至消失。血浆二氧化碳结合力下降。

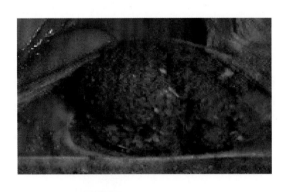

图1-51 瘤胃内的变质饲料

图1-52 病牛鼻镜干燥

2.慢性前胃弛缓

多为继发性因素引起或由急性转变而来。食欲不定，时好时坏，常常空嚼磨牙，发生异嗜，舔砖吃土（图1-54），或吃被粪尿污染的垫草污物，反刍不规则，间断无力或停止，嗳气减少，嗳出的气体带臭味。病情时好时坏，水草迟细，日渐消瘦，皮焦毛炸，无神无力，体质衰弱（图 1-55）。瘤胃蠕动音减弱或消失，内容物停滞，稀软或黏硬。网胃与瓣胃蠕动音减弱或消失，瘤胃轻度膨胀。腹部听诊，肠蠕动音微弱或低沉。便秘，粪便干硬、呈暗褐色、附着黏液；下痢，或下痢与便秘互相交替。排出糊状粪便，散发腥臭味；潜血反应往往呈阳性。病后期伴发瓣胃阻塞，精神沉郁，鼻镜龟裂，不愿移动，或卧地不起（图 1-56），食欲降低、反刍停止，瓣胃蠕动音消失，继发瘤胃膨胀，脉搏快速，呼吸困难。眼球下陷，结膜发绀，全身衰竭、病情危重。

图 1-53　病牛眼球下陷，脱水严重

图 1-54　病牛表现吃土的异嗜

图 1-55　病牛消瘦，无神无力，体质衰弱

图 1-56　病牛精神沉郁，卧地不起

【诊断】本病的诊断，通常根据发病原因和临床症状（饮食、反刍障碍，瘤胃蠕动音减弱）分析判断，必要时结合检测瘤胃内容物 pH 和计数纤毛虫，一般容易诊断。

【类症鉴别】

1. 与瘤胃积食的鉴别

（1）相似点　吃草、反刍减少或废绝，瘤胃蠕动弱，磨牙，体温无变化。

（2）不同点　瘤胃积食病牛瘤胃膨满坚硬，呼吸增数。

2. 与瘤胃臌胀的鉴别

（1）相似点　吃草、反刍减少或废绝，瘤胃蠕动减弱甚至无蠕动，体温不高。

（2）不同点　瘤胃积食病牛左肷部臌凸，甚至高过脊背，叩之鼓音，烦躁不安，眼结膜充血，呼吸迫促。

3. 与创伤性网胃炎的鉴别

（1）相似点　吃草、反刍减少或废绝，瘤胃蠕动减弱。

（2）不同点　创伤性网胃炎病牛在喝冷水时出现肘后至肩部被毛逆立，卧时小心，常先前肢跪下，后躯左右移动最后才小心卧下，用脚下踢或用木棍抬压剑状软骨部有疼痛反应。

4. 与瓣胃阻塞或扩大的区别

（1）相似点　吃草、反刍减少或废绝，瘤胃蠕动减弱，粪便减少。

（2）不同点　瓣胃阻塞病初有疝痛，瘤胃反复发生臌气，在最后肋骨弓上缘向前向里触摸可触到球形硬块。

5. 与皱胃阻塞的鉴别

（1）相似点　吃草、反刍较少或废绝，腹围膨大，瘤胃柔软、蠕动减弱或废绝。

（2）不同点　皱胃阻塞在右腹侧自软肋下方至膝襞处可摸到硬块，而左腹侧对等部位则无硬块，直肠检查掌心摸瘤胃时，手背可触到硬块，所排的干粪、稀粪均呈黑色。

6. 与牛肠阻塞的鉴别

（1）相似点　吃草、反刍减少或废绝，瘤胃柔软、蠕动音减弱或无。

（2）不同点　牛肠阻塞右腹膨大，用拳揉腹壁有晃水音，病初有疝痛，不排粪而排白色胶冻样黏液。

7. 与牛瘤胃酸中毒的鉴别

（1）相似点　吃草、反刍减少或废绝，瘤胃柔软、蠕动音减弱或无。

（2）不同点　瘤胃酸中毒病牛采食含碳水化合物饲料过多而发病。体温偏高，呼吸、心跳增数，眼结膜潮红，走路蹒跚，重时不能起立，瘤胃内容物 pH 在 6 以下，尿 pH 在 7 以下。

8. 与牛酮血病的鉴别

（1）相似点　吃草、反刍减少或废绝，瘤胃柔软、蠕动音减弱或无，好卧懒动。

（2）不同点　牛酮血病多发生于奶牛，且多发生产后 1～2 个月内，奶、尿、呼出气体有酮气味，酮粉检验奶或尿呈阳性。

9. 与创伤性心包炎的鉴别

（1）相似点　吃草、反刍减少或废绝，瘤胃蠕动音减弱或无。

（2）不同点　创伤性心包炎病牛久站立不愿卧下，卧时前肢先下跪，后躯踌躇、左右移动最后才小心卧下，心区叩诊敏感，听诊有拍水音。

10. 与皱胃移位的鉴别

（1）相似点　吃草、反刍减少或废绝，瘤胃蠕动音减弱或无。

（2）不同点　皱胃移位常在产后立即发病，伴发酮尿，于左侧腹侧下部可听到皱胃蠕动音，病程持久，通常经月。左腹胁上方倒数第二肋间隙叩诊结合听诊可听到特殊的钢管音。

11. 与皱胃扭转的鉴别

（1）相似点　吃草、反刍减少或废绝，瘤胃蠕动音减弱或无。

（2）不同点　皱胃扭转病牛很快表现腹痛，心率增数，每分钟达 100 次以上，粪软色暗，后变血样乃至呈黑色。最后多取死亡转转归。

【预防措施】应做到及时诊治原发疾病；防止长期饲喂单调的难以消化的草料；防止饲喂霉败变质和过粗、过细（粉质）、过热或冰冻的饲料；还要避免突然变换饲料。役牛在大忙季节，不能劳役过度，冬季休闲，注意适当运动；保持安静，避免奇异声、光、音、色等不利因素的刺激和干扰，引起应激反应；注意圈舍清洁卫生和通风保暖；提高牛群健康水平，防止本病的发生。

【安全用药】治疗原则为加强护理，除去病因，增强瘤胃机能。

1. 加强护理

病初绝食 1 ～ 2 天，多饮清水，多次少量饲喂优质干草和易消化的饲料，适当运动。

2. 增强瘤胃机能

为了兴奋瘤胃蠕动机能，通常先服缓泻制酵剂，而后应用兴奋瘤胃蠕动的药物。

（1）缓泻止酵　常用硫酸镁或硫酸钠 500 克，松节油 30 ～ 40 毫升，酒精 80 毫升，常水 4000 ～ 5000 毫升，一次内服；或液状石蜡 1 000 ～ 2 000 毫升，苦味酊 20 ～ 40 毫升，一次内服。

（2）兴奋瘤胃蠕动的药物　最好先测定瘤胃内容物 pH，当 pH 为 5.8 ～ 6.9 时，宜用偏碱性药物，如人工盐 60 ～ 90 克，或碳酸氢钠 50 ～ 100 克，常水适量，一次内服，同时应用 10% 氯化钠溶液 250 ～ 500 毫升，10% 安钠咖液 20 ～ 40 毫升，一次静脉注射，每日 1 次，效果良好；当 pH 为 7.6 ～ 8.0 时，宜用偏酸性药物，如苦味酊 60 毫升、稀盐酸 30 毫升、番木鳖酊 15 ～ 25 毫升、酒精 100 毫升、常水 500 毫升，一次内服，每日 1 次，连用数日；促反刍液，通常用 5% 氯化钠溶液 300 毫升、5% 氯化钙溶液 300 毫升、20% 安钠咖注射液 10 毫升，一次静脉注射。或用 10% 氯化钠溶液 100 毫升、5% 氯化钙溶液 200 毫升、20% 安钠咖注射液 10 毫升，静脉注射，可促进前胃蠕动，提高治疗效果。

（3）应用拟胆碱药　新斯的明 4 ～ 20 毫克，一次皮下注射，每 2 ～ 3 小时 1 次；或毒扁豆碱 30 ～ 50 毫克，一次皮下注射。但应注意，应用任何拟胆碱药物时，都必须适当地采用小剂量，必要时可经 1 ～ 2 小时重复 1 次。重症的病牛，伴有腹膜炎的病牛，特别是妊娠后期的病牛禁用。也可用吐酒石 4 ～ 6 克、常水 2000 毫升，溶解后一次内服，每日 1 次，不超过 2 ～ 3 次，效果较好。但应注意，瘤胃蠕动音一旦停止则禁用。

（4）原发性急性前胃弛缓的治疗　如果是由于血钙水平低引起的，可用 10% 氯化钠溶液 100 ～ 200 毫升、10% 氯化钙溶液 100 ～ 200 毫升、20% 安钠咖注射液 10 毫升，静脉注射，对提高血钙，促进前胃运动机能有良好效果。为了改善瘤胃生物学环境、提高纤毛虫的活力，还可以移植健牛的瘤胃内容物，最好是用胃管先给健牛灌服生理盐水 8 ～ 12

升，而后采取其瘤胃内容物，加适量水混合后，用胃管灌服，效果较好。

3. 中药疗法

（1）对于脾胃虚弱、水草迟细、消化不良的病牛，应着重健脾和胃、补中益气为主，宜用四君子汤加味。党参100克、白术75克、茯苓75克、炙甘草25克、陈皮40克、黄芪50克、当归50克、大枣200克。水煎去渣内服，每天1剂，连用2～3剂。

（2）对于久病虚弱、气血双亏的病牛，应以补中益气、养气益血为主，宜用八珍散加味。党参、白术、当归、熟地、黄芪、山药、陈皮各50克，茯苓、白芍、川芎各40克，甘草、升麻、干姜各25克，大枣200克。水煎去渣内服，每天1剂，连服数剂。

（3）对口色淡白、耳鼻俱冷、口流清涎、水泻的病牛，温中散寒、补脾燥湿为主，宜用厚朴温中汤加味。厚朴、陈皮、茯苓、当归、茴香各50克，草豆蔻、干姜、桂心、苍术各40克，广木香、砂仁、甘草各25克。水煎去渣内服，每天1剂，连用数剂。也可用红糖250克、生姜200克（捣碎），开水冲，内服，具有和脾暖胃、温中散寒的功效。

（4）针灸治疗　关元俞为主穴，配脾俞、六脉穴，电针30分钟，每天1次，连用3～5次。

二、瘤胃积食

瘤胃积食是反刍动物采食大量粗劣难消化的饲料，致瘤胃运动机能障碍、食物积滞于瘤胃内（图1-57），使瘤胃壁扩张、容积增大（图1-58）的疾病。临床上以瘤胃蠕动音极弱或消失、腹部膨满、触诊瘤胃黏硬或坚硬、反刍嗳气停止为特征。中兽医又称"宿草不转"。牛、羊均可发生，舍饲牛较多见。

图1-57 瘤胃内积滞的食物

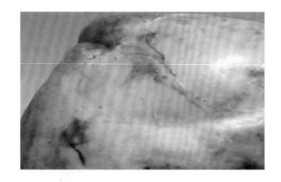

图1-58 瘤胃容积增大，造成胃壁扩张

【发病原因】

1. 原发性瘤胃积食的病因

主要原因是饲养不当，一次或长期采食过量劣质、粗硬的饲料，如麦草、豆秸、花生蔓以及其他粗秸秆植物等，其中特别是半干的花生蔓、甘薯蔓、豆秸等，具有高度韧

性，当秋后给牛单纯饲喂时，最易发病。或一次喂过量适口饲料，或采食多量干料后饮水不足，或偷食大量精料（视频1-6）等。由于过食，瘤胃运动机能紊乱，运送机能障碍，使瘤胃内容物逐渐积聚而发病。

视频1-6

2. 继发性瘤胃积食的病因

常见于前胃弛缓、瓣胃阻塞、创伤性网胃炎、腹膜炎、皱胃炎、皱胃阻塞、皱胃扭转、皱胃移位和热性疾病等经过中。

【临床症状】病牛表现食欲减退，甚至拒食，初期反刍减慢、次数稀少，不断嗳气，以后反刍、嗳气减少或停止。鼻镜干燥，腹痛不安，摇尾，弓背，回头顾腹（图1-59），有时呻吟。左侧下腹部轻度膨大（图1-60），左肷窝部位平坦（图1-61）。听诊瘤胃，蠕动音减弱或消失；触诊瘤胃，胀满且内容物黏硬或坚硬，并有痛感。叩诊呈浊音。排粪迟滞，粪便干少色暗，有时排少量恶臭的粪便。晚期病情急剧恶化，泌乳量锐减或停产，肚腹膨隆，呼吸急促而困难，全身战栗，眼球下陷，黏膜发绀，全身衰弱，卧地不起（图1-62），陷于昏迷状态，发生脱水与自体中毒，呈现循环衰竭虚脱。

图1-59　病牛腹痛，表现回头顾腹

图1-60　病牛左侧下腹部轻度膨大

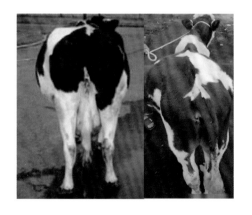

图1-61　病牛左侧肷窝部位平坦

图1-62　病牛全身衰弱，卧地不起

【诊断】根据过食病史，瘤胃内容物膨满而黏硬，食欲、反刍停止等病征，不难诊断。

【类症鉴别】

1. 与前胃弛缓的鉴别

（1）相似点　吃草、反刍减少或废绝，瘤胃蠕动音弱，体温无变化。
（2）不同点　前胃弛缓瘤胃不饱满坚硬。

2. 与瘤胃臌胀的鉴别

（1）相似点　左胘饱满，呼吸增数，烦躁不安，吃草、反刍减少或废绝。
（2）不同点　瘤胃臌胀病牛左侧肚腹部显著膨胀，有时高过背脊，叩之呈鼓音。针刺瘤胃放出气体。

3. 与创伤性网胃炎的鉴别

（1）相似点　吃草、反刍减少或废绝，不想卧倒，磨牙。
（2）不同点　创伤性网胃炎病牛的剑状软骨部位叩诊疼痛，卧时前肢下跪，后躯左右移动多次后才小心卧下，走下坡路时显现痛苦状。

4. 与瓣胃阻塞（扩大）的鉴别

（1）相似点　腹围增大，左胘稍膨大，吃草、反刍减少或废绝，有疝痛，粪干少。
（2）不同点　瓣胃阻塞（扩大）病牛在右腹最后肋弓上缘向里向前按压可触动圆球状硬块，触诊瘤胃无饱满坚硬感。

5. 与黑斑病红薯中毒

（1）相似点　吃草、反刍废绝，瘤胃饱满，腹围大，呼吸增数多。
（2）不同点　黑斑病红薯中毒病牛因吃黑斑病红薯而发病，瘤胃虽饱满，但按压不坚硬。胸围膨大，有时颈背部出现皮下气肿。

【预防措施】本病预防主要是加强饲养管理，防止过食，避免突然更换饲料，粗饲料要适当加工软化后再喂。注意充分饮水、适当运动。积极治疗其他前胃疾病。

【安全用药】以排除瘤胃内容物和兴奋瘤胃蠕动为基本治疗原则，同时根据病情采取补液、强心和纠正酸中毒等对症治疗措施。

1. 排出瘤胃内容物

根据病情可适当采取以下措施。

（1）轻症的瘤胃积食　禁食并进行瘤胃按摩，每次10～20分钟，1～2小时按摩1次。或先灌服大量温水，再按摩，则效果更好。也可用酵母粉500～1000克，1天分2次内服。

（2）中等或重度程度的瘤胃积食，可内服泻剂　如硫酸镁或硫酸钠500～800克，加鱼石脂15～20克，常水5000～6000毫升，一次内服；也可用液状石蜡或植物油1000～2000毫升，一次内服；或盐类和油类泻剂并用。

2. 兴奋瘤胃蠕动

可于瘤胃内容物泻下后，或与泻下措施同时施行，措施参见前胃弛缓的治疗。在瘤胃内容物已泻下，食欲仍不转好时，可用健胃剂，如番木鳖酊 15 ～ 20 毫升、龙胆酊 50 ～ 80 毫升，加水适量，一次内服。

3. 对症治疗

对高度脱水的病牛，需大量输液，每天至少静脉注射 4000 ～ 10000 毫升，同时静脉注射 5% 碳酸氢钠注射液 500 ～ 1000 毫升。

4. 中药疗法

（1）大黄、枳实、槟榔、麦芽、茯苓各 60 克，白术、青皮、香附各 45 克，厚朴 90 克，山楂 120 克，木香、甘草各 30 克，共研为末，开水冲调，候温灌服。

（2）焦三仙 250 克，莱菔子 200 克，椿树皮 150 克，煎汁 1500 毫升，加麻油 500 毫升，一次灌服。

（3）芒硝 400 克，神曲、山楂各 120 克，大黄 100 克，麦芽 90 克，枳实 60 克，厚朴、槟榔各 30 克，共研为细末，沸水冲调，候温灌服。

（4）烟丝 65 克，香油 500 毫升，混合后加水适量，一次灌服。

（5）莱菔子 250 ～ 500 克，研末，加植物油 500 ～ 1000 毫升，灌服。

（6）蜂蜜 500 ～ 1000 毫升，健胃散 100 ～ 200 克，水 2000 ～ 3000 毫升，灌服。

（7）芒硝 250 ～ 600 克，大黄 90 ～ 120 克，神曲、麦芽、山楂、枳实、厚朴各 60 克，槟榔 30 克，共研为细末，沸水冲调，候温灌服。

（8）碳酸氢钠 250 克，加温水灌服。20 分钟后，再用芒硝 500 克，加水 5000 毫升，灌服。

（9）芒硝 250 克，神曲 120 克，大黄、黄芪、滑石各 60 克，牵牛子、枳实、厚朴、黄芩各 45 克，大戟、甘遂各 30 克，猪脂 25 克，水煎，候温灌服。

（10）椿皮、莱菔子各 60 ～ 90 克，枳实或枳壳 30 克，常山、柴胡各 20 ～ 25 克，甘草 15 克，水煎灌服或研末后用沸水冲调，候温灌服。

（11）石菖蒲 250 克，水煎灌服，每天 1 次，连用 2 天。

5. 手术疗法

重症而顽固的瘤胃积食，经上述措施治疗无效时，可行瘤胃切开术。

三、瘤胃臌气

瘤胃臌气是反刍动物采食了大量易发酵的草料，在瘤胃和网胃内发酵，以致瘤胃和网胃内迅速产生并积聚大量气体，而使瘤胃急剧臌气（图 1-63）的疾病。临床上以呼吸极度困难，腹围急剧膨大（图 1-64），触诊瘤胃紧张而有弹性为特征。瘤胃内气体多与液体和固体食物混合存在，形成泡沫臌气。本病多发于牛和绵羊，山羊少见。夏季草原上放牧的牛羊，可能有成群发生瘤胃臌胀的情况。

图 1-63 瘤胃急剧臌气

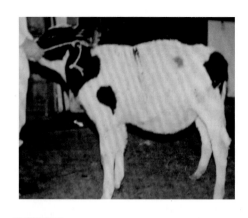

图 1-64 病牛腹围急剧膨大，呼吸极度困难

【发病原因与发病机理】

1. 发病原因

根据病因本病可分为原发性瘤胃臌气（泡沫性臌气）和继发性瘤胃臌气（非泡沫性或自由气体性臌气）两种。

（1）原发性瘤胃臌气　主要是牛采食了大量易发酵的草料，最常见的是长期舍饲的牛，初到幼嫩多汁而茂盛的草地放牧，一时采食过多，尤其是过食豆科牧草，如苜蓿、紫云英、三叶草、野豌豆等更易发病；或采食新鲜干红薯、萝卜缨子、白菜叶等也可引起发病；采食多量雨季潮湿的青草、凋萎的牧草、霜冻牧草、腐烂的干草以及质地不良的青贮料，或采食大量多汁而易发酵的饲料，如青贮料、马铃薯、粉渣、酒糟，均能引起瘤胃臌气。

（2）继发性瘤胃臌气　主要是由于前胃机能减弱，嗳气机能障碍。多见于前胃弛缓、食管阻塞、瓣胃阻塞、迷走神经性消化不良、创伤性网胃炎及慢性腹膜炎等。

2. 发病机理

瘤胃臌气有泡沫性瘤胃臌气和非泡沫性瘤胃臌气两种。

（1）泡沫性瘤胃臌气　发病机理较为复杂，病情发展也更为急剧。泡沫的形成主要决定于瘤胃液的表面张力、黏稠度以及内容物 pH 值和菌群关系的变化。当采食豆科植物，含有多量的蛋白质、皂苷、果胶等物质，都可产生气泡，其中核蛋白体 18S 更具有形成气泡的特性，而果胶与唾液中的黏蛋白和细菌的多糖类等，可增高瘤胃液的黏稠度。瘤胃内容物发酵过程所产生的有机酸（特别是柠檬酸、丙二酸、琥珀酸等非挥发性酸）致使瘤胃液 pH 值下降至 5.2 ～ 6.0 时，泡沫的稳定性显著增高。显而易见，瘤胃内所产生的大量气体，与其中表面张力、黏稠度高的内容物互相混合而形成附着在饲草上的稳定性小泡沫，既不能融合成较大的气泡，大量的瘤胃内容物又阻塞贲门，妨碍嗳气，迅速导致泡沫性臌胀的发生和发展，病情急剧，若不及时消胀，可导致患病动物缺氧窒息乃至死亡。

（2）非泡沫性瘤胃臌气　除瘤胃内碳酸盐及其内容物发酵所产生的大量一氧化碳和甲烷外，饲料中还含有氰苷与脱氢黄体酮化合物，具有降低前胃神经兴奋性，抑制瘤胃平滑肌收缩的作用，因而引起非泡沫性瘤胃臌胀的发生。

在本病发生发展的过程中，由于瘤胃壁过度的臌胀和扩张，腹内压升高，使呼吸和血液循环发生障碍，瘤胃内腐败发酵产物刺激瘤胃壁发生痉挛性收缩，出现疼痛现象。

【临床症状】

1. 原发性瘤胃臌气

多在采食中或采食后不久突然发病，病牛表现不安，回顾腹部，后肢踢腹及背腰拱起等腹痛症状。食欲废绝，反刍和嗳气很快停止。腹围迅速膨大（图1-65），肷窝凸出，左侧更为明显，常可高至髋结节或背中线（图1-66）。此时，触诊左侧肷窝部位紧张而有弹性，叩诊呈鼓音。瘤胃蠕动音减弱或消失。呼吸高度困难，每分钟 60～80 次，甚至张口呼吸，舌脱出。黏膜呈蓝紫色。心搏动增强，脉搏细弱增数，每分钟达 120～140 次，静脉怒张。后期病牛呻吟，步样不稳或卧地不起，常因窒息或心脏麻痹而死亡（图1-67）。

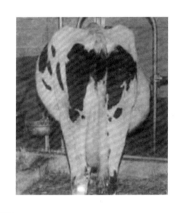

图 1-65　原发性瘤胃臌气的左腹围迅速膨大　　图 1-66　原发性瘤胃臌气的左肷窝凸出，高至背中线

图 1-67　瘤胃臌气后期窒息死亡　　图 1-68　立即剖检病牛，瘤胃壁过度扩张并有大量气体

2. 继发性瘤胃臌气

一般发生发展缓慢，对症施治，症状暂时减轻，但原发病不愈，不久又可复发。通常是为非泡沫性臌胀，穿刺排气后，继而又臌胀起来，瘤胃收缩运动正常或减弱，穿刺针随同瘤胃收缩而转动。病牛逐渐消瘦，可能便秘和腹泻交替发生。犊牛排出的气体，具有显著的酸臭味。病情发展缓慢，食欲、反刍减退，水草迟细，逐渐消瘦。生产性能降低，奶

牛泌乳量显著减少。

【剖检变化】 死后立即剖检的病例，瘤胃壁过度扩张，充满大量气体（图1-68）及含有泡沫的内容物。死后数小时剖检，瘤胃内容物无泡沫，间或有瘤胃或膈肌破裂。瘤胃腹囊黏膜有出血斑，甚至黏膜下瘀血，角化上皮脱落。肺脏充血，肝脏和脾脏被压迫呈贫血状态，浆膜下出血等，很像窒息病变。

【诊断】 原发性瘤胃臌气，根据采食易发酵草料后迅速发病、腹围急剧膨大等，容易诊断。继发性瘤胃臌气，主要在于分析发病原因，确定原发病，原因不除去，常反复发作。急性瘤胃臌气，病情急剧，根据病史，采食大量易发酵性饲料发病，腹部臌胀，左旁肷窝凸出，血液循环障碍，呼吸极度困难，确诊不难。慢性臌气病情弛张，反复产出气体。随原发病而异，通过病因分析，也能确诊。

【类症鉴别】

1. 与食管阻塞的鉴别

（1）相似点　瘤胃臌满，叩之呈鼓音，呼吸困难，头颈伸直，不安，不愿卧下。

（2）不同点　食管阻塞口鼻流涎，插导管时有梗塞不能入瘤胃有黏液流出。食管可在颈静脉沟摸到梗塞物，梗塞物前方食管膨大而柔软。

2. 与氢氰酸中毒的鉴别

（1）相似点　瘤胃臌胀，呼吸困难，吃草反刍废绝。

（2）不同点　氢氰酸中毒病牛在采食鲜的或者再生的高粱和玉米苗而发病，发病很急，可视黏膜鲜红色，呼出气体有杏仁气味，口流白色泡沫，肌肉痉挛。

3. 与黑斑病红薯中毒的鉴别

（1）相似点　瘤胃稍臌满，呼吸增数、困难，张口伸舌，发吭，只能站立不肯卧下。

（2）不同点　黑斑病红薯中毒病牛采食有黑斑病的红薯及其粉渣而发病，肺有啰音、破裂音，胸围膨大，后期颈、肩、背部皮下有气肿。

【预防措施】

1. 加强饲养

防止贪食过多幼嫩、多汁的豆科牧草，尤其是在由舍饲转为放牧时，应先喂些干草或粗饲料，适当限制在牧草幼嫩茂盛牧地和霜露浸湿牧地的放牧时间。

2. 加强管理

在放牧或改喂青绿饲料前一周，先饲喂青干草、稻草，或作物秸秆，然后放牧或青饲，以免饲料骤变发生过食；在放牧中应注意避免采食开花前的豆科植物；堆积发酵或被雨露浸湿的青草，要尽量少喂，以防臌胀；气体产生与牧草含糖量有关，苜蓿、紫云英等豆科植物的含糖量下午比上午高，下午采食，易发生急性臌胀，故应注意；幼嫩牧草，采食后易发酵，应晒干后掺干草饲喂。饲喂量应有所限制；放牧应注意茂盛牧区和贫瘠草场进行轮牧，避免过食；注意饲料保管、防止霉败变质，加喂精料应适当限制，特别是粉渣、酒糟、甘薯、马铃薯、胡萝卜等，更不宜突然多喂，饲喂后也不能立即饮水，以防发生本病；舍饲牛在开始放牧前一两天内，先给予聚氧化乙烯或者聚氧化丙烯 20 ～ 30 克，加豆油少量，放在饮水内，内服，然后再放牧，可以预防本病。继发性瘤胃臌气，早期积极治疗原发病。

【安全用药】急救贵在及时，排气消胀。治疗原则是排气、制酵、泻下。

1. 病情轻微牛的治疗

使牛立于斜坡上，保持前高后低姿势，不断牵引其舌；或用涂有煤酚皂溶液或植物油的木棒，或用椿木棒，木棒两端用绳子固定在牛角上，给牛衔在口内，同时按摩瘤胃；或在牛口内放一些食盐，引起咀嚼以咽下唾液；或病的初期使病牛头颈抬举，按摩瘤胃，促进瘤胃内气体排出，同时应用松节油 20 ～ 30 毫升、鱼石脂 10 ～ 15 克、95% 酒精 30 ～ 50 毫升，加适量温水，一次内服；或用 8% 氧化镁溶液 600 ～ 1000 毫升，一次内服；或用消胀片 30 ～ 60 片，一次内服；或应用菜籽油、豆油、花生油或香油 300 毫升，温水 500 毫升，制成油乳剂，一次内服。

2. 对病情严重牛的治疗

腹围显著膨大，呼吸极度困难的病牛，首先应用套管针在牛的饿眼穴进行瘤胃穿刺放气急救（图 1-69，视频 1-7，视频 1-8）。饿眼穴是专门治疗瘤胃臌气的穴位。穴位在左侧腰椎横突水平线下，最后肋骨与髋结节当中的三角形的正中点。操作方法：在穴位处（当瘤胃臌气时，穴位基本处在瘤胃外部隆起最高的地方）剪毛，用 5% 碘酊消毒，将穿刺点的皮肤稍向前移，用套管针或 16 号针头，向对侧肘头方向刺入，然后将套针拨出，使瘤胃内气体缓慢放出。待气体放完后，可以向瘤胃内注射药物等，注射完后，将套针插入，再拔出套管针，消毒穴位；放气后向瘤胃内注入稀盐酸 10 ～ 30 毫升；或鱼石脂 15 ～ 25 克、95% 酒精 100 毫升，常水 1000 毫升；或 0.25% 盐酸普鲁卡因溶液 50 ～ 100 毫升，青霉素 100 万单位；皮下注射毛果芸香碱 0.02 ～ 0.05 克，或新斯的明 0.01 ～ 0.02 克，同时强心补液。

视频 1-7

视频 1-8

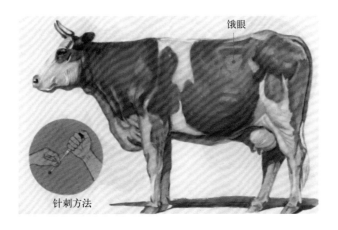

饿眼

针刺方法

图1-69　牛瘤胃穿刺术部位

3. 中药治疗

（1）市售十滴水或藿香正气水 50 ～ 200 毫升，加温水适量，灌服。

（2）熟清油 500 ～ 1000 毫升，加辣椒面 50 ～ 70 克，候温灌服。

（3）当归 250 ～ 500 克，研末，用清油 500 ～ 1000 毫升炒，候温灌服。

（4）食醋 500 毫升，白酒 500 毫升，水 1000 毫升，灌服。

（5）莱菔子 300 克，芒硝 120 克，大黄 45 克，滑石 60 克，研末，加食醋 500 毫升，植物油 500 毫升，一次灌服。

（6）烟叶 300 克，生牵牛子 15 克，水煎，加食醋 100 毫升，一次灌服。

（7）食醋 2000 毫升，清油 500 毫升，混合后一次灌服。

（8）芒硝 250 克，大黄 120 克，槟榔 60 克，枳壳 45 克，莱菔子 40 克，山楂、神曲、麦芽各 30 克，甘草 21 克，共研为细末，沸水冲调，候温加豆油 500 毫升，灌服。

（9）芒硝 500 克，大黄 120 克，枳实 45 克，厚朴、京三棱、莪术、生甘草各 30 克，大戟、芫花、甘遂各 15 克，共研为细末，加清油 1000 毫升，沸水冲调，候温灌服。

（10）健胃散加莱菔子 60 克，枳壳 45 克，大黄 20 克，共研为末，沸水冲调，候温灌服。

（11）大蒜或葱 250 ～ 500 克，石菖蒲 100 ～ 150 克，食盐 30 ～ 50 克，一次灌服。

（12）碱面 60 克，加水适量溶解，再加食用油 500 毫升，灌服。

（13）生烟叶 120 克，食盐 30 克，麻油 250 克，先将麻油煮沸，再加入烟叶，搅拌后加食盐，一次灌服。

（14）炒莱菔子 120 克，小茴香 60 克，枳壳、木香各 45 克，陈皮、槟榔各 30 克，煎汤，加独头蒜泥 100 克，灌服。

（15）丁香 30 克，青皮、藿香、陈皮、槟榔各 15 克，木香 9 克，共研为细末，沸水冲调，加麻油 250 毫升，候温灌服。

四、瘤胃酸中毒

瘤胃酸中毒是指反刍动物采食大量易发酵碳水化合物饲料后，瘤胃乳酸产生过多而引起瘤胃微生物区系失调和功能紊乱的一种急性代谢性疾病。临床上又称为"乳酸性消化不良""中毒性消化不良""反刍动物过食谷物""谷物性积食""中毒性积食"等。临床以消化障碍、瘤胃运动停滞、脱水、酸血症、运动失调等为特征。本病发病急骤，病程短，死亡率高。

【发病原因】常见的病因是牛突然采食大量富含碳水化合物的谷物（如大麦、小麦、玉米、水稻和高粱或其糟粕等）或高精饲料，如因精粗饲料混合不匀，采食过多的精料；进入粮食或饲料仓库或晒谷场，短时间内采食了大量谷物或畜禽配合饲料；采食苹果、青玉米、甘薯、马铃薯、甜菜及发酵不全的酸、湿谷物的量过多时，也可发生本病。

【临床症状】瘤胃酸中毒临床上一般分为以下 4 种类型。

1. 最急性型

精神高度沉郁，极度虚弱，侧卧而不能站立。双目失明，瞳孔散大，体温低下，36.5 ～ 38℃。重度脱水，腹部显著膨胀，瘤胃停滞，内容物稀软或水样，瘤胃 pH < 5，

无纤毛虫存活。心跳 110 ~ 130 次 / 分钟,微血管再充盈时间延长,常于发病后 3 ~ 5 小时死亡(图 1-70),直接原因是内毒素休克。

图 1-70　瘤胃最急性中毒死亡病牛腹部显著膨胀

图 1-71　瘤胃酸中毒病牛卧地不起,头颈侧弯

2. 急性型

视频 1-9

体温不定,呼吸、心跳增加,精神沉郁,食欲废绝。结膜潮红,瞳孔轻度散大,反应迟钝。消化道症状典型,磨牙虚嚼不反刍,瘤胃膨满不蠕动,触诊有弹性,冲击性的触诊有震荡音,瘤胃液 pH5 ~ 6,无存活的纤毛虫。排稀软酸臭粪便,有的排粪停止,中度脱水,眼窝凹陷,血液黏滞,尿少色脓或无尿。后期出现神经症状(视频 1-9),步态蹒跚,或卧地不起,头颈侧弯(图 1-71),或往后仰呈现角弓反张样,昏睡或昏迷(图 1-72)。若不及时救治,多在 24 小时内死亡。

图 1-72　瘤胃酸中毒病牛昏迷

图 1-73　瘤胃酸中毒病牛呈水样的腹泻

3. 亚急性型

视频 1-10

食欲减退或废绝,瞳孔正常,精神沉郁,能行走而无共济失调。轻度脱水,体温正常,结膜潮红,脉搏加快。瘤胃蠕动减弱,中等充满,触诊瘤胃内容物呈生面团样或稀软,pH5.5 ~ 6.5,纤毛虫数量减少。常继发或伴发蹄叶炎(视频 1-10)或瘤胃炎而使病情恶化,病程 24 ~ 96 小时不等。

4. 轻微型

呈原发性前胃弛缓体征，表现为精神轻度沉郁，食欲减退，反刍无力或停止。瘤胃蠕动减弱，稍膨满，内容物呈现捏粉样硬度，瘤胃 pH6.5 ～ 7.0，纤毛虫活力基本正常，脱水体征不明显。体温、脉搏和呼吸数没有明显变化。腹泻，粪便灰黄稀软，或呈水样（图1-73），混有一定黏液，多能自愈。

【**剖检变化**】发病后于 24 ～ 48 小时内死亡的急性病例，其瘤胃和网胃中充满酸臭的内容物，黏膜呈玉米糊状，容易擦掉，露出暗色斑块，底部出血（图 1-74）；血液浓稠，呈暗红色；内脏静脉瘀血、出血和水肿；肝脏肿大，实质脆弱；心内膜和心外膜出血（图1-75）。病程持续 4 ～ 7 天后死亡的病例，瘤胃壁与网胃壁坏死，黏膜脱落，溃疡呈袋状，溃疡边缘呈红色。被侵害的瘤胃壁的区域增厚 3 ～ 4 倍，呈暗红色，形成隆起，表面有浆液渗出，组织脆弱，切面呈胶冻状。脑及脑膜充血；淋巴结和其他实质器官均有不同程度的瘀血、出血和水肿。

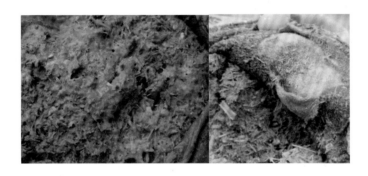

图 1-74　瘤胃中充满酸臭的内容物，黏膜呈玉米糊状，容易擦掉，露出暗色斑块，底部出血

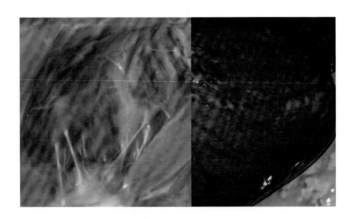

图 1-75　心内膜、心外膜出血

【**诊断**】本病根据病牛表现脱水，瘤胃胀满，卧地不起，具有蹄叶炎的症状和神经症状，结合过食豆类、谷类或含丰富碳水化合物饲料的病史，以及实验室检查的结果——瘤胃 pH 下降至 4.5 ～ 5.0、血液 pH 降至 6.9 以下、血液乳酸升高等，进行综合分析与论证，可做出诊断。

【类症鉴别】与前胃弛缓的鉴别

（1）相似点　吃草、反刍减少或废绝，瘤胃柔软蠕动弱，懒于行动。

（2）不同点　前胃弛缓病牛一般按压瘤胃留指痕（在瘤胃因用药不当而使渗透压升高或饮水不能通过网瓣孔，才会有较多的水分）。末期才出现沉郁，瘤胃和尿的 pH 不会急剧下降。

【预防措施】应严格控制精料喂量，做到日粮供应合理，构成相对稳定，精粗饲料比例平衡；加喂精料时要逐渐增加，严禁突然增加精料喂量；饲料中添加缓冲剂或加入一些抑制乳酸生成菌作用的抗生素（如莫能菌素）；对产前、产后的牛应加强健康检查，随时观察异常表现并尽早治疗；防止牛闯入饲料房、仓库、晒谷场，暴食谷物、豆类及配合饲料。

【安全用药】治疗原则为清除瘤胃有毒内容物，纠正脱水、酸中毒和恢复胃肠功能。

1. 清除瘤胃内有毒的内容物

多采用洗胃和 / 或缓泻法或手术疗法。①洗胃可用双胃管或内径 25 ～ 30 毫米的粗胶管，经口插入瘤胃，排出液体内容物，然后用 1% 食盐水、1% 碳酸氢钠溶液、自来水或 1∶（5 ～ 10）石灰水溶液上清液反复洗胃，直到瘤胃内容物无酸臭味而呈中性或弱碱性为止。②缓泻多用盐类或油类泻剂，如石蜡油或植物油 500 ～ 1500 毫升。③硫酸新斯的明注射液 20 毫克，1 次皮下注射，2 小时重复 1 次，同时肌注氯丙嗪注射液（每千克体重 0.5 ～ 1 毫克）。④重症病例，应尽快施行瘤胃切开术，直接取出瘤胃内容物，然后接种健牛的瘤胃液或瘤胃内容物 3 ～ 5 升，效果更好。

2. 纠正酸中毒和脱水

①纠正酸中毒，可用 5％ 碳酸氢钠液 1000 ～ 3000 毫升，一次静脉注射。②纠正脱水，用生理盐水、复方氯化钠溶液、5% 葡萄糖氯化钠溶液等，每天 4000 ～ 10000 毫升，分 2 ～ 3 次静脉注射。③酸中毒基本解除时，内服健牛的瘤胃液 3 ～ 5 升，或酵母粉 100 ～ 200 克，葡萄糖粉 100 克，酒精 50 ～ 100 毫升，加温水 1000 ～ 2000 毫升内服。④病轻的牛，可灌服制酸药和缓冲剂如氢氧化镁或碳酸盐缓冲合剂（干燥碳酸钠 50 克、碳酸氢钠 420 克、氯化钾 40 克）250 ～ 750 克，水 5 ～ 10 升，一次灌服。

3. 恢复胃肠功能

可灌服健牛的瘤胃液 5 升，大黄苏打片 30 克，人工盐 150 克。或给予整肠健胃药或拟胆碱制剂。

4. 对症治疗

①防止心力衰竭，应用强心药物。②降低脑内压，缓解神经症状，应用山梨醇、甘露醇。③有蹄叶炎伴发时，可应用抗组胺药物。④防止休克，宜用肾上腺皮质激素制剂。

5. 手术疗法

如果以上治疗效果仍不明显，可进行瘤胃切开术，将瘤胃中内容物取出大半，再投入适量健牛的瘤胃内容物。

五、牛前后盘吸虫病

牛前后盘吸虫病（又称同盘吸虫病或双口吸虫病）是由多种前后盘吸虫寄生于牛的瘤胃、网胃和胆管壁上所引起的疾病。本病分布于全国各地，牛的感染率南方高于北方。

【病原】本病病原为前后盘吸虫。

1. 形态特征

前后盘吸虫的种类很多，虫体的大小、色泽及形态构造因其种类不同而异。寄生于牛羊等反刍动物较常见的是鹿前后盘吸虫。成虫寄生于牛、水牛、绵羊、山羊、鹿等反刍动物的前胃（主要是瘤胃与网胃交接处），偶尔也见于胆管。成虫虫体呈圆锥状，背面稍弓起，腹面略凹陷，粉红色，雌雄同体，长 0.5～1.2 厘米、宽 0.2～0.4 厘米。口吸盘位于虫体前端，腹吸盘又称"后吸盘"，位于后端，比口吸盘大，故名"前后盘吸虫"，又称为"同盘吸虫"或"双口吸虫"。虫体靠吸盘吸附于胃壁上。虫卵椭圆形，淡灰色，卵黄细胞不充满整个虫卵，一端拥挤，另一端留有空隙，大小为（114～176）微米×（73～100）微米。

2. 发育过程

前后盘吸虫的发育史与肝片吸虫相似。成虫在终末宿主的瘤胃内产卵，卵进入肠道随粪便排出体外。卵在外界适宜的温度（26～30℃）下，发育成为毛蚴，毛蚴孵出后进入水中，遇到中间宿主淡水螺而钻入其体内，发育成为胞蚴、雷蚴、尾蚴。尾蚴具有前后吸盘和一对眼点。尾蚴离开螺体后附着在水草上形成囊蚴。牛、羊吞食含有囊蚴的水草而受感染。囊蚴到达肠道后，童虫从囊内游出，在小肠、胆管、胆囊和皱胃内寄生并移行，经过数十天，最后到达瘤胃，逐渐发育为成虫。

【流行特征】前后盘吸虫在我国各地广泛流行，不仅感染率高，而且感染强度大，常见成千上万的虫体寄生，而且常为多种虫体混合感染。流行季节主要取决于当地气温和中间宿主的繁殖发育季节以及牛羊等放牧情况。南方可常年感染，北方主要在 5～10 月份感染。多雨年份易造成本病的流行。

【临床症状】前后盘吸虫的成虫主要吸附在牛、羊的瘤胃与网胃接合部，此时临床症状及对动物的危害不甚明显。但在感染初期大量幼虫进入体内，在肠、胃及胆管内寄生、发育并移行，刺激、损伤胃肠黏膜，夺取营养，则对动物造成极大危害。本病的发生多集中在夏秋两季，主要症状是顽固性腹泻，粪便呈粥状或水样（图 1-76），常有腥臭，有时体温升高。病牛逐渐消瘦，精神委顿，体弱无力，高度贫血，黏膜苍白，血液稀薄，颌下水肿，严重时发展到整个头部以至全身。病程较长者呈现恶病质状态。病牛白细胞总数稍高，嗜酸性粒细胞比例明显增加，约占 10%～30%，中性粒细胞增多，并有核左移现象，淋巴细胞减少。到后期，病牛极度瘦弱，卧地不起，终因衰竭而死亡（图 1-77）。

【剖检变化】成虫感染的牛，多在屠宰或尸体剖检时发现。虫体主要吸附于瘤胃与网胃交接处的黏膜（图 1-78），数量不等，呈深红、粉红或乳白色（图 1-79，视频 1-11），如将其强行剥离，见附着处黏膜充血、出血或留有溃疡（图 1-80）。因感染童虫而衰竭死亡的牛，除呈现恶病质变化外，胃、肠道及胆管的黏膜有明显的充血、水肿及脱落，其内容物中可检查出虫体或虫卵（图 1-81）。

视频 1-11

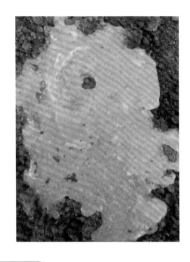

图1-76　顽固性腹泻，粪便呈粥状

图1-77　病牛极度瘦弱，卧地不起，衰竭而亡

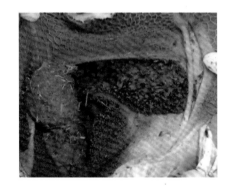

图1-78　附于瘤胃与网胃交接处黏膜上的前后盘吸虫

图1-79　呈深红、粉红或乳白色的前后盘吸虫

图1-80　瘤胃壁黏膜充血、出血或留有溃疡

图1-81　牛瘤胃内容物内的前后盘吸虫

【诊断】

（1）成虫寄生的诊断，可用水洗沉淀法在粪便中检查虫卵。

（2）童虫寄生的诊断，其生前诊断主要结合生活史资料和临床症状进行推断或用驱虫药物进行治疗性诊断，如果症状好转或在粪便中找到相当数量的童虫，即可作出判断。

（3）死后诊断，可根据尸体病变及大量童虫和成虫的存在可作出判断。

【类症鉴别】

1. 与前胃弛缓的鉴别

（1）相似点　吃草反刍减少，瘤胃蠕动弱，行动缓慢，精神不振。

（2）不同点　前胃弛缓病牛不出现红细胞减少，瘤胃导不出虫体，粪中检不出虫卵。

2. 与牛焦虫病的鉴别

（1）相似点　吃草、反刍减少或废绝，瘤胃蠕动弱、消瘦，眼结膜苍白、黄染，红细胞减少。

（2）不同点　牛焦虫病病牛尿淡红或茶褐色，血检可见焦虫，体表可见蜱，瘤胃液中无虫体。

3. 与肝片吸虫病的鉴别

（1）相似点　吃草反刍减少，瘤胃蠕动弱，经常腹泻，下颌、垂皮水肿，行动缓慢，粪中有虫卵。

（2）不同点　肝片吸虫病病牛洗胃时不见虫体（前后盘吸虫），粪检肝片吸虫虫卵圆形、黄褐色、壳薄透明，卵内充满卵黄细胞（前后盘吸虫虫卵内一端充满一端有空隙）。

【预防措施】定期驱虫；粪便堆积发酵，杀死虫卵；杀灭中间宿主螺体；不在低洼潮湿的地方放牧；加强饲养管理，保持清洁的饮水。

【安全用药】

（1）硫双二氯酚（别丁），每千克体重 40 ～ 60 毫克，装小纸袋或胶囊内投服，也可做成悬浮液灌服。

（2）氯硝柳胺，每千克体重 60 ～ 70 毫克，用菜叶包好，放于舌下让其吞服。

（3）溴羟替苯胺，每千克体重 65 毫克，制成悬浮液灌服。

六、创伤性网胃腹膜炎

创伤性网胃腹膜炎是反刍动物采食时吞下尖锐的金属异物，进入网胃内，损伤网胃壁而引起的网胃腹膜炎。临床上以顽固的前胃弛缓症状和触压网胃表现疼痛为特征，乳牛多发。

【发病原因与发病机理】

1. 发病原因

本病的主要原因是牛采食迅速，并不咀嚼，以唾液裹成食团，囫囵吞咽，又有舔食习惯，往往将随同饲料的坚硬异物［特别是尖锐的金属异物，如碎铁丝、铁钉、钢笔尖、回形针、大头钉、缝针、发卡、废弃的小剪刀、指甲剪、铅笔刀、碎铁片以及鱼串（短铁丝）等］吞咽落进网胃，随着腹内压急剧消长，促使金属异物刺入损伤网胃（图 1-82）或穿透网胃壁（图 1-83），发生网胃炎，甚至损伤其他脏器，可引起其他受损伤脏器的炎症，最常发生的如牛创伤性（网胃）心包炎（视频 1-12）。通常在瘤胃积食或臌胀、重剧劳役、妊娠、分娩以及奔跑、跳沟、滑倒、手术保定等过程中，腹内压升高，从而导致本病的发生和发展。

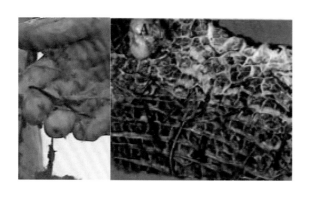 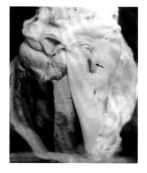

视频 1-12

图 1-82　尖锐异物刺伤网胃壁　　　**图 1-83**　尖锐异物刺穿网胃壁和心包

2. 发病机理

反刍动物特别是牛，采食快、不咀嚼、喜舐食，口腔黏膜上有大量锥状乳头，在饲养管理粗放的情况下，金属异物混杂在饲草饲料中，可随同采食咽下。金属异物所导致的病理损害与异物的形状大小有关。一般而言，较长的金属异物被吞入瘤胃，通常不致引起炎性反应。较小的特别是尖锐金属异物，在大多数情况下，都落入网胃（图 1-84），所造成的危害性最大，因为网胃体积小收缩力强，胃前壁与后壁接触，落入网胃的金属异物，即使短小，也容易刺入胃壁，并以胃壁为金属异物的支点，向前可刺伤膈、心、肺，向后可刺伤肝（图 1-85）、脾、瓣胃、肠和腹膜，病情显得复杂重剧。最常见的是慢性损伤创伤性网胃腹膜炎（图 1-86），由于迷走神经损伤，并发网胃或肝、脾脓肿，大量纤维蛋白渗出，腹腔脏器粘连，特别是耕牛，由于胃肠功能紊乱，呈现慢性前胃弛缓，周期性瘤胃臌气，以及瓣胃阻塞、皱胃阻塞，甚至继发感染，引起脓毒败血症，病情更为错综复杂。

 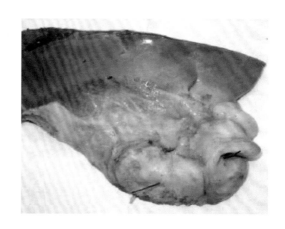

图 1-84　尖锐金属异物落入网胃　　　**图 1-85**　向后穿出可刺伤肝

图 1-86　牛创伤性网胃腹膜炎

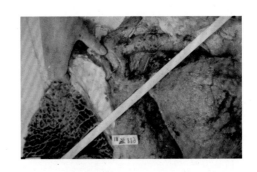

图 1-87　牛创伤性心包炎

【临床症状】单纯的创伤性网胃炎症状轻微，难以发现。病牛呈现顽固性的前胃弛缓症状，精神沉郁，食欲减退或拒食，反刍缓慢或停止，鼻镜干燥，经常磨牙、呻吟。瘤胃蠕动减弱，次数减少，触压瘤胃，感觉内容物松软或黏硬。按原发性前胃弛缓治疗，尤其是应用前胃兴奋剂后，病情不但不轻，反而加重，甚至突然恶化。并有慢性瘤胃臌气的症状。有的患牛，已发病就呈现慢性前胃弛缓症状，病情轻微而发展缓慢。随着病情的进展，当尖锐异物穿透网胃刺伤膈膜、腹膜引起腹膜炎，甚至发展到迷走神经性消化不良；或刺伤心包引起创伤性心包炎（图 1-87）的中后期，出现严重前胃弛缓、间歇性瘤胃臌气，甚至颈静脉隆起（图 1-88），颈下、胸前水肿（图 1-89），食欲减少或废绝，反刍停止，才怀疑本病发生。创伤性网胃炎的特征症状是疼痛引起的异常姿势，如头颈前伸，肘头开张，磨牙，拱背摇尾，缓慢小心的步态，拒绝下坡，卧地时后躯先卧，起立时前躯先起等反常现象。进食时往往前肢站在食槽上，或者后肢退到排粪沟内，多呈现前高后低的站立姿势（视频 1-13）；触压网胃时，多数病牛，表现疼痛不安，后肢踢腹，呻吟，或躲避检查。炎症严重时，体温升高到 40 ～ 41℃，脉搏增数，白细胞总数增多，可达 11000 ～ 16000，其中嗜中性粒细胞增至 45% ～ 70%，淋巴细胞减少 30% ～ 45%，核型左移。

视频 1-13

图 1-88　颈静脉隆起

图 1-89　牛颈下、胸前水肿

【诊断】本病的诊断应根据饲养管理情况，结合病情发展过程进行。姿态与运动异常，水草迟细，顽固性前胃弛缓，逐渐消瘦，网胃区触诊与疼痛试验，血象变化（白细胞总数增多，嗜中性白细胞与淋巴细胞比例倒置）以及长期治疗不见效果，是本病的基本病征。应用金属异物探测器检查，可获得阳性结果。有条件单位，应用 X 线透视或摄影，也可获得正确诊断印象。

【类症鉴别】

1. 与创伤性心包炎的鉴别

（1）相似点　吃草反刍减少或废绝，卧时小心，后躯移动几次才小心卧下，肘外展，金属探测仪检验有反应。

（2）不同点　创伤性心包炎病牛叩诊心区敏感、听心跳有拍水音，颌下、垂皮有水肿。

2. 与前胃弛缓的鉴别

（1）相似点　吃草、反刍减少或废绝、精神不振。

（2）不同点　前胃弛缓病牛左肘不外展、剑状软骨部叩诊无疼痛反应，虽有久站不卧、久卧不站现象，但不出现前肢下跪后，后躯移动良久才小心卧下的现象。

3. 与牛肠阻塞的鉴别

（1）相似点　吃草反刍减少或废绝、拳揉右肷部有晃水音。

（2）不同点　牛肠阻塞病牛病初有腹痛，不排粪而排白色胶陈样黏液，叩诊剑状软骨部位无疼痛。

4. 与皱胃溃疡的鉴别

（1）相似点　吃草反刍减少或废绝、体温稍升高。

（2）不同点　皱胃溃疡病牛在右腹肋后按压有痛感（剑状软骨处叩诊无痛感），粪不论干稀均为黑色。

【预防措施】预防本病的关键是加强饲养管理。首先在于加强经常性饲养管理工作，给予营养全价的饲料，防止异嗜，注意饲料选择和调理、防止饲料中混杂金属异物。其次在加工饲料的铡草机上，应增设清除金属异物的电磁铁装置，除去饲料、饲草中的异物，牛场内严防铁丝、铁钉、发针、注射针头等散失，以防本病的发生。再次定期请兽医人员应用金属探测器进行定期检查，必要时再应用金属异物打捞器从瘤胃和网胃中摘除异物。最后不用铁丝捆扎草料，不要在工厂或垃圾场附近堆放草料，还要防止牛只进入这种场地。

【安全用药】本病目前尚无理想的治疗方法。对于确诊为创伤性心包炎的病牛多无治疗价值，应尽早淘汰。对于贵重的病牛可采取以下方法治疗。

1. 手术疗法

创伤性网胃腹膜炎，在早期如无并发病，采取手术疗法，施行瘤胃切开术从网胃壁上摘除金属异物，同时加强护理措施，其治愈率可达85.1%。

2. 保守疗法

可将病牛立于斜坡上，或斜台上，保持前躯高后躯低的姿势，减轻腹腔脏器对网胃的压力，促使异物退出网胃壁。同时应用磺胺类药物，按每千克体重0.07克内服；或用青霉素600万单位与链霉素600万单位，每天上、下午分别肌内注射，连续用药3天，据报道治愈率可达70%。还可用特制磁铁经口投入网胃中，吸取胃中金属异物同时应用青霉素和链霉素，肌内注射，治愈率约达 50%，但有少数病例可能复发。同时加强饲养和护理，使病牛保持安静，先禁食 2～3 天，其后给予易消化的饲料，并适当应用防腐止酵剂、高渗葡萄糖或葡萄糖酸钙溶液，静脉注射，增进治疗效果。

3. 磁铁吸取法

特制磁铁经口吸取胃内金属异物的操作方法：病牛禁食 12 小时以上，不限制饮水。在操作前先让病牛充分地饮水，或给牛灌水 4000～5000 毫升。先装置牛网胃金属异物打捞器开口器，并抬高牛头使之呈水平状态，将打捞器磁铁经特制开口器的硬质塑料管送入牛咽腔内，牛即可自然咽下磁铁。磁铁相连的金属软绳及塑料管末端仍保留在口腔外。拉紧金属软绳，推送塑料管，将塑料管端顶在磁铁尾端，用塑料管推送磁铁通过贲门进入瘤胃内 10～15 厘米，然后放松金属软绳，向外抽出塑料管 15～20 厘米，使塑料管末端进入食道，此时一手固定塑料管，另一只手缓缓向外牵拉金属软绳，当磁铁靠近贲门时，金属软绳的阻力加大，此时猛然放松金属软绳，使磁铁从瘤胃前庭的贲门处自然下降而落入下方的网胃腔内，让磁铁在网胃腔内停留 5～8 分钟，待磁铁吸上网胃内金属异物后，再缓缓向外牵拉金属软绳，磁铁和吸在磁铁上的金属异物一起经食道拉出口腔外，去除磁铁上的金属异物，经过 3～4 次的反复打捞即可将游离在网胃内或与网胃壁结合不太紧密的金属异物全部取出。

七、瓣胃阻塞

瓣胃阻塞，又称"瓣胃秘结"，在中兽医称为"百叶干"，是瓣胃收缩力减弱，瓣胃内积滞的干涸食物而发生阻塞的疾病。临床上以前胃弛缓、瓣胃听诊蠕动音减弱或消失、触诊疼痛、排粪干少色暗为特征。本病常见于牛。

【发病原因】本病的病因可分为原发性和继发性两种。

1. 原发性瓣胃阻塞

主要见于长期饲喂麸糠、粉渣、芦苇、酒糟等含泥沙的饲料，或粗纤维坚硬的甘薯蔓、花生秧、豆秸、青干草、红茅草以及豆荚、麦秸等。其次，放牧改为舍饲或饲料突然变换，饲料质量低劣，缺乏蛋白质、维生素以及微量元素；或饲养不科学、饲喂后缺乏饮水及运动不足等都可引起本病。

2. 继发性瓣胃阻塞

常见于前胃弛缓、瘤胃积食、瓣胃炎、皱胃阻塞、皱胃溃疡、皱胃变位与扭转、肠便秘、腹腔脏器粘连、生产瘫痪、牛产后血红蛋白尿、黑斑病甘薯中毒、急性肝脏病、急性热性病以及血液原虫病等。

【临床症状】本病病期较长，逐渐发病，持续约 1～2 周。病初呈现前胃弛缓症状，食欲减退，反刍缓慢，嗳气减少，鼻镜干燥，瘤胃轻度臌胀，瓣胃蠕动音微弱或消失。便秘，粪便呈饼状（图 1-90），或干小呈算盘珠样（图 1-91），或排出恶臭的泥状粪便，这一点可以作为诊断参考。于右侧腹壁瓣胃区（第 7～9 肋间的中央，肩关节线上）触诊，病牛有疼痛感，叩诊浊音区扩大。精神沉郁。时而呻吟，泌乳下降。

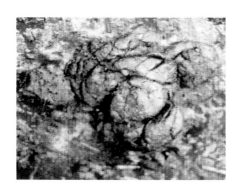

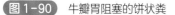 图 1-90　牛瓣胃阻塞的饼状粪

图 1-91　病牛排的干小呈算盘珠样的粪便

　　病情进一步发展，精神沉郁，反应减退，鼻镜干燥（图 1-92）、龟裂，空嚼、磨牙，呼吸浅表、快速，心脏机能亢进，脉搏数增至 80～100 次/分钟。食欲、反刍消失，瘤胃收缩力减弱。进行瓣胃穿刺检查，用 15～18 厘米长穿刺针，于右侧第 7～9 肋间肩关节水平线上，进行穿刺时，有阻力，不感到瓣胃收缩运动。直肠检查可见肛门与直肠痉挛性收缩，直肠内空虚、有黏液，少量暗褐色粪块附着于直肠壁。晚期病例，瓣胃叶坏死（图 1-93），伴发肠炎和全身败血症，体温升高 0.5～1℃，食欲废绝，排粪停止，或排出少量黑褐色糊状带有少量黏液恶臭粪便。尿量减少、呈黄色，或无尿。呼吸疾速，次数增多，心悸，脉搏数可达 100～140 次/分钟，脉律不齐，有时徐缓，微循环障碍，皮温不整，结膜发绀，形成脱水与自体中毒现象。体质虚弱，神情忧郁，卧地不起，病情显著恶化，甚至死亡。

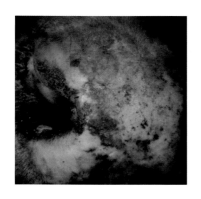

图 1-92　病牛鼻镜干燥

图 1-93　牛瓣胃阻塞病的瓣胃小叶坏死

　　【诊断】本病多继发于前胃其他疾病和皱胃疾病，临床诊断应分清原发与继发。对本病的诊断应根据病史调查，临床症状，瓣胃蠕动音低沉或消失，触诊瓣胃敏感性增高，叩诊浊音区扩大，粪便呈算盘珠大小，数量很少或不排粪或排出较多的黏液等表现，结合瓣胃穿刺诊断。必要时进行剖腹探诊，可以确诊。

　　【类症鉴别】

1. 与前胃弛缓的鉴别

（1）相似点　吃草、反刍减少或废绝，左肷下陷，瘤胃蠕动弱，磨牙。

（2）不同点　前胃弛缓病牛不出现鼻镜龟裂、瘤胃反复臌胀，在右腹侧最后肋弓上方、腰椎横突下方向里向下按压不能触及圆球形硬块。

2. 与皱胃阻塞（扩张）的鉴别

（1）相似点　吃草、反刍减少及废绝，粪量少且呈黑色球状。

（2）不同点　皱胃阻塞（扩张）病牛所排粪球或稀粪均黑色，掰开粪球内部亦为黑色。阻塞时软肋下方可触及硬块，如扩张则硬块在软肋后方至膝部，直肠检查时手心向瘤胃，手背可触及硬块。

【预防措施】本病预防以正确饲养，注意避免长期应用麸糠及混有泥沙的饲料喂养，同时注意适当减少坚硬的粗纤维饲料，增加青绿饲料和多汁饲料，保证足够饮水；糟粕饲料也不宜长期饲喂，注意补充矿物质饲料，并给予适当运动；发生前胃弛缓时，应及早治疗，以防止发生本病。

【安全用药】治疗时应着重增强前胃运动机能，促进瓣胃内容物排出，强心补液，恢复瓣胃功能。

1. 轻症病牛内服泻剂和使用促进前胃蠕动的药物

① 硫酸镁或硫酸钠 500 ～ 800 克，加常水 10 ～ 16 升，或液体石蜡 1 ～ 2 升，或植物油 0.5 ～ 1 升，一次内服。同时应用 10% 氯化钠溶液 300 ～ 500 毫升、10% 氯化钙溶液 100 ～ 200 毫升、20% 安钠咖注射液 10 ～ 20 毫升，一次静脉注射。

② 可应用士的宁注射液 15 ～ 30 毫克，皮下注射；或毛果芸香碱注射液 20 ～ 50 毫克，或新斯的明注射液 10 ～ 20 毫克，或氨甲酰胆碱注射液 1 ～ 2 毫克，皮下注射。但须注意，体弱、妊娠母牛、心肺功能不全病牛，忌用这些药物。

③ 可用硫酸钠 300 ～ 500 克、番木鳖酊 10 ～ 20 毫升、大蒜酊 60 毫升、槟榔末 30 克、大黄末 40 克、常水 6 ～ 10 升，一次内服，服药后要勤饮水，如不饮水时，可灌服 1% 盐水，每次 5 升，每天 2 ～ 3 次。

2. 重症病牛进行瓣胃内注射

① 注射部位在右侧第 8 肋间与肩关节水平线相交点，略向前下方刺入 10 ～ 12 厘米，判断针头是否刺入瓣胃内，可先注入少量注射用水或生理盐水，能抽出少量混有草料碎渣的液体，表明针头已刺入瓣胃内（图 1-94），方可注入药物。一般可用 10% 硫酸钠溶液 2000 ～ 3000 毫升，液体石蜡或甘油 300 ～ 500 毫升，普鲁卡因 2 克，盐酸土霉素 3 ～ 5 克，配合一次瓣胃内注入。

② 可用硫酸镁 400 克、普鲁卡因 2 克、四环素 3 克、甘油 200 毫升、常水 3000 毫升，溶解后一次注入。如注射 1 次效果不明显时，次日或隔日再注射 1 次。

③ 可静脉注射 10% 浓盐水 250 ～ 500 毫升，10% 安钠咖注射液 20 毫升，并适当

图 1-94　检查针头是否刺入瓣胃内：先注入少量生理盐水后，能抽出少量混有草料碎渣的液体

配合补碱、补液等治疗措施。

3. 中药疗法

（1）病的初期可选用如下的中药方剂

① 大黄、郁李仁、生地黄、枳壳、麦门冬、石斛、玄参、陈皮各 25 ～ 30 克，研末，水煎去渣，加芒硝 60 ～ 120 克，猪油 500 克，蜂蜜 120 克，糖瓜蒌 3 个，捣烂后调服。

② 炒麻仁 500 克，山楂、神曲、麦芽各 64 克，水煎候温灌服。

③ 生猪油或麻油 250 克，加萝卜 750 克（捣烂）、发酵面 250 克，常水适量，灌服。

④ 鲜知母 500 克（或干知母 200 克）捣烂，沸开水冲调，候温灌服。

（2）病的中期可选用如下的中药方剂

① 大黄 60 克，芒硝（后入）120 克，当归、白术、牵牛子、大戟、滑石各 30 克，甘草 10 克，共研为末，水煎取汁，加猪油 500 克，灌服。

② 白藜芦根 2 ～ 5 克，或白藜芦酊 10 ～ 15 毫升，加水适量灌服。

（3）病的后期可选用如下的中药方剂

① 党参、当归、生黄芪各 30 克，大黄 60 克，芒硝 90 克，牵牛子、枳实、槟榔各 20 克，榆白皮、麻仁、续随子各 30 克，桔梗 25 克，甘草 10 克，研末，加蜂蜜 125 克、猪油 120 克，沸水冲调，候温灌服。

② 火麻子 500 克炒黄，加水磨碎去渣，加萝卜 5 千克，捣汁，六神曲、麦芽、山楂各 90 克，煎汤灌服。

③ 榆白皮 1000 克，煎汁，加黄蜡 150 克，灌服；若口色红，可用侧柏叶 500 克，榆白皮冲芝麻粉、油菜籽粉各 500 克，灌服。

④ 槟榔 100 克，牵牛子 50 克，硫酸镁或硫酸钠 200 克，大黄 150 克，牙皂 50 克，香附 50 克，五灵脂 50 克，液状石蜡 500 克。槟榔、牵牛子、牙皂、香附、五灵脂加水 3000 毫升，用文火煎 10 分钟后加大黄继续煎 20 分钟，过滤，药渣再煎 2 次，合并煎汁，加液体石蜡和硫酸钠，一次灌服。

⑤ 蜂蜜 500 ～ 1000 毫升，碳酸氢钠 100 克，龙胆末 50 克，加水适量，灌服。或用白糖、蜂蜜各 250 克，水 2500 毫升，每天 1 剂，连用 4 天。

⑥ 用活泥鳅 1500 克，捣烂，加菜油 500 克调和，灌服，每天 1 剂，连用 2 天。或用白芍 250 克，甘草 120 克，煎汁灌服，连用 2 剂。

⑦ 芒硝 180 克，麻仁 120 克，玄参、生地黄、麦门冬、大黄、杏仁、瓜蒌仁、当归、肉苁蓉各 60 克，水煎去渣，灌服。

⑧ 大黄 60 克，滑石、牵牛子各 30 克，甘草 25 克，续随子 20 克，桂皮、甘遂、大戟、地榆各 15 克，白芷 10 克，共研为细末，沸水冲调，加熟猪油 500 克、蜂蜜 200 克，一次灌服。

⑨ 秦艽 35 克，牡丹皮、当归、牛膝、地骨皮、生地黄、黄柏、陈皮、赤芍、天门冬各 25 克，知母 15 克，麦门冬、甘草各 10 克，加熟猪油、蜂蜜适量为引，水煎灌服。

⑩ 当归 30 克，商陆 25 克，青皮、麦门冬、玄参、枳壳、柴胡各 20 克，苦参、防风各 18 克，川芎、高良姜、白芷、木通、炒柏叶各 15 克，用水煎滚，加菜油 120 毫升，黄酒 500 毫升，灌服，服药后如鼻部出汗即为好转迹象。

⑪ 藜芦、常山、二丑、川芎各 60 克，当归 60 ～ 100 克，水煎后再加滑石 90 克、液体石蜡 1000 毫升、蜂蜜 250 克，内服。

4.手术疗法

以上措施无效时，可试行瘤胃切开术，通过网瓣口插入胃导管，用水充分冲洗，使干涸内容物变稀，便于内容物排出。

八、皱胃阻塞

皱胃阻塞，也称"皱胃积食"，主要是由于迷走神经调节机能紊乱，皱胃内容物积滞，胃壁扩张，体积增大形成阻塞。多发生于 2 ～ 8 岁的黄牛，水牛少见。

【发病原因】皱胃阻塞发生的原因，主要是由于饲料与饲养或管理使役不当而引起的。如冬春缺乏青绿饲料，用谷草、麦秸、玉米秸、豆秸、高粱秸、甘薯蔓、麦糠或铡碎的稻草等饲喂牛，发病率较高。另外，由于机械阻塞，如成年牛吞食胎盘、毛球、破布或塑料布（图 1-95）等，都能引起皱胃阻塞。犊牛因误食破布、麻线（图 1-96）、木屑、刨花以及塑料布等，引起机械性皱胃阻塞。根据临床观察，皱胃阻塞常继发于前胃弛缓、创伤性网胃炎、皱胃炎、皱胃溃疡、迷走神经性消化不良、脾脓肿或纵膈疾病等。

图 1-95 皱胃机械阻塞吞食的塑料布

图 1-96 引起犊牛机械性皱胃阻塞的麻线

【临床症状】病牛食欲废绝，反刍减少或停止，有的患牛则喜饮水，肚腹部显著膨大，右侧更为明显（图 1-97）。触诊右肷窝部有波动感，并发出振水声，或瘤胃内充满，腹部膨胀或下垂，瘤胃与瓣胃蠕动音消失，在肷窝部结合叩诊肋骨弓进行听诊，呈现叩击钢管清朗的铿锵音。肠音微弱，有时排出少量糊状、棕褐色恶臭粪便，混有少量黏液或血丝和凝血块（图 1-98）。尿量少而浓稠，呈深黄色，具有强烈的臭味。重症患牛，触击右侧腹部皱胃区病牛躲闪，皱胃增大，坚硬。若对阻塞的皱胃进行穿刺，穿刺针可感到有阻力，回抽注射器，则抽不出内容物。须向皱胃内注入 30 ～ 50 毫升生理盐水后，再回抽注射器内栓可抽出内容物，皱胃内容物测定，pH 值为 1 ～ 4。直肠检查时，直肠内有少量粪便和成团黏液，体格较小的牛，检查者的手伸入骨盆腔前缘右前方，于瘤胃的右侧，能摸到向后伸展扩张呈现捏粉样硬度的皱胃体。体形较大的牛直肠内不易触诊。全身症状表现精神沉郁，结膜黄染，被毛逆立，鼻镜干燥，眼球下陷，中后期体温升高达 40℃左右，心率每分钟可达 100 次以上，心音低沉，心律不齐，脉搏微弱。

图1-97 皱胃阻塞的牛右下腹部明显膨大　　　**图1-98** 少量混有凝血块的糊状、棕褐色恶臭粪便

　　此外，犊牛的皱胃阻塞，也同样具有部分的消化不良综合征，由含有多量的酪蛋白牛乳所形成的坚韧乳凝块而引起的皱胃阻塞（图1-99），持续下痢，体质瘦弱，腹部膨胀而下垂，用拳冲击式触诊腹部，可听到一种类似流水的异常音响。即使通过皱胃手术，除去阻塞物，仍然可能陷于长期的前胃弛缓现象。

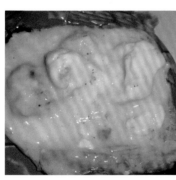

图1-99 引起皱胃阻塞的坚韧乳凝块

　　【诊断】根据病史和右腹部皱胃区局限性膨隆，在此部位用双手掌进行冲击式触诊便可感到阻塞皱胃的轮廓及硬度，这是诊断该病的最关键方法。在肷窝部结合叩诊肋骨弓进行听诊，呈现叩击钢管清朗的铿锵音，与皱胃穿刺测定其内容物的pH为1～4，直肠检查，皱胃增大、坚硬，即可确诊。

　　【类症鉴别】

　　1. 与瓣胃阻塞的鉴别

　　（1）相似点　吃草、反刍减少或废绝，瘤胃内容物少、蠕动弱。排粪量少，有时成球，外表褐黑，精神不振。

　　（2）不同点　瓣胃阻塞急性时有疝痛，在右腹最后肋骨上方、腰椎横突下方向里向前按压可触到圆球状硬块，扩张时肋弓后缘可摸到后缘圆形大硬块。粪球外表褐黑色，球心呈黄色。

2. 与前胃弛缓的鉴别

（1）相似点　吃草、反刍减少或废绝，瘤胃内容物柔软，蠕动弱、磨牙，精神不振。

（2）不同点　前胃弛缓虽有排粪如干球、外表褐黑，但球内发黄（只有吃红薯秧、蚕豆秧和荚时粪才发黑）。当瘤胃腹下盲囊向右腹倾斜作"L"状时，直肠检查时右腹侧可摸到硬块，但右腹侧同等部位也同样坚硬。手背不触及硬块。

3. 与皱胃溃疡的鉴别

（1）相似点　吃草、反刍减少或废绝，所排稀粪或粪球均为黑色，磨牙，精神不振，瘤胃蠕动弱。

（2）不同点　皱胃溃疡右软肋下方至膝襞无硬块，在肋弓后缘触诊皱胃有痛感。

4. 与牛妊娠毒血症的鉴别

（1）相似点　体温、心跳、呼吸无变化，不吃不反刍，粪干小，步态不稳、好卧。

（2）不同点　牛妊娠毒血症发生于肥胖的妊娠牛，临产前2个月左右粪先干后下痢，粪颜色黄白、有恶臭。

【预防措施】本病的预防以加强饲养管理，合理调制饲料，防止前胃疾病的发生，要防止发生创伤性网胃炎。

【安全用药】本病的治疗原则是促进皱胃内容物排出，防止脱水和自体中毒。

1. 促进皱胃内容物的排出

病的初期皱胃运动机能尚未完全消失时，可用25%硫酸镁溶液500～1000毫升、乳酸10～20毫升，或生理盐水1000～2000毫升，于右腹部皱胃区，注入皱胃内，促进皱胃内容物的后送。也可用硫酸钠或硫酸镁500克、常水2000～4000毫升，一次内服。也可用胃蛋白酶80克、稀盐酸40毫升、陈皮酊40毫升、番木鳖酊30毫升，一次内服，每日1次，连用3次，有较好的效果。还可用木棒在右腹下的皱胃部做前后滚压动作，对促进皱胃运动和食物后移也有一定的作用。

2. 补液解毒

可用10%葡萄糖溶液500～1000毫升、20%安钠咖溶液20毫升，一次静脉注射，每日2次。

3. 补液疗法

发生脱水时，应根据脱水程度和性质进行输液。通常应用5%葡萄糖生理盐水2000～4000毫升、20%安钠咖溶液10毫升、40%乌洛托品溶液30～40毫升，静脉注射。必要时，应用10%维生素C注射液20～40毫升，肌内注射。

4. 消炎疗法

适当地应用抗生素或磺胺类药物，防止继发感染。

5. 中药疗法

大黄、郁李仁、滑石各 100 克，芒硝 200 克，厚朴、枳实、木通、莪术、醋香附、山楂、麦芽、沙参、石斛等各 50 克，京三棱、青皮各 40 克，糖瓜蒌 2 个，水煎取汁，候温，加植物油 250 毫升，导服。

6. 手术疗法

严重的皱胃阻塞，药物治疗多无效果，应及时施行手术疗法。

九、皱胃溃疡

皱胃溃疡是由于皱胃食糜的酸度增高，长期刺激皱胃，以致发生溃疡。

【发病原因】

1. 原发性皱胃溃疡

主要由于饲料质量不良，过于粗硬、霉败，难以消化，缺乏营养，或精料喂给过多，影响消化和代谢机能。另外，饲养不当，饲喂不定时定量，时饥时饱，放牧转为舍饲，突然变换饲料引起消化机能紊乱。管理使役不当，长途运输，环境卫生不良，过度拥挤，精神紧张，或因分娩疼痛，挤奶过度，异常的光、声刺激以及中毒、感染所引起的应激作用等，都能引起神经体液的调节紊乱，影响消化，这在本病的发生发展上有着决定性作用。

2. 继发性皱胃溃疡

通常见于前胃疾病，皱胃变位，皱胃炎、病毒性腹泻 - 黏膜病、出血性败血症、病毒性腹泻、恶性卡他热、口蹄疫、水疱病、病毒性鼻气管炎等疾病过程中，往往导致皱胃黏膜充血、出血，糜烂坏死和溃疡。严重的血矛线虫寄生，也可引发皱胃糜烂和溃疡。

【临床症状】病牛消化机能严重障碍，食欲减退，甚至拒食，反刍停止，有时发生异嗜（图 1-100）。粪便含有血液，呈松馏油样（图 1-101）。直肠检查，手臂上黏附类似酱油色糊状物（图 1-102）。有的出现贫血症状，呼吸疾速，心率加快，伴发贫血性杂音，脉搏细弱，甚至不感于手。继发胃穿孔时，多伴发局限性或弥漫性腹膜炎（视频 1-14），体温升高，腹壁紧张，后期体温下降，发生虚脱而死亡。

视频 1-14

图 1-100　皱胃溃疡的牛，表现异嗜粪土

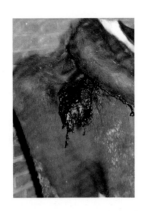

图 1-101　皱胃溃疡病牛的粪便呈松馏油样

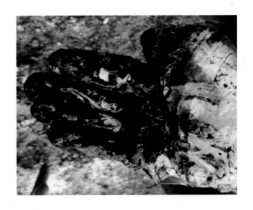

图 1-102　直肠检查，手上黏附类似酱油色糊状物

【诊断】本病易误诊为一般性消化不良，确诊困难，必要时需反复进行粪便潜血检查，并根据临床及实验室检查，排除其他能引起食欲减退和产奶量下降的疾病，有助于建立诊断。

【类症鉴别】

1. 与皱胃阻塞的鉴别

（1）相似点　吃草、反刍减少或废绝，粪或稀或干均呈黑色（中心也为黑色）。右肋弓后缘及软肋下按压敏感。

（2）不同点　皱胃阻塞软肋下至膝襞触诊有大硬块，对侧同等部位则无。

2. 与瓣胃阻塞的鉴别

（1）相似点　吃草、反刍减少或废绝，有时腹痛，粪少，粪球外表呈黑色。

（2）不同点　瓣胃阻塞病牛初有疝痛，最后肋骨上方、腰椎横突下方向里向前按压可触及硬圆球，扩张时肋弓后缘可触及圆硬块。粪球中心为黄色。

3. 与前胃弛缓的鉴别

（1）相似点　吃草、反刍减少或废绝，瘤胃蠕动弱、磨牙。

（2）不同点　前胃弛缓病牛除采食鲜红薯秧、蚕豆秧和荚排黑色粪（无潜血）外，即使排出黑褐色粪球，中心仍为黄色。皱胃区按压无痛。

4. 与皱胃炎的鉴别

（1）相似点　吃草反刍减少，瘤胃蠕动弱，磨牙，右肋弓向里按压敏感，粪有时稀，有时成球。

（2）不同点　皱胃炎病牛粪不呈黑色，常有轻度臌胀。

【预防措施】注意饲料管理和调整，停止饲喂酸度大和粗硬难以消化的饲料，减少精料的供应量。改善饲养条件，搞好防疫卫生，避免发生应激现象，增强体质防止本病发生。在精饲料中添加 $0.8\% \sim 1.5\%$（每天 $50 \sim 150$ 克）的碳酸氢钠，可有效地预防奶牛皱胃溃疡。

【安全用药】采取少量多次的饲喂方法来减轻消化道的负担，也可灌服打碎的青绿饲料浆。本病治疗原则是除去病因、镇静止痛、抗酸止酵、消炎止血。

（1）首先应除去致病因素，给予富含维生素容易消化的饲料；其次避免刺激和兴奋，为减轻疼痛刺激，可用安溴注射液 100 毫升，静脉注射；最后可用 30% 安乃近溶液 20～30 毫升，皮下注射，每日 1 次。

（2）为防止黏膜受胃酸侵蚀，宜用氧化镁 50～100 克，每日 3 次内服，可连用 3～5 天。必要时，给予适量植物油或液体石蜡清理胃肠。

（3）为促进溃疡面愈合、防止出血、促进愈合，犊牛可使用次硝酸铋 3～5 克，于饲喂前半小时口服，每天 3 次，连用 3～5 天。

（4）出血严重的溃疡病牛，可用维生素 K 制剂、止血敏等止血。

（5）为防止继发感染，可应用抗生素或磺胺类药物。

（6）中药疗法。①啤酒花全草 150～250 克，研末用沸水冲调，候温灌服。②佛手 50 克、海螵蛸 40～90 克、白芍 40～60 克、陈皮 30 克，研末，灌服。腹痛者加延胡索 45 克。③伏龙肝 300～500 克，浸入 2000 毫升水中约 10 分钟取液，加入血余炭 30～60 克，灌服，每天 1 剂，连用 2～5 天。

（7）手术疗法 当继发胃穿孔、伴发腹膜炎时，应尽快采取手术疗法。

十、皱胃炎

皱胃炎是由于饲养管理不善引起消化不良、导致皱胃发炎，多见于老龄牛和体质衰弱的牛。牛犊和成年牛也有发生。

【发病原因】主要原因有粗硬饲料未泡软、生霉腐败，未经充分咀嚼即经网瓣孔进入皱胃，长期刺激皱胃黏膜；犊牛补饲过早，奶牛缺乏蛋白质和维生素；饲料突变，放牧转为舍饲，经常更换饲养员，牙齿磨灭不正，扰乱消化机能，消化不充分而刺激皱胃黏膜引发炎症；有毒植物中毒、自体中毒、化学物质的刺激引发炎症；某些传染病、寄生虫病、肝脏疾病、慢性病等也能引起皱胃炎症。

【临床症状】临床症状分为急性型和慢性型。

1. 急性型

表现体温升高，吃草反刍减少或废绝，瘤胃蠕动减弱，有轻度臌胀，磨牙。右肋弓向里按压，皱胃区域敏感（避让、蹴腹），粪便有时干如球（图1-103）、覆有黏液，有时粪稀。严重时腹痛、下痢，心跳增数、衰弱，甚至昏迷及卧地，四肢呈游泳状（图1-104，视频1-15）。

视频 1-15

图 1-103 病牛粪便干如球

图 1-104 病牛昏迷，卧地四肢呈游泳状

2. 慢性型

表现长期消化不良，异嗜，口腔黏膜苍白黄染，舌苔发白甘臭，瘤胃蠕动弱，粪干成球。后期贫血，衰弱，精神沉郁，腹泻，甚至昏迷。

【诊断】本病的特征不明显，临床诊断困难。通常根据病牛消化不良，触诊皱胃区敏感，口腔黏膜黄染，粪干、覆有黏液或下痢，严重时腹痛、腹泻，甚至昏迷，结合临床症状，提出初步诊断。

【类症鉴别】

1. 与前胃弛缓的鉴别

（1）相似点　吃草、反刍减退或废绝，瘤胃蠕动减弱，磨牙。
（2）不同点　前胃弛缓病牛右肋弓后向里按压没有疼痛。

2. 与皱胃溃疡的鉴别

（1）相似点　吃草、反刍减退或废绝，瘤胃蠕动减弱，皱胃区按压有疼痛，粪干或下痢。
（2）不同点　皱胃溃疡病牛不论粪球或稀粪均呈黑色，球内也黑色（潜血）。

3. 与瘤胃酸中毒的鉴别

（1）相似点　吃草、反刍减退或废绝，瘤胃蠕动减弱，有时排稀粪。
（2）不同点　瘤胃酸中毒病牛因过食富含碳水化合物精料而发病，站不稳、好卧，瘤胃及尿 pH 在 6 以下，瘤胃内容物有酸臭味。

4. 与皱胃阻塞的鉴别

（1）相似点　吃草、反刍减退或废绝，瘤胃蠕动减弱。粪量少，有时粪干如球、有时粪稀。
（2）不同点　皱胃阻塞病牛右软肋下方或至膝襞前有大硬块，不论干稀粪均呈黑色。

5. 与瓣胃阻塞的鉴别

（1）相似点　吃草、反刍减退或废绝，瘤胃蠕动减弱，磨牙，有时粪干如球。
（2）不同点　瓣胃阻塞病牛初有疝痛，在右肋骨上方、腰椎横突下方向里向前可触及球状硬块，扩张时肋弓后缘即触到硬块。

6. 与牛副结核的鉴别

（1）相似点　长期消化不良，食欲、反刍减退，经常腹泻，体温不高。
（2）不同点　副结核病牛稀粪恶臭，含有气泡、黏液和血块。下颌、垂皮水肿，虽消瘦但有食欲。刮取直肠黏膜或粪中小黏液块、血块涂片经抗酸染色后镜检，可见红色细小杆菌。

【预防措施】首先要注意饲养管理，不喂粗硬、霉败饲草；其次如需变更饲料应注意逐渐进行，不要骤换；最后要注意牙齿、齿槽或前胃有病时应及时治疗，避免引发本病。

【安全用药】治疗原则是清理胃肠、消炎止痛和对症治疗。

1. 清理胃肠

首先在发病初期，用足量的 1% 温盐水反复的洗胃与导胃，直到导出的内容物无酸臭味且瘤胃比较空虚为止，然后再向胃内注入一定量的 1% 盐水，这可防止瘤胃的酸败内容物及其毒素对皱胃黏膜的继续刺激。其次根据病情选择用药，如排干粪球者，可投给中等剂量的人工盐或植物油 500～1000 毫升，连用 2 天；对排粥样粪便的，可投给中等剂量的健胃药。

2. 消炎止痛和对症治疗

病初可静脉注射黄连素，对犊牛可内服磺胺脒或土霉素，每天 2 次。根据病牛脱水及酸中毒情况，一般情况每天总补液量可在 4000 毫升左右，应用的药物为 10% 安钠咖注射液、维生素 C 注射液、等渗糖盐水、5% 碳酸氢钠注射液等。如有腹痛症状时，可用镇静剂，如肌内注射安乃近。病情缓解后，可以内服助消化药，如麦芽粉、乳酸菌素片、酵母片和陈皮末等。

十一、皱胃变位与扭转

皱胃变位是奶牛最常见的皱胃疾患。皱胃变位可分为左方变位和右方变位。左方变位是指皱胃由腹中线偏右的正常位置（图 1-105），经瘤胃腹囊与腹腔底壁间潜在空隙移位于腹腔左壁与瘤胃之间（图 1-106）的位置改变，是临床常见病型。右方变位又称为"皱胃右方不全扭转"，指位于腹底正中线偏右的皱胃，向前或向后发生位置的变化引起的疾病。皱胃扭转是皱胃围绕自己的纵轴作 180°～270° 扭转，导致瓣 - 皱孔和幽门口不完全或完全闭锁，是一种可致奶牛较快死亡的疾病。其特征是中度或重度脱水、低血钾、代谢性碱中毒、皱胃机械性排空障碍。

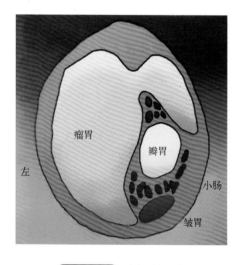

图 1-105　皱胃的正常位置

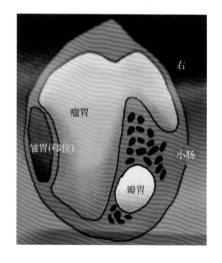

图 1-106　皱胃移位于腹腔左壁与瘤胃之间

【发病原因】饲养不当，日粮中含谷物，如玉米等易发酵的饲料较多以及喂饲较多的含高水平酸性成分饲料，如玉米青贮等。由此，导致挥发性脂肪酸量的产生增加，其浓度过高可引发皱胃和（或）胃肠弛缓，导致皱胃弛缓、膨胀和变位。高精料的日粮可引起气体产生增加，促进变位或扭转的发生。一些营养代谢性疾病或感染性疾病，如酮病、低钙血症、生产瘫痪、牛妊娠毒血症、子宫炎、乳腺炎、胎膜滞留和消化不良等，也会引起胃肠弛缓。为获得更高的产奶量，在奶牛的育种方面，通常选育后驱宽大的品种，从而腹腔相应变大，增加了皱胃的移动性，增加了发生皱胃变位的机会。

【临床症状】本病较多地是发生在产后，一般症状出现在分娩数日至 1 ～ 2 周（左方变位）或 3 ～ 6 周（右方变位）。发生皱胃变位的患病奶牛主要表现为食欲减退，厌食谷物饲料而对粗饲料的食欲降低或正常，产奶量下降 30% ～ 50%，精神沉郁，瘤胃弛缓，排粪量减少并含有较多黏液，有时排粪迟滞或腹泻，但体温、脉搏和呼吸正常。

1. 发生左方变位的病牛

视诊腹围缩小，两侧肷窝部塌陷，左侧肋部后下方、左肷窝的前下方显现局限性凸起（图 1-107），有时凸起部位由肋弓后方向上延伸到肷窝部，对其触诊有气囊性感觉，叩诊发鼓音。听诊左侧腹壁，在第 9 ～ 12 肋弓下缘、肩 - 膝水平线上下听到皱胃音，似流水音或滴答音，在此处做冲击式触诊，可感知有局限性振水音。用听 - 叩诊结合方法，即用手指叩击肋骨，同时在附近的腹壁上听诊，可听到类似铁锤叩击钢管发出的共鸣音——钢管音（砰音）（图 1-108）；钢管音区域一般出现于左侧肋弓的前后，向前可达第 8 ～ 9 肋骨部，向下抵肩关节 - 膝关节水平线，大小不等，呈卵圆形，直径 10 ～ 12 厘米或 35 ～ 45 厘米（图 1-109）。

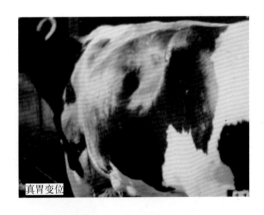

图 1-107　左侧肋部后下方、左肷窝的前下方显现局限性凸起

图 1-108　左方变位，箭头示肋部隆起，听 - 叩诊出现钢管音

2. 发生右方变位的病牛

在右侧 9 ～ 12 肋或在 7 ～ 10 肋肩关节水平线上下叩诊、听诊结合有钢管音。时有磨牙，腹围膨大不显，病程长者腹围变小。有的右方变位病牛无明显临床症状，食欲旺盛，产奶量变化不大，在做检查时才被发现钢管音；有的病牛食欲与产奶量均不正常，检查时可能正好听不到钢管音，需间隔一段时间再做检查方能发现。

3. 发生皱胃扭转的病牛

视频 1-16

视频 1-17

突然表现腹痛不安，回头顾腹，后肢踢腹。食欲废绝，眼深陷，中度或重度脱水（图 1-110），泌乳急剧下降，甚至无乳。大便多呈深褐色，有的稀而臭，有的少而干，严重者甚至无大便；小便少。体温多低于正常或变化不显，心率 52 ～ 130 次 / 分钟，重度碱中毒时，呼吸次数减少，呼吸浅表，末梢发凉。腹围膨大，右侧腹尤为明显（图 1-111）。膨胀的皱胃前缘最多可达膈（逆时针扭转时），后缘最多可达右胶部，在右胶部可发现或触摸到半月状隆起。在右侧 7 ～ 13 肋间及肋后缘叩诊、听诊结合，可听到音质高朗的钢管音（视频 1-16）。右腹冲击触诊有明显振水音（视频 1-17）；直肠检查较易摸到膨大的皱胃。严重内出血者，可视黏膜、乳头皮肤及阴户黏膜苍白。多数病牛多立少卧，或难起难卧（图 1-112），个别病牛卧地不起。

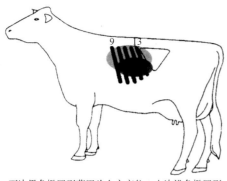

下边黑色椭圆形范围为左方变位，上边浅色椭圆形范围为皱胃阻塞、创伤性网胃腹膜炎、瓣胃梗塞的钢管音范围

图 1-109　皱胃左方变位钢管音范围

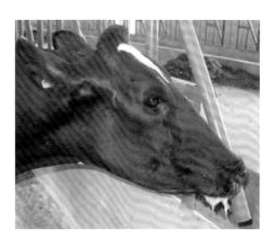

图 1-110　右方变位，眼球下陷、脱水

图 1-111　右方变位，右侧腹围膨大明显

图 1-112　右方变位，难起难卧

【诊断】根据发病原因、临床症状，一般检查情况，直肠检查等较易建立诊断。要注意皱胃扭转与皱胃右方变位的鉴别。

【类症鉴别】

1. 与创伤性网胃炎的鉴别

（1）相似点　吃草、反刍减少或废绝，瘤胃蠕动减弱。

（2）不同点　创伤性网胃炎病牛肘外展，叩诊剑状软骨部位敏感，卧时小心，前肢先跪后躯左右移动而后才卧。

2. 与牛酮病的鉴别

（1）相似点　产后发病，奶汁、呼气有酮味，腹痛。

（2）不同点　牛酮病的病牛多因饲料中所含蛋白脂肪多于碳水化合物而发病，多数嗜睡，左肷部不显膨大。

3. 与皱胃阻塞的鉴别

（1）相似点　右腹膨胀，粪发黑，腹痛，体温不高。

（2）不同点　皱胃阻塞病牛右腹软肋下方至膝襞有硬块。听诊不出现钢管音和乒乓音。

4. 皱胃扭转与皱胃右方变位的鉴别

皱胃扭转发病急，腹痛明显，腹围增大快，脱水严重，食欲废绝，奶量急剧下降，直肠检查较易摸到膨大的皱胃，右侧腹壁叩 - 听诊结合有大范围的钢管音，音质高朗。皱胃右方变位发病较缓，腹痛较轻，腹围变化不明显，有一定程度的食欲，一定的奶量。较皱胃扭转右侧叩 - 听诊结合钢管音的范围小，音质低沉，有时不易听到，需要多次反复听诊，防止漏诊、误诊。

【预防措施】预防本病应合理配合日粮，日粮中的谷物饲料、青贮饲料和优质干草的比例应适当；对发生乳腺炎或子宫炎、酮病等疾病的病牛应及时治疗；在奶牛的育种方面，应注意选育既要后躯宽大，又要腹部较紧凑的奶牛。

【安全用药】皱胃左方变位的病例多采用保守疗法，对顽固性病例可采用手术疗法。皱胃右方变位早期的病例可采用保守疗法，后期病例和复发病例宜采用手术疗法。皱胃扭转病例如能建立诊断，应及时手术。

1. 保守疗法

（1）药物治疗　使用健胃剂辅以消导剂，增强胃肠运动，消除皱胃弛缓，促进皱胃气液排空。①如口服风油精（或薄荷油）10克，每日1次，连用2～3天；配合应用大黄苏打片、酵母片、复合维生素B口服液等。②静脉注射促反刍液，10%氯化钠溶液500～800毫升，5%氯化钙溶液150～200毫升，10%安钠咖注射液30～50毫升，配合补糖、补液、强心等，维护机体的体液和电解质平衡；③肌内注射硫酸新斯的明15～20毫克，每日1次，连用2～3天，或用其他平滑肌兴奋药。④2%普鲁卡因溶液200毫升配在1000毫升生理盐水中静脉注射，每日1次，连用3～5天。⑤中药按前胃弛缓处方治疗兼消导。用四君子汤、平胃散、补中益气汤、椿皮散加减。四君子汤加减：党参100克，白术、茯苓各75克，黄芪、当归各50克，陈皮40克，炙甘草25克，大枣200克，煎水去渣，灌服，每天1剂，连用2～3剂。平胃散加减：苍术、党参、白术、黄芪、茯苓各60克，厚朴、陈皮各 45 克，甘草、生姜各 20 克，大枣 90 克，共研为末，沸水冲调，候温灌服，每天 1 剂，连用 2 ～ 3 剂。补中益气汤加减：沙参 30 克、黄芪 250 克、白术 100 克、当归 60 克、陈皮 60 克、升麻 20 克、柴胡 30 克、枳实 60 克、川楝子 40 克、代赭石 100 克、焦槟榔 40 克、鸡内金 100 克、焦三仙 100 克，水煎内服，1 剂分 2 次内服，1 剂 / 天，连用 2 ～ 3 剂。椿皮散加减：椿皮 90 克，常山 30 克，柴胡 50 克，莱菔子 300 克，枳实 60 克，木香 40 克，甘草 25 克，山楂 50 克，神曲、麦芽各 40 克，槟榔 20 克，大黄 60 克，益智仁 35 克，龙胆草 30 克，研末，开水冲调，候温灌服，每天 1 剂，连用 3 剂。⑥若存在并发症，如酮病、乳腺炎、子宫炎等，应同时进行治疗，否则药物疗法治疗效果不佳。

（2）翻滚疗法　滚转法是治疗单纯性皱胃左方变位的常用方法，运用巧妙时，可以痊愈。治愈率达 70%。①让病牛绝食 1 天以上，限制饮水，使瘤胃容积变小；②让牛在有一定倾斜度的坡地（最好是草地或较松软平整的地方进行）上进行滚转；③具体的方法是使牛右侧横卧 1 分钟（背脊朝高面、四蹄向低面），然后转成仰卧（背部着地，四蹄朝天）1 分钟，随后以背部为轴心，先向左滚转 45°，回到正中，再向右滚转 45°，再回到正中；如此来回地向左右两侧摆动若干次，每次回到正中位置时静止 2 ～ 3 分钟，此时皱胃往往"悬浮"于腹中线并回到正常位置，仰卧时间越长，从膨胀的器官中逸出的气体和液体越多；将牛转为左侧横卧，使瘤胃与腹壁接触，然后立即使牛站立，以防左方变位复发。也可以采取左右来回摆动 3 ～ 5 分钟后（图 1-113），突然一次以迅猛有力的动作摆向右侧，使病牛呈右横卧姿势，至此完成一次翻滚动作，直至复位为止。如尚未复位，可重复进行。④经药物治疗、滚转法治疗或药物与滚转法相结合的治疗后，让动物尽可能地采食优质干草，以增加瘤胃容积，从而达到防止左方变位的复发和促进胃肠蠕动的作用。

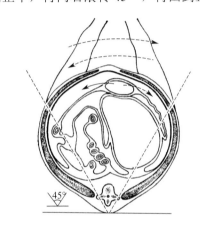

图 1-113　皱胃左方变位滚转法复位术
以牛背为中心，左右摇晃使之复位

2. 手术疗法

请参考《兽医外科与外科手术学（第二版）》（彭广能，钟志军主编），或《兽医外科手术学（第五版）》（林德贵主编），或《兽医外科与外科手术学（精简版）》（李建基，刘云主编）。

第三节　以腹泻为特征的消化系统疾病

一、新生犊牛病毒性腹泻

新生犊牛病毒性腹泻是由多种病毒混合感染引起的急性腹泻综合征。临床上以精神委顿、厌食、呕吐、腹泻、脱水和消瘦等为特征。

【病原】主要为轮状病毒和冠状病毒。此外，还有细小病毒、杯状病毒、星形病毒、腺病毒和肠病毒等。轮状病毒和冠状病毒在出生后初期的犊牛腹泻发生中，可能是最初的致病因子，虽不直接引起死亡，但因这两种病毒的存在，能降低犊牛肠道功能，从而易引起如大肠杆菌等细菌的继发感染，造成犊牛剧烈腹泻。

【流行特征】本病主要感染 1 周龄以内的新生犊牛。病牛和隐性感染牛是本病的传染源，病毒随传染源的排泄物排出体外，污染饲料、土壤、垫草和饮水，主要通过消化道感染，有时也可通过胎盘传染给胎儿。本病多发生于冬季和早春，初乳不足、气候骤变和卫生条件差等可诱发。病死率可达 50%。

【临床症状】潜伏期一般为 12～96 小时，最早在出生后 12 小时发病。突然表现为精神沉郁，吃奶减少或废绝，体温正常或略升高。严重腹泻，初排出灰白色（图1-114）或黄白色水样（图 1-115）或粥样粪便（图 1-116），粪中混有未消化凝乳块，后期粪便中混有多量黏液和血液（图 1-117），呈褐色或血样，酸臭或恶臭约 1 天后，犊牛背腰拱起，肛门外翻，哞叫。严重脱水，眼凹陷，四肢无力，卧地（视频 1-18），衰竭而死（图 1-118）。病程 1～8 天。

视频 1-18

图 1-114 病犊病初排灰白色水样粪便

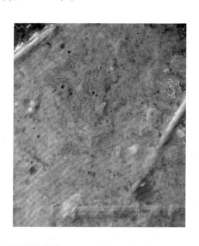

图 1-115 病犊病初排黄白色水样粪便

图 1-116 病犊病初排黄色粥样粪便

图 1-117 病犊含有血液的粪便

图1-118　病犊腹泻后严重脱水，四肢无力，衰竭死亡

【剖检变化】肠壁变薄，呈半透明（图1-119），肠黏膜脱落，肠内容物液状呈黄褐色（图1-120）或红色（图1-121），小肠黏膜广泛出血（图1-122），肠系膜淋巴结、胆囊、全身淋巴结肿大。

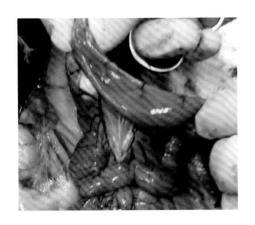

图1-119　肠壁变薄，呈半透明状

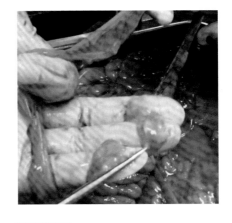

图1-120　肠黏膜脱落，内容物呈黄褐色

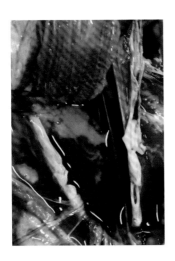

图1-121　肠黏膜脱落，内容物呈红色

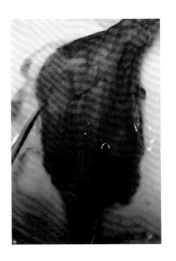

图1-122　小肠黏膜广泛性出血

【诊断】根据本病流行特征、典型的临床特征和剖检变化可以做出初步诊断。确诊须进行实验室检查，以查明病原。

【预防措施】加强饲养管理，对产房、犊牛舍和饲养用具等进行严格消毒；犊牛出生后应确保及时吃到初乳；在本病流行地区，可给妊娠母牛注射轮状病毒和冠状病毒疫苗，或注射当地流行的致病性大肠杆菌所制成的疫苗；或在犊牛出生后，尽早投服预防剂量的抗生素，对预防本病也有积极作用。

【安全用药】本病目前尚无特异的治疗方法。发病后，应立即停乳，采取清理胃肠、抗菌消炎、补液和对症治疗。

1. 清理胃肠

0.5% 高锰酸钾溶液 800～1000 毫升，灌服，每天 2～3 次。或液体石蜡 200～300 毫升，灌服；排泄后，人工乳（鱼肝油 5～10 毫升、氯化钠 5～10 克、鲜鸡蛋 2～3 个、温鲜牛奶 1000 毫升，混均）灌服，每天喂 4～6 次。或液体石蜡 200～300 毫升，灌服，然后口服多糖胃蛋白酶 6 克、乳酶生 10 克、葡萄糖 30 克、次硝酸铋 10 克，同时用 10% 葡萄糖注射液 250 毫升、生理盐水 200 毫升、5% 碳酸氢钠注射液 100 毫升、10% 安钠咖注射液 20 毫升，一次静脉注射，必要时每天注射 2 次。

2. 抗菌消炎

氟哌酸 2.5 克，口服，每天 2～3 次。或磺胺脒 10～20 克，口服，每天 2～3 次。或硫酸链霉素 0.5～1 克，灌服。

3. 补液，纠正酸中毒

氯化钠 3.5 克、氯化钾 1.5 克、碳酸氢钠 2.5 克、葡萄糖 20 克，加水至 1000 毫升，供犊牛自由饮用，或按每千克体重 100 毫升，每天分 3～4 次灌服。若饮、食欲已废绝，可用 50% 葡萄糖注射液 50 毫升、生理盐水 200 毫升、5% 碳酸氢钠溶液 100 毫升，一次静脉注射，每天 2 次。或 5% 糖盐水溶液 1000 毫升、2.5% 恩诺沙星注射液 10 毫升、利巴韦林注射液 10 毫升、10% 维生素 C 注射液 40 毫升、5% 碳酸氢钠注射液 100 毫升，混合后静脉注射，每天 1 次。

4. 对症治疗

腹泻不止时，次硝酸铋 5～10 克，或活性炭 10～20 克，或鞣酸蛋白 3～5 克，口服。或鞣酸蛋白 2 克、60 度白酒 5～10 毫升、温茶水 60～200 毫升，混合后一次灌服，每天 2～3 次，2 天为 1 个疗程。或土霉素粉 1～2 克、鞣酸蛋白 2 克、磺胺脒 3 克、碳酸氢钠粉 3 克，混合混于牛奶中喂服。或次硝酸铋 4 克、胃蛋白酶 3～5 克、硫酸链霉素 0.5 克，混合后一次灌服，每天 3 次。或鞣酸蛋白 3～6 克、磺胺脒 10～15 克，混合后灌服。或胃蛋白酶 10 克、稀盐酸 5 毫升、常水 1000 毫升，加适量维生素 C，每次 30～40 毫升，灌服。有神昏、抽搐等神经症状时，用 25% 硫酸镁注射液 40 毫升加入生理盐水中静脉注射；或用黄连素注射液 20 毫升或庆大霉素注射液 40 万单位，于后海穴注射，每 2 天注射 1 次。

5. 中药疗法

白头翁 120 克、水 1 000 毫升，煎至 500 毫升，分为 3 等份，每天 1 份，灌服。或大蒜 150 克、木炭末 100 克，混合成糊状，加 2% 明矾溶液 200 毫升，灌服。或藿香、白术各 15 克，苏叶、白芷、大腹皮、茯苓、半夏、陈皮、干姜各 10 克，厚朴、炙甘草各 5 克，水煎 2 次，合并煎汁，早、晚分别灌服（适用于粪便稀薄如水、腹痛、肠鸣）。或葛根、黄连、黄芪各 15 克，乌梅（去核）、煨诃子、姜黄各 10 克，甘草 5 克，水煎灌服。

二、犊牛大肠杆菌病

犊牛大肠杆菌病又称为"犊牛白痢"，是由致病性大肠杆菌引起的犊牛的一种急性细菌性传染病。本病临床上具有败血症、肠毒血症或肠道病变的特征，发病急、病程短、死亡率高，主要危害新生犊牛。

【病原】病原为某些血清型的致病性大肠杆菌，革兰氏染色阴性、中等大小的杆菌（图 1-123）。与非致病性大肠杆菌在培养特性和生化反应等方面没有区别，但抗原构造不同。根据大肠杆菌 O 抗原、K 抗原和 H 抗原组合的不同，可将本菌分成不同的血清型。引起牛发病的致病性大肠杆菌血清型主要有 O_{78}、O_{101}、O_8 等。致病性大肠杆菌具有多种毒力因子，主要产生内毒素、外毒素（肠毒素）、大肠杆菌素等。本病对外界环境因素抵抗力不强，常用的消毒剂均可将其杀灭，50℃ 30 分钟、60℃ 15 分钟即可死亡。在寒冷而干燥的环境中能生存较长时间。

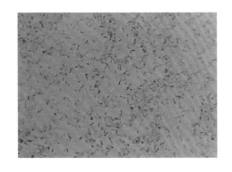

图 1-123 大肠杆菌的形态（革兰氏染色）

图 1-124 牛舍场地污秽

【流行特征】病原性大肠杆菌存在于成年牛肠道或犊牛的肠道及各种组织器官内。病牛和带菌牛是主要传染源，通过粪便排出病菌，污染水源、饲料、母牛的乳房及皮肤等。主要通过消化道传染，也可通过子宫内感染或脐带感染。本病多见于新生犊牛，尤其 2～3 日龄犊牛最为易感。一年四季均可发生，常见于冬春舍饲时期，呈地方性流行或散发，在放牧季节很少发生。母牛在分娩前后营养不足、饲料中缺乏足够的维生素或蛋白质、乳房部污秽不洁、牛舍阴冷潮湿、寒冷、通风不良、气候突变、拥挤、场地污秽（图 1-124）、生后未食初乳、饲养用具及环境消毒不彻底等因素，都能促进本病的发生流行或使病情加重。

【临床症状】潜伏期短，一般为几小时至十几小时。根据临床表现分为败血症型、肠炎型和肠毒血症型。

1. 败血症型

主要发生在未吃过初乳的犊牛。一般在出生后数小时发病，最迟 2～3 日龄发病。发病急，病程短，少数发病犊牛还未表现腹泻即死亡。多数发病犊牛表现发热，高达 40℃，停止吮乳，有时出现腹泻，可于数小时内急性死亡（图 1-125），致死率可达 80% 以上。耐过犊牛 1 周后可能继发关节炎、肺炎或脑膜炎。

2. 肠炎型

常见于 7～10 日龄犊牛，病初体温升高到 40℃。病犊牛表现下痢，初期粪便呈粥样，黄色，后呈水样，灰白色（图 1-126），混有未消化的凝乳块、凝血及泡沫，有酸败气味。后期排粪失禁，腹痛、踢腹，尾和后躯染有稀粪（图 1-127）。病程长者可见到有脐炎、肺炎及关节炎表现。致死率一般为 10%～50%。不死的犊牛发育迟缓。

图 1-125 急性死亡的新生犊牛

图 1-126 粪便呈水样、灰白色

3. 肠毒血症型

较少见，多突然死亡，病程稍长者可见典型的中毒性神经症状（视频 1-19），先兴奋不安，后沉郁、昏迷，最后死亡。死前多有腹泻症状，排出白色而充满气泡的稀粪。

视频 1-19

【剖检变化】败血症型及肠毒血症型常无明显病理变化。肠炎型病变是：真胃中有大量凝乳块（图 1-128），黏膜充血、水肿，覆有胶状黏液，皱褶部有出血（图 1-129）。肠内容物混有血液（图 1-130）及气泡，恶臭；小肠黏膜有充血，皱褶基部有出血点（图 1-131）。肠系膜淋巴结肿大，切面多汁或充血。肝脏、肾脏苍白，有时有出血点（图 1-132）。胆汁黏稠、暗绿，心内膜有出血点（图 1-133）。病程长的病例脐部、关节和肺部有病变。

【诊断】根据流行特征、临床症状和剖检变化可做出初步诊断，确诊需进行细菌学检查。病原学检查取材部位与材料，败血症为血液、内脏组织，肠毒血症为小肠前部黏膜，肠型为发炎的肠黏膜，直接涂片镜检。对分离培养出的大肠杆菌应进行血清型鉴定。

【类症鉴别】

1. 与犊牛沙门菌病的鉴别

（1）相似点 体温高（40～41℃），腹泻，粪黄色混有黏液、血液。有关节炎。

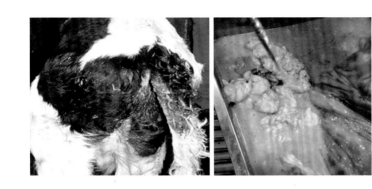

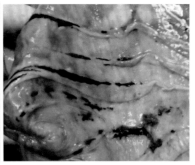

图 1-127　尾及后躯染有稀粪　　**图 1-128**　真胃中大量凝乳块　　**图 1-129**　真胃黏膜皱褶部有出血

图 1-130　小肠内容物中的血液　　　　**图 1-131**　小肠黏膜有充血，皱褶基部有出血点

图 1-132　肝脏苍白，有出血点　　　　**图 1-133**　心内膜有出血点

（2）不同点　犊牛沙门菌病多数 10 ～ 14 日龄以后发病，粪液状，灰黄色，混有黏液和血丝，体温高后 5 ～ 7 天内死亡，死亡率 50%。

2. 与犊牛衣原体病的鉴别

（1）相似点　体温高（40 ～ 41℃），腹泻，沉郁。

（2）不同点　犊牛衣原体病发病年龄较大（6 月龄前），流鼻液，流泪，咳嗽，后有支气管炎。

3. 与犊牛轮状病毒感染的鉴别

（1）相似点　生后 10 日龄发病，冬春多发，腹泻。

（2）不同点　轮状病毒感染犊牛粪黄色，液状或灰暗水样，有时带血，发病率高，死亡率低（1%～4%）。电镜检出率高。

4. 与犊牛新蛔虫的鉴别

（1）相似点　腹泻，粪灰白色。

（2）不同点　新蛔虫犊牛体温不高，眼结膜苍白，粪有特殊腥臭味，口腔有特殊臭气，消瘦，毛粗乱，1～5 月龄犊牛粪检有虫卵。

5. 与犊牛肠炎的鉴别

（1）相似点　体温高（40℃），腹泻。

（2）不同点　肠炎犊牛粪中有黏液、血液，不含凝乳块、凝血块及泡沫。粪腥臭而无酸败气味。不并发关节炎、脐炎、肺炎。无传染性。

6. 与犊牛消化不良的鉴别

（1）相似点　初生犊牛发病，腹泻，粪中有凝乳块。

（2）不同点　犊牛消化不良无传染性。体温正常或偏低，15 日龄以上粪黄色、灰黄色、污绿色，15 日龄以内有奶瓣。中毒性时体温升高，震颤、搐搦、昏迷。

【预防措施】加强饲养管理，避免应激因素。对妊娠母牛要加强饲养管理，给予足够的营养，产前补饲些胡萝卜、骨粉、食盐及青草等，确保新生犊牛，抗病力强。做好产房消毒工作，保证环境卫生，减少环境因素的致病可能。做好接产的消毒工作，防止在接产过程中造成感染，特别要注意断脐后的消毒处理。对污染的环境、用具，可用 3%～5%来苏儿溶液消毒。注意保暖，及时吃到足够的初乳，定时喂乳，防止哺乳过多或过少，内服链霉素、土霉素、金霉素或氟哌酸粉剂等可有效预防，也可自由饮用 0.01%～0.05% 的温高锰酸钾水，可收到较好的预防效果。对常发本病的牛场，分离本场菌株制备大肠杆菌灭活菌苗免疫接种。犊牛出生后及时一次静脉注射母牛血液 100～200 毫升，或一次皮下注射 20～20 毫升，可使发病率显著降低。

【安全用药】由于本病发病急，应以预防为主，发病后及时隔离治疗，对病程稍长者在确诊后应及时治疗。治疗原则是抗菌消炎，补液强心，保护胃肠黏膜。

1. 抗菌消炎

使用抗生素或磺胺类药物，如痢菌净、盐酸四环素、盐酸土霉素、硫酸新霉素、硫酸庆大霉素、恩诺沙星、氨苄青霉素、硫酸黄连素、磺胺类药物等。大肠杆菌容易产生抗药性，上述任何一种药物经使用 5～7 天后，如需继续治疗则应及时改用其他药物。还可用中药制剂，如白头翁散或大蒜酊等。

2. 补液强心，防止酸中毒

5% 葡萄糖生理盐水 500～2000 毫升，25% 葡萄糖溶液 300 毫升，5% 碳酸钠注射液

100～150毫升，10%维生素C注射液5～10毫升，10%安钠咖注射液5毫升，静脉注射，每天1次，连用3～5天。还可用葡萄糖甘氨酸溶液调整胃肠功能。其配方为葡萄糖43.2克、氯化钠9.2克、甘氨酸6.6克、枸橼酸0.5克、枸橼酸钾0.1克、磷酸二氢钾4.4克，以上药物加水2000毫升即成等渗溶液，每次喂服1000毫升，每天2次。

3. 保护胃肠黏膜

腹泻不止者，可口服次硝酸铋5～10克，或白陶土50～100克，或活性炭10～20克，以保护肠黏膜，减少毒素吸收，同时补液、强心等对症治疗。病情好转后可配合使用活菌制剂，口服促菌生5克，每天2次，连用5～7天。

4. 中药疗法

（1）白头翁20克，黄连、黄柏、秦皮各10克，水煎取汁，每天分2次灌服。
（2）大蒜300克，捣成碎泥，加水1500毫升，灌服。

三、沙门菌病

沙门菌病是由沙门菌属中多种细菌引起的疾病的总称。该病主要侵害幼龄动物和青年动物，临床上表现为败血症、胃肠炎以及其他组织的局部炎症；成年动物则多呈散发性或偶尔呈地方性流行，但妊娠动物可能发生流产。犊牛沙门菌病又称为"犊牛副伤寒"，其临床表现为败血症和胃肠炎的症状，慢性病例还表现肺炎和关节炎的症状。

【病原】本病最常见的病原是鼠伤寒沙门菌、纽波特沙门菌、都柏林沙门菌和肠炎沙门菌。沙门菌为两端钝圆、中等大小的革兰氏阴性菌，无芽孢，一般无荚膜，大多有周身鞭毛，能运动，大多数具有纤毛。在水、土壤和粪便中能存活数周至数月。但不耐热，一般消毒药物均能迅速将其杀死。

【流行特征】本病主要发生于10～40日龄的幼犊，发病后传播迅速，往往呈地方性流行，在发病严重的牛场，犊牛的发病率可达80%甚至更高，死亡率从10%～40%不等。病牛和带菌牛是本病的传染源。病原菌随粪便排出体外，污染水源和饲料。主要经消化道传播，间有呼吸道感染的。此外，带菌牛在不良的因素影响下，也可发生内源性传染。未吸吮初乳、乳汁不良、断奶过早，或牛舍拥挤、长途运输、饲料中缺乏维生素和蛋白质、突然更换饲料、饮用污水或患有其他疾病时，均能促进本病的发生和传播。本病一年四季均可发生，以秋末春初发病较多。

【临床症状】潜伏期平均为1～2周。根据病程长短可分为急性和慢性两型。

1. 急性型

急性型的犊牛可于生后24小时内即表现拒食、卧地、迅速衰竭，常于3～5天内死亡。多数在生后10～14日龄后发病，病初体温升高达40～41℃，呈稽留热，持续不退。脉搏增数，呼吸加快，精神沉郁，食欲降低或废绝。初便秘、后腹泻，粪便呈灰黄或黄色液状（图1-134），有的混有黏液和血丝（图1-135）。一般出现症状后4～8天死亡，死亡率达10%～50%。

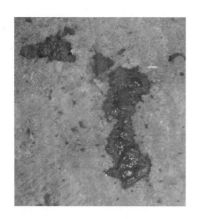 

图 1-134　犊牛沙门菌病急性型：粪便呈灰黄色　　图 1-135　犊牛沙门菌病急性型：混有黏液和血丝的粪便

2. 慢性型

多由急性型转变而来。腹泻逐渐减轻或停止，但呼吸困难、咳嗽，从鼻孔排出黏液性分泌物而后变成脓性鼻液（图 1-136）。初为支气管炎后发展为肺炎。体温升高，后期发生关节炎，腕关节和跗关节肿大、跛行（图 1-137，视频 1-20）。病犊极度衰弱，病期一般 1～2 周，长者可达 1～2 个月。恢复后体内很少带菌。

 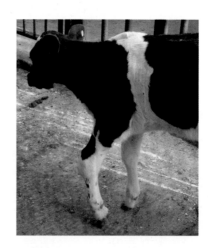

视频 1-20

视频 1-21

图 1-136　犊牛沙门菌病慢性型：　　　　图 1-137　犊牛沙门菌病慢性型：前肢
从鼻孔排出脓性鼻液　　　　　　　　　　腕关节发生炎症，肿大、跛行

【剖检变化】急性病犊的胃肠黏膜有出血性炎症变化（图 1-138，图 1-139），全身浆膜、黏膜及心外膜有多数出血点（图 1-140，视频 1-21）。淋巴结、脾脏、肝脏、肾脏肿大，特别是脾脏可肿大 1～3 倍。肝脏、脾脏散布有灰色小坏死灶（图 1-141）。慢性型病犊的肺有肺炎症灶，且伴有坏死（图 1-142），表面覆盖有纤维素薄膜。肝有坏死结节（图 1-143）。小肠黏膜有出血点。腕关节和跗关节等关节囊肿胀（图 1-144），腔内有较多的浆液性纤维素渗出物（图 1-145）。

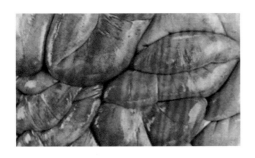

图1-138 牛沙门菌病：小肠的出血性肠炎变化

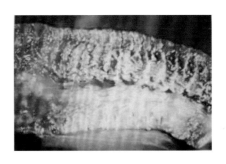

图1-139 牛沙门菌病：肠黏膜肿胀增厚，并有纤维素假膜，并伴有出血

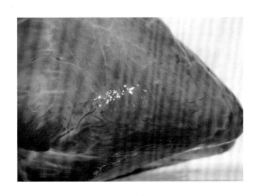

图1-140 心外膜有多数出血点

图1-141 脾脏散布有灰色小坏死灶

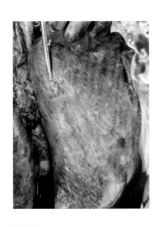

图1-142 表面覆盖有纤维素薄膜，且伴有坏死的肺炎症灶

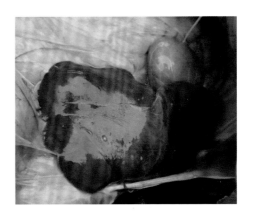

图1-143 肝脏有坏死结节

【诊断】根据流行特征、临床症状和剖检变化即可做出初步诊断。确诊需要采取犊牛的粪便或直肠拭子采样，然后进行细菌分离与鉴定。

【类症鉴别】

1. 与牛黏液膜性肠炎的鉴别

（1）相似点 腹痛，下痢，心跳、呼吸增数。

图 1-144 腕关节关节囊肿胀

图 1-145 关节腔内的纤维素性渗出物

（2）不同点　牛黏液膜性肠炎体温不太高，排出管状或索状黏液膜后症状即减轻。

2. 与牛血吸虫病的鉴别

（1）相似点　体温高（40℃以上），精神萎靡，腹泻含有血液、黏液、有恶臭。
（2）不同点　牛血吸虫病病程较长，里急后重，眼结膜苍白，粪检可见虫卵。

3. 与牛副结核病的鉴别

（1）相似点　腹泻，粪中含血液、黏液，有恶臭。
（2）不同点　牛副结核病下颌、垂皮有水肿，体温不高，不出现腹痛，病程较长，腹泻间断发生，结核菌素检验反应阳性。

4. 与无机氟化物中毒的鉴别

（1）相似点　腹痛，腹泻。
（2）不同点　无机氟化物中毒多在矿区、炼铝厂及磷肥、氟化盐厂附近发病，流涎呕吐，肌肉震颤，阵发性强直痉挛，慢性关节肿大。

【预防措施】加强母牛和犊牛的饲养管理，饲养人员特别注意观察犊牛精神、食欲、粪便，适时更换褥草，搞好犊牛舍卫生。对于发病犊牛要及时隔离治疗。深埋或焚烧死尸、流产胎儿、胎衣及污染物，消毒被污染的场地及设施。沙门菌可对人造成威胁，在接触感染犊牛时要穿工作服，鞋和手套等物品要消毒，注意公共卫生。犊牛注射牛副伤寒氢氧化铝苗，在常发病的牛场，对妊娠母牛接种，犊牛可获得较好的免疫保护。

【安全用药】治疗措施主要包括补液、抗生素或磺胺类药物治疗及中药疗法。

1. 补充体液，维持体况

对处于休克状态、不能站立、严重脱水的犊牛应静脉补液；对能走动、哺乳和仅有中度脱水的犊牛可经口或皮下补液。为纠正代谢性酸中毒，可给予碳酸氢钠。可用 5% 葡萄糖生理盐水 1000 毫升、25% 葡萄糖溶液 250 毫升、5% 碳酸氢钠溶液 150 ～ 200 毫升，一次静脉注射，每天 2 ～ 3 次。口服可用"口服补液盐"溶液，使其自饮或灌服。

2. 抗生素或磺胺类药物疗法

如硫酸新霉素、合霉素、痢菌净、硫酸庆大霉素、硫酸卡那霉素、氨苄青霉素、硫酸多黏菌素、喹诺酮类药物、磺胺嘧啶、磺胺二甲氧嘧啶等。生产中应用抗生素或磺胺类药物治疗时，随时观察临床效果，当一种药物无效时，应更换另一药物治疗，但最好是在细菌培养和药敏试验的基础上选用敏感药物。对于急性病例，抗生素治疗至少持续 5～7 天。有肺炎症状的，可用青霉素 100 万单位，链霉素 150 万～200 万单位，一次肌内注射，每天 2 次，连用 5～7 天；或将"九一四"0.75 克加入 500 毫升 5% 糖盐水中，缓慢静脉注射，每天 1 次，连用 5～7 天。伴有关节炎症状时，可用鱼石脂酒精绷带包裹患部，也可向关节腔内注入 1% 盐酸普鲁卡因青霉素溶液 15～20 毫升。

3. 中药疗法

（1）白头翁 60 克、黄连 30 克、黄柏 45 克，秦皮 60 克，研末后混匀，即为"白头翁散"，用沸水冲调，候温灌服。犊牛减量。

（2）郁金 30 克，诃子 15 克，黄芩 30 克，大黄 60 克，黄连 30 克，栀子 30 克，白芍 15 克，黄柏 30 克，研末后混匀，即为"郁金散"，用沸水冲调，候温灌服。犊牛减量。

（3）牵牛子、金银花、鸡内金各等份，焙黄研末，每次灌服 30～50 克，每天 2 次。

（4）柿蒂、乌梅、柏子仁各 9 克，黄连、姜黄各 15 克，研末后用沸水冲调，候温灌服。

（5）食盐 60 克，大蒜 120 克，捣烂后用沸水冲调，候温灌服。

四、副结核病

副结核病，也称"副结核性肠炎"，是由副结核分枝杆菌引起的牛的一种慢性传染病，偶见于羊、骆驼和鹿。临床特征是慢性卡他性肠炎、顽固性腹泻和逐渐消瘦，剖检可见肠黏膜增厚并形成皱襞。目前此病广泛流行于世界各地。

【病原】本病病原为副结核分枝杆菌。副结核分枝杆菌属于分枝杆菌属，革兰氏染色阳性，抗酸染色呈红色或淡红色，在肠黏膜的涂片标本上成团或成丛排列，无荚膜和鞭毛，为需氧菌。此菌对外界环境的抵抗力较强，在污染的牧场、圈舍中可存活数月，对热抵抗力差，75% 酒精和 10% 漂白粉能很快将其杀死。

【流行特征】副结核分枝杆菌主要引起牛（尤其是乳牛）发病，犊牛最易感。绵羊、山羊、骆驼、猪、马、驴、鹿等动物也可感染。病牛和隐性感染的牛是传染源。病原菌通过粪、尿等排泄物和乳汁排出体外，污染饲料及饮水等外界环境并可以存活很长时间（数月）。病原菌通过消化道侵入健康的牛体内。妊娠母牛也可通过子宫传染给犊牛。皮下或静脉接种也可使犊牛感染。本病一般呈散发或地方性流行，无明显季节性，但春、秋两季多发。气温变化频繁及妊娠、分娩、寄生虫病、饲养管理不当、长途运输等因素易诱发本病。

【临床症状】本病的潜伏期很长，可达 6～12 个月，甚至更长。早期临床症状不明显，以后逐渐明显，表现为间断性腹泻或顽固腹泻，排泄物稀薄、恶臭带有气泡、黏液和血凝块（图 1-146）；食欲逐渐减退、逐渐消瘦（图 1-147，图 1-148）、精神不好、经常躺卧；泌乳量逐渐减少，最后完全停止；皮肤粗糙，被毛粗乱，下颌及垂皮可见水肿；体温常无变化。尽管病牛消瘦，但仍有性欲。有时腹泻停止，恢复常态，但再度复发。腹泻不止的牛，一般经过 3 ～ 4 个月因衰竭而死。染疫牛群的死亡率每年高达 10%。

图 1-146 带有气泡、黏液和血凝块的粪便

图 1-147 病牛极度消瘦

图 1-148 病牛消瘦，食欲减退

【剖检变化】尸体消瘦，主要病变在消化道和肠系膜淋巴管。消化道局限于空肠、回肠和结肠前段，特别是回肠的浆膜和肠系膜显著水肿，肠黏膜常增厚 3 ～ 20 倍（图 1-149），并发生硬而弯曲的皱襞（图 1-150），黏膜呈黄色或灰黄色；皱襞突起处常充血，黏膜紧附黏稠浑浊的黏液（图 1-151），但无结节、无坏死和无溃疡；有时肠外表无大变化，但肠壁经常增厚。浆膜下淋巴管和肠系膜淋巴管常肿大呈索状，淋巴结肿大变软、切面湿润，有黄白色病灶（图 1-152）。肠腔内容物甚少。

图 1-149 回肠黏膜增厚，形成皱褶

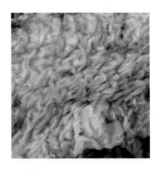

图 1-150 肠黏膜硬而弯曲的皱襞

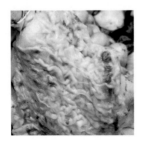

图 1-151 皱襞突起处常充血，黏膜紧附黏稠浑浊的黏液

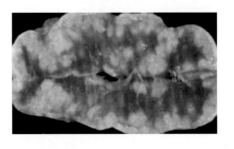

图 1-152 肠系膜淋巴结肿大，切面湿润，有黄白色病灶

【诊断】根据流行特征、临床症状和剖检变化，一般可做出初步诊断。确诊要进行实验室诊断。

【类症鉴别】

1. 与牛肠卡他的鉴别

（1）相似点　体温无变化，间断性腹泻，腹泻停止后排泄物恢复正常，排粪不费力。

（2）不同点　牛肠卡他粪便时干时稀，无恶臭，不含气泡、黏液和凝血块，颌下、垂皮不水肿。

2. 与牛球虫病的鉴别

（1）相似点　体温不高，顽固腹泻，粪中含有黏液、血液，有恶臭，消瘦，贫血。

（2）不同点　牛球虫病多发生于 1 月以上 2 岁以内的犊牛（副结核虽犊牛也感染，但出现症状常为 3～6 岁母牛），急性病初体温不高，1 周后可能升至（40～41℃），后期粪便全为血液黑色。直肠黏膜刮取物可检有虫卵。

3. 与牛沙门菌病的鉴别

（1）相似点　腹泻，粪有凝血块、黏液，有恶臭，逐渐消瘦。

（2）不同点　牛沙门菌病病原为沙门菌，体温可达（40～41℃），粪中有纤维素块、间有黏膜，腹痛剧烈，结膜充血、黄染。

【预防措施】由于病牛往往在感染后期才出现临床症状，因此药物治疗常无效。预防本病首先重在加强饲养管理（特别是对幼牛更应注意给予足够的营养，以增强其抗病力）、搞好环境卫生和消毒，切断本病的传播途径。其次还要加强检疫，不从发病牛群或疫区中引进牛只，必须引进时，则进行严格检疫，新引进牛只必须隔离观察，确认健康后方可混群。再次对牛进行变态反应性诊断，及时淘汰阳性牛，被病牛污染过的环境、牛舍、栏杆、饲槽、用具、绳索和运动场等，要用生石灰、来苏儿、氢氧化钠、漂白粉、石炭酸等消毒液进行喷雾、浸泡或清洗。最后对假定健康牛要进行隔离，定期检疫，连续 3 次检疫为阴性者，可视为健康牛。

【安全用药】本病治疗意义不大。对确诊病牛及时淘汰，20% 漂白粉溶液对污染场地和用具彻底消毒，粪便应堆积发酵处理后再作为肥料使用。

检测出的病牛（排除类症的前提下），根据不同情况采取不同方法处理：①具有明显临床症状的开放性病牛和细菌学检查阳性的病牛，要及时扑杀，但对妊娠后期的母牛，可在严格隔离不散菌的情况下，待产犊后 3 天扑杀。②对变态反应阳性牛，要集中隔离，分批淘汰，在隔离期间加强临床检查，有条件时采取直肠刮取物、粪便内的血液或黏液做细菌学检查，发现有明显临床症状和细菌检查阳性的牛，及时扑杀。③对变态反应疑似牛，隔 15～30 天检疫一次，连续 3 次呈疑似反应的牛，应酌情处理。④变态反应阳性及有明显临床症状或细菌检查阳性母牛所生的犊牛，立即和母牛分开，人工喂母牛初乳 3 天，单独组群，人工喂以健康牛乳，待长至 1、3、6 个月龄时各做变态反应检查一次，如均为阴性，可按健牛处理。

五、牛病毒性腹泻 / 黏膜病

牛病毒性腹泻 / 黏膜病即牛病毒性腹泻或牛的黏膜病，是由牛病毒性腹泻病毒引起的、主要发生于牛的一种急性、热性传染病。其临床特征为黏膜发炎、糜烂、坏死和腹泻。

【病原】牛病毒性腹泻病毒为黄病毒科瘟病毒属成员，与猪瘟病毒和边地病病毒同属，在基因结构和抗原性上有很高的同源性。呈球形，有囊膜，为单股正链 RNA 病毒。牛病毒性腹泻病毒引起的急性疾病称为牛病毒性腹泻，慢性持续性感染称为黏膜病，遍及全世界。牛病毒性腹泻病毒根据致病性、抗原性及基因序列的差异，可分为两个种，即牛病毒性腹泻病毒Ⅰ及牛病毒性腹泻病毒Ⅱ。二者均可引起牛病毒性腹泻和黏膜病，但牛病毒性腹泻病毒Ⅱ毒力更强。牛病毒性腹泻病毒Ⅱ与猪瘟病毒抗原性无交叉，牛病毒性腹泻病毒Ⅰ则有之。该病毒对外界因素抵抗力不强，在 pH3.0 以下或 56℃很快被灭活，对一般消毒药敏感，但血液和组织中的病毒在低温状态下稳定，在冻干状态下可存活多年。

【流行特征】本病可感染黄牛、水牛、牦牛、绵羊、山羊、猪、鹿及小袋鼠。各种年龄的牛对本病毒均易感，以 6 ～ 18 月龄者居多。传染源为患病及带毒动物。患病动物可发生持续性的病毒血症，其血、脾、骨髓、肠淋巴结等组织和呼吸道、眼分泌物、乳汁、精液及粪便等排泄物均含有病毒。本病主要经消化道、呼吸道感染，也可通过胎盘发生垂直感染，交配、人工授精也能感染。本病呈地方性流行，一年四季均可发生，但以冬末、春季多发。新疫区急性病例多，发病率通常约为 5%，病死率达 90% ～ 100%；老疫区则急性病例很少，发病率和病死率很低，而隐性感染率在 50% 以上。本病也常见于肉用牛群中，舍饲牛群发病时往往呈暴发式。

【临床症状】牛潜伏期自然感染为 7 ～ 10 天，短的 2 天，长的可达 21 天。人工感染为 2 ～ 3 天。自然情况下，临床上可分为急性型和慢性型。

1. 急性型

视频 1-22

视频 1-23

多见于幼犊。突然发病，体温升高到 40℃～ 42℃，持续 4 ～ 7 天，有的可发生第二次升高。随体温升高，白细胞减少，持续 1 ～ 6 天。继而又有白细胞微量增多，有的可发生第二次白细胞减少。病牛精神沉郁，厌食，鼻、眼有浆液性分泌物，2 ～ 3 天内鼻镜及口腔黏膜充血糜烂（图 1-153；图 1-154），有时也可见于阴门及阴道黏膜。舌面上皮溃疡坏死（视频 1-22，视频 1-23），流涎增多（图 1-155），呼气恶臭。严重者，整个口腔覆有灰白色的坏死上皮，像被煮熟样（图 1-156）。通常在口内损害之后常发生严重腹泻，开始水泻，以后带有黏液和血（图 1-157）。母牛在妊娠期感染常发生流产，或产下先天性缺陷犊牛，最常见的缺陷是小脑发育不全。患病犊牛可能只呈现轻度共济失调或不能站立。急性病例恢复的少见，通常死于发病后 1 ～ 2 周，少数病程可拖延 1 个月。

2. 慢性型

较少见，病程 2 ～ 6 个月，有的达 1 年。体温升高不明显，主要表现为鼻镜上的糜烂，此种糜烂可在全鼻镜上连成一片。眼常有浆液性分泌物（图 1-158）。蹄叶炎及趾间皮肤糜烂坏死，致使病牛跛行。淋巴结不肿大。大多数患牛均死于 2 ～ 6 个月内，也有些可拖延到 1 年以上。

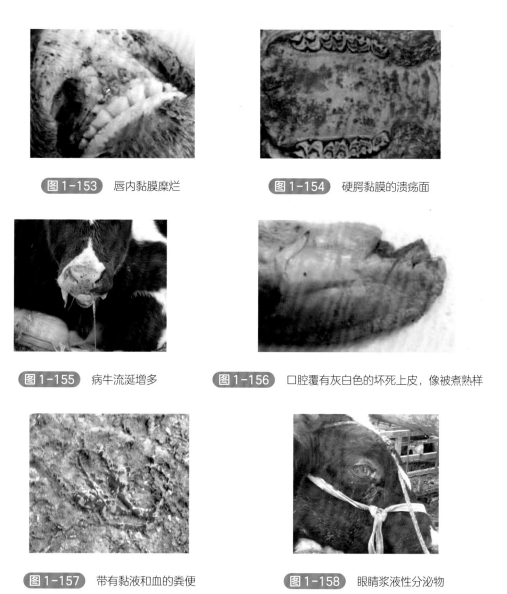

图 1-153　唇内黏膜糜烂

图 1-154　硬腭黏膜的溃疡面

图 1-155　病牛流涎增多

图 1-156　口腔覆有灰白色的坏死上皮，像被煮熟样

图 1-157　带有黏液和血的粪便

图 1-158　眼睛浆液性分泌物

【剖检变化】尸体消瘦，鼻镜、鼻腔黏膜、齿龈、上颚、舌面两侧及颊部黏膜有糜烂及浅溃疡，严重病例在咽喉黏膜有溃疡及弥散性坏死。特征性损害是食道黏膜糜烂，呈现大小不等的形状与直线排列（图 1-159）。瘤胃黏膜偶见出血和糜烂（图 1-160），皱胃炎性水肿和糜烂（图 1-161）。肠壁因水肿增厚，肠系膜淋巴结肿大（图 1-162）。蹄部趾间皮肤及全部蹄冠有糜烂、溃疡和坏死。流产胎儿的口腔、食道、皱胃及气管内有出血斑或溃疡。运动失调的犊牛，严重的可见到小脑发育不全及两侧脑室积水。

【诊断】在本病严重暴发流行时，可根据流行特征、临床症状和剖检变化可做出初步诊断，确诊需进一步作实验室诊断，依赖病毒的分离鉴定及血清学检查。

图 1-159　食道黏膜糜烂，呈现大小不等形状与直线排列

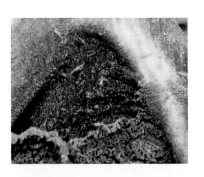
图 1-160　瘤胃黏膜出血和糜烂

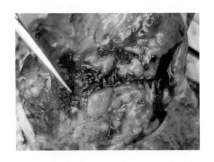
图 1-161　皱胃炎性水肿和糜烂

图 1-162　肠壁水肿，肠系膜淋巴结肿大

【类症鉴别】

1. 与口蹄疫的鉴别

（1）相似点　体温高（40～42℃），口腔、鼻镜糜烂，流涎，趾间糜烂、坏死，有跛行。

（2）不同点　口蹄疫传播快速而面积大，眼、鼻部无炎症，不流泪和鼻液，不发生蹄叶炎。

2. 与牛恶性卡他热的鉴别

（1）相似点　体温高（41～42℃），口鼻糜烂，流涎，流鼻液，腹泻混有血液。

（2）不同点　牛恶性卡他热传染时几乎是个别发病，眼结膜和角膜炎症严重，额窦隆起，牛角松离，进一步蔓延时，咽可因肿胀而窒息。

3. 与牛传染性水疱性口炎的鉴别

（1）相似点　体温高（40～42℃），口黏膜有烂斑，大量流涎。

（2）不同点　牛传染性水疱性口炎人、马、猪也感染，口黏膜先发水疱而后破溃为糜烂，有的蹄和乳房有水疱，不腹泻，不出现蹄叶炎。

【预防措施】平时预防要加强口岸检疫，防止引入带毒牛、羊和猪；国内在进行牛只调拨或交易时，要加强检疫，发现病牛应及时隔离，无治疗价值的牛应淘汰，对与病牛接触过的牛应隔离观察，防止本病的扩大或蔓延；免疫接种可有效控制本病（①流行地区用病毒性腹泻／黏膜病弱毒疫苗皮下注射，犊牛在2月龄注射1次，到成年时再注射1次，成年牛注射1次；②对受威胁较大的牛群应每隔3～5年接种1次；③弱毒苗能引起流产和胎儿畸形，怀孕母牛禁用）。

【安全用药】本病目前尚无有效的疗法。发病时严格隔离，并采取对症治疗和加强护理，增强机体抵抗力。临床上应用消化道收敛剂和补液疗法可缩短恢复期，减少损失。用抗生素和磺胺类药物进行预防性治疗，可减少继发性细菌感染，缩短恢复期。

（1）鸡新城疫Ⅰ系疫苗 0.5 克，加生理盐水 250 毫升，肌内注射或于后海穴注射，每次每头 5～10 毫升，严重者隔日重复用药 1 次，现配现用。

（2）纤维素酶 30～50 克，加温开水适量，一次灌服，每天 1 次，连用 3 天。

（3）益生素饮水，治疗时每 100 升水添加 20～40 克，预防时每 100 升水中添加 10～20 克。注意使用益生素时禁止使用抗生素。

（4）磺胺甲基异噁唑片 40 克，次碳酸铋（碱式碳酸铋）片 30 克，一次灌服，磺胺类药物每天使用 2 次，首次用量加倍，连用 3～5 天。

（5）丁胺卡那霉素注射液 300 万单位、10% 维生素 C 注射液 30 毫升、10% 安钠咖注射液 20 毫升、5% 葡萄糖生理盐水 3000 毫升，一次静脉注射，每天 1～2 次，连用 3～5 天。

（6）5% 葡萄糖生理盐水 1000～2000 毫升、海达注射液 8～18 毫升、10% 维生素 C 注射液 20～40 毫升、5% 碳酸氢钠注射液 200～400 毫升、利巴韦林注射液 30～40 毫升，静脉注射，每天 1 次，连用 3～4 天。双黄连、大青叶等抗病毒药，按说明使用。

（7）中药疗法。

① 冰片 12 克、青黛 9 克、皮硝 30 克、薄荷 6 克、滑石 60 克，研细末用蜂蜜调匀涂搽。

② 硼砂、山豆根、贯众、滑石、寒水石、海螵蛸各等份，共研为细粉，用蜂蜜调匀涂搽患部。

③ 乌梅、柿蒂、诃子、黄连各 20 克，茵陈、姜黄各 15 克，栀子炭 30 克，水煎取汁，灌服，每天 1 剂，连用 3～4 天。

④ 黄连、乌梅、柿蒂、诃子肉各 20 克，山楂炭 30 克，姜黄、茵陈各 15 克，水煎取汁，每天分 2 次灌服，连用 2～3 天。

⑤ 葛根、黄芩、扁豆各 60 克，党参、白术、茯苓、炙甘草、山药各 45 克，莲肉、桔梗、薏苡仁、砂仁各 30 克，黄连、丹参、地榆各 20 克，水煎灌服。

⑥ 炙黄芪 90 克，党参、白术、当归、陈皮各 60 克，炙甘草 45 克，升麻、柴胡、神曲各 30 克，水煎灌服。

六、牛冬痢（牛弯曲杆菌性腹泻）

牛冬痢，又称"牛黑痢"，是舍饲牛的一种急性接触性肠道传染病。病原主要是空肠弯曲杆菌，有时冠状病毒参与致病，该病主要特征是突然发病，传播迅速，排棕色稀便和出血性下痢。

【病原】本病病原尚未充分阐明，一般认为主要是弯曲杆菌属的空肠弯曲杆菌种。有时可能涉及一种或多种病毒。空肠弯曲杆菌能引起多种动物的小肠结肠炎，主要存在于动物的肠道中，具有黏膜亲嗜性，可产生一种类霍乱样毒素，现有 63 个血清型，呈嗜热性，25℃ 以下不生长，25～42℃ 下生长，但培养较困难。本菌对外界环境和常用消毒药抵抗力不强。

【流行特征】主要发生在舍饲牛，气候恶劣和管理不良可以诱发本病。大牛、小牛都可感染，但成年牛病情较重，主要发生于秋冬季节的舍饲牛，呈地方性流行，流行期3天到3周。发病率很高，但很少死亡。病畜和带菌动物是传染源。病畜和带菌动物从粪便排菌，也可通过乳汁和其他分泌物排出，污染饮水、草场或饲料，经消化道传播。人和动物以及用具也可以机械地传播本病。

【临床症状】潜伏期2～3天。突然发病，一夜间可使牛群中20%的牛发生腹泻，2～3天内可波及80%～90%的牛，病牛排出棕黑色粪便，有腥臭味，粪中伴有气泡、血液和血凝块（图1-163，图1-164）。除少数严重病例外，多数病牛体温正常，食欲无明显变化，小肠蠕动亢进，乳牛产奶量下降50%～95%。病情严重者，表现精神委顿、食欲缺乏、背弓起、毛逆立、寒战、虚脱、不能站立。大多数病牛在3～5天内恢复，很少死亡。腹泻停止后1～2天，产乳量逐渐回升。少数严重病牛可出现衰弱、脱水，不能站立，但若能及时治疗，也很少发生死亡。

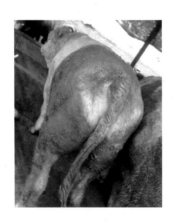

图1-163 病牛腹泻

图1-164 病牛排的带有血液的粪便

【剖检变化】死后检查的主要特征是脱水（图1-165），空肠和回肠的卡他性炎症、出血性炎症（图1-166）及肠腔含有血液。

图1-165 病亡的牛脱水

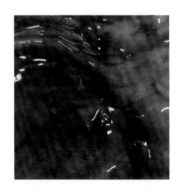

图1-166 回肠出现卡他性炎症、出血性炎症

【诊断】根据流行特征、临床症状和剖检变化可做出初步诊断，确诊需要在实验室内

进行细菌学检查。

【类症鉴别】

1. 与牛球虫病的鉴别

（1）相似点　腹泻，粪中含有血液呈黑色，体温不高。

（2）不同点　牛球虫病体温病初不高，1周后达40～41℃，末期下降，排粪里急后重，冬季很少发病，粪中或直肠黏膜刮取物有虫卵。

2. 与牛副结核病的鉴别

（1）相似点　腹泻，粪中有凝血块，恶臭。

（2）不同点　副结核病牛下颌、垂皮水肿，潜伏期长，结核菌素检验呈阳性反应。

【预防措施】本病传播途径是经消化道感染，因此，冬季舍饲的牛，必须要加强饲养管理和环境消毒，病牛及时隔离治疗，病牛用具及分泌物要彻底消毒，严防粪便污染饲料和饮水，加强粪便管理及无害化处理。

【安全用药】本病主要采取对症疗法。

（1）灌服松节油和克辽林的等量混合剂，每次25～50毫升，每天2次，一般灌服2次即可痊愈。

（2）对病情严重者应及时补液，如5%葡萄糖生理盐水溶液2000～3000毫升、5%维生素C注射液100毫升、10%氯化钠溶液50毫升，一次静脉注射。高产奶牛同时加10%葡萄糖酸钙注射液500毫升。

（3）儿茶酚45份、碳酸氢钠45份、苯酚磺酸锌10份，混合，每次灌服25～75克，每12小时使用1次，连用2～3天。

（4）四环素，每千克体重5～10毫克，用5%葡萄糖生理盐水配制成5%浓度，静脉注射，每天2次，连用2～3天。

（5）庆大霉素注射液20万～40万单位，肌内注射，每天2次，连用2～3天。

（6）氟苯尼考注射液，每千克体重10毫克，肌内注射，每天1次，连用3～5天。

七、魏氏梭菌病

牛魏氏梭菌病是由产气荚膜杆菌（亦称产气荚膜梭菌、魏氏梭菌）引起的牛的一种急性传染病，以急性发病、病程短、肠炎、水肿、组织出血和死亡率高为特点。由于本病发病急、治疗困难、死亡率高，给养牛业造成的经济损失相当大。以犊牛发病较多，亦称"犊牛梭菌性肠炎"。

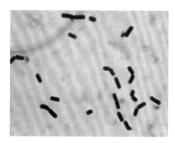

图 1-167　革兰氏阳性的 B 型魏氏梭菌

【病原】本病病原为产气荚膜梭菌，曾称为魏氏梭菌或产气荚膜杆菌。本菌呈直杆状，两端钝圆，单在，革兰氏染色阳性（图1-167）。芽孢大而钝圆，位于菌体中央或近端，使菌体膨胀，但在一般条件下罕见形成芽孢。在动物创伤组织中形成荚膜。多数菌株可形成荚膜，无鞭毛，不运动。产气荚膜梭菌能产生强烈的外毒素，经抗毒素中和试验分为 A、B、C、D、E 五型，D 型为土壤常在菌，也存在于水中。

【流行特征】犊牛和青壮年牛对本病最易感，B 型和 C 型产气荚膜杆菌常引起 3 周龄以内的哺乳犊牛发病，4 周龄以上的犊牛发病多由 D 型产气荚膜梭菌引起。7 日龄以下的犊牛也能感染 D 型产气荚膜梭菌。由 A 型产气荚膜梭菌所致的肠毒血症可见于各种年龄的牛，但最常发生于 2～16 周龄的犊牛。病牛和带菌牛是主要传染源。常通过污染的饲料、垫草、饲喂用具以及饮水经消化道传染，也可通过脐带或创伤感染。产气荚膜梭菌产生的毒素是引起发病和死亡的原因。春秋多发，但其他季节也可发病，呈散发或地方性流行。凡影响犊牛抵抗力的不良因素（如母牛妊娠期营养不良、产房及犊牛舍阴暗潮湿、密度过大、卫生条件差、脐带消毒不严或不消毒、犊牛体质差、严寒季节产犊、犊牛受冻、饲喂高蛋白质精料过多、感染肠道寄生虫、哺乳不足或饥饱不匀等）均可诱发本病。

【临床症状】根据临床症状可分为最急性型和急性型。

1. 最急性型

往往尚未见到临床症状即已死亡。

视频 1-24

2. 急性型

病牛犊表现为精神委顿，不吃奶，皮温不整，耳、鼻、四肢末端发凉。口腔黏膜颜色由红逐渐变暗红至紫色。腹痛症状，仰头蹬腿，后肢踢腹。腹部膨胀，腹泻，排出暗红色、恶臭粥样粪便（图 1-168）。呼吸促迫，体温 39.5～40℃。病后期病牛犊高度衰弱，卧地不起（图 1-169），虚脱死亡；也有出现神经症状的，头颈弯曲，磨牙，吼叫，痉挛死亡（视频 1-24）。

图 1-168　病牛腹泻，排出暗红色、恶臭粥样粪便

图 1-169　病牛犊高度衰弱，卧地不起

【剖检变化】剖检可见后腹部皮下水肿，腹腔内积有多量透明、红色的渗出液。肠系膜充血，肠系膜淋巴结瘀血、水肿，间或出血（图 1-170）。皱胃及小肠浆膜出血。皱胃内积有凝乳块（图 1-171）或灰绿色或紫色液体，黏膜充血、出血（图 1-172）。小肠（特别是空肠段）发生出血性肠炎，肠腔内全为血水（图 1-173）。肠黏膜充血、潮红，表面覆有糠麸样物（图 1-174）。部分肠黏膜呈条状出血（图 1-175）或溃疡（视频 1-25）。心包积液（图 1-176），心外膜有出血点（图 1-177）。肺脏充血且有瘀血斑（图 1-178）。

视频 1-25

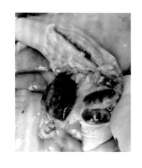

图 1-170　肠系膜淋巴结
淤血、水肿、出血

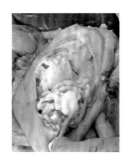

图 1-171　皱胃内积有凝乳块

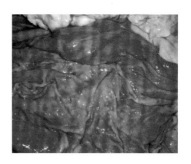

图 1-172　皱胃黏膜充血、出血

图 1-173　小肠发生出血性肠炎，肠腔内全为血水

图 1-174　肠黏膜充血、潮红，表面覆有糠麸样物

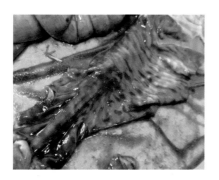

图 1-175　肠黏膜呈条状出血

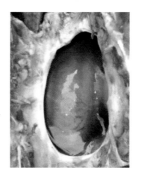

图 1-176　心包积液

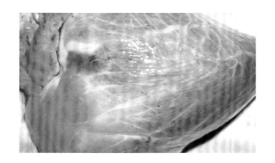

图 1-177　心外膜有出血点

图 1-178　肺脏充血且有瘀血斑

【诊断】根据流行特征、临床症状和剖检变化不难做出初步诊断。为了确定病原及其毒素，应从新鲜尸体采取小肠内容物、肠系膜淋巴结和肝脏、心血等，在实验室进行细菌和毒素检验。

【类症鉴别】

1. 与牛巴氏杆菌病（水肿型）的鉴别

（1）相似点　有传染性，呼吸快速、困难，病程短。

（2）不同点　牛巴氏杆菌病体温高（40～41℃），咽喉、颈部、胸前肿胀，并有热痛，口流涎，皮肤黏膜发绀。血液或水肿液镜检可见两极浓染的杆菌。

2. 与牛传染性鼻气管炎的鉴别

（1）相似点　有传染性，呼吸快速、困难，病程短。

（2）不同点　牛传染性鼻气管炎寒冬季节发病，鼻镜高度充血（红鼻子），鼻黏膜糜烂、坏死、出气臭，流行时常出现生殖道感染的症状。

3. 与黑斑病红薯中毒的鉴别

（1）相似点　突发气喘，呼吸困难，头颈伸直，心跳快，体温不高。

（2）不同点　黑斑病红薯中毒病是因吃了有黑斑病的红薯、秧苗及其加工副产品而发病，胸围扩大，有时皮下气肿，无传染性。

【预防措施】首先加强饲养管理，增强犊牛体质，注意保暖，合理哺乳。加强卫生消毒措施，阻止感染；其次进行免疫接种，增强犊牛抵抗力。母牛每年用五联梭菌疫苗预防接种1次。产前2～3周再接种1次；最后在犊牛出生后12小时内灌服土霉素0.2～0.5克，每天1次，连续灌服3天，有一定预防作用。

【安全用药】治疗原则是补充体液、抗休克、消除炎症防止继发感染。

（1）对于症状轻的病牛，可用青霉素200万～400万国际单位肌内注射，12小时1次，连用3～5天。

（2）对于全身症状严重的病牛，立即注射5%葡萄糖生理盐水1 500～2 000毫升，痢菌净注射液40毫升，10%维生素C注射液40毫升，青霉素800万国际单位，止血敏注射液12毫升，维生素K_3注射液6毫升。同时，用草木灰200克、碳酸氢钠100克、新诺明40克、鸡蛋清4个，荧粉50克，温水灌服，每天1次，连用3天；还可配合使用肾上腺皮质激素，如地塞米松磷酸钠注射液20～25毫克，静脉注射或肌内注射。

（3）林可霉素注射液，每千克体重15毫克，肌内注射，每天1～2次，连用3～4天。或诺氟沙星注射液，每千克体重15毫克，肌内注射，每天2次，连用3～5天。或环丙沙星注射液，每千克体重2.5毫克，肌内注射，每天2次，连用2～3天。

（4）磺胺嘧啶钠注射液，每千克体重70毫克，静脉注射，每天2次，连用3～4天。同时，灌服足量磺胺脒、适量鞣酸蛋白（每次20克）、次硝酸铋、碳酸氢钠（每次30～100克），每天2次。

（5）硫酸链霉素5～10克，大蒜20克，捣烂，混合后加水500毫升，灌服，每天2次。

（6）中药疗法

　　① 仙鹤草、黑地榆各 40 克，萹蓄、白头翁、血余炭、当归、生地黄、赤芍各 30 克，水煎，候温灌服，一般使用 2 次见效。

　　② 白头翁 60 克、黄连 30 克、黄柏 45 克，秦皮 60 克，研末后混匀，即为"白头翁散"，用沸水冲调，候温灌服。犊牛减量。

八、肝片吸虫病

　　肝片吸虫病是由肝片吸虫寄生于反刍动物的肝脏和胆管中所引起的一种寄生虫病，俗称"肝蛭病"，肝片吸虫也可寄生于人体。本病能引起慢性或急性肝炎和胆管炎，同时伴有全身性中毒现象及营养障碍等症状，危害相当严重，尤其对幼畜和绵羊，可引起大批死亡。

　　【病原】本病病原为肝片吸虫。

1. 形态特征

　　肝片吸虫呈扁平片状，灰红褐色，大小为（21～41）毫米×（9～14）毫米（图1-179）。前端有头锥，上有口吸盘，口吸盘稍后方为腹吸盘。肠管主干有许多内外侧分支。雌雄同体。雄性生殖器官具有 2 个睾丸，前后排列，高度分支，位于虫体中后部；雌性生殖器官具有 1 个卵巢，呈鹿角状，位于腹吸盘后方的一侧。曲折重叠的子宫内充满虫卵。卵黄腺由许多褐色颗粒组成，分布于虫体两侧。虫卵呈长卵圆形，黄色或黄褐色（图1-180）。前端较窄，后端较钝，卵壳明显。卵内充满卵黄细胞和 1 个胚细胞，大小为（133～157）微米×（74～91）微米。

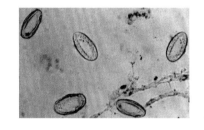

图1-179 肝片形吸虫的成虫形态　　**图1-180** 肝片形吸虫的虫卵形态

2. 发育过程

　　片形吸虫发育过程需要中间宿主淡水螺。成虫在牛的肝脏胆管内产生虫卵，卵随胆汁进入肠道，而后随粪便排出体外，在适宜的条件下（pH5～7.5，温度 15～30℃），经 10～25 天孵出毛蚴并游动于水中，遇到中间宿主——淡水螺蛳时，便钻入其中，经无性繁殖发育为胞蚴、雷蚴和尾蚴。尾蚴离开螺体，游动于水中，约经 3～5 分钟便脱掉尾部，黏附于水生植物的茎叶上或浮游于水中而形成囊蚴。牛在吃草或饮水时吞入囊蚴而感染。幼虫穿过肠壁，经肝表面钻入肝内胆管发育为成虫，需要 2～4 个月（图1-181）。成虫以红细胞为养料，在动物体内可寄生 3～5 年。

图1-181 肝片吸虫的生活史

【流行特征】肝片形吸虫系世界性分布，是我国分布最广泛、危害严重的寄生虫之一。本虫的宿主范围较广，主要寄生于黄牛、水牛、绵羊、山羊、鹿等反刍动物。本病的流行与中间宿主淡水螺（锥实螺）有极为密切关系。肝片形吸虫的中间宿主在我国内蒙古地区主要为土蜗螺。肝片吸虫的终末宿主主要为人和反刍动物。本病呈地方性流行，多发生在低洼、潮湿和沼泽地带的放牧地区。干旱年份流行轻，多雨年份可促进本病的流行。感染多在每年春末夏秋季节，感染季节决定了发病季节，幼虫引起的疾病多在秋末冬初，成虫引起的疾病多见于冬末和春季。

【临床症状】患牛一般表现为营养障碍、贫血和消瘦。临床症状与感染强度及牛的体质、年龄、饲养管理条件等有关。一般来说，牛体寄生有250条成虫时便会表现出明显的临床症状，但犊牛即使轻度感染，也可能表现出症状。根据病情可分为急性型和慢性型两种。

1. 急性型

较少见，主要见于吞食大量囊蚴后（2000个以上）发病。多发生于夏末、秋季及初冬季节，患牛病势急，初期表现体温升高，精神沉郁，食欲减退，衰弱，易疲劳，离群落后；叩诊肝区半浊音界扩大，压痛明显；很快出现贫血、黏膜苍白（图1-182）、红细胞及血红素显著降低；严重者在几天内死亡。

图1-182 病牛贫血、眼结膜苍白

图1-183 病牛胸前水肿

2. 慢性型

较多见，多发于冬末和春季。主要表现为精神沉郁，食欲不振，逐渐消瘦、贫血和低蛋白血症，眼睑、颌下、胸前和腹下水肿（图 1-183），腹水。消化机能障碍，出现周期性前胃弛缓，伴发卡他性肠炎，便秘与腹泻交替发生。怀孕牛可流产，公牛生殖力下降。最后因消瘦、衰竭而死。

【剖检变化】剖检时，病理变化主要呈现在肝脏，其变化程度与感染虫体的数量及病程长短有关。

1. 急性型

在大量感染、取急性死亡的病例中，可见到急性出血性肝炎（图 1-184）的表现。肝脏肿大、充血，包膜有纤维素沉积（图 1-185）、出血，肝实质内有数毫米长的暗红色虫道和幼小的虫体（图 1-186，视频 1-26），虫道内有凝固的血液及移行中的童虫。严重感染者，腹腔内有红色液体（图 1-187），有腹膜炎病变。

视频 1-26

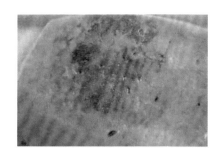

图 1-184 大量感染病牛的急性出血性肝炎

图 1-185 幼虫所致的纤维素性肝包膜炎

图 1-186 肝实质内幼小的虫体

图 1-187 腹腔内红色液体，液体内有虫体

2. 慢性型

病例主要呈现慢性增生性肝炎，在肝组织被破坏的部位呈现淡白色索状瘢痕，肝脏病变区实质萎缩、褪色、变硬（图 1-188），边缘钝圆，呈土黄色。胆管肥厚，呈绳索样突出于肝表面；胆管内有磷酸钙和磷酸镁等盐类的沉积而使内膜粗糙，刀切时有沙沙声；胆

管内有虫体（图1-189）和污浊稠厚的液体。皮下及其他脂肪沉积处水肿，呈胶冻样。胸腹腔及心包内都蓄积着透明的液体。

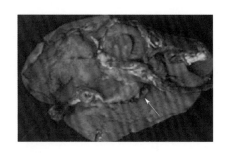

图1-188 肝脏病变区实质萎缩、褪色、变硬　　**图1-189** 虫体寄生于肝胆管内（箭头所示）

【诊断】根据流行特征、临床症状、粪便虫卵检查和死后剖检变化等进行综合判定。虫卵检查可用沉淀法和锦纶筛集卵法。死后剖检急性病例可在腹腔和肝实质中发现幼虫；慢性病例可在胆管内检获成虫。

【类症鉴别】

1. 与前胃弛缓的鉴别

（1）相似点　吃草反刍减少，瘤胃蠕动弱，结膜苍白，耕作无力。
（2）不同点　前胃弛缓病牛很少持续腹泻，不会明显贫血，更无颌下、垂皮、胸前水肿，粪检无虫卵。

2. 与牛肠卡他的鉴别

（1）相似点　吃草反刍减少，瘤胃蠕动弱，经常腹泻，耕作无力。
（2）不同点　肠卡他牛有时眼结膜呈树枝状充血，颌下、垂皮、胸前不出现水肿，粪中无虫卵。

【预防措施】根据该病的流行特点，制定综合性预防措施。首先要定期驱虫，一般每年两次驱虫，一次在冬季，另一次在春季；急性病例随时驱虫，并将牛的粪便特别是驱虫后1～2天排出的粪便应堆集进行发酵处理，以杀死虫卵。其次要防控和消灭中间宿主——淡水螺，消灭中间宿主可结合农田水利建设和草场改良，以破坏螺的生活条件；流行地区应用药物灭螺时，可选用1：5000的硫酸铜溶液或2.5毫克/千克的血防67对锥实螺进行浸杀或喷杀。最后要加强卫生饲养管理，在放牧地区，尽可能选择高燥地区放牧；饮水最好用自来水、井水或流动的河水，保持水源清洁；从流行区运来的牧草须经处理后，再喂给牛。

【安全用药】治疗肝片吸虫病时，不仅要进行驱虫，而且还应注意采取对症治疗的措施，尤其对体弱的重症患牛。

1. 西药治疗

（1）三氯苯唑（肝蛭净）　牛为每千克体重6～15毫克，一次口服量，对成虫和童虫均有效。对急性肝片吸虫病的治疗，5 周后应重复用药一次。本药品不得用于牛的泌乳期；禁用于 1 周内将要产犊的奶牛。牛的休药期为 28 天。为了扩大抗虫谱，可与左旋咪唑、甲噻吩嘧啶联合应用。

（2）阿苯达唑（丙硫苯咪唑、丙硫咪唑、抗蠕敏） 一次口服剂量，牛为每千克体重 10～20 毫克。该药为广谱驱虫药，也可用于驱除胃肠道线虫和肺线虫及绦虫，剂型一般有片剂、混悬液、瘤胃控释剂和大丸剂等。本药品有致畸作用，妊娠牛慎用；牛屠宰前的休药期不少于 14 天，用药后 3 天内的奶不得供人食用。

（3）氯氰碘柳胺 一次口服剂量，牛为每千克体重 5 毫克。皮下或肌内注射剂量，每千克体重 2.5～5 毫克。注射液对局部组织有一定的刺激性，应深层肌内注射；为防止中毒，不得同时使用其他含氯化合物；休药期为 28 天。

（4）溴酚磷（蛭得净） 一次口服剂量，每千克体重 12 毫克。本品对成虫、童虫有效，可用于治疗急性病例。妊娠牛应按实际体重减 10% 计算用量，预产期前 2 周内不要给药；对重症和瘦弱牛切不可过量应用本品；有中毒症状时，可用阿托品解救；本品溶于水后静置时有微量沉淀，要充分摇匀后投药；休药期为 21 天；用药 5 天内，所产牛奶不得供人食用。

（5）硝氯酚（拜耳 9015） 一次口服剂量，每千克体重 3～4 毫克；针剂为每千克体重 0.5～1.0 毫克，皮下注射或深部肌内注射。成虫有效。用药 8 天内，所产牛奶不得供人食用。

（6）硝碘酚腈（硝羟碘苄腈、虫克清、肝 2 号） 一次口服剂量，每千克体重 20 毫克。皮下注射剂量，每千克体重 10～15 毫克。内服不如注射有效，本品的注射液对组织有刺激性；重复用药应间隔 4 周以上；休药期为 30 天。本品对幼虫作用不佳。

2. 中药治疗

（1）苏木、茯苓、龙胆草、槟榔各 30 克，贯众 45 克，肉豆蔻、木通、厚朴、泽泻、甘草各 20 克。共为细末，开水冲调，候温，一次灌服，每天 1 剂，连用 3 剂。

（2）贯众 30 克，槟榔 40 克，龙胆草 40 克，研末，灌服。

（3）烟叶或烟杆 30 克，煎服。

（4）贯众 150 克，槟榔、榧子、苍术、陈皮、厚朴、龙胆草、藿香各 50 克，水煎灌服。

（5）贯众、苏木、槟榔各 30 克，研末用水浸后煎汁灌服，2 天 1 次，连用 3 次。

（6）茵陈 250 克，栀子 60 克，大黄、黄芩、黄柏、连翘各 45 克，木通 30 克，甘草 20 克，水煎候温灌服。

（7）贯众研末，成年牛 90～150 克，青年牛 15～24 克，犊牛 1.5～2 克，灌服。

（8）苏木 15 克，贯众 9 克，槟榔 12 克，煎汁后加白酒 60 毫升，灌服。

（9）苦楝树二层白皮 90～120 克，炒后加水煎服。

九、胃肠炎

胃肠炎是指胃肠道表层黏膜及其深层组织的炎症。临床上以体温升高、食欲减退或废绝、腹泻和脱水为特征。按发病部位可分为胃炎、肠炎和胃肠炎。按发病原因分为原发性胃肠炎和继发性胃肠炎。

【发病原因】

1.原发性胃肠炎的病因

主要是由于饲养管理不当引起的，如草料的突然变换、过饥、过饱、饲喂不定时、不定量。饮水不洁、饲喂品质不良的饲料（1-190），以及灌服刺激性药物等都能引起胃肠炎。另一方面，过食或长期滥用抗生素也可引起本病。或在营养不良、长途驱赶或车船运输、感冒等时，机体抵抗力下降，造成胃肠道内条件性致病菌异常繁殖而感染。

2.继发性胃肠炎的病因

继发感染常见于某些传染病，如病毒性肠炎、巴氏杆菌病、病毒性腹泻/黏膜病、牛瘟、恶性卡他热、沙门菌病、大肠杆菌病、钩端螺旋体病、炭疽及副结核等传染病或肠道寄生的绦虫、蛔虫、弓形虫和球虫等。还可继发于严重的乳腺炎、脓性子宫炎、创伤性网胃心包炎、酮病、瘤胃酸中毒等。

【临床症状】患牛精神沉郁，食欲减退或废绝，反刍停止，渴欲增加或废绝，眼结膜先潮红后黄染，舌苔重，口干臭，四肢，鼻端等末梢冷凉。腹泻是胃肠炎的重要症状之一。排泄软粪，含水较多并混有血液、黏液和黏膜组织（图1-191～图1-194，视频1-27）。有的混有脓液，恶臭。病的后期，肠音减弱或停止；肛门松弛，排粪失禁。腹泻时间较长的患牛，肠音消失，尽管有痛苦的努责，并无粪便排出，呈现里急后重的现象（图1-195）。全身症状较重。瘤胃蠕动减弱或消失，有轻度臌胀。有的伴有程度不同的腹痛的症状。眼球下陷（图1-196），皮肤弹性减退，脉搏快而弱，往往呈不

视频1-27

感脉，体温常升高1～2℃，呼吸加快，尿量减少，病变部位不同，症状也有差异。若口臭显著，食欲废绝，主要病变可能在胃；若黄染及腹痛明显，初期便秘并伴发轻度腹痛，腹泻出现较晚，主要病变可能在小肠；若脱水迅速，腹泻出现早并且有里急后重症状，主要病变在大肠。

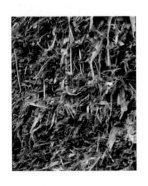

图1-190 饲喂品质不良青贮的饲草

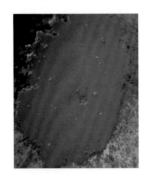

图1-191 胃肠炎病牛排出含水较多的粪便

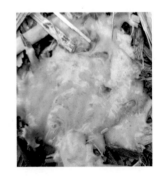

图1-192 胃肠炎病牛排出混有黏液和血丝的粪便

 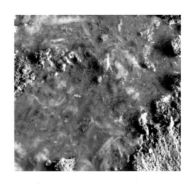

图 1-193 胃肠炎病牛粪便稀软如稀粥，含有血液 **图 1-194** 胃肠炎病牛排出带血混有黏液的粪便

图 1-195 胃肠炎腹泻时间较长的呈现里急后重的现象 **图 1-196** 胃肠炎病牛眼球下陷

【诊断】根据临床上有剧烈腹泻、粪便腥臭且有黏液、血液及脓样物、腹痛和脱水等症状，可确诊。单纯性胃炎，特别是急性胃炎，一般经对症治疗多可奏效，也可作为治疗性诊断。对于肠炎和胃肠炎要查清病因多需要进行实验室检验。如检验粪便中寄生虫卵，培养分离病原菌。有条件的进行肠道钡剂造影、X 射线检查，或者使用内窥镜进行检查，这对确定病变类型和范围具有诊断参考意义。此外，血液检验和尿液分析，也有助于认识疾病的严重程度和判断预后，并对制订正确的治疗方案有指导作用。

【预防措施】搞好饲养管理工作，不用霉败饲料喂牛，不让牛采食有毒物质和有刺激、腐蚀的化学物质；防止各种应激因素的刺激；保持圈舍卫生，定期消毒；做好定期预防接种和驱虫工作，积极治疗原发病。怀疑患有传染性疾病的牛，应尽早隔离、消毒或淘汰。

【安全用药】治疗原则是除去病因、抗菌消炎、清肠止酵、强心补液、解除中毒、恢复胃肠机能。

1. 除去病因

病初要禁食，但应让患牛少量多次饮水，最好让其自由饮用口服补液盐，病情好转时需给予无刺激性易消化食物。

2. 抗菌消炎

一般可灌服 0.1% ～ 0.2% 高锰酸钾溶液 2000 ～ 3000 毫升，每天 1 ～ 2 次，连用 2 天。或者用磺胺脒 20 ～ 40 克（首次量加倍）、次硝酸铋 20 ～ 30 克，常水适量，一次内服，每天 2 ～ 3 次，连用 3 ～ 5 天；或内服诺氟沙星，每千克体重 10 毫克；或肌内注射庆大霉素（每千克体重 1500 ～ 3000 单位）；或肌内注射庆大 - 小诺霉素（每千克体重 1 ～ 2 毫克）、环丙沙星（每千克体重 2 ～ 5 毫克）等抗菌药物。也可用黄连素、痢菌净等。

3. 清理胃肠

在肠音弱，粪干、色暗或排粪迟缓，有大量黏液，气味腥臭者，为促进胃肠内容物排出，减轻自体中毒，应采用缓泻。常用液状石蜡（或植物油）500 ～ 1000 毫升、鱼石脂 10 ～ 30 克、酒精 50 毫升，内服。也可以用硫酸钠 100 ～ 300 克（或人工盐 150 ～ 400 克）、鱼石脂 10 ～ 30 克、酒精 50 毫升，常水适量，内服。在用泻剂时，要注意防止剧泻。当病牛粪稀如水、频泻不止、腥臭味不大、不带黏液时，应止泻。可用药用炭 200 ～ 300 克，加适量常水，内服；或用鞣酸蛋白 20 克、碳酸氢钠 40 克，加水适量，内服。还可灌服炒面 0.5 ～ 1.0 千克、浓茶水 1000 ～ 2000 毫升。

4. 强心补液，解除中毒

根据临床脱水情况，选用复方生理盐水、葡萄糖溶液、碳酸氢钠注射液等进行补液和纠正酸中毒。强心可用安钠咖、樟脑磺酸钠等。

5. 驱虫

病因为寄生虫时，应选用有效驱虫药进行治疗。

6. 中药疗法

（1）郁金 36 克，大黄 50 克，栀子、诃子、黄连、白芍、黄柏各 18 克，黄芩 15 克，共为末（即为郁金散），开水冲，候温灌服。

（2）白头翁 72 克，黄连、秦皮、黄柏各 36 克，水煎取汁（即为白头翁汤），一次灌服。

（3）枳壳、槐花、黄柏、桑白皮、白及、桃仁各 30 克，百部、厚朴各 25 克，桔梗 20 克，鱼腥草 45 克，甘草 15 克，共为末（即为宽肠止痢散），百草霜为引，开水冲调，候温灌服。

（4）地榆、槐花、乌梅、诃子、猪苓、泽泻、苍术、金银花、连翘各 30 克，甘草 15 克，水煎服（即为地榆槐花汤）。腹泻严重者，加车前子、茯苓各 30 克；粪干带血者，减猪苓泽泻加火麻仁、厚朴、枳壳各 30 克；排血水而粪少者，加蒲黄、棕榈炭、侧柏子各 30 克。

（5）大蒜 300 克，捣成碎泥，加水 1500 毫升，导服。

（6）白头翁 120 克，研末，灌服。

（7）石莲子 250 克，甘草 30 克，研末，灌服。

（8）五倍子（研细）、大蒜各 100 克，花椒（研末）25 克，鸡蛋 5 个，菜油或猪油 250 克，灌服。

（9）地椒 100 克，茯苓 200 克，生姜、红糖各 100 克，煎汁灌服，连用 2 ～ 3 天。

（10）醋炒槐花 60 克，伏龙肝 60 克，煎汁，加白醋 100 克，炒蒲黄 60 克，混合后，灌服。

（11）茵陈 150 克，红枣 120 克，白糖 250 克，茵陈、红枣煎汁后加入白糖，分 2 次灌服，间隔 4 ～ 6 小时 1 次。

（12）白头翁 60 克，秦皮、苦参、黄柏、滑石、赤芍各 30 克，木香、郁金、木通各 25 克，水煎灌服。

（13）在辣蓼、地锦草、凤尾草、马齿苋、穿心莲中任选 2 种，每种 250 ～ 500 克，水煎灌服。

十、黄曲霉毒素中毒

黄曲霉毒素中毒是指动物采食了被黄曲霉毒素污染的饲草或饲料，引起以全身出血、消化功能紊乱、腹腔积液、神经症状等为临床特征的一种中毒性疾病。各种动物均可发生本病，幼年动物比成年动物易感，雄性动物比雌性动物（怀孕期除外）易感，高蛋白饲料可降低动物对黄曲霉毒素的敏感性。

【发病原因】黄曲霉菌广泛存在于自然界中，在多雨季节、温度在 25 ～ 30℃时最为活跃，易感染花生、棉籽、黄豆、玉米等植物种子（图 1-197、图 1-198），其代谢产物为黄曲霉毒素，具有很强的毒性和致癌作用。若牛采食或饲喂了被黄曲霉毒素污染的上述种子及其副产品时，则会引起中毒。本病一年四季均可发生，但在多雨季节、温度和湿度又比较适宜时发病率增加。

图 1-197 被黄曲霉菌污染的花生

图 1-198 被黄曲霉菌污染的玉米

【临床症状】成年牛多为慢性经过，表现为厌食、消瘦、精神委顿、一侧或两侧角膜浑浊（图 1-199）。腹腔积液，间歇性腹泻。乳牛产奶量减少或停止，间或发生流产。怀孕母牛所产犊牛体重轻，抗病力弱。少数病例呈现中枢神经兴奋症状，如惊恐、突发转圈运动等。犊牛容易死亡，特别是 3 ～ 6 月龄犊牛，表现精神沉郁，食欲不振或废绝，生长发育缓慢，营养不良，被毛粗乱而无光泽，鼻镜干裂。磨牙，呻吟，无目的徘徊，不安。角膜混浊，重者一侧或两侧眼睛失明。间歇性腹泻，粪中带有凝血块和黏液，里急后重，重者脱肛（图 1-200）。最终昏迷、死亡。

【剖检变化】病牛死后剖检呈现肝脏硬化、纤维化、肝细胞瘤、苍白变硬，表面有灰白色区，呈退行性变性（图 1-201）。胆管上皮增生，胆囊扩张（图 1-202）。腹腔积液，肠系膜、皱胃和结肠水肿。

图 1-199　一侧眼角膜浑浊

图 1-200　病牛脱肛

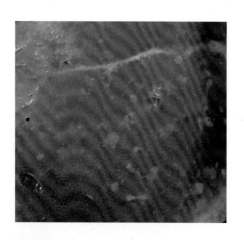

图 1-201　肝脏表面有灰白色区，呈退行性变性

图 1-202　胆囊扩张

【诊断】根据病史调查、饲料样品分析，结合临床症状和剖检变化，可做出初步诊断。确诊必须进行病原菌分离培养和毒素检测。

【类症鉴别】

1. 与前胃弛缓的鉴别

（1）相似点　吃草、反刍减少或废绝，瘤胃蠕动弱，磨牙。

（2）不同点　前胃弛缓病牛不出现间歇性腹泻、里急后重、脱肛现象，没有采食含有黄曲霉毒素的饲料。

2. 与牛球虫病的鉴别

（1）相似点　体温不高，消瘦，下痢，里急后重。

（2）不同点　牛球虫病发病时体温不高，1周后即升至40～41℃，粪中有血液呈黑色，慢性者在病后3～5天逐渐好转，但下痢、贫血仍继续存在，直肠黏膜刮取物可检出虫卵。

【**预防措施**】本病关键在于预防，作好饲料的防霉和有毒饲料的去毒工作。防霉主要是选育抗黄曲霉毒素的农作物品种；采用适合当地的种植技术和收获方法，如花生种植不重茬，收获前灌水，收获时尽量防止破损；玉米、小麦等农作物收割后要及时晾晒，使含水量符合要求；采用适当的贮藏方法和化学防霉剂，如对氨基苯甲酸、丙酸、醋酸钠、亚硫酸钠等都能阻止黄曲霉的生长；对已含有黄曲霉毒素的饲料，可应用物理、化学和生物学方法去除其中的毒素，这些方法需要一定的设备和技术，不够简便，且去毒处理后，产品营养价值下降；定期检查贮存的饲料，对重度污染的饲料应以全部舍弃为宜。

【**安全用药**】发现中毒时，应立即停止饲喂霉败饲料，给予含碳水化合物丰富的青绿饲料和高蛋白饲料，减少或不饲喂含脂肪多的饲料。本病目前尚无特效疗法，主要根据病情采取对症治疗。

（1）停喂发霉饲料和排出胃肠毒物　发病后立即停喂发霉饲料，换喂优质牧草。急性中毒者，先用0.1%高锰酸钾溶液、清水或弱碱性溶液灌肠、洗胃，然后口服健胃缓泻剂（人工盐、硫酸钠或硫酸镁200～300克，加水灌服）。

（2）对症治疗　解毒保肝，防止出血，可用25%～50%葡萄糖溶液500～1000毫升、复方氯化钠注射液1000～2000毫升、维生素C 0.5～1克，静脉注射；或用10%葡萄糖酸钙注射液或5%～10%氯化钙溶液500～1000毫升，一次静脉注射；强心，用20%安钠咖注射液10～20毫升，肌内注射。此外，用土霉素每千克体重10毫克，肌内注射，每天1～2次，连用5天，有很好的治疗作用。

（3）中药治疗。

① 防风20克，甘草30克，水煎取汁，加生绿豆粉500克，白糖100克，水1000毫升，混合，灌服，每天1次，连用3～5天。

② 芒硝500克，食盐20克，制成10%水剂，冲炒面500克，灌服。

③ 防风、贯众、甘草各50克，黄豆500克，白糖200克，前3味药水煎取汁，黄豆磨浆后与药液混合一并灌服。

④ 大米250克熬粥，加芒硝150～250克，一次灌服。

⑤ 绿豆150克，食盐15克，水2000毫升，煎汤灌服。

⑥ 鲜仙人掌2000～3000克，去皮、刺，捣烂，加芝麻油500毫升，每天1次，灌服，连用3～5天。

十一、牛蛔虫病

牛蛔虫病是由弓首科弓首属的牛弓首蛔虫寄生于犊牛小肠内，引起的以下痢为主要特征的疾病。多见于我国南方各省犊牛，初生犊牛大量感染可致死亡，对发展养牛业危害甚大。

【病原】牛弓首蛔虫。

1. 形态特征

牛弓首蛔虫虫体粗大，呈淡黄色（图 1-203）。头端有 3 片唇，食道呈圆柱形，后端由一个小胃与肠管相接。雄虫长 11 ～ 26 厘米，有 3 ～ 5 对肛后乳突，有许多肛前乳突；尾端有一小锥突，弯向腹面；交合刺一对，形状相似，等长或稍不等长。雌虫长 14 ～ 30 厘米，尾直，生殖孔开口于虫体前 1/8 ～ 1/6 处。虫卵近似球形，大小为（70 ～ 80）微米 ×（60 ～ 66）微米，胚胎为单细胞期，壳厚，外层呈现蜂窝状（图 1-204）。

图 1-203　牛弓首蛔虫

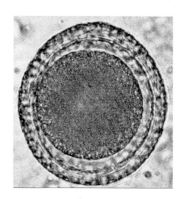

图 1-204　牛弓首蛔虫虫卵

2. 发育过程

牛弓首蛔虫生活史非常特殊。雌虫在小肠产卵，卵随粪便排出体外，在适宜的温度和湿度下 7 ～ 9 天发育成第 1 期幼虫，再经 13 ～ 15 天在壳内蜕化 1 次，为第 2 期幼虫（即感染性虫卵）。母牛吞食感染性虫卵后，幼虫在小肠中从卵壳内钻出，穿过肠壁，移行至肝脏、肺脏、肾脏等器官组织中，进行第 2 次蜕化，变为第 3 期幼虫，并停留于该组织中。待母牛怀孕 8.5 个月左右时，幼虫又开始移行至子宫，进入胎盘羊膜液中，进行第 3 次蜕化，变为第 4 期幼虫，该幼虫被胎牛吞入小肠中发育。小牛出生后，幼虫在小肠内进行第 4 次蜕化后，逐渐长大，经 25 ～ 31 天变为成虫。感染性虫卵也可通过乳汁使犊牛感染。也有人认为，犊牛初生时肠内已有发育良好的成虫。还有报道幼虫在母牛体内移行时，除一部分到子宫外，还有一部分幼虫经循环系统到达乳腺，犊牛可以因为吸吮母乳而获得感染，在小肠内发育至成虫。另有一条途径是幼虫从胎盘移行到胎儿的肝和肺，以后沿着一般蛔虫的移行途径（肺—气管—口—食道—小肠）转入小肠，发育为成虫。

【流行特征】本病主要发生于 5 个月以内的犊牛。成虫在犊牛小肠中可寄生 2 ～ 5 个月，以后逐渐从宿主体内排出。在成年牛，只在内部器官组织中寄生有移行阶段的幼虫，尚未见有成虫寄生的报道。虫卵对干燥及高温的耐受能力较差，土壤表面的虫卵，在阳光直接照射下，经 4 小时全部死亡；在干燥的环境里，虫卵经 48 ～ 72 小时死亡；感染期的虫卵，需有 80% 的相对湿度才能够生存。但虫卵对消毒药物的抵抗力较强，在 2% 的福尔马林溶液中仍能正常发育；在 29℃时，虫卵在 2% 克辽林溶液或 2% 来苏儿溶液中可存活约 20 小时。

【临床症状】本病受害最严重的时期是犊牛出生 2 周后。犊牛被毛粗乱（图 1-205），体温正常，眼结膜苍白（图 1-206）。食欲不振，腹部膨胀，排灰白色稀粪（图 1-207），有时混有血，有特殊臭气味。消瘦，臀部肌肉松弛，后肢无力，站立不稳。如虫体过多形成肠梗阻，有疝痛，或肠穿孔，死亡率较高。如犊牛出生后感染，幼虫移行至肺部、支气管时，引起咳嗽。如幼虫在肺部成长，还因肺炎而呼吸困难，口腔有特殊臭气味。

 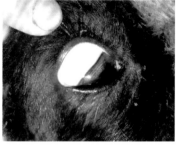 

图 1-205　牛蛔虫病的犊牛被毛　　**图 1-206**　蛔虫病牛的眼结膜　　**图 1-207**　蛔虫病牛排的
　　　　　　　粗乱　　　　　　　　　　　　　　苍白　　　　　　　　　　　　　　灰白色稀粪

【剖检变化】剖检可见小肠黏膜受损、出血或溃疡，肠道内有大量成虫寄生。出生后的犊牛受感染时，可看到幼虫移行可致肠壁、肺脏、肝脏、肾脏等组织损伤，点状出血、发炎，血液和组织中嗜酸性细胞明显增多。

【诊断】犊牛有腹泻、排灰白色稀粪，有时混有血，有特殊腥臭味，后肢无力，被毛粗乱，眼结膜苍白等症状时，均可作为疑似蛔虫病的依据，进一步确诊可采用直接涂片法或饱和盐水漂浮法检查粪便中有无虫卵。也可结合临床症状、流行特征资料分析，进行诊断性驱虫来加以判定。死后剖检可在小肠找到虫体或血管、肺脏找到移行期幼虫，即可确诊。

【类症鉴别】

1. 与犊牛消化不良的鉴别

（1）相似点　体温不高，腹泻，食欲不振。

（2）不同点　犊牛消化不良多发生于 1 ～ 7 日龄犊牛，粪中有奶瓣。年龄稍大（15 日龄以上），眼结膜充血，不排灰白色粪。

2. 与犊牛肠炎的鉴别

（1）相似点　食欲不振，腹泻，混有血，有腥臭味。

（2）不同点　犊牛肠炎体温高（40℃），眼结膜充血，粪不呈灰白色，粪检无虫卵。

3. 与犊牛大肠杆菌病（肠型）的鉴别

（1）相似点　食欲减退，下痢后体温正常，腹泻，排灰白水样粪，有腹痛，有肺炎。

（2）不同点　犊牛大肠杆菌病体温高（40℃），多发生在 10 日龄以内，日龄稍大少见，粪中常含有凝乳块、凝血块。

【预防措施】应对 15 ～ 30 日龄的犊牛进行驱虫，许多犊牛尽管不表现临床症状，但可能带虫，而且此时成虫数量正达到高峰；早期治疗不仅对保护犊牛健康有益，并可减少虫卵对环境的污染；还要注意保持牛舍的干燥与清洁，每天定时清理粪便并堆积发酵，以杀死虫卵；将母牛和犊牛隔离饲养，减少母牛遭受感染的机会；对怀孕后期的母牛，应用左旋咪唑进行驱虫，切断感染途径。

【安全用药】

（1）左咪唑（左旋咪唑）　口服剂量按照每千克体重 8 毫克，一次内服；或肌内注射每千克体重 4 ～ 6 毫克。左咪唑中毒可用阿托品解除；左咪唑还可引起肝功能变化，严重肝病患牛禁用；肌内注射或皮下注射时，对组织有较强的刺激性，尤其是盐酸左咪唑；泌乳牛禁用。休药期：口服给药为 3 天，注射给药为 28 天。

（2）阿苯达唑（丙硫咪唑）　内服剂量每千克体重 5 ～ 20 毫克，一次内服。屠宰前 14 天停药。

（3）阿维菌素（或伊维菌素）类药物　口服（片剂或粉剂）或皮下注射（针剂），一次量为每千克体重 0.2 ～ 0.3 毫克；用药后 28 天内所产牛奶，人不得食用；牛屠宰前 21 天停用药物。

（4）哌嗪（也叫哌哔嗪、驱蛔灵）　一次口服剂量为每千克体重 0.25 克。

（5）中药疗法　使君子、苦楝皮各 48 克，神曲、贯众各 30 克，槟榔、雷丸各 24 克，前 5 味药共煎汁，再放入雷丸，分 2 次灌服。或用苦楝树两层白皮 90 ～ 120 克，炒后加水煎服。

十二、犊牛莫尼茨绦虫病

牛消化道绦虫病由裸头科的莫尼茨属、曲子宫属及无卵黄腺属的数种绦虫寄生于牛小肠中引起，其中以莫尼茨绦虫危害最严重，在我国分布很广，常呈地方性流行，对犊牛危害严重，不仅影响它们的生长发育，而且可引起死亡。

【病原】本病病原主要是莫尼茨属的扩展莫尼茨绦虫和贝氏莫尼茨绦虫。

1. 形态特征

扩展莫尼茨绦虫和贝氏莫尼茨绦虫在外观上很相似，头节小，近似球形，上有 4 个吸盘，无顶突和小钩。体节宽而短，成节内有两套生殖器官，每侧一套，生殖孔开在节片的两侧。子宫呈网状。卵巢和卵黄腺在节片两侧构成花环状。睾丸数百个，分布在整个体节内。扩展莫尼茨绦虫的节间腺为一列小圆囊状物，沿节片后缘分布。贝氏莫尼茨绦虫的节间腺呈带状，位于节片后缘的中央。扩展莫尼茨绦虫长 1 ～ 5 米，宽 1.6 厘米，呈乳白色带状（图 1-208），分节明显，虫卵近似三角形；贝氏莫尼茨绦虫长可达 6 米，宽为 2.6 厘米，呈黄白色（图 1-209，视频 1-28），虫卵为四角形。虫卵内有特殊的梨形器，器内有六钩蚴，卵的直径为 56 ～ 67 微米。

视频 1-28

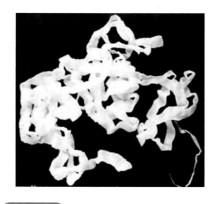

图1-208　乳白色带状的扩展莫尼茨绦虫

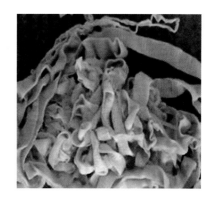

图1-209　黄白色带状的贝氏莫尼茨绦虫

2.发育过程

终末宿主将虫卵和孕节（图1-210）随粪便排出体外，虫卵被中间宿主——甲螨（地螨、土壤螨）吞食后，六钩蚴从虫卵内出来，进入体腔，发育成具有感染性的似囊尾蚴。反刍动物吃草时吞食了含似囊尾蚴的甲螨而感染（图1-211）。虫体经45～60天变为成虫。绦虫在动物体内的寿命为2～6个月，一般为3个月以后自动排出体外。各属绦虫仅在病原体形态上有差异，生活史及其他方面大致相同，多呈混合感染。

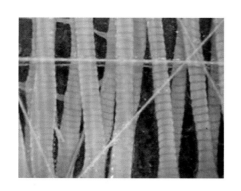

图1-210　莫尼茨绦虫的孕节部分

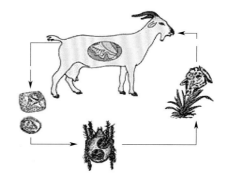

图1-211　莫尼茨绦虫的生活史

【流行特征】牛绦虫病为全球性分布。在我国的东北、西北和内蒙古的牧区流行广泛，几乎每年都有不少的黄牛死于本病；在华北、华东、中南及西南各地也经常发生；农区虽不如牧区严重，但亦有局部流行。本病的流行与地螨生态特性密切关系。地螨在适当的温度、高湿度和阴暗而富有腐殖质的土壤中极易滋生，反之在日照强或干燥的环境则不能生存。我国各地感染季节不同，在南方，4～6月份为感染高峰，北方多于5月份开始感染，9～10月份达到感染高峰。该病主要危害犊牛，随年龄增加，牛的感染率和感染强度逐渐下降。

【临床症状】牛感染后症状表现的程度取决于感染的强度。轻度感染时则不表现明显的症状，感染强度增高则症状明显。患牛表现消化不良，便秘，慢性肠臌气，贫血、消瘦。常腹泻，粪便间可见有白色长方形孕节片（图1-212），有时一泡粪中有几个或十几个孕节片（图1-213），肉眼可见其蠕动，挑起呈面条样（图1-214）。有时排粪时有成虫从肛门排出，悬挂在肛门处（图1-215）。当大量虫体聚集成团（图1-216），可引起肠阻塞、肠套叠、肠扭转，甚至肠破裂。有的出现抽搐、痉挛或回旋等神经症状。到末期，患牛常卧地不起，头向后仰，常作咀嚼样运动，口角周围有许多白沫，最后衰竭而死。

【剖检变化】在胸腔、腹腔、心囊有不甚透明或浑浊的液体。小肠内可发现数量不等的长1米以上的带状虫体（图1-217），其寄生处有卡他性炎症。肠系膜、肠黏膜、淋巴结和肾脏发生增生性变性过程。脑内有时可见出血性浸润和出血，并可见肠黏膜和心内膜出血及心肌变性。

【诊断】清理圈舍时，注意查看新鲜粪便，可能找到活动性的孕卵节片，将其夹在两块载玻片之间压薄，根据虫体的构造便可诊断。还可采用漂浮法或沉淀法检查粪便中的虫卵，结合流行特征和临床症状等资料分析进行确诊。

图1-212 粪中的白色长方形孕节片

图1-213 粪中有十几个孕节片

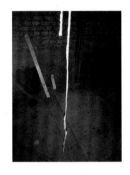

图1-214 绦虫挑起呈面条样

图1-215 悬挂于肛门处的绦虫

图1-216 大量虫体聚集成团

图1-217 小肠内发现带状虫体

【类症鉴别】

1.与犊牛蛔虫病的鉴别

（1）相似点 体温不高，食欲不振，眼结膜苍白，腹泻，虫体多时便秘，有疝痛。

（2）不同点　犊牛蛔虫病粪便灰白色，没有孕节片。

2. 与犊牛肠炎的鉴别

（1）相似点　腹泻。

（2）不同点　犊牛肠炎体温高（40℃），眼结膜充血，粪中有黏液、血液、腥臭，不见孕节片和虫卵。

3. 与犊牛球虫病的鉴别

（1）相似点　多发生于1月龄以上的犊牛，毛粗乱，体温正常，消瘦，贫血。

（2）不同点　犊牛球虫病易感犊牛由1月龄至2岁，稀粪常带血液及纤维素薄膜，有恶臭。急性病例，在发病1周后体温可升至40～41℃，直肠黏膜刮取物可检出卵囊。

【预防措施】由于牛在早春放牧时感染，所以应在放牧后4～5周进行"成虫期前驱虫"，第一次驱虫后2～3周，最好再进行第二次驱虫；驱虫后的粪便应集中发酵处理，以免污染草场，同时经过驱虫的牛也要及时转移到干净的牧场；感染的牧地空闲2年后可以净化；放牧的草地或饲草地3年左右翻耕1次，以杀灭地螨；在感染季节尽可能避免在低洼湿润草地放牧，并尽可能避免在清晨、黄昏和雨后放牧，以减少感染机会；及时清除圈舍粪便，堆积发酵处理，杀灭虫卵，防止传染。

【安全用药】

（1）吡喹酮　剂量按每千克体重10～15毫克，一次口服，疗效较好。

（2）阿苯达唑（丙硫咪唑）　剂量按每千克体重10～20毫克，配成1%水悬液灌服。

（3）氯硝柳胺（灭绦灵）　剂量按每千克体重60～70毫克，配成10%水悬液灌服；给药前应隔夜禁食12小时，休药期为28天。

（4）甲苯咪唑　剂量按每千克体重10毫克，一次口服。

（5）中药疗法　南瓜子750克，槟榔125克，白矾、鹤虱、川椒各25克。水煎取汁，一次灌服，每天1剂，连用3剂。

十三、牛球虫病

牛球虫病是由艾美耳科的艾美耳属或等孢子属球虫寄生于牛肠道上皮细胞内所引起的一种常见的寄生性原虫病。以出血性肠炎为特征，主要发生于犊牛，常呈地方性流行。临床上表现为渐进性贫血、消瘦及血痢。

【病原】

1. 形态特征

牛球虫有25个种，寄生于家牛的有14种之多，其中以邱氏艾美尔球虫和牛艾美尔球虫致病力最强、最为常见。

（1）氏艾美耳球虫，卵囊呈圆形或椭圆形，低倍显微镜下观察时为无色，而在高倍显微镜下呈淡玫瑰色，原生质团几乎充满卵囊腔。囊壁光滑分为两层，厚 0.8 ～ 1.6 微米，外壁无色，内壁为淡绿色。无卵膜孔，无内外残体。卵囊大小为（17 ～ 20）微米 ×（14 ～ 17）微米。孢子化时间为 48 ～ 72 小时。主要寄生于直肠，有时在盲肠和结肠下段也可发现。

（2）牛艾美耳球虫，卵囊呈卵圆形，在低倍显微镜下呈淡黄玫瑰色。卵囊壁光滑分为两层，内壁为淡褐色，厚约 0.4 微米；外壁无色，厚 1.3 微米。卵膜孔不明显，有内残体，无外残体。卵囊大小为（27 ～ 29）微米 ×（20 ～ 21）微米。孢子化时间是 48 ～ 72 小时。寄生于小肠、盲肠和结肠。

2. 发育过程

球虫是一种单细胞寄生虫，寄生于肠道上皮细胞中。牛的球虫发育史基本上同鸡艾美尔球虫相似。球虫的发育无需中间宿主，当牛羊吞食了具有感染性的卵囊（图 1-218）后，在肠道中子孢子逸出，在小肠内进行裂体生殖，产生裂殖子（图 1-219），裂殖子发育到一定阶段，形成大、小配子体，大、小配子体结合为卵囊，排出体外，在适宜的环境下形成孢子化的卵囊，即具有感染性（图 1-220）。

【流行特征】各个品种的牛对艾美耳球虫都有易感性。不同月龄的小牛感染情况不同，2 岁以内的犊牛发病率高，死亡率亦高；老龄牛常呈隐性感染。感染来源主要是成年带虫牛及临床治愈的牛，它们不断地向外界排泄卵囊而使病原广泛存在。本病主要经消化道感染。舍饲牛主要由于饲料、垫草、母牛的乳房被粪污染，使犊牛在采食、吸吮和饮水时经口感染。自然条件下，一般都是几种球虫混合感染，且各种球虫的感染率也不完全相同。本病一般发生于春、夏、秋 3 季，尤其是温暖多雨放牧季节，在低洼潮湿的牧场放牧易发生，因为潮湿的环境有利于球虫卵囊的发育和存活。卵囊的抵抗力非常强，在土壤中可存活 4 ～ 9 个月，在有树荫的运动场上可存活 15 ～ 18 个月。不良环境条件及患某种传染病（如口蹄疫等）、寄生虫病（如消化道线虫病）时，容易诱发本病。牛群拥挤和卫生条件差会增加发生球虫病的危险。冬季气温低，不利于卵囊发育，牛很少感染。

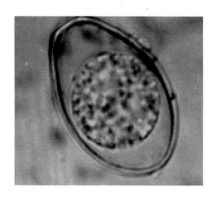

图 1-218　艾美耳球虫的卵囊

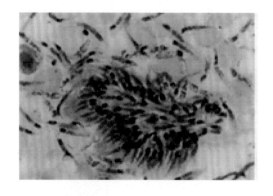

图 1-219　艾美耳球虫的裂殖子

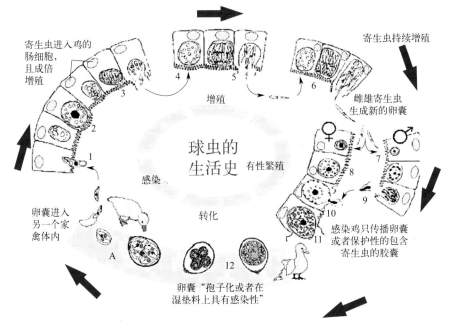

寄生虫进入鸡的肠细胞，且成倍增殖

寄生虫持续增殖

增殖

雌雄寄生虫生成新的卵囊

感染

有性繁殖

球虫的生活史

转化

感染鸡只传播卵囊或者保护性的包含寄生虫的胶囊

卵囊进入另一个家禽体内

卵囊"孢子化或者在湿垫料上具有感染性"

图1-220　鸡球虫生活史（牛的球虫发育史基本相同）

【临床症状】牛的球虫主要寄生于小肠下段和整个大肠的上皮细胞内，可引起肠壁炎症、细胞崩解、出血；产生的有毒物质蓄积在肠道中，被宿主吸收后会引起全身中毒。本病症状轻重主要取决于吃进卵囊的数量。实验感染证明，感染少量牛艾美尔球虫的感染性卵囊时，不会引起发病，反而能激发一定的免疫力；感染10万个以上，产生明显的症状；感染25万个以上，可致犊牛死亡。潜伏期2～3周，有时达1个月。根据病程可分为急性型和慢性型两种。

1. 急性型

多见于犊牛，是最常见的一种类型。病程通常为10～15天，发病后1～2天犊牛死亡。病牛发病初期精神沉郁，被毛松乱，体温略高或正常，粪便稀薄含血（图1-221）。约经1周后，症状加重，病犊食欲废绝、消瘦、喜卧（视频1-29），体温升至40～41℃。瘤胃蠕动和反刍停止，肠蠕动增强，排带血的稀粪，其中混有纤维性薄膜，有恶臭（图1-222）。后肢、尾部及肛门被粪便污染。后期粪便呈黑色，几乎全为血便，体温下降、贫血、虚弱，呈恶病质而死亡。

视频 1-29

2. 慢性型

病程缠绵，多由急性转变而来，或感染虫卵较少而呈慢性过程。病牛在发病后3～5天逐渐好转，但下痢和贫血症状仍持续存在，病程可持续数月，也可因高度贫血和消瘦而死亡。病牛有时伴发神经症状，约占球虫病牛的20%～50%，表现为肌肉震颤、痉挛、角弓反张（图1-223），眼球震颤且偶有失明。具有神经症状的球虫病病牛，死亡率高达50%～80%。

图 1-221　病牛的粪便稀薄含血

图 1-222　排出的恶臭、带血、混有纤维性薄膜的稀粪

【剖检变化】尸体极度消瘦，可视黏膜苍白。主要病变在盲肠、结肠和回肠后段处。肛门敞开外翻，后肢和肛门周围被血粪污染。肠黏膜充血、水肿，有出血斑和弥漫性出血点，肠腔中含大量血液（图 1-224、图 1-225）。直肠黏膜肥厚，有出血性炎症变化（图 1-226），淋巴滤泡肿大突出，有白色和灰色的小病灶，同时这些部位有直径 4～15 毫米的小溃疡，其表面覆有凝乳样薄膜。直肠内容物呈褐色，带恶臭，有纤维性薄膜和黏膜碎片。肠系膜淋巴结肿大、发炎（图 1-227）。

图 1-223　患球虫病犊牛后期发生角弓反张

图 1-224　肠黏膜充血、水肿，有出血斑和弥漫性出血点

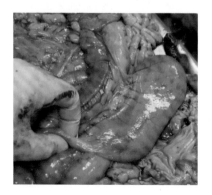

图 1-225　回肠后段和盲肠内含有大量血液

图 1-226　直肠黏膜肥厚，有出血性炎症变化

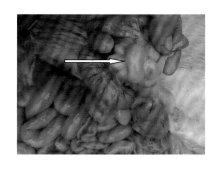

图1-227 肠系膜淋巴结
（箭头所指）肿大、发炎

【诊断】生前诊断可用饱和盐水漂浮法检查粪便中的卵囊；死后剖检可作寄生部位肠黏膜抹片，观察裂殖子（香蕉形）和卵囊。确诊要结合虫体种类、流行特征（季节、饲养条件及感染强度）、临床症状（下痢、血便、粪便恶臭）及剖检变化（直肠出血性炎症和溃疡）等进行综合判定。

【类症鉴别】

1.与犊牛大肠杆菌病的鉴别

（1）相似点　体温高（40℃），腹泻，粪中含血，喜卧，尾有粪污。

（2）不同点　犊牛大肠杆菌病多发生于10日龄以内的幼犊（球虫病1月龄以上、2岁以内），粪多呈粥样黄色，水样灰白色，混有凝乳块、凝血块和泡沫，酸败味。常有腹痛（踢腹）和并发脐炎、关节炎。

2.与犊牛沙门菌病的鉴别

（1）相似点　有传染性，体温高（40～41℃），粪中混有血液，有恶臭，消瘦快。

（2）不同点　犊牛沙门菌病犊牛多在病后3～5天死亡。病期延长时，腕、跗关节可能肿大，有的还有支气管炎、肺炎。成年牛下痢后体温略高或正常，黏膜充血、发黄，腹剧痛，从流产胎儿中可发现病原菌，粪中无卵囊。

3.与犊牛肠炎的鉴别

（1）相似点　体温高（40℃左右）。腹泻，粪中含有血液，绝食，肛门尾根有粪污，沉郁喜卧。

（2）不同点　犊牛肠炎无流行性。粪中含有黏液、血液、腥臭，结膜充血。

4.与牛副结核性肠炎的鉴别

（1）相似点　消瘦，贫血，腹泻，粪中有黏膜碎片，有恶臭，尾部有粪污。

（2）不同点　副结核病牛体温不高，3～6岁母牛发病，食欲良好，排粪不吃力，后期排粪频繁。颌下、垂皮有水肿，粪中含有黏膜片。采黏膜片或直肠刮取物镜检，有鲜红杆菌成丛排列，用禽结核菌素作变态反应阳性。

【预防措施】

（1）在本病流行地区，应当采取隔离、治疗、消毒等综合性措施。成年牛多为带虫者，应与犊牛分开饲养与放牧。发现病牛后应及时隔离治疗。哺乳母牛的乳房要经常擦洗。牛场定期用开水、3%～5%热的氢氧化钠溶液或0.5%过氧乙酸溶液消毒地面、牛栏、饲槽、饮水槽等，一般每周1次。注意饲料和饮水卫生，圈舍保持干燥。粪便每天清扫，并集中进行生物热发酵处理。

（2）药物预防　可用氨丙啉，以每千克体重5毫克混入饲料，连用21天；或莫能菌素，以每千克体重1毫克混入饲料，连用33天；或林可霉素，每头牛每天1克，混入饮水中给药，连喂 21 天，都可抑制牛球虫病的发生。磺胺药物和金霉素的混合物对牛球虫病也有预防作用。

【安全用药】对病牛选用下列药物治疗。

1. 化药疗法

（1）磺胺类药物　如磺胺二甲嘧啶、磺胺六甲氧嘧啶等，可减轻症状，抑制病情发展，剂量为每千克体重 140 毫克，口服，每日 2 次，连服 3 天。磺胺类药物轻度毒性反应，一般停药后即可自行恢复，用药过程中可适当增加给水量；肝肾功能不良动物以及脱水、少尿、酸中毒和休克病畜使用应慎重。如发生严重中毒反应时，除立即停药外，可静注补液剂和碳酸氢钠，并采取其他综合治疗措施。

（2）氨丙啉　剂量按每天每千克体重 25～50 毫克，口服，每天 1 次，连用 5～6 天。可抑制球虫的繁殖和发育，并有促进增重和饲料转化的效果。大剂量可引起多发性神经炎，硫胺可预防毒性反应。

（3）莫能菌素　推荐剂量，按吨饲料中加入 16～33 克。屠宰前 3 天停药。莫能菌素也是一种良好的抗球虫药，同时也是生长促进剂。

（4）癸氧喹酯　也叫乙羟喹啉。每千克体重 0.5～0.8 毫克，口服，对卵囊产生有抑制作用。注意球虫易对该药产生耐药性。

（5）盐霉素　每天按每千克体重 20～30 毫克混饲，连用 7～10 天。

（6）磺胺脒 1 份、次硝酸铋 1 份、矽炭银 5 份，混合，200 千克牛，一次内服 140 克左右，每日 1 次，连服数天即可。

2. 中药疗法

（1）白头翁 45 克，黄连、广木香各 25 克，黄芩、秦皮、炒槐米、地榆炭、仙鹤草、炒枳壳各 30 克。水煎灌服，每天 1 剂，连用 3 剂。

（2）白头翁、秦皮、黄柏、柴胡各 30 克，常山 60 克，木香、龙胆草各 15 克，水煎灌服，每天 1 剂，连用 3 剂。

（3）新鲜青蒿 1～2 千克，第一次喂 0.5～1 千克，翌日将余量压碎取汁，灌服，连用 3 天。

（4）炒槐花、炒侧柏叶、炒荆芥炭、炒枳壳各 30 克，共研为末，沸水冲调，候温灌服，每天 1 剂，连用 3 剂。

（5）地榆炭、诃子、五倍子各 80 克，槐花、马齿苋、白头翁各 70 克，磺胺脒片 50 片，研末用温水调匀，供中等大小的牛一次灌服，每天 1 剂，连用 3 剂。

（6）鸦胆子 45 克，地榆 40 克，白头翁 35 克，黄连、侧柏炭各 30 克，研末，沸水冲调，候温灌服。每天 1 剂，连用 3 剂。

3. 其他措施

在给予抗球虫药的同时，应注意对症治疗，如止血、止泻、强心和补液等。对有临床症状的病牛应进行隔离，并降低牛群的密度，因为拥挤是球虫病流行病学上一个重要的因素。注射磺胺类药还可以防止继发细菌性肠炎或肺炎。

第二章

牛呼吸系统疾病的类症鉴别
诊断与安全用药

第一节　有传染性的呼吸系统疾病

一、炭疽

炭疽是由炭疽杆菌引起的多种家畜、野生动物和人的一种急性、热性、败血性传染病。发病动物以急性死亡为主，脾脏高度肿大、皮下和浆膜下有出血性胶冻样浸润、血液凝固不良呈煤焦油样、尸体极易腐败等；若通过破损的皮肤伤口感染则可能形成炭疽痈。

【病原】炭疽杆菌又称"炭疽芽孢杆菌"，属芽孢杆菌科芽孢杆菌属。炭疽杆菌是菌体最大的细菌。菌体两端平切，在人工培养基中，常呈竹节状长链排列（图2-1）。为革兰氏阳性杆菌，在患病动物体内或未经剖检的尸体不易形成芽孢，为单个、成双或3～5个菌体相连的短链。但在体外有氧气和适宜的温度下（12～42℃）可形成芽孢，芽孢呈椭圆形或圆形（图2-2），形成芽孢的炭疽杆菌抵抗力非常强，在土壤中可存活10年以上。炭疽杆菌对营养要求不高，普通琼脂平板上培养24小时，长出灰白色、干燥、表面无光泽、不透明、边缘不整齐的粗糙型菌落（图2-3）。进行串珠试验时，炭疽菌呈串珠状或长链状（图2-4）。病菌繁殖体对理化因素抵抗力不强，一般消毒药均可将其杀死。但是芽孢的抵抗力则特别强，在毛皮或污染的土壤中可存活数年，在粪便或水中可存活一年以上。75%的酒精对本菌无效，5%石炭酸溶液1～3天、3%～5%来苏儿溶液12～24小时、5%碘酊2小时、2%福尔马林溶液20分钟可杀死芽孢。以20%漂白粉溶液和10%热的氢氧化钠溶液的作用最显著。本菌对青霉素、链霉素等多种抗生素及磺胺类药物高度敏感。

【流行特征】草食动物对炭疽杆菌最易感，其次是肉食动物。其中绵羊和牛最易感，山羊、驴、马、水牛、骆驼和鹿等次之，猪易感性较低，犬和猫则有较强的抵抗力；家禽一般不感染。在野生动物中，虎、豹、象、狐、狮、猴、狼、猞猁、鼬鼠等都易感。人也易感。本病的主要传染源是患病动物，其排泄物、分泌物及尸体中的病原体一旦形成芽孢，污染周围环境、动物圈舍、运动场、河流、牧场、草场后，可在土壤中长期存活而成为长久的疫源地，随时可传播给易感动物。炭疽杆菌芽孢形成的疫源地一般难以根除病原。本病主要经消化道感染，常因采食污染的饲料、饲草及饮水或饲喂含有病原体的肉类而感染。也可通过多种昆虫吸血而经皮肤感染。此外，附着在尘埃中的炭疽芽孢可用通过呼吸道感染易感动物。本病一年四季均可发生，其中以夏季多雨、洪水泛滥、吸血昆虫多时更为常见。常呈散发或地方性流行。

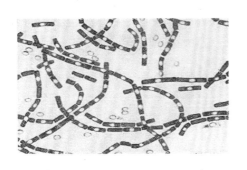

图 2-1　竹节状长链排列的炭疽杆菌

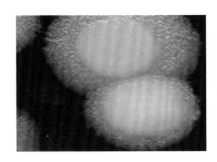

图 2-2　炭疽杆菌芽孢

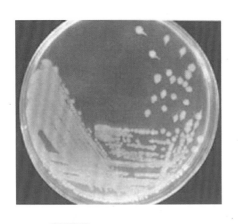

图 2-3　炭疽杆菌菌落

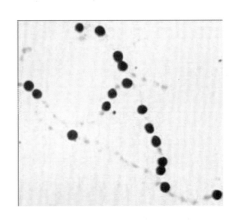

图 2-4　炭疽杆菌串珠试验

【临床症状】潜伏期一般为 1～5 天。根据病程可分为最急性、急性和亚急性三种类型。

1. 最急性型

病牛突然倒地死亡。有的表现为突然昏迷，倒卧，呼吸困难，可视黏膜发绀，全身战栗，心悸亢进。濒死期天然孔出血，且凝固不良（图 2-5）。病程数分钟到数小时。

2. 急性型

此型常见。体温升高到 42℃，食欲减退或废绝，兴奋不安，哞叫，顶撞人畜或物体，有的精神不振，反刍停止，战栗，呼吸困难（图 2-6，视频 2-1），可视黏膜发绀。眼结膜、口腔、鼻腔、肛门和阴道黏膜有出血点或出血斑（图 2-7）。病初便秘，后腹泻带血（图 2-8）。瘤胃臌胀，腹痛。尿暗红，有时混有血液。泌乳减少或停止，怀孕牛可流产。濒死期体温下降，气喘，天然孔流血，痉挛，死亡。病程 1～2 天。

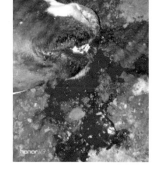

图 2-5　口鼻流血，凝固不良　　图 2-6　精神不振，反刍停止，呼吸困难　　视频 2-1

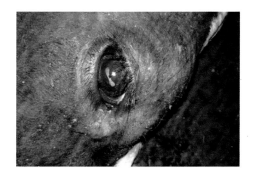

图 2-7　眼结膜有出血斑　　图 2-8　带血的粪便

3. 亚急性型

病情较缓和，常在喉部、颈部、胸部、腹下、肩胛或乳房等处皮肤，直肠或口腔黏膜等处出现局限性炎性水肿，局部肿痛，触诊坚硬或呈面团状，有时可形成溃疡称"炭疽痈"。颈部水肿并常伴有咽炎和喉头水肿，使呼吸更加困难。若为肛门水肿，则排便困难，粪便带血。经数日至数周可能痊愈，也可能恶化死亡。

【剖检变化】怀疑为炭疽的病牛尸体一般禁止解剖。必须解剖时，要严格执行各项消毒卫生措施。死于急性炭疽病的病变主要为败血症变化。尸体膨胀明显（图2-9），尸僵不全，天然孔有黑色血液流出，黏膜发绀，血液呈煤焦油样（图2-10，视频2-2）。全身多发性出血，皮下、肌间、浆膜下呈胶冻性水肿。脾脏肿大 2 ～ 5 倍，脾软化如糊状、切面呈樱桃红色，有出血（图2-11）。全身淋巴结肿大，出血，切面黑红色。肺充血、水肿。肝、肾出血和变性。胃肠道出血性坏死。脑及脑膜充血，并有小出血点。有的在皮肤、肠、肺、咽喉等部位有炭疽痈。

视频 2-2

【诊断】根据流行特征和临床症状，可初步诊断，在未排除炭疽病前不得剖检死亡动物，防止炭疽杆菌遇空气后形成芽孢，此时应采集发病动物的血液送检。对疑似病牛，采取耳静脉血液进行涂片、染色、镜检，如发现典型的具有荚膜、菌端平整的粗大杆菌，结合临床症状表现可确诊。或采取病料接种于普通琼脂平板或实验动物。血清学试验包括炭疽沉淀反应、间接凝集试验、琼脂扩散试验等。

图 2-9 尸体膨胀明显

图 2-10 血液呈煤焦油样

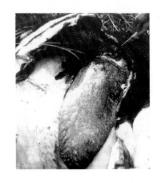

图 2-11 脾肿大、淤血和出血

【类症鉴别】

1. 与牛巴氏杆菌病的鉴别

（1）相似点　有传染性，体温高（41～42℃），废食，呼吸困难，震颤，先便秘后腹泻。

（2）不同点　牛巴氏杆菌病，败血型的有时咳嗽、呻吟，粪稀、有恶臭。腹泻后体温下降，迅即死亡。肺炎型的流鼻液，胸部叩诊疼痛，咳嗽。咽喉型的咽喉部肿胀、有热痛，流涎。病料涂片镜检可见两极被浓染的杆菌。

2. 与牛传染性胸膜肺炎的鉴别

（1）相似点　有传染性，体温高（40～42℃），呼吸困难，初便秘。

（2）不同点　牛传染性胸膜肺炎病牛有频繁干咳，胸部叩诊痛感，听诊有摩擦音，鼻流浆液性、脓性鼻液。

3. 与恶性水肿的鉴别

（1）相似点　有传染性，体温高（40℃左右），颈胸肿胀，先有热痛后无热痛，呼吸困难，眼结膜发绀，食欲反刍废绝。

（2）不同点　恶性水肿由伤口感染，按压肿胀部位有捻发音，针刺流淡黄色或红褐色含气泡腥臭液，涂片镜检有长丝状菌体。

【预防措施】

1. 平时预防措施

（1）对炭疽疫区内的牛，每年秋季应进行炭疽预防接种，春季给新牛补种。常用的疫苗有无毒炭疽芽孢苗或炭疽二号芽孢苗，接种后 14 天产生免疫力，免疫期为 1 年。为了安全，在注射前先测一次体温，凡体温升高的都不可注射芽孢苗，等体温恢复正常后，再给予补种。即将分娩的母牛，等产后 2 周再进行注射。

（2）严禁到受污染的牧场或水源放牧，不得从疫区购买饲料或生物制品。

2. 发病时的预防措施

牛群中突然发现急性发热的病牛，并发生迅速倒毙、天然孔出血的现象，首先应怀疑到炭疽。应采取如下措施：

（1）立即采取病料送检 此时先从尸体的末梢血管（一般在倒地的一侧的耳根部）采取血液，制成血涂片。连同一小块耳组织（3～5克），密封在小瓶内，派专人送往兽医检验部门进行检验。在未确定诊断之前万万不可剖检尸体。

（2）炭疽确诊后，应迅速查清疫情并报告疫情，划定疫区，实行综合防控方法。

① 对同群或与患病动物接触过的假定健康动物应紧急注射炭疽疫苗。

② 对患病动物要在采取严格防护措施的情况下进行扑杀并做无害化处理。病死动物的尸体严禁解剖，必须销毁。尸体（用棉花或破布塞住死亡动物的口、鼻、肛门、阴门等天然孔）及可能被污染的地面土壤（挖掘10～15厘米深），一并运至高燥处，挖一个长2.5米、宽1.5米、深2米的坑，在坑底撒上一层5厘米厚的新鲜石灰，将尸体及被其污染的土壤扔进坑内，在尸体表面盖上一层石灰，然后掩埋、夯实，要严防狗或狼盗尸。

③ 可疑动物可用药物预防，在严格隔离的基础上，可选用的药物有抗炭疽血清、青霉素、土霉素、链霉素及磺胺类药等。

④ 全场进行彻底消毒，污染的地面连同15～20厘米厚的表层土一起取下，加入20%漂白粉溶液混合后深埋。畜舍、场地、用具等，用10%热烧碱溶液或20%漂白粉溶液，或0.2%升汞溶液消毒。畜舍以1小时间隔共消毒3次。患病动物吃剩的草料和排泄物，要深埋或焚烧。

⑤ 工作人员必须做好防护，有外伤的人员不得接触上述工作。

⑥ 解除封锁。在最有1头动物死亡或痊愈14天后，若无新病例出现时请有关部门批准，并经终末消毒后可解除封锁。

【安全用药】对有治疗价值的病牛，必须在隔离的情况下采用抗炭疽高免血清和抗菌药物。

1. 高免血清疗法

疾病早期用抗炭疽高免血清，成年牛100～300毫升，犊牛30～60毫升，皮下或静脉注射，必要时可在12小时后重复使用1次。同时，配合青霉素钠4万～6万单位/千克体重，注射用水20～30毫升，肌内注射，每8小时注射1次，连用3～5天。

2. 抗菌药物疗法

青霉素2.5万～5万单位/千克体重、链霉素10～15毫克/千克体重，肌内注射，每天2次，连用3～5天。或磺胺嘧啶钠注射液，每千克体重100～200毫克，静脉注射，每天2次，连用5天，首次量加倍。

3. 中药疗法

（1）水牛角、生地黄、玄参、金银花各60克，连翘、黄连、麦门冬各45克，竹叶心、黄连各30克，水煎灌服。

（2）水牛角180克，生地黄150克，白芍60克，牡丹皮45克，水煎灌服。

（3）石膏 120 克，水牛角 60 克（研细末用药液冲服），生地黄、赤芍、栀子、牡丹皮、黄芩、玄参、知母、竹叶各 30 克，连翘、桔梗各 25 克，黄连 20 克，甘草 10 克，水煎灌服。

二、牛巴氏杆菌病

牛巴氏杆菌病，又称为"牛出血性败血症"，简称"出败"，是由多杀性巴氏杆菌特定血清亚型引起牛和水牛的一种高度致死性传染病。临床上以高热、肺炎、急性胃肠炎及内脏器官广泛出血为特征。本病多见于犊牛。

【病原】多杀性巴氏杆菌属巴氏杆菌科巴氏杆菌属，革兰氏染色阴性，是一种两端钝圆、中央微凸的短杆菌。血涂片或脏器涂片，采用瑞氏、姬姆萨或美蓝染色，具有两极浓染的特性（图2-12），但其培养物的两极着色现象不明显。本菌对外界抵抗力较弱，60℃ 20 分钟或 70℃ 5 ～ 10 分钟即可死亡，干燥条件下 2 ～ 3 天死亡，常用消毒剂如 0.5% ～ 1% 的氢氧化钠溶液、5% 石灰水、10% 漂白粉溶液及 10% 福尔马林溶液等均可在数分钟内杀灭细菌。

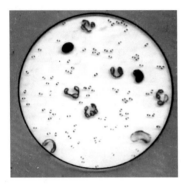

图 2-12 巴氏杆菌的形态

【流行特征】病牛排泄物、分泌物和带菌牛（包括健康带菌和病愈后带菌牛）为传染源。主要经过呼吸道、消化道传染，也可经皮肤、黏膜的损伤和吸血昆虫叮咬感染。多种动物可感染，家畜中以牛（黄牛、水牛、牦牛）、猪发病较多，禽、兔也易感，马、鹿则感染较少见。一般散发或呈地方流行，同种动物能相互传染，一般不同动物种间不易互相传染。发病无明显季节性，但以冷热交替、气候剧变、闷热、潮湿、多雨的时期多发。本菌可存在于健牛的上呼吸道和消化道中，当饲养管理不良、气候突变、牛栏有贼风侵袭、受寒、饥饿、拥挤、圈舍通风不良、长途运输、过度疲劳、饲料突变、营养缺乏、寄生虫病等使抵抗力降低时，可发生内源性传染。

【临床症状】本病潜伏期 2 ～ 5 天。根据临床症状可分为急性败血型、肺炎型和水肿型 3 种类型。

1. 急性败血型

表现为体温突然升高到 41 ～ 42℃，精神沉郁，鼻镜干燥，反刍停止，食欲废绝，呼吸困难（图2-13），黏膜发绀，鼻流带血泡沫，腹泻，粪便带血，一般于 24 小时内因虚脱而死亡，甚至突然死亡。

视频 2-3

2. 肺炎型

此型最为常见。病牛呼吸困难，有痛性干咳，鼻流无色或带血泡沫（图2-14，视频2-3）。叩诊胸部，一侧或两侧有浊音区；听诊有支气管呼吸音和啰音，或胸膜摩擦音。严重时，呼吸高度困难，头颈前伸，张口伸舌（图2-15），病牛迅速窒息死亡。

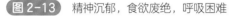

图 2-13 精神沉郁，食欲废绝，呼吸困难　　图 2-14 病牛呼吸困难，鼻流无色泡沫

3. 水肿型

多见于牛、牦牛，病牛胸前和头颈部水肿（图2-16），严重者波及腹下，肿胀、硬固、热、痛。舌咽高度肿胀，呼吸困难，皮肤和黏膜发绀，眼红肿、流泪。病牛常窒息而死。

图 2-15 呼吸高度困难，头颈前伸，张口伸舌　　图 2-16 病牛头颈、前胸水肿

【剖检变化】

1. 急性败血型

剖检时往往没有特征性病变，只见黏膜和内脏表面有广泛性的点状出血。

2. 肺炎型

剖检主要病变为纤维素性胸膜肺炎，胸腔内有大量蛋花样液体，肺与胸膜、心包粘连（图2-17），肺组织肝变，切面红色或灰黄色、灰白色，散在有小坏死灶，小叶间质稍增宽（图2-18，图2-19）。

图 2-17　肺脏与胸膜粘连　　　　图 2-18　肺组织大面积的肝变，散在有小坏死灶

3. 水肿型

剖检可见肿胀部位呈出血性胶样浸润（图 2-20）。

【诊断】采取病死牛的肺、肝、脾及胸腔液，制成涂片，采用瑞氏、姬姆萨或美蓝染色，然后镜检，看到明显的两极浓染的革兰氏阴性短杆菌，再结合流行特征、临床症状和剖检变化即可做出诊断。也可进一步通过细菌分离培养和动物试验确诊。

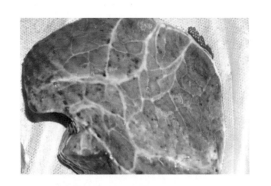
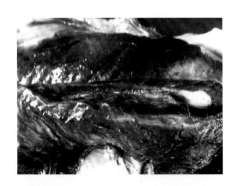

图 2-19　肺小叶间质增宽，表面有出血点　　　图 2-20　皮下及肌肉组织呈出血性胶样浸润

【类症鉴别】

1. 与炭疽的鉴别

（1）相似点　有传染性，体温高（42℃），呼吸困难，腹痛，泻痢，粪中混血，濒死时体温下降。

（2）不同点　炭疽病牛可视黏膜蓝紫色，血片镜检可见有荚膜的炭疽杆菌，死后天然孔流血，迅速膨胀，尸僵不全。

2. 与牛传染性胸膜肺炎的鉴别

（1）相似点　有传染性，体温高（40～42℃），呼吸快、困难，胸部叩诊有浊音区和疼痛，流鼻液。

（2）不同点　牛传染性胸膜肺炎病牛鼻液先稀后脓性，不流泡沫样鼻液，肺部听诊有摩擦音，垂皮、胸前有浮肿。病料涂片镜检可见极为细小的多形性丝状支原体。

3. 与牛网尾线虫病的鉴别

（1）相似点　呼吸迫促、困难，咳嗽，流鼻液，听诊有啰音。
（2）不同点　网尾线虫病牛体温不高，消瘦，贫血。鼻液、粪便检验有幼虫。

4. 与大叶性肺炎的鉴别

（1）相似点　体温高（40～41℃），呼吸迫促、困难，咳嗽，叩诊胸部有浊音区，叩诊有疼感。
（2）不同点　大叶性肺炎病牛无传染性，流铁锈色或黄红鼻液，全病程分四个期。

5. 与支气管肺炎的鉴别

（1）相似点　体温高（39.5～41℃），初干咳后湿咳，流鼻液，呼吸增数、困难。
（2）不同点　支气管肺炎病牛无传染性，叩诊有浊音区，无痛感，末期鼻液增多，但不出现泡沫样鼻液。排出粪便无恶臭。

6. 与喉炎的鉴别

（1）相似点　喉部肿胀有热痛，咳嗽、呼吸困难。
（2）不同点　喉炎病牛不发生高温，皮肤、舌色不发绀。

【预防措施】

1. 平时的预防措施

包括加强饲养管理，注意通风换气和防暑防寒，避免过度拥挤，减少或消除降低机体抗病能力的因素，并定期进行牛舍及运动场消毒，杀灭环境中可能存在的病原体；坚持全进全出饲养制度；在经常发生本病的疫区，可以定期接种牛出血性败血病疫苗。

2. 发病时的预防措施

（1）发生本病时，对病牛在隔离治疗的同时，对于同群假定健牛应仔细观察、测温，用磺胺类药物或抗生素做紧急药物预防，隔离观察一周后如无新病例出现，可再注射疫苗。
（2）用疫苗进行紧急接种预防，但应注意疫苗紧急接种预防时，被接种的牛应在接种前后至少1周内不得使用抗菌药物，同时还应做好潜伏期患病牛发病的紧急抢救准备。
（3）发病后，牛舍可用5%漂白粉溶液或10%石灰乳等彻底消毒。
（4）必要时牛群可用高免血清作紧急免疫接种。

【安全用药】发生本病时，应立即隔离患病牛并严格消毒其污染场所，在严格隔离的条件下对患病牛进行治疗。

1. 血清疗法

可用巴氏杆菌病的抗血清，成年牛80毫升，犊牛20～40毫升，皮下、肌内或静脉注射，每天 1 次，连用 2 ～ 3 天。

2. 全血疗法

初发病牛可用痊愈牛全血 500 毫升，5% 葡萄糖注射液 1000 ～ 2000 毫升，加入盐酸四环素或土霉素 8 ～ 15 克，分别静脉注射，每天 2 次。

3. 抗生素疗法

普鲁卡因青霉素 300 万～ 600 万单位、双氢链霉素 5 ～ 10 克，肌内注射，每天 1 ～ 2 次，连用 3 ～ 5 天；或硫酸庆大霉素注射液 80 万单位，肌内注射，每天 2 次，连用 3 ～ 5 天；或头孢噻呋，每千克体重 2.2 毫克，一次肌内注射，每天 2 次，连用 3 ～ 5 天；或土霉素 2 ～ 4 克、5% 葡萄糖生理盐水 500 毫升，一次静脉注射，每天 1 ～ 2 次，连用 3 天；或 10% 磺胺嘧啶钠注射液 100 ～ 150 毫升、5% 葡萄糖生理盐水 500 毫升、40% 乌洛托品注射液 40 ～ 80 毫升，每天 1 ～ 2 次，用至体温下降为止。肺炎型病牛，可用新砷凡纳明 2 ～ 3 克、5% 葡萄糖溶液 500 毫升，静脉注射；或用磺胺二甲基嘧啶钠 0.07 克 / 千克体重，肌内注射，每天 2 次，连用 3 天；或用增效磺胺 -5- 甲氧嘧啶 0.015 ～ 0.02 克 / 千克体重，肌内注射，每天 1 次，连用 2 ～ 3 天。

4. 对症疗法

强心，可用 10% 樟脑磺酸钠注射液 20 ～ 30 毫升或 20% 安钠咖注射液 20 毫升，肌内注射，每天 2 次；或用 50% 葡萄糖注射液 500 ～ 800 毫升，一次静脉注射。腹泻时，可选用次硝酸铋、磺胺脒各 30 克，灌服，每天 3 次。解热，可用阿司匹林 15.5 ～ 31 克，每天 2 次，灌服。或保泰松 1 ～ 2 克，一次灌服，每天 2 次。控制肺水肿，可用氢化可的松注射液 0.2 ～ 0.5 克或地塞米松磷酸钠注射液 5 ～ 20 毫克，25% 葡萄糖注射液 500 毫升，静脉注射。

5. 中药疗法

（1）大黄、薄荷、玄参、柴胡、桔梗、连翘、荆芥、板蓝根各 15 克，酒黄芩、甘草、马勃、牛蒡子、青黛、陈皮各 10 克，滑石 30 克，酒黄连 6 克，升麻 5 克。水煎候温灌服。

（2）玄参、大青叶、鸡血藤、鱼腥草、麦门冬各 100 ～ 200 克，水煎，灌服。

（3）玄参、麦门冬、桔梗、大黄各 40 克，山豆根 50 克，射干、黄柏、牛蒡子、金银花各 35 克，连翘、淡竹叶各 30 克，甘草 20 克，水煎灌服。

（4）金银花、黄连、黄芩、马勃、茵陈、栀子各 50 克，山豆根、连翘、天花粉、射干、桔梗各 60 克，牛蒡子 30 克，水煎取汁，候温灌服，每天 1 剂，连用 3 ～ 5 天。

（5）石膏 120 克，水牛角 60 克，生地黄、栀子、牡丹皮、黄芩、赤芍、玄参、知母、竹叶各 30 克，连翘、桔梗各 30 克，黄连 20 克，甘草 10 克，水煎灌服。

（6）鳖甲 90 克，生地黄、牡丹皮各 60 克，青蒿、知母各 45 克，水煎灌服。

（7）水牛角、生地黄、金银花、玄参各 60 克，连翘、丹参、麦门冬各 45 克，竹叶心、黄连各 30 克，水煎灌服。

（8）水牛角 180 克、生地黄 150 克、白芍 60 克、牡丹皮 45 克，水煎灌服。

（9）党参、茯苓、炒白术、陈皮、半夏、山药、炙甘草各45克，扁豆60克，莲子、砂仁、薏苡仁各30克，水煎灌服。

（10）黄药子100克，研末，沸水冲泡，加50度白酒100毫升，灌服。

（11）白药子100克，研末，明矾30克、食盐100克，加水适量，灌服。

（12）鲜威灵仙、鲜射干根各60克，共捣烂，加米醋250毫升，灌服。

（13）雄黄、明矾各105克，研末，温水冲服。

（14）金银花、射干、大黄各50克，豆根、黄连、僵蚕、蝉蜕、木通、桔梗、甘草各30克，黄芩、麦门冬各60克，石膏100克，水煎服。

三、牛副流感

牛副流感即"牛副流行性感冒"，是由副流感病毒Ⅲ型引起牛的急性接触性呼吸道传染病。其特征是呼吸器官的肺脏或胸腔形成出血性败血症，高热、呼吸困难和咳嗽。因本病多发生于运输后的牛，故又称"运输热"或"运输性肺炎"。

【病原】本病的病原是副流感病毒Ⅲ型，为副黏病毒科副黏病毒属的成员，又称"运输热病毒"。病毒具有血凝性，能凝集人O型、豚鼠、牛、猪、绵羊和鸡的红细胞，但不能凝集马的红细胞。病毒可在牛、猪、猴等动物的肾细胞上培养生长，并形成病变，用犊牛或胎牛肾细胞培养时，在出现病变后可形成蚀斑。病毒可以在鸡胚、羊膜腔接种生长良好。但尿囊腔不能生长，这是与其他副流感病毒的区别。病毒对热的稳定性较其他副黏病毒低，其感染的能力在室温下可迅速下降，几天后完全丧失。55℃30分钟灭活，在−25℃能良好存活。在pH3时不稳定。对乙醚和氯仿敏感。

【流行特征】本病主要感染牛。病牛和带毒牛是主要的传染源。传播途径主要通过接触和飞沫传播。主要的感染部位在呼吸道。常常由于饲养密度大或应激等因素诱发本病，且单独发病较少，常与其他的呼吸系统疾病混合感染。本病一旦发生其病毒可在牛群中长期保存，不易清除。多发生于舍饲育肥牛，放牧牛较少发生。本病常于晚秋和冬季多发，发病率为春季和夏季的2倍。

【临床症状】本病潜伏期约2～5天。病牛体温升高到41℃以上，精神沉郁，厌食，咳嗽，流黏液性鼻液（图2-21），流泪，有脓性结膜炎。呼吸困难，发出呼噜音（视频2-4），听诊可见湿啰音，肺脏实变时则肺泡音消失，有时听到胸膜摩擦音，有的病牛出现黏液性腹泻（图2-22），妊娠牛可能流产。牛群中发病率在60%～90%之间。单独感染的病程不长，约为3～4天，但与其他疾病混合感染则病情复杂，常预后不良。

视频2-4

【剖检变化】主要病变在呼吸道。在肺的尖叶、心叶、膈叶的下侧部可见严重的损害，肺炎病灶呈灰色和深红色，叶间结缔组织增生（图2-23）。切面呈特有的斑状，气管和支气管内充满浆液（图2-24），肺门淋巴结肿大，部分坏死。肺泡和细支气管上皮细胞肥大、增生，形成合胞体，胞浆内出现嗜碱性包涵体。胸腔积聚浆液性纤维性渗出液，胸膜有纤维素附着，心内外膜、胸腺、胃肠黏膜有出血斑点（图2-25～图2-28，视频2-5）。有的大骨骼肌可在两侧对称地发生数厘米大小的灰黄色病灶。

视频2-5

图 2-21　病牛精神沉郁，厌食，鼻流黏液性鼻液

图 2-22　病牛出现黏液性腹泻

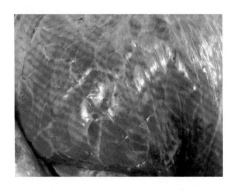

图 2-23　肺脏病灶呈深红色，叶间结缔组织增生

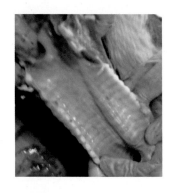

图 2-24　气管和支气管内充满浆液

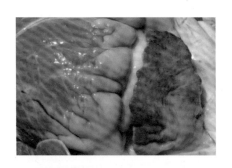

图 2-25　心外膜有出血斑点

图 2-26　心内膜有出血斑点

图 2-27　皱胃黏膜有出血斑点

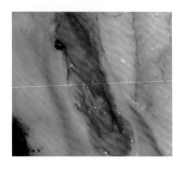

图 2-28　小肠黏膜有出血斑点

【诊断】本病在临床上的类型较多，而且多数病例呈混合感染，因此在诊断时应慎重。本病的发生多与运输因素等应激有关，如在应激因素过后出现呼吸道症状应怀疑本病；虽然本病无特征性病理变化，但在肺部上皮细胞胞浆内和核内出现包涵体时应怀疑本病。实验室检查主要包括病毒分离鉴定和血清学试验。

【类症鉴别】

1. 与牛巴氏杆菌病（肺炎型）的鉴别

（1）相似点　有传染性，体温高（41℃），呼吸迫促、困难，咳嗽，流鼻液，听诊有啰音、摩擦音，有时腹泻。

（2）不同点　牛巴氏杆菌病（肺炎型）病牛多散发，啰音、摩擦音仅限于肺的前下部，下痢粪恶臭，无脓性结膜炎和流泪。病料镜检有两极浓染杆菌。

2. 与牛传染性胸膜肺炎的鉴别

（1）相似点　有传染性，体温高（40～42℃），呼吸困难。咳嗽，胸部听诊有摩擦音、啰音，流脓性鼻液。

（2）不同点　牛传染性胸膜肺炎新区可暴发流行，老疫区多为散发，垂皮、胸前、腹下水肿、病料涂片镜检可见丝状支原体。

3. 与支气管肺炎的鉴别

（1）相似点　体温高（39.9～41℃），咳嗽，听诊有啰音，流鼻液，呼吸困难。

（2）不同点　支气管肺炎病牛无传染性，流浆液性鼻液，不出现脓性结膜炎和大量流泪，听诊肺部不出现摩擦音。

4. 与大叶性肺炎的鉴别

（1）相似点　体温高（40～41℃），咳嗽，流鼻液，肺部听诊有啰音，叩诊有浊音。

（2）不同点　大叶性肺炎病牛无传染性，病程分为四期，鼻液呈黄红色或铁锈色。

5. 与恶性卡他热的鉴别

（1）相似点　有传染性，体温高（40～41℃），鼻镜干，消瘦，结膜炎，有脓性分泌物，呼吸困难，有下痢。

（2）不同点　恶性卡他热病牛角膜浑浊甚至穿孔，鼻有溃疡、出血，鼻镜坏死，口腔黏膜、颊部、齿龈发生灰白丘疹和糜烂，上覆黄色假膜，流涎，口有恶臭，出现吞咽困难。

6. 与牛肺丝线虫病的鉴别

（1）相似点　呼吸快速，咳嗽，流鼻液，消瘦。

（2）不同点　牛肺丝线虫病牛体温不高，不发生脓性结膜炎和大量流泪，不腹泻，粪便和鼻液中可检出幼虫。

【预防措施】预防主要是加强饲养管理，尽量减少发病因素，一旦发病，隔离病牛并消毒。在大群牛需长途运输时，不要太拥挤，并保证途中不挨饿、不受冻，同时给予充足多种维生素和电解质等，以保持牛机体抗病能力。疫苗有减毒疫苗和灭活苗两种，均较安全有效。

【安全用药】单纯发生本病时无特异疗法，可采取一些病因疗法、对症疗法、支持疗法和中药疗法等非特异性疗法来增强牛只的抵抗力。若继发细菌感染，应及早用药，可采用抗生素或磺胺类药物等以控制发病，直接投入呼吸道内效果明显。

1. 抗菌消炎疗法

青霉素1万～2万单位/千克体重，链霉素10毫克/千克体重，注射用水30毫升，肌内注射，每天1～2次，连用2～3天；或卡那霉素注射液，每千克体重10～15毫克，肌内注射，每天2次，连用3～5天；或磺胺二甲嘧啶，每千克体重0.07克，静脉或肌内注射，每天2次，连用3～4天。如加用维生素A，效果更好。

2. 对症疗法

气喘严重时，可用麻黄碱注射液0.05～0.5克，皮下注射。抗过敏，可用氢化可的松注射液250～750毫克，每天2次，肌内注射；或用盐酸扑敏宁，每千克体重1毫克，每天2次，肌内注射。退热，可用30%安乃近注射液20～30毫升或安痛定注射液30～40毫升，肌内注射，每天2次，连用2～3天；或氟尼辛葡甲胺注射液，肌内注射，一次量，每千克体重2.2毫克，一日1～2次，连用3～5天，可与抗生素配合使用。强心、补液可用5%葡萄糖生理盐水1000～2000毫升，20%葡萄糖注射液300～500毫升，10%安钠咖注射液20～30毫升，静脉注射。

四、牛传染性胸膜肺炎

牛传染性胸膜肺炎，又称"牛肺疫"，是由丝状支原体引起的牛的一种急性或慢性、高度接触性传染病。临床上以出现纤维素性肺炎和胸膜肺炎为特征。世界动物卫生组织（OIE）将此病列为A类传染病。我国于1996年宣布消灭了本病。

【病原】病原体为丝状支原体丝状亚种，属于支原体科支原体属。支原体极其多形，可呈球菌样，丝状，螺旋体与颗粒状。基本形态以球菌体为主，革兰氏染色阴性。本菌在加有血清的肉汤琼脂可生成典型菌落。本病原对外界环境因素抵抗力不强，暴露在空气中，特别是在直射日光下，几小时即可失去毒力。干燥、高温可使其迅速死亡，但在肺组织冻结状态，能保持毒力一年以上。培养物冻干可保存毒力数年，对各种化学剂消毒敏感，几分钟就被杀死，对青霉素和龙胆紫则有抵抗力。

【流行特征】传染源主要是病牛及带菌牛，病牛康复后15个月甚至2～3年，还具有感染性。主要通过飞沫由呼吸道感染，也可经消化道和生殖道感染。本病易感动物主要是牦牛、奶牛、黄牛、水牛、犏牛、驯鹿及羚羊，其中以乳牛最易感，任何年龄的牛均易感。一年四季均有发生，但以冬春季节发病较多。带菌牛进入易感牛群，常引起本病的急性暴发，以后转为地方流行性。饲养管理不当、牛舍拥挤等因素可促进本病的发生与流行。发病率一般为60%～70%，病死率约30%～50%。

【临床症状】潜伏期一般为2～4周，短的8天，长的可达4个月。按其经过可分为急性型和慢性型两种。

1. 急性型

多发生于流行初期。病牛体温升高到 40 ～ 42℃，呈稽留热，干咳，呼吸加快，常发"吭、吭"声，鼻孔扩张，呼吸极度困难（图 2-29，视频 2-6），呈腹式呼吸，可视黏膜发绀。喜站立，前肢外展，不愿躺卧。咳嗽逐渐频繁，有时流出浆液性（图 2-30）或脓性鼻液。叩诊胸部有实音、疼痛。听诊肺泡呼吸音减弱或消失。如肺部病变面积较大并有大量胸水时，叩诊有浊音或水平浊音。病牛食欲废绝，泌乳停止，尿量减少，便秘与腹泻交替出现。病后期呼吸高度困难，极度衰弱，体温下降，常因窒息而死。犊牛可见典型的呼吸道症状（图 2-31）和关节炎（图 2-32），也可观察到心内膜炎和心肌炎等并发症。在非洲，牛出现典型症状时，死亡率达到 10% ～ 70%。

视频 2-6

图 2-29　鼻孔扩张，呼吸极度困难

图 2-30　流出浆液性鼻液

图 2-31　患病犊牛典型的呼吸道症状

图 2-32　患病犊牛典型的关节炎

2. 慢性型

慢性病牛可能局限于轻微的咳嗽，或仅在受冷空气、冷饮刺激或运动时，发生短而干性咳嗽，以后咳嗽次数逐渐增多，食欲减退，反刍迟缓，泌乳减少。颈、胸和腹下水肿（图 2-33），叩诊胸部有实音区，按压胸廓敏感。

【剖检变化】不同阶段病变不一。初期以小叶性肺炎为特征，肺炎灶充血、水肿，呈鲜红色或紫红色（图 2-34）；中期为本病典型病变，表现浆液性纤维素性胸膜肺炎，多为一侧性，以右侧居多。肺肿大、变硬，呈紫红色、红色、灰白色、黄色或灰色等不同时期的肝变（图2-35），肺切面呈大理石状，肺间质变宽（图2-36），淋巴管高度扩张呈蜂窝状。胸膜增厚，表面有纤维素性附着物，与肺部粘连（图2-37）。胸腔内积有数量不等淡黄色杂有纤维素凝块的渗出物。肺门淋巴结和纵隔淋巴结肿大、出血。心包液增多，混浊（图2-38）；后期肺部病灶坏死、液化，并形成脓腔、空洞或瘢痕化（图2-39），直径达1～10厘米。另外，犊牛可发生渗出性腹膜炎、关节黏液囊炎、腕骨的蛋白性关节炎（图2-40）。有时可观察到颈下淋巴结肿大。

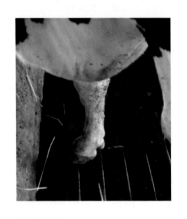

图 2-33　慢性病例胸下水肿

图 2-34　肺脏病灶充血、水肿，呈紫红色

图 2-35　肺肿大、变硬，呈不同时期的肝变

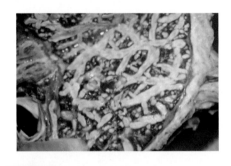

图 2-36　肺切面呈大理石状，肺间质变宽

图 2-37　胸膜增厚，有纤维素性附着物与肺部粘连

图 2-38　心包液增多且混浊

【诊断】根据流行特征、临床症状及典型剖检变化可做出初步诊断，确诊需做补体结

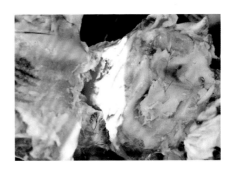

图 2-39 肺部病灶坏死、液化，并形成脓腔

图 2-40 腕骨的蛋白性关节炎

合反应以及病原体的分离培养鉴定。

【类症鉴别】

1. 与牛巴氏杆菌病（肺炎型）的鉴别

（1）相似点 有传染性、体温高（40～41℃），呼吸困难、咳嗽，流鼻液，胸部听诊有啰音、摩擦音，叩诊有疼痛、浊音区。

（2）不同点 牛巴氏杆菌病（肺炎型）病牛叩诊胸部无水平浊音区，垂皮、胸前、腹下无水肿。镜检可见两极浓染的杆菌。

2. 与大叶性肺炎的鉴别

（1）相似点 体温高（40～41℃），呼吸快、困难，咳嗽，流鼻液，叩诊肺部有浊音。

（2）不同点 大叶性肺炎病牛无传染性，充血期可见眼结膜充血、黄染，胸部叩诊呈清音；红色和灰色肝变期叩诊有浊音，流铁锈色或黄红色鼻液；溶解期听诊呈湿啰音、捻发音。

3. 与牛副流感的鉴别

（1）相似点 有传染性，体温高（41℃），流脓性鼻液，呼吸快、困难，咳嗽，有时腹泻。

（2）不同点 有脓性结膜炎、大量流泪，消瘦，肌肉衰弱无力。用双份血清作副流感的中和试验或血凝抑制试验，如抗体滴度增加4倍或以上即为阳性。

4. 与胸膜炎的鉴别

（1）相似点 体温高（39～40.5℃），咳嗽，胸部叩诊疼痛，有水平浊音，听诊有摩擦音。

（2）不同点 胸膜炎病牛无传染性，胸廓下部水平浊音随体位移动而变更，上部则呈鼓音。

5. 与牛肺丝线虫病的鉴别

（1）相似点 呼吸困难、咳嗽，流鼻液，听诊有啰音。

（2）不同点 肺丝线虫病牛体温不高，听诊无摩擦音。叩诊不疼、无水平浊音，鼻液、粪便可检出幼虫。

【预防措施】在我国，采取的控制措施包括：检疫、隔离、扑杀病牛和对血清学阴性牛进行免疫接种。由于我国已经消灭了本病，因此，预防重点是防止病原从国外疫区传入。从国外引种时，需按照《中华人民共和国进出境动植物检疫法》进行检疫并使用牛传染性胸膜肺炎活疫苗（兔化弱毒或兔化绵羊化弱毒）接种。出现病牛时，将病牛隔离扑杀病死牛尸体深埋，并用2%来苏儿溶液或10%～20%石灰乳对污染场地进行消毒。加强饲养管理，防止发生牛流行性感冒而继发本病。

【安全用药】当暴发此病时，国际上通常采取的策略有两种。第一种策略是屠宰所有病牛及与病牛相接处的牛，这是最有效和最简单的办法，但是成本较高。第二种策略是屠宰病牛并给受威胁的牛或假定健康的牛接种疫苗；目前，OIE推荐使用的疫苗是TI-44，其疫苗毒株是利用分离自坦桑尼亚的中等毒力菌株经鸡胚传44代后而获得。对于没有确诊前的病牛，可采取如下方法治疗。

1. 抗生素疗法

（1）酒石酸泰乐菌素粉针，按每千克体重10毫克、注射用水20～30毫升，肌内注射，每天2次，连用5～7天。本品禁止与莫能菌素、盐霉素等同时使用。

（2）左旋氧氟沙星注射液，按每千克体重5毫克，肌内注射，每天2次，连用5～7天。

（3）替米考星注射液10～20毫升，静脉注射。或注射用盐酸四环素或土霉素2～4克、5%葡萄糖生理盐水1000毫升，1次静脉注射，每天2次，连用2～3天。

（4）卡那霉素注射液，每千克体重10～15毫克，配合地塞米松磷酸钠注射液20毫克、维生素C 4克，分点肌内注射，每天2次，3天为1个疗程，根据病情可使用1～3个疗程。

（5）氟苯尼考注射液，每千克体重15～20毫克，肌内注射，每天1次，5天为1个疗程。

（6）新砷凡纳明，每千克体重10毫克，用500毫升葡萄糖注射液溶解，静脉注射，5天后重复用药1次。

2. 中药疗法

（1）北沙参、麦门冬、桔梗各45克，黄芪、党参、白及各30克，合欢皮、冬瓜子、连翘各60克，金银花90克，水煎取汁，灌服。

（2）黄连、黄芪、知母、白芍、白术、厚朴、白蔹各24克，五味子、川贝母、阿胶、泽泻、茯苓各15克，大麻仁9克，研末，沸水冲调，候温灌服，每天1剂，连用2～3天。

（3）生石膏180克，板蓝根60克，川贝母、杏仁、甜葶苈子、黄芩各45克，桔梗、桑白皮、牛蒡子、甘草各24克，麻黄15克，水煎2次，混合2次煎液，候温灌服。

（4）沙参、麦门冬、玉竹、山药、山楂各60克，天花粉50克，桑白皮、地骨皮、茯苓各45克，半夏30克，陈皮、甘草各24克，水煎灌服。

（5）紫花地丁90克，黄芩、苦参、生石膏各60克，甘草18克，研末，沸水冲调，候温一次灌服，每天2次，连用3～5次。

五、牛传染性鼻气管炎

牛传染性鼻气管炎，又称"红鼻病""坏死性鼻炎""牛媾疫"，是由牛传染性鼻气管炎病毒引起的牛的一种急性、热性、接触性呼吸道传染病，临床表现为上呼吸道及气管黏膜发炎、呼吸困难、流鼻液等，还可引起生殖道感染、结膜炎、脑膜炎、流产、乳腺炎等多种病型，因此，本病是一种由同一病原引起多病征的传染病。本病只发生于牛，目前，本病广泛分布于美国、澳大利亚、新西兰及日本等国，已成为全球性疾病。本病1980年传入我国。

【病原】 牛传染性鼻气管炎病毒，学名为牛疱疹病毒Ⅰ型，属于疱疹病毒科、甲型疱疹病毒亚科、单纯疱病毒属的成员。只有一个血清型。本病毒对外界环境的抵抗力较强，4℃条件下可存活30天；寒冷季节、相对湿度为90%时可存活30天；在温暖季节中，本病毒也能存活5～13天，-70℃保存的病毒可存活数年。在pH6～9下非常稳定，但在酸性环境（pH4.5～5.0）下极不稳定，对热敏感，56℃21分钟可灭活，常用的消毒剂可使其灭活。

【流行特征】 本病主要感染牛，尤以肉牛较为多见，其次是奶牛，各种年龄及不同品种的牛均能感染发病。肉用牛群发病率可高达75%。其中以20～60日龄的犊牛最易感，病死率较高。病牛和带毒牛为主要传染源，特别是隐性经过的种公牛危害性最大。常通过空气、飞沫、精液和接触性传播，病毒也可通过胎盘侵入胎儿引起流产。本病毒可导致持续性感染，隐性带毒牛往往是最危险的传染源。本病秋、冬寒冷季节较易流行，特别是舍饲的大群牛，因过分拥挤、密切接触而更易迅速传播。一般发病率为20%～100%，死亡率为1%～12%。

【临床症状】 自然感染潜伏期一般为4～6天。《陆生动物卫生法典》规定为21天。临床分为呼吸道型、生殖道感染型、流产型、脑膜脑炎型和眼炎型五种。

1. 呼吸道型

表现为鼻气管炎，病情轻重不等，为本病最常见的一种类型。常见于较冷季节，常发生于长途运输或从牧地转入舍饲以后。急性病例整个呼吸道受害，其次是消化道。病初高热达39.5～42℃，沉郁，拒食，有多量黏脓性鼻漏（图2-41，视频2-7），鼻黏膜高度充血，有浅溃疡，鼻窦及鼻镜因组织高度发炎而称为"红鼻病"（图2-42），或重者鼻黏膜坏死，称"坏死性鼻炎"（图2-43）。呼吸困难，呼气中常有臭味。呼吸加快，咳嗽。有结膜炎及流泪。有时可见带血腹泻。乳牛产奶量减少。多数病程达10天以上。发病率可达75%以上，病死率10%以下。症状轻微的病例仅见水样鼻液和流泪。

视频 2-7

2. 生殖道感染型

又称"牛传染性脓疱性外阴-阴道炎""交合疹""牛媾疫"。可发生于母牛及公牛。母牛发病初期表现发热，沉郁，无食欲，尿频，有痛感。阴道发炎充血，有黏稠无臭的黏液性分泌物，黏膜出现白色病灶、脓疱（图2-44）或灰色坏死膜。公牛感染后生殖道黏膜充血，严重的病例发热，包皮肿胀及水肿，阴茎上发生脓疱，病程10～14天。精液带毒。

图 2-41　病牛多量黏脓性鼻漏

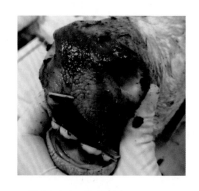

图 2-42　病牛的鼻镜高度发炎而成"红鼻病"

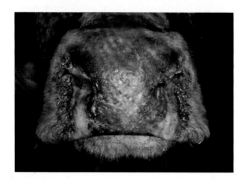

图 2-43　严重的出现鼻黏膜坏死，称"坏死性鼻炎"

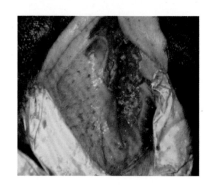

图 2-44　阴道黏膜上白色病灶、脓疱

3. 脑膜脑炎型

主要发生于 4 ～ 6 月龄犊牛。体温 40℃以上，共济失调，沉郁，随后兴奋、惊厥，口吐白沫（图 2-45），角弓反张，磨牙，四肢划动，病程短促，常于第 5 ～ 7 天死亡。发病率低，病死率高，可达 50% 以上。

图 2-45　病牛惊厥，口吐白沫

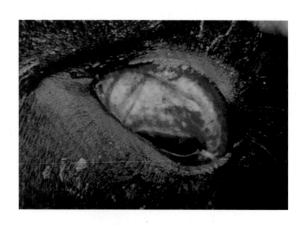

图 2-46　结膜充血、水肿

4. 眼炎型

一般无明显全身反应，有时也可伴随呼吸型一同出现。主要临床症状是结膜角膜炎，表现结膜充血、水肿或坏死（图2-46）。角膜轻度浑浊，眼、鼻流浆液脓性分泌物（图2-47），很少引起死亡。重症病例可于结膜形成灰黄色针头大的小脓疱。

5. 流产型

一般多见于初产青年母牛妊娠期的任何阶段，也可发生于经产母牛。妊娠母牛感染后，可能于3～6周潜伏期后流产。流产常发生于妊娠的第5～8个月。本型多数是由于病毒在呼吸道黏膜增殖后形成了病毒血症，病毒经血液循环进入胎膜、胎儿所致，胎儿感染后7～10天死亡，再经一至数天排出体外。多无前驱症状，胎衣常不滞留。

图 2-47 病牛眼、鼻流浆液性脓性分泌物

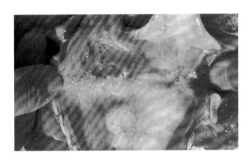

图 2-48 喉头黏膜白色烂斑和溃疡

【**剖检变化**】呼吸道型病变是呼吸道黏膜的炎症，常见黏膜表面中有浅白色的烂斑和溃疡（图2-48），并覆以灰色腐臭黏脓性渗出物，主要见于鼻、喉、气管和支气管。部分病例，肺可见局限性化脓性炎症（图2-49）。皱胃黏膜发炎或形成溃疡（图2-50），大小肠可见卡他性肠炎（图2-51）。生殖道感染型表现为外阴、阴道、宫颈黏膜、包皮、阴茎黏膜的炎症，黏膜出现白色颗粒病灶、脓疱或灰色坏死膜（图2-52）。脑膜脑炎型表现为非化脓性感觉神经炎和脑脊髓炎的变化。眼炎型表现为结膜角膜炎。流产型表现为流产胎儿的肝、脾、肾和淋巴结有灰白色坏死灶（图2-53，图2-54），有时皮肤有水肿。

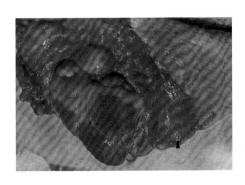

图 2-49 肺脏的化脓性炎症

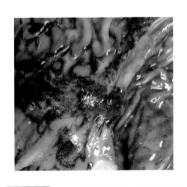

图 2-50 皱胃黏膜发炎或形成溃疡

图 2-51　小肠卡他性肠炎

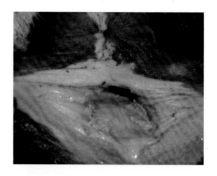

图 2-52　阴道黏膜出现灰色坏死膜

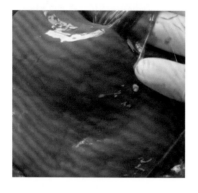

图 2-53　流产胎儿肝脏上的灰白色坏死灶

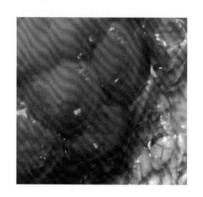

图 2-54　流产胎儿肾脏上的灰白色坏死灶

【诊断】根据本病的流行特征、临床症状和剖检变化等方面的特点，可进行初步诊断。要确诊本病必须进行实验室诊断，依靠病毒分离鉴定和血清学检验。

【类症鉴别】

1. 与恶性卡他热的鉴别

（1）相似点　有传染性，体温高（40～41℃），流鼻液，鼻有溃疡。呼吸困难，有泻痢。

（2）不同点　恶性卡他热病牛有脓性结膜炎，角膜也发炎甚至穿孔，口腔、颊部、齿龈发生灰白丘疹和糜烂，上覆黄色假膜，口有恶臭，鼻镜糜烂坏死。

2. 与肺坏疽的鉴别

（1）相似点　体温高（39～40℃），咳嗽，流鼻液，呼气臭。

（2）不同点　肺坏疽病牛无传染性，病前有误咽或投药的情况，而后出现呼吸增数，肺听诊有啰音、水泡音，咳嗽或低头时即流出大量的鼻液，镜检鼻液（或咳出物）可见弹力纤维。

3. 与副鼻窦炎的鉴别

（1）相似点　流鼻液有臭气，呼吸困难。

（2）不同点　副鼻窦炎病牛无传染性，一般体温不高，不咳嗽，副鼻窦叩诊浊音，常为一侧流鼻液，鼻镜不红，鼻黏膜不出现浅溃疡。

【预防措施】最重要的预防措施首先是严格检疫，防止引入传染源和带入病毒；其次注意抗体阳性牛实际上就是本病的带毒者，因此具有本病病毒抗体的任何动物都应视为危险的传染源，应采取措施对其严格管理；再次注意免疫，目前使用的疫苗有灭活疫苗和弱毒疫苗，可起到预防临床发病的效果，但疫苗免疫不能阻止野毒感染，也不能阻止潜伏病毒的持续性感染；最后进行检测，采用敏感的检测方法（如 PCR 技术）检出阳性牛并扑杀应该是目前根除本病的有效途径。

【安全用药】目前尚无有效治疗药物。目前我国发生本病时，应采取隔离、封锁、消毒等综合性措施，最好予以扑杀或根据具体情况逐渐将其淘汰。或者发病后，在隔离病牛的基础上，可针对病情采用抗菌消炎，防止继发感染，以及以强心补液等对症治疗措施。具体方法有：

1. 支持疗法

给病牛多饮 5% ～ 10% 食盐水，多喂些营养丰富且易消化的饲料，保持病牛的鼻、眼、咽、口腔和生殖道清洁，防止继发感染。

2. 抗菌消炎

青霉素钠 480 万单位、链霉素 500 万单位、注射用水 40 毫升，混合后分别一次肌内注射，每天 2 次，连用 3 ～ 5 天。

3. 补液强心，调节酸碱平衡

5% 葡萄糖生理盐水 3000 毫升、5% 碳酸氢钠注射液 500 毫升、1% 地塞米松注射液 3 毫升、10% 安钠咖注射液 30 毫升，一次静脉注射（碳酸氢钠与安钠咖分开注射）。

4. 对症治疗

发烧者，可选用 30% 安乃近注射液 50 毫升、四环素 7 克、5% 葡萄糖生理盐水溶液 500 ～ 1000 毫升，一次静脉注射。肠道出血者，加维生素 K 300 毫克或止血敏 20 毫升；腹泻者，静脉注射 20% 安钠咖注射液 50 毫升和复方氯化钠注射液 1000 毫升；并发肺炎、呼吸困难者，可给予地塞米松磷酸钠和气管扩张药物，或用病毒唑注射液滴鼻，每侧鼻孔 6 滴，每天 2 次。

5. 中药疗法

基础方剂用：板蓝根 120 克，生地黄、玄参各 60 克，牛蒡子、连翘、黄芩各 45 克，柴胡、黄连、黄柏、甘草各 30 克，升麻、马勃、桔梗各 24 克，将诸药混合，加水 1500 毫升，煎煮浓缩至 500 毫升，候温灌服，每天早、晚各 1 次，连续应用至病愈为止。呼吸道型，加荆芥穗 30 克、葛根 20 克、麻黄 18 克，重用马勃、牛蒡子、玄参。眼炎型者，加蒲公英 120 克、薏苡仁 90 克、决明子 60 克。生殖道感染型者，去升麻、桔梗，加败酱草、地肤子各 60 克，土茯苓 30 克，扁蓄 20 克。流产不孕者，去升麻、桔梗，加菟丝子 45 克，桑寄生、续断、阿胶各 30 克。脑膜脑炎型，加生牡蛎 240 克，代赭石、生石膏各 90 克。

六、牛魏氏梭菌病

见"第一章　牛消化系统疾病的类症鉴别诊断与安全用药"中的"第三节　以腹泻为特征的消化系统疾病"中的"七、魏氏梭菌病"。

七、牛结核病

结核病是由结核分枝杆菌引起的人兽和禽类共患的一种慢性传染病。其特征是病程缓慢、渐进性消瘦、咳嗽、衰竭，并在多种组织器官中形成结核肉芽肿（结核结节）和干酪样、钙化的结节性坏死病灶。世界范围内约有 10% 的结核病人是因感染了牛型分枝杆菌而发病。近年来，结核病的发病率不断增高，已成为影响人类及养殖业的主要疾病之一。

【病原】本病病原是结核分枝杆菌，又称"结核杆菌"。根据其对各种动物的致病力不同的特点，将其分为三个型，即牛分枝杆菌（牛型）、结核分枝杆菌（人型）和禽分枝杆菌（禽型）。该病病原主要为牛型，人型、禽型也可引起本病。革兰氏染色阳性，菌体形态为两端钝圆、短粗的杆菌，不形成芽孢和荚膜，无鞭毛，没有运动性，为严格需氧菌，抗酸染色为红色。结核杆菌对外界环境的抵抗力很强，在干燥的痰沫中，可存活 10 个月以上，在土壤或水中可生存 7 个月，在粪便内可生存 5 个月，在奶中可存活 90 天。但对直射阳光和湿热的抵抗力较弱，60～70℃经 10～15 分钟、100℃水中立即死亡。常用的消毒药如 70% 酒精、3%～5% 来苏尔可将其杀死，10% 漂白粉溶液和碘化物消毒效果最好。本菌对链霉素、异烟肼、利福平、对氨基水杨酸和丝氨酸等药物敏感，对青霉素、磺胺类药物等不敏感。

【流行特征】病原主要是牛型结核分枝杆菌，也可由人型结核杆菌感染。牛型结核分枝杆菌除感染牛外，还可引起人、猪、马、猫等致病。传染源为结核病患牛和病人，尤其是开放性结核病牛和病人。结核杆菌随呼出的气体、鼻汁、唾液、痰液、粪、尿、乳汁和生殖器官分泌物排出体外，污染饲料、饮水、空气和周围环境。通过呼吸道、消化道和生殖道传播，其中经呼吸道传染的威胁最大。本病可侵害人和多种动物，家畜中牛最易感。人感染牛结核病主要是食入未经检疫的畜产品，尤其是饮用未经巴氏消毒或煮沸的患有结核病牛的奶而经消化道感染，特别是幼儿感染牛分枝杆菌者最多。另外，经常与患结核病的牛相接触的人员（畜牧兽医工作者、挤奶人员、饲养人员等）也易感染结核。犊牛则以消化道感染为主。本病一年四季均可发生，牛舍阴暗潮湿、光线不足、通风不良、牛群拥挤、病牛与健牛同栏饲养、饲料配比不当及饲料中某些营养成分匮乏等因素，均可促进本病的发生和传播。本病多为散发或地方性流行。

【临床症状】潜伏期长短不一，一般为 3～6 周，有的可达几个月至数年。临床通常呈慢性经过，以肺结核、淋巴结核、乳房结核和肠结核最为常见，生殖器官结核、神经结核也时有发生。

1. 肺结核

病牛病初有短促干咳，清晨时症状最为明显；随着病程的发展变为湿咳、咳嗽加重、频繁，并有淡黄色黏液或脓性鼻液流出。呼吸次数增多，甚至呼吸困难（图 2-55）。病牛食欲下降，消瘦，贫血，产奶减少，体表淋巴结肿大，体温一般正常或稍升高。最后因心力衰竭而死亡。部分病牛常伴发浆膜粟粒性结核，又称"珍珠病"，此时按压肋间有痛感，听诊肺区有啰音，胸膜结核时可听到胸膜摩擦音。

图 2-55　病牛呼吸次数增多，呼吸困难

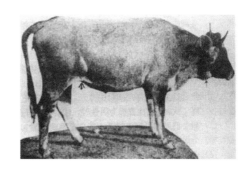

图 2-56　颌下淋巴结硬肿变形，无热痛

2. 淋巴结核

不是一个独立病型，各种结核病的附近淋巴结都可能发生病变。常见于肩前、股前、腹股沟、颌下、咽及颈淋巴结等体表部位，可见局部硬肿变形，无热痛（图 2-56），有时有破溃，形成不易愈合的溃疡。如纵膈淋巴结肿大压迫食道，则出现慢性膨气症状，咽喉淋巴结核可引起吞咽和嗳气困难。

3. 乳房结核

病牛乳房淋巴结肿大，常在后方乳腺区出现局限性或弥漫性硬结。乳房表面凹凸不平，硬结无热、无痛，乳房硬肿，乳量减少，乳汁稀薄，有时混有脓块，严重者泌乳停止。由于缺乳和乳腺萎缩，形成两侧乳房不对称。

4. 肠结核

多见于犊牛，表现食欲不振，消化不良，下痢与便秘交替，继而发展为顽固性下痢，粪便呈粥样，混有脓汁和黏液。当波及肝、肠系膜淋巴结等腹腔器官组织时，直肠检查可以辨认。

5. 生殖器官结核

可见性机能紊乱。母牛发情频繁、性欲亢进，但交配不能受孕，怀孕牛流产；母牛从阴道流出玻璃样、灰黄色黏性分泌物，有时可见干酪样絮片。公牛附睾、睾丸肿大，阴茎前部出现结节，发生糜烂等。

6. 神经结核

中枢神经系统侵害时，在脑和脑膜等可发生粟粒状或干酪样结核，常引起神经症状，如癫痫样发作、运动障碍等。

【剖检变化】病牛尸体消瘦，黏膜苍白。在侵害的组织器官形成肉芽肿或粟粒样结节。最常见的是肺部（图 2-57）及所属淋巴结，其次为肠系膜淋巴结（图 2-58）和头颈部淋巴结。切面呈干酪样坏死（图 2-59、图 2-60），有的钙化，切时有砂砾感。有的坏死组织溶解和软化，排出后形成空洞（图 2-61）。胸膜和腹膜有粟粒大至豌豆大的半透明或不透明灰白色坚硬的结节，形似珠状，即"珍珠病"（图 2-62、图 2-63）。多数病例肺与胸膜发生广泛而牢固的粘连。胃肠道黏膜可能有大小不等的结核结节或溃疡。乳房结核多发生于进行性病例，切开乳房可见大小不等的病灶，内含干酪样物质（图 2-64）。

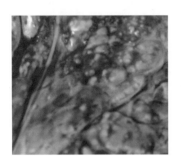

图 2-57 肺脏上形成结核结节

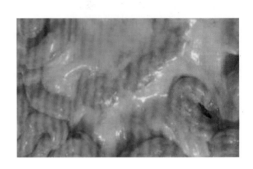

图 2-58 肠系膜淋巴结有结节病灶

图 2-59 肺结核干酪样坏死（已固定的标本）

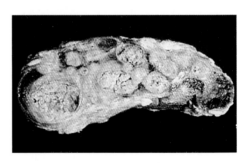

图 2-60 支气管淋巴结核，干酪样坏死，边缘黑色为尘埃沉积（固定标本）

图 2-61 牛肺结核及空洞形成（固定标本）

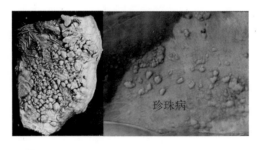

图 2-62 牛结核胸膜（肺膜）结核（固定标本）

【诊断】根据流行特征、临床症状和剖检变化可做出初步诊断。确诊需采取患牛的病灶、痰液、尿液、粪便、乳汁及其它分泌物做实验室诊断，其方法有：细菌分离鉴定、结核菌素试验、ELISA、IFN-γ 体外释放方法和 PCR 诊断。临床上，结核菌素试验是诊断牛结核的标准方法，以结核菌素皮内注射法和点眼法同时进行，任何一种呈阳性反应者，即为阳性。

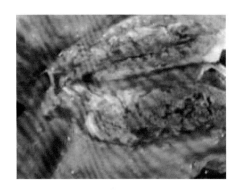

图 2-63 肺脏上形成的珍珠状结节

图 2-64 内含干酪样物质的乳房内结节病灶

【类症鉴别】

1. 与牛传染性鼻气管炎的鉴别

（1）相似点 有传染性，呼吸快速、困难，病程短。

（2）不同点 牛传染性鼻气管炎寒冷冬季发病，鼻镜高度充血（红鼻子），鼻黏膜糜烂、坏死、出气臭，流行时常出现生殖道感染的症状。

2. 与牛巴氏杆菌病（浮肿型）的鉴别

（1）相似点 有传染性，呼吸快速、困难，病程短。

（2）不同点 牛巴氏杆菌病（浮肿型）病牛体温高（40～41℃），咽喉、颈部、胸前肿胀，并有热痛，口流涎，皮肤黏膜发绀。血或水肿液镜检可见两极浓染的杆菌。

3. 与黑斑病红薯中毒的鉴别

（1）相似点 突发气喘，呼吸困难，头颈伸直，心跳快，体温不高。

（2）不同点 黑斑病红薯中毒病牛因吃了有黑斑病的红薯、秧苗及其加工副产品而发病，胸围扩大，有时皮下气肿，无传染性。

【预防措施】由于疫苗的免疫效果不甚理想，对动物结核病不采取免疫预防。对病牛一般也不治疗，采取检疫后淘汰阳性牛的策略，同时采取综合措施，从牛群中净化本病。

1. 检疫检测牛群

对于临床健康的牛群，每年春秋各进行一次变态反应检疫，阳性牛淘汰；引进牛时，在产地检疫阴性方可引进；运回隔离观察 1 个月以上再行检疫，阴性者才能合群；结核病人不得从事养牛。

2. 净化感染牛群

淘汰有临床表现的阳性牛以及检疫后的阳性牛。对污染牛群，每年进行 3 次以上检疫，检出的阳性牛及可疑牛应立即分群隔离，对阳性牛应及时扑杀，进行无害化处理；同时及时对污染的养牛场所及用具严格消毒。可疑病牛在隔离饲养期间生产的乳汁作无害化处理；假定健康群向健康群过渡的牛群，应在第一年每隔 3 个月进行一次检疫，直到无阳性牛出现为止。然后在 1 ~ 1.5 年的时间内连续 3 次检疫，全为阴性时，即认为是健康群。

3. 加强消毒

每年进行 2 ~ 4 次预防性消毒，每当牛群出现阳性病牛后，都要进行一次大消毒。常用消毒药为 5% 来苏儿或克辽林、10% 漂白粉溶液、3% 福尔马林或 3% 氢氧化钠溶液。

【安全用药】对阳性牛一般不做治疗，应及时扑杀，进行无害化处理。必须治疗时，可采用以下药物治疗。

1. 抗结核药物治疗

（1）异烟肼，每千克体重 2 毫克，灌服，每天 2 ~ 3 次。急性发作时，可肌内或静脉注射。与其他抗结核药物配伍应用，可减少其耐药性的发生。

（2）链霉素，成年牛 100 万 ~ 400 万单位，每天 1 ~ 2 次，肌内注射，连用 5 ~ 7 天。

（3）注射用卡那霉素 100 万单位，肌内注射，每天 2 次，连用 3 ~ 4 天。

（4）双氨基水杨酸钠，每天 80 ~ 100 克，分 2 次灌服，连用 5 ~ 10 天，与异烟肼有协同作用。

（5）利福平，成年牛每千克体重 6 ~ 10 毫克，分 2 次服用，与异烟肼有协同作用。

2. 中药疗法

（1）熟地黄 60 克，生地黄 40 克，麦门冬 30 克，百合、白芍（炒）、当归、川贝母、生甘草各 20 克，玄参、桔梗各 15 克，水煎灌服。

（2）沙参、白扁豆各 60 克，麦门冬、玉竹各 50 克，桑叶、天花粉各 45 克，川贝母、杏仁、生甘草各 30 克，水煎灌服。

（3）五味子、熟地黄、肉桂、党参、附子、山药、补骨脂、山茱萸各 30 克，泽泻、茯苓、牡丹皮各 25 克，水煎灌服。

（4）苇茎 250 克，薏苡仁、桃仁各 120 克，金银花、鱼腥草、蒲公英、紫花地丁、冬瓜仁各 90 克，水煎灌服或共研为细末，沸水冲调，候温灌服。

八、牛弓形虫病

弓形虫病，又称"弓形体病""弓浆虫病"，是由龚地弓形虫引起的人和多种温血脊椎动物共患寄生虫病，呈世界性分布。虫体寄生于宿主的多种有核细胞中，对不同宿主造成不同形式和不同程度的危害，可引发感染动物的急性发病甚至死亡，或导致流产、弱胎、死胎等繁殖障碍，或成为无症状的病原携带者；弓形虫感染人不仅会引起生殖障碍，还可引起脑炎和眼炎。牛弓形体病多呈隐性感染，显性感染的临床特征是高热、呼吸困难、中枢神经机能障碍、早产和流产。

【病原】龚地弓形虫隶属于真球虫目、艾美耳亚目、弓形虫科、弓形虫属。龚地弓形虫只有一个种、一个血清类型。但因其在不同地域、不同宿主的分离株的致病性有所不同而分为Ⅰ、Ⅱ、Ⅲ型。

1. 形态特征

龚地弓形虫在不同的发育期可表现为 5 种不同的形态，即滋养体、包囊、裂殖体、配子体和卵囊。

（1）滋养体　是指在中间宿主在核细胞内营分裂繁殖的虫体，又称"速殖子"。游离的虫体呈香蕉形或月牙形，一端较尖，一端钝圆，平均大小为（4～7）微米×（2～4）微米。经姬氏染剂或瑞氏染剂染色后可见胞浆呈蓝色，胞核呈紫红色（图 2-65）。主要出现于疾病的急性期，常散在于血液、脑脊液和病理渗出液中（图 2-66）。

（2）包囊（或称组织囊）　呈圆形或椭圆形，直径 5～100 微米，具有一层富有弹性的坚韧囊壁。囊内滋养体亦称"缓殖子"，形态与速殖子相似。可不断增殖，内含数个至数千个虫体（图 2-67），在一定条件下可破裂，缓殖子重新进入新的细胞形成新的包囊，可长期在组织内生存。包囊可长期存在于慢性病例的脑、骨骼肌、心肌和视网膜等处。

 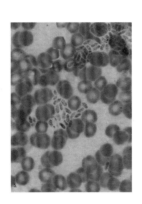 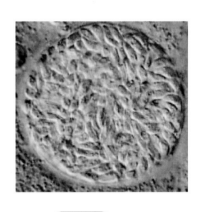

图 2-65　弓形虫滋养体　　图 2-66　血液中弓形虫的滋养体　　图 2-67　弓形虫包囊

（3）裂殖体　在终末宿主小肠绒毛上皮细胞内发育增殖，成熟的裂殖体为圆形，内含 4～20 个裂殖子，以 10～15 个居多，呈扇状排列，裂殖子形如新月状，前尖后钝，较滋养体小。

（4）配子体　见于终末宿主。裂殖子经过数代裂殖生殖后变为配子体，大配子体形成 1 个大配子，小配子体形成若干个小配子，大、小配子结合形成合子，最后发育为卵囊。

（5）卵囊　呈圆形或椭圆形，大小为（11～14）微米×（7～11）微米。卵囊未孢子化（图 2-68），孢子化卵囊含 2 个孢子囊，每个孢子囊内含 4 个新月形子孢子（图 2-69）。见于猫及其他猫科动物等终末宿主的粪便中。

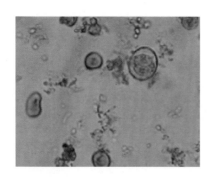

图 2-68　未孢子化的弓形虫卵囊

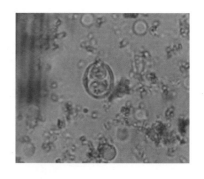

图 2-69　孢子化的弓形虫卵囊

2. 发育过程

弓形虫发育需要两个宿主，需以猫及其他猫科动物为终末宿主，中间宿主为 200 种哺乳动物（包括人）和禽类。猫既是终末宿主同时也是中间宿主。本病主要危害中间宿主。中间宿主吃下包囊、滋养体或卵囊均可感染，虫体进入宿主有核细胞内进行无性繁殖（图 2-70），急性者在腹水中常可见到游离的滋养体。滋养体和包囊存在于中间宿主体内；裂殖子、配子体和卵囊存在于终末宿主（猫）体内。当猫粪内的卵囊或动物肉类中的包囊或假包囊被中间宿主牛羊等吞食后，在肠管内逸出子孢子、缓殖子或速殖子，随即侵入肠壁，经血或淋巴进入单核吞噬细胞系统寄生，并扩散至全身各组织器官，如脑、淋巴结、肝、心、肺、肌肉等发育繁殖，直至细胞破裂，速殖子重行侵入新的组织、细胞，反复繁殖。猫或猫科动物捕食动物内脏或肉类组织时，将带有弓形虫包囊或假包囊吞入消化道而感染。此外食入或饮入外界被成熟卵囊污染的食物或水也可感染（图 2-71）。

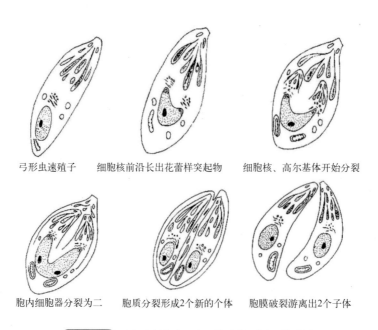

弓形虫速殖子　　细胞核前沿长出花蕾样突起物　　细胞核、高尔基体开始分裂

胞内细胞器分裂为二　　胞质分裂形成2个新的个体　　胞膜破裂游离出2个子体

图 2-70　弓形虫速殖子内二芽殖分裂过程模式图

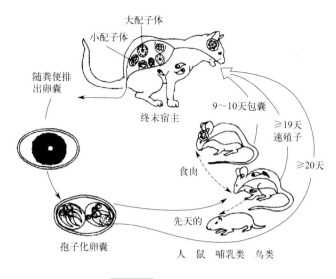

图 2-71 弓形虫生活史

【流行特征】各种动物感染弓形虫后都是弓形虫病重要的传染源，患病动物和带虫动物的血液、肉、乳汁、内脏、分泌液以及流产胎儿、胎盘及羊水中均有大量弓形虫的存在，如果外界条件有利则成为其他动物和人的传播来源；猫是各种易感动物的主要传染源。6个月以下的猫排出卵囊最多。猫粪便中的卵囊可保持感染力达数月之久。卵囊污染饲料、饮水、蔬菜或其它食品并被动物或人摄食时即造成感染。带有速殖子包囊的肉尸、内脏和血液也是重要的传染源。一般情况下经口感染。滋养体还可通过黏膜、皮肤侵入中间宿主体内。怀孕动物或孕妇感染后可以经胎盘传给后代，哺乳期可通过乳汁感染幼龄动物，输血和脏器移植也可传播本病。食粪甲虫、蟑螂、蝇和蚯蚓可能机械性地传播卵囊。吸血昆虫和蜱等也有可能传播本病。实验动物中，小鼠、豚鼠和家兔均易感。在自然界，猫科动物和鼠类之间的传播循环是重要的天然疫源。在自然条件下均可感染本病，其感染率、发病率和死亡率都有逐年上升的趋势，对健康危害性严重。弓形体卵囊孵育与气温、湿度有关。故本病常以温暖、潮湿的夏秋季节多发。弓形体易感性大小与牛的年龄、免疫状态和营养等有关。一般是犊牛比成年牛的易感性高，随着年龄增长感染率下降。免疫机能低下或体况不良的动物易感性增强。弓形虫病严重影响畜牧业发展，对猪和羊的危害最大。我国猪弓形虫病发病率可高达60%以上；羊血清抗体阳性率在5%～30%；其他多种动物（牛、犬、猫及多种野生动物等）都有不同程度的感染。弓形虫病呈世界性分布，温暖潮湿地区人群感染率较寒冷干燥地区高。人群普遍易感染弓形虫，但世界各地的感染率却并不相同。弓形虫的感染率通常为25%～50%，最高可达80%以上，我国的弓形虫感染率为5%～20%，我国不同地区、不同性别、不同年龄、不同职业的人群之间弓形虫感染率也存在差异。

【临床症状】病牛多呈急性发作，体温升高到40℃以上，呼吸困难，结膜充血，运动失调，精神极度兴奋，然后转入昏迷状态，常便血（图2-72）。怀孕牛流产，多为死胎（图2-73），有的生下后很快死亡，有的呈现发热、呼吸困难、咳嗽、流鼻涕（图2-74）以及阵发性痉挛、磨牙、头颈震颤等神经症状，常在2～6天内死亡。

图 2-72　病牛粪便带血

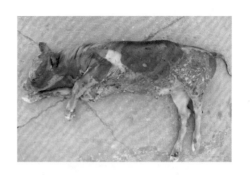

图 2-73　怀孕牛流产出的死胎

【剖检变化】病死牛皮下血管怒张，颈部皮下水肿，结膜发绀；鼻腔、气管黏膜点状出血（图 2-75）；肺水肿，有灰白色坏死灶，肺间质增宽（图 2-76），切面流出多量带泡沫的液体（图 2-77）；肝、脾肿大，淋巴结肿大，切面有坏死灶；皱胃和小肠黏膜出血（图 2-78，图 2-79），淋巴滤泡肿大、坏死。

图 2-74　病牛咳嗽、流鼻涕

图 2-75　气管黏膜点状出血

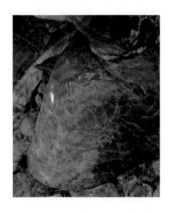

图 2-76　肺脏水肿，灰白色坏死灶，肺间质增宽

图 2-77　切面流出多量带泡沫的液体

【诊断】根据流行特征、临床症状和剖检变化可做出初步诊断。必须在实验室诊断中查出病原体或特异性抗体，方可确诊。

图 2-78　皱胃黏膜出血

图 2-79　小肠黏膜出血

【类症鉴别】

1. 与犊肺炎的鉴别

（1）相似点　体温高（40 ～ 41℃），呼吸增数，咳嗽（病久），流鼻液。

（2）不同点　犊肺炎无传染性，多发生于 1 ～ 15 日龄，胸部听诊有啰音，头不震颤。

2. 与支气管炎的鉴别

（1）相似点　体温升高，咳嗽，流鼻液。

（2）不同点　支气管肺炎无传染性，急性初干咳后湿咳，慢性吸入冷空气时咳嗽加剧，头不震颤。

【预防措施】预防重于治疗。具体措施如下：①牛舍应经常保持清洁，定期消毒；②严格控制猫及其排泄物对牛舍、饲料和饮水等的污染；③扑灭牛舍内外的鼠类；④对死于本病或可疑的牛尸，要进行严格处理，防止污染环境或被猫及其他动物吞食；⑤动物流产的胎儿及其一切排泄物，包括流产现场均须严格处置，不准用上述物品饲喂猫及其他肉食动物；⑥已发生弓形体病的牛场，可在饲料中添加 0.01% 磺胺间甲氧嘧啶和 0.05% 磺胺嘧啶进行全群预防，每天饲喂 1 次，连续 7 天。⑦已发生过弓形虫病的牛场，应定期进行血清学检查，及时检出隐性感染牛，并进行严格的防制，隔离饲养，积极治疗。

【安全用药】治疗本病普遍采用磺胺类药物。磺胺类药物对急性弓形虫病有很好的治疗效果，与抗菌增效剂联合使用的疗效更好。但应注意在发病初期及时用药，如用药晚，虽可使临床症状消失，但不能抑制虫体进入组织形成的包囊，磺胺类药物也不能杀死包囊内的慢殖子。使用磺胺类药物时首次剂量加倍，与抗菌增效剂联合使用效果更好，一般需要连用 3 ～ 4 天。

1. 可选用下列磺胺类药物进行治疗

（1）磺胺嘧啶＋甲氧苄啶或二甲氧苄啶　磺胺嘧啶每千克体重 70 毫克、甲氧苄啶或二甲氧苄啶每千克体重 14 毫克，每天 2 次，口服，连用 3 ～ 4 天。磺胺嘧啶也可与乙胺嘧啶（剂量为每千克体重 6 毫克）合用。

（2）12% 复方磺胺甲氧吡嗪注射液＋甲氧苄胺嘧啶　按 5 ∶ 1 比例配合，每千克体重

50 ～ 60 毫克，每天肌内注射 1 次，连用 4 天。

（3）磺胺甲氧吡嗪＋甲氧苄胺嘧啶　磺胺甲氧吡嗪每千克体重 30 毫克，甲氧苄胺嘧啶每千克体重 10 毫克，混合后 1 次口服，每天 1 次，连用 3 天。

（4）磺胺六甲氧嘧啶　每千克体重 60 ～ 100 毫克，口服，或配合甲氧苄胺嘧啶（剂量为每千克体重 14 毫克）口服，每天 1 次，连用 4 天。

2. 其他药物进行治疗

氯苯胍，每千克体重 10 ～ 15 毫克，一次口服，每天 2 次，连用 3 ～ 5 天。

3. 中药疗法

常山 30 克、槟榔 35 克、柴胡 40 克、麻黄 25 克、桔梗 45 克、甘草 30 克。水煎取汁，一次灌服，每天 1 剂，连用 3 剂。

九、肉孢子虫病

肉孢子虫病是由多种肉孢子虫寄生于哺乳动物、鸟类、爬行类等多种动物和人所引起的寄生虫病，分布广泛，感染率高，对人畜危害较大。

【病原】肉孢子虫隶属于顶复门、孢子虫纲、球虫亚纲、真球虫目、艾美耳球虫亚目、肉孢子虫科、肉孢子属。文献记载的虫体已达 120 种之多。

1. 形态特征

（1）中间宿主体内的形态　肉孢子虫位于中间宿主的肌肉组织内，包囊的纵轴与肌肉纤维平行，多呈纺锤形、椭圆形或卵圆形，色灰白至乳白。包囊直径在 1 ～ 10 毫米，外被囊壁（图 2-80 ～图 2-82）。成熟包囊含有许多肾形或香蕉形的慢殖子，亦称"囊孢子"，囊孢子长 10 ～ 12 微米、宽 4 ～ 9 微米。牛肉孢子虫寄生于水牛肌肉内，纺锤形，长 10 ～ 40 毫米，呈黄色，在全身肌肉内寄生，食道壁肌最多（图 2-83）。

图 2-80　骨骼肌中寄生的肉孢子虫

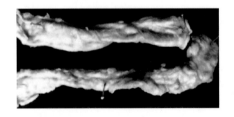
图 2-81　食道外膜上寄生的卵圆形肉孢子虫

（2）终末宿主体内的形态　在终末宿主体内进行球虫型发育，在肠上皮细胞可见大配子、小配子、合子、卵囊等不同发育阶段的虫体。卵囊在体内孢子化后形成孢子化卵囊，孢子化卵囊内含 2 个孢子囊，每个孢子囊内含 4 个子孢子。肉孢子虫卵囊壁薄，卵囊壁在排出过程中遭到破坏，释放出孢子囊，所以终末宿主粪便中含的是孢子化卵囊释放出的孢子囊。

 膈肌中的纺锤形灰白色肉孢子虫

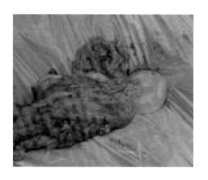

图 2-83　食道壁上的肉孢子虫

2. 发育过程

肉孢子虫生活史过程中均需 2 个宿主参与才能完成，发育中必须更换宿主。各种肉孢子虫均为异宿主寄生，终末宿主是犬、狐、狼、猫等肉食动物和人以及其他灵长类动物，寄生于小肠上皮细胞内；中间宿主是草食动物、禽类、啮齿类、爬行类和人等，寄生于中间宿主的肌肉内。人可作为某些肉孢子虫的中间宿主或终末宿主。犬和猫等终末宿主吃了中间宿主如绵羊和牛肌肉中的肉孢子虫包囊后，侵入小肠黏膜杯状细胞，经7～10 天肉孢子虫的卵囊由粪便中排出。卵囊壁极易破，孢子囊或卵囊被中间宿主牛和绵羊等吃下时，肉孢子虫裂殖体和包囊便在牛的肌肉中形成。这说明肉孢子虫是一种两宿主的寄生虫，它在草食动物肌肉中经历裂殖生殖、在肉食动物肠道中进行孢子生殖。

【流行特征】肉孢子虫广泛分布于世界各地，主要发生于热带和亚热带地区，卫生条件差以及喜食生肉的地区更为多见。世界各地都有动物肉孢子虫感染的报道，不同地区、不同动物的感染率各不相同，在家畜中广泛流行，感染率高达 70%～100%。我国广州、湖南、湖北、西安、甘肃、新疆、青海等地有水牛、牦牛肉孢子虫的报道。

【临床症状】轻度感染不显症状。严重感染时，表现不安、无力、肌肉僵硬、食欲不振、发热、贫血、泌乳量下降、淋巴结肿大、腹泻、发育不良，有的跛行、后肢瘫痪、共济失调。妊娠母牛可引起流产。部分严重病牛可发生死亡。

【剖检变化】在肉检过程中，肉眼可见肌肉中有大小不一的黄白色或灰白色线状与肌纤维平行的包囊，若压破包囊在显微镜下观察，则可见大量香蕉形慢殖子。另外，可见嗜酸性脓肿、各种肉芽肿的病变，患部肌纤维常呈不同程度的变性、坏死、断裂、再生和修复等现象，并有间质增生。

【诊断】一般不出现典型的特异性症状，因此生前诊断比较困难。目前应用血清学方法可以诊断肉孢子虫病。动物死后，根据剖检变化即可确诊。主要是检查肌肉中肉孢子虫的包囊。当人或动物作为终末宿主时，通过检查粪便可以做出诊断，即检出粪便中的卵囊或孢子囊。

【预防措施】切断传播途径是预防动物和人肉孢子虫病的关键措施。具体措施如下：①严禁犬、猫等终末宿主接近家畜、家禽，避免其粪便污染饲料和饮水；②人粪必须发酵处理后才能施肥用，禁止人粪中的卵囊或包囊污染蔬菜、水果以及水源等；③寄生有肉孢子虫的动物肌肉、内脏和组织应按肉品检验的规定处理，不要将其饲喂犬、猫或其他动物；④防止从肉孢子虫病疫区引进家畜、家禽，对于引进动物应进行检疫，防止在引进动物时引入肉孢子虫病。

【安全用药】目前尚无特效的治疗药物。①可试用常山酮、土霉素治疗急性肉孢子虫病。②用其他抗球虫药氨丙啉、氯苯胍、莫能霉素、拉沙里菌素以及磺胺类药物等进行治疗。③生产中可试用伊维菌素注射液，每千克体重 200 微克，肌内注射；其后，隔 5 天，再用吡喹酮，每千克体重 20 毫克，灌服，并补饲生长素添加剂，可使患牛康复。

十、牛肺线虫病

牛肺线虫病，也称"牛肺丝虫病""牛肺丝线虫病""牛网尾线虫病"，主要是由网尾科的胎生网尾线虫寄生于牛肺部的支气管和气管所引起。

【病原】

1. 形态特征

胎生网尾线虫是大型肺线虫。虫体乳白色，丝线状，较长，24 ～ 100 毫米（图 2-84）。头端有 4 片小唇，口囊浅。寄生于宿主的气管和支气管内。交合刺两根，为多孔性结构，棕黄色或黄褐色。导刺带色稍淡，也呈泡孔状构造。虫卵内含幼虫。不同种网尾线虫主要根据交合伞中后侧肋的合并与分支情况进行区分。胎生网尾线虫中后侧肋则完全融合。

2. 发育过程

发育不需要中间宿主。虫卵产出后随着宿主咳嗽，经支气管、气管进入口腔，后被咽下，进入消化道，虫卵多在大肠中孵化，幼虫随粪便排出；经过 1 周，第 1 期幼虫发育为感染性幼虫，经口感染终末宿主。幼虫进入肠系膜淋巴结，随淋巴循环进入心脏，再随血流到肺脏，约经 18 天发育为成虫。

【流行特征】胎生网尾线虫耐低温，在 4 ～ 5℃ 环境下就可发育。第 3 期幼虫在积雪覆盖下仍能生存。我国西南的黄牛和西藏的牦牛多有此病。此病是牦牛春季死亡的重要原因。

【临床症状】病牛病初主要表现为咳嗽，初为干咳后为湿咳，运动时或夜间和清晨出圈时更为显著。此时呼吸音明显粗粝，如拉风箱。阵发性咳嗽时，常咯出含有幼虫及虫卵的黏液团块，鼻孔中排出黏稠分泌物。严重时，呼吸困难，体温有时升高可达到 39.5 ～ 40℃，精神不振，食欲减退或废绝，逐渐消瘦，贫血，最终卧地不起乃至死亡。

【剖检变化】主要表现在肺部，可见有不同程度的肺膨胀不全和肺气肿（图 2-85），肺表面隆起，呈灰白色，触摸时有坚硬感；支气管中有黏性或脓性混有血丝的分泌团块和肺线虫（图 2-86）。气管及支气管内分泌物增多，见有数量不等的肺线虫（图 2-87）。

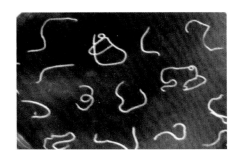

图 2-84　胎生网尾线虫的形态

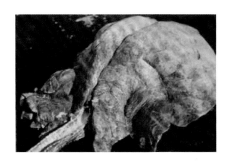

图 2-85　肺气肿

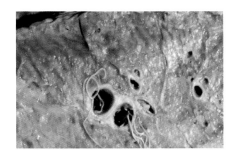

图 2-86　支气管中寄生的肺线虫

图 2-87　气管中的肺线虫

【诊断】可根据流行特征、临床症状、检查幼虫和尸体剖检做出诊断；临床主要特点是阵发性咳嗽和流鼻涕等。进一步确诊，需要检查粪便中的虫卵或幼虫。常用幼虫分离法对第 1 期幼虫进行检查，鉴别可根据其长度、特点来进行。胎生网尾线虫第 1 期幼虫头端钝圆，无扣状突。必要时还可进行寄生虫学剖检。

【类症鉴别】

1. 与支气管炎的鉴别

（1）相似点　初干咳后湿咳，逐渐频繁，肺部听诊呈啰音，咳出物带黄色黏液，由鼻孔流出。食欲减退、精神不振。体温不高。

（2）不同点　支气管炎病牛呼吸不显困难。慢性时，早晚出圈舍或气温骤降，运动、采食时咳嗽加剧。取鼻液、粪便检验无幼虫。

2. 与气管炎的鉴别

（1）相似点　咳嗽，听诊有啰音，手捏气管即现咳嗽反应。

（2）不同点　气管炎病牛食欲不减，不消瘦、贫血，鼻液、粪便检验无幼虫。

3. 与支气管肺炎的鉴别

（1）相似点　咳嗽，有鼻液，听诊有啰音，食欲减少。

（2）不同点　支气管肺炎病牛体温较高（40 ～ 41℃），呈弛张热，肺呼吸音较粗糙。不消瘦、贫血，鼻液、粪便中检验无幼虫。

4. 与牛流行热的鉴别

（1）相似点　喘气、流鼻液，听诊有啰音。

（2）不同点　流行热病牛有传染性，传播迅速，眼结膜充血、肿胀，四肢关节疼痛，有跛行，体温高（40℃以上）。

5. 与牛巴氏杆菌病的鉴别

（1）相似点　呼吸迫促、困难，咳嗽，流鼻液，听诊有啰音。食欲废绝。

（2）不同点　巴氏杆菌病病牛有传染性，体温高（41℃），流涎，流泪，咽喉部肿胀，黏膜发绀，血液检查可见两端浓染的小杆菌。

6. 与牛副流感的鉴别

（1）相似点　呼吸快，咳嗽，听诊有啰音。

（2）不同点　副流感病牛有传染性，体温升高（41℃），有脓性结膜炎，流泪多，有的有腹泻，有的腿软弱。鼻液、粪便检验无幼虫。

7. 与牛传染性胸膜肺炎的鉴别

（1）相似点　呼吸困难，咳嗽，流鼻液，听诊有啰音。食欲减少或废绝。

（2）不同点　传染性胸膜肺炎病牛有传染性，体温较高（40～42℃），呈稽留热，痛性短咳。叩诊肋部有疼痛。听诊有摩擦音。取肺组织、胸腔渗出液培养3～5天后，取菌落镜检可见革兰氏阴性、呈极为细小的多形状菌体（即呈染色不均匀的球状、双球状、链球状、线状、螺旋状、环状、半月状等）的牛肺疫丝状支原体。

【预防措施】应改善饲养管理，提高牛的健康水平和抵抗力，可缩短虫体寄生时间；在本病流行区，每年春秋两季（春季在2月，秋季在11月为宜）进行两次以上定期驱虫，驱虫治疗期应将粪便进行生物热处理；圈舍和运动场应保持清洁干燥，及时清扫粪便并堆积发酵；应尽量避免到潮湿和中间宿主多的地方放牧；牛的人工免疫目前广泛应用的是X-射线40000伦琴辐射剂量照射的幼虫疫苗，免疫2次，第1次1000条，第2次4000条。据试验，攻毒后，既未见寄生虫性支气管炎升温症状，剖检也未发现虫体。

【安全用药】治疗可选用以下药物。

（1）氰乙酰肼（网尾素），对牛羊网尾属线虫及部分原圆科线虫成虫均有效，但对幼虫及缪勒线虫无效。剂量按每千克体重17.5毫克，1次内服；或每千克体重15毫克，皮下或肌内注射。本品安全范围小，应慎用。牛300千克以上，总量不超过5克。

（2）阿苯达唑（丙硫咪唑），剂量为每千克体重5～20毫克，1次口服。

（3）乙胺嗪，其枸橼酸盐也叫枸橼酸乙胺嗪或海群生，剂量按每千克体重22毫克，每天1次口服，连服5天，适合对感染早期童虫（感染后14～25天的虫体）的治疗。

（4）左咪唑，剂量按每千克体重8毫克，1次口服；或按每千克体重7.5毫克，1次肌内或皮下注射。

（5）伊维菌素或阿维菌素，剂量按每千克体重0.2～0.3毫克，1次口服或皮下注射。对注射部位局部有刺激作用；产奶牛、临产1个月内的牛及小于3月龄的犊牛禁用；牛羊内服给药后的屠宰前休药期不少于14天。

第二节　非传染性的呼吸系统疾病

一、鼻炎

鼻炎是鼻黏膜发生充血、肿胀（图2-88）而引起以流鼻液和打喷嚏（图2-89）为特征的急性或慢性炎症。根据鼻液的性质不同可分为浆液性（图2-90）、黏液性（图2-91）和脓性（图2-92）。

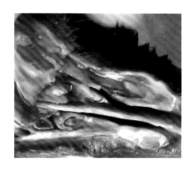

图 2-88　鼻黏膜充血、肿胀

图 2-89　病牛流鼻液，打喷嚏

图 2-90　浆液性鼻液

图 2-91　黏液性鼻液

图 2-92　脓性鼻液

【发病原因】物理性因素（如寒冷的刺激，粗暴的鼻腔检查，经鼻投药使用胃管不当，吸入环境中的粉尘、植物纤维、花粉及霉菌孢子等异物的刺激，吸入饲草饲料、麦芒或异物卡塞于鼻道对鼻黏膜的机械性直接刺激等）；化学性因素（如氨气、硫化氢、盐酸、农药、化肥等不良气体直接刺激鼻黏膜）；生物学因素（如流感病毒、牛恶性卡他性热病毒、巴氏杆菌等引起）；其他因素（如咽炎、坏死性喉炎、副鼻窦炎、支气管炎和肺炎等邻近器官炎症以及某些过敏性疾病所引起）。

【临床症状】发病初期流水样、透明鼻液（图2-93），有时打喷嚏。以后发展为先流浆液性鼻液，后流脓性鼻液，有时混有血液，打喷嚏，呼吸困难，有时张嘴呼吸（图2-94）。病牛不安，摇头，低头奔跑以鼻端靠近地面或蹭地，或将头藏在其他牛体腹下。

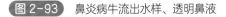 图2-93 鼻炎病牛流出水样、透明鼻液 　　图2-94 鼻炎病牛张嘴呼吸

【诊断】单纯鼻炎，根据鼻黏膜充血、肿胀及打喷嚏和流鼻液等特征性症状即可确诊。

【类症鉴别】

1. 与流行性感冒的鉴别

（1）相似点　鼻黏膜充血、肿胀，打喷嚏、流鼻液。

（2）不同点　流行性感冒病牛传染性极强，发病率很高，体温升高，眼结膜水肿，黏膜卡他性炎症症状明显。从用鼻液或咽喉拭子接种的鸡胚内分离获得血凝性流感病毒。

2. 与副鼻窦炎的鉴别

（1）相似点　鼻黏膜充血、肿胀，打喷嚏、流鼻液。

（2）不同点　副鼻窦炎病牛多为一侧性鼻液，特别在低头时大量流出。

【预防措施】预防本病发生的关键是防止受寒感冒和其他致病因素的刺激。

【安全用药】

1. 局部治疗为主

先用 2%～4% 硼酸溶液或 1% 明矾溶液冲洗鼻腔，然后涂抹磺胺软膏或红霉素软膏；或用丁胺卡那霉素注射液 4 毫升、麻黄素注射液 2 毫升、生理盐水 4 毫升，配成滴鼻液，每次 2～3 滴，每日 3～4 次；鼻黏膜肿胀严重时，用丁卡因 0.1 克、0.1% 肾上腺素注射液 1 毫升、蒸馏水 20 毫升，配成滴鼻液，每天 2～3 次。

2. 其他疗法

对于有全身症状的病牛，可全身应用抗生素或磺胺类药物进行治疗。对寄生虫性鼻炎要进行驱虫治疗。对于慢性鼻炎、过敏性鼻炎，可口服或肌内注射地塞米松注射液，按每千克体重 0.125～1 毫克用药，每日 1 次，连用 3～5 天。

二、支气管炎

支气管炎是由各种原因引起的动物支气管黏膜表层或深层的炎症，临床上以咳嗽、流鼻液与不定热型为特征。各种动物均可发生，但幼龄动物和老龄动物常见。寒冷季节或气候突变时容易发病。

【发病原因】

1. 急性支气管炎的病因

发生的主要原因是受寒感冒。当机体受寒时，其抵抗力降低，特别是支气管黏膜防卫机能减弱（图2-95），内外源非特异性细菌如肺炎球菌、巴氏杆菌、链球菌、葡萄球菌、化脓杆菌、霉菌孢子等得以发育

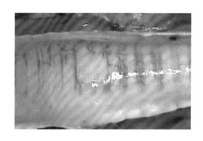

图 2-95　支气管黏膜

繁殖或乘虚而入呈现致病作用。吸入刺激性的氨气、二氧化硫、烟雾及有毒的气体而引起；吸入花粉、霉菌孢子、有机尘埃等引起气管 - 支气管的过敏性炎症；液体或饲料的误咽或灌药误入气管，都是原发性支气管炎的原因；也可继发于喉、气管、肺的疾病或由某些病毒（如口蹄疫病毒、流行性感冒病毒等）、细菌（巴氏杆菌、肺炎球菌、链球菌等）与寄生虫（肺丝虫、蛔虫等）的感染所致。饲养管理粗放，如牛舍卫生条件差、通风不良、闷热潮湿以及饲料营养价值低等，导致机体抵抗力下降，均可成为支气管炎发生的诱因。

2. 慢性支气管炎的病因

通常由急性转变而来，由于致病因素未能及时消除，长期反复作用，或未能及时治疗，饲养管理不当及使役不当，均可使急性转变为慢性。老龄动物的呼吸道防御功能下降，喉头反射减弱，单核 - 巨噬细胞系统功能减弱，慢性支气管炎的发病率较高。维生素C、维生素 A 缺乏也易导致发生本病；也可由心脏瓣膜病、慢性肺脏疾病（如结核、肺丝虫病、肺气肿等）或肾炎等继发引起。

【临床症状】根据病程可分为急性支气管炎和慢性支气管炎。

1. 急性支气管炎

主要症状是咳嗽。病初呈干、短并带疼痛的咳嗽，3 ～ 4 天后变为湿性长咳，痛感减轻。严重时为痉挛性咳嗽，在早晨尤为严重。有时咳出较多的黏液或黏液脓性的痰液，呈灰白色或黄色。同时鼻孔流浆液性鼻液，以后流黏液性或黏液脓性鼻液（图2-96，视频2-8）。胸部听诊肺泡呼吸音增强，可听到干、湿啰音。强而大的啰音是浅在性支气管炎，弱而远的啰音是深在性支气管炎，捻发音是毛细支气管炎。肺部叩诊没有明显变化。通过气管人工诱咳，可出现声音高朗的持续性咳嗽。体温一般正常，有时升高 0.5 ～ 1℃，一般持续 2 ～ 3 天后下降，全身症状较轻。吸入异物引起的支气管炎，后期可发展为腐败性炎症，除上述症状外，呼出的气体带恶臭味，两侧鼻孔流污秽不洁和带臭味的鼻液（图 2-97），听诊肺部还可出现支气管呼吸音或空瓮音。全身症状更为严重。

视频 2-8

2. 慢性支气管炎

主要症状为持续性咳嗽，咳嗽可拖延数月甚至数年。咳嗽严重程度视病情而定，一般在运动、采食及早晚气温降低时更为明显，而且多为剧烈的干咳。痰量较少，有时混有少量血液，急性发作并有细菌感染时，则咳出大量黏液脓性的痰液。人工诱咳阳性。体温无

明显变化，有的病牛因支气管狭窄和肺泡气肿而出现呼吸困难。鼻液少而黏稠。肺部听诊，初期因支气管有大量稀薄的渗出物，可听到湿啰音，后期由于支气管渗出物黏稠，则出现干啰音；早期肺泡呼吸音增强，后期因肺泡气肿而使肺泡音减弱或消失。胸部叩诊一般无变化。病程长久，时轻时重，当气温骤变或剧烈运动时，症状加重。由于长期食欲不振和疾病消耗，日渐消瘦和贫血，严重的可衰竭而死亡。

图 2-96　病牛流出黏液脓性鼻液　　　图 2-97　病牛鼻孔流出污秽不洁和带臭味的鼻液

【诊断】急性支气管炎根据病史，结合咳嗽、流鼻液和肺部出现干、湿啰音等呼吸道症状即可初步诊断。血液化验、病原检测和 X 射线检查即可确诊。慢性支气管炎根据持续性咳嗽和肺部啰音等特征症状，结合实验室检查的结果即可做出诊断。

【类症鉴别】

1. 与喉炎的鉴别

（1）相似点　体温高（40℃），咳嗽时有时剧烈咳嗽、干咳、痛咳，有鼻液。
（2）不同点　急性喉炎病牛喉部有肿胀、热痛，捏喉部即咳。

2. 与气管炎的鉴别

（1）相似点　咳嗽，听诊有啰音。
（2）不同点　气管炎病牛手捏气管即现咳嗽反应，肺部听到的啰音在气管部也听到。

3. 与支气管肺炎的鉴别

（1）相似点　体温高（40～41℃），咳嗽，有鼻液，听诊有啰音。
（2）不同点　支气管肺炎病牛体温较高，呈弛张热，肺音稍粗粝，病程延长、鼻分泌物较多时叩诊有浊音区，听不到呼吸音。

4. 与牛肺线虫病的鉴别

（1）相似点　初干咳后湿咳，逐渐频繁，听诊肺有啰音，有鼻液。
（2）不同点　肺线虫病牛贫血，消瘦，从鼻液、粪便中可检查出幼虫。

【预防措施】预防本病主要以防寒、防贼风，保持圈舍干燥清洁卫生，避免理化因素刺激为主。及时治疗感冒等疾病，提高黏膜防卫机能。

【安全用药】 以抗菌消炎、止咳祛痰和抗过敏为治则。

（1）首先要改善饲养，增强护理 将病牛置于温暖通风的圈舍内，饲以柔软易消化的草料，供给充足的清洁饮水，防止各种理化因素刺激，保护呼吸道防御机能，及时治疗。

（2）祛痰镇咳 当病牛频发咳嗽，分泌物黏稠不易咳出时，应用溶解性祛痰剂，如氯化铵 15 ～ 20 克、杏仁水 35 毫升、远志酊 30 毫升，加温水 500 毫升，一次内服。病牛频发痛咳，分泌物不多时，可选用镇痛止咳剂，如复方樟脑酊 30 ～ 50 毫升，一次内服，每天 1 ～ 2 次。当病牛呼吸困难时，可用氨茶碱 1 ～ 2 克，一次肌内注射，每天 2 次。

（3）消除炎症和控制感染 可用抗生素或磺胺类药物。如用青霉素、链霉素，肌内注射，每天 2 次，连用 2 ～ 3 天；也可用 10% 磺胺嘧啶钠溶液 100 ～ 150 毫升，肌内或静脉注射。或者用青霉素 80 万单位、链霉素 100 万单位，溶于 0.25% ～ 1% 普鲁卡因溶液 15 ～ 40 毫升，直接向气管内注射，每天 1 次，连用 3 ～ 5 次，有良好效果。病情严重者可用四环素，剂量为每千克体重 5 ～ 10 毫克，溶于 5% 葡萄糖溶液或生理盐水中静脉注射，每天 2 次，连用 2 ～ 3 天。还可用红霉素、氧氟沙星、环丙沙星、卡那霉素、丁胺卡那霉素、氟苯尼考、先锋霉素等抗生素。

（4）抗过敏 在使用祛痰止咳药的同时，可以少量使用地塞米松，每次 5 ～ 10 毫克，每日 1 次，以抑制变态反应；还可选用扑尔敏、苯海拉明等药物。

（5）补液、强心 补液可选用 5% 葡萄糖溶液或复方氯化钠注射液，强心可用 10% 安钠咖注射液适量静脉注射。

（6）中药治疗。

① 外感风寒者（咳嗽，怕冷，无汗，鼻流清涕，口色青白，舌苔薄白，脉浮紧）可用紫苏散，即：紫苏、荆芥、防风、陈皮、茯苓、桔梗各 25 克，姜半夏 20 克，麻黄、甘草各 15 克，共为末，生姜 30 克，大枣 10 枚为引，一次开水冲调，候温灌服。

② 外感风热者（咳嗽，鼻流黄涕，咽喉肿痛，耳鼻温热，身热，口干贪饮，口色偏红，舌苔薄白或黄白相间，脉浮数）可用桑菊银翘散，即：桑叶、杏仁、桔梗、薄荷各 25 克，菊花、银花、连翘各 30 克，生姜 20 克，甘草 15 克，共为末，一次开水冲调，候温灌服。

③ 咳嗽严重者（干咳无痰，咳而不爽，被毛焦枯，唇焦鼻燥，口色红而干，苔薄黄少津，脉浮细而数）可用杷叶散，即：枇杷叶、贝母各 15 克，知母、沙参、杏仁、冬花、远志各 30 克，瓜蒌 1 个，桔梗 60 克，百部、桑白皮各 25 克，黄药子、白药子各 20 克共为末，开水冲，加蜂蜜 120 毫升，候温灌服。

④ 白毛夏枯草、一枝黄花各 200 克，水煎灌服（适用于急性、慢性支气管炎）。

⑤ 鼠耳草 200 克，苏子、莱菔子各 75 克，水煎灌服（适用于慢性支气管炎）。

三、肺炎

肺炎是指肺组织发生的炎症的总称，其中包括小叶性肺炎（又称支气管肺炎或卡他性肺炎）、大叶性肺炎（又称格鲁布性肺炎或纤维素性肺炎）、真菌性肺炎、吸入性肺炎（又称异物性肺炎或坏疽性肺炎）。临床上主要以小叶性肺炎多发。小叶性肺炎是支气管与肺小叶或肺小叶群同时发生的炎症，通常于肺泡内充满由上皮细胞、血浆与白细胞组成的卡他性炎症渗出物，临床上以出现弛张热型、呼吸次数增多、叩诊有散在的局限性浊音区和听诊有捻发音为特征。

【发病原因】引起肺炎的发病原因比较复杂，且也是多因素的。主要是感冒受寒、饲养管理失调、物理化学因素的刺激、过劳等，使动物机体生理防御功能降低，致使侵入呼吸道的微生物，如链球菌、肺炎球菌等表现出致病作用而发病。但大多数情况下，支气管肺炎是一种继发性疾病，如继发于巴氏杆菌病、肺丝虫病、衣原体病等。另外，还可继发于一些化脓性疾病，如子宫内膜炎、乳腺炎等，其病原菌可以通过血源性途径进入肺脏而致病。本病全年均可发生，但以冬末春初、气候多变的季节比较多发。

【临床症状】初期呈支气管炎的症状，但全身症状重剧，精神沉郁，食欲减退或废绝，口渴增剧，瘤胃蠕动减弱呈现前胃弛缓，泌乳量减少。体温高达39.5～41℃，弛张热型，脉搏随着体温变化而改变。两侧鼻孔流出浆液性、黏液脓性分泌物，咳嗽，呼吸发生困难（图2-98），发炎的小叶数目愈多，则呼吸越浅速，也愈困难，呼吸频率可增至40～100次/分（视频2-9）。胸部听诊，病灶部位初期肺泡音减弱，可听到捻发音，以后可听到干性或湿性

视频 2-9

啰音。胸部叩诊，肺炎病灶浅在时，可发现小片浊音区，多在肺脏的前下方三角区内，深在而被覆有健康的肺组织时，可能无变化，或出现鼓音；如肺炎病灶互相融合时则可能出现大片浊音区。如一侧肺脏发炎，则对侧叩诊音高朗。血液变化较明显，白细胞总数和中性白细胞增多，并伴有核左移现象。X射线检查，先是肺纹理增重，伴有小片状模糊阴影。

图 2-98　病牛呼吸困难

图 2-99　犊牛支气管肺炎的病变（链球菌单一感染）

【剖检变化】支气管肺炎主要发生于尖叶、心叶和膈叶前下部，病变为一侧性或两侧性（图2-99）。发炎的肺小叶肿大呈灰红色或灰黄色，切面出现许多散在的实质病灶，大小不一，多数直径在1厘米左右，形状不规则（图2-100，视频2-10），支气管内能挤压出黏液性或黏液脓性渗出物（图2-101，图2-102，视频2-11），支气管黏膜充血、肿胀。严重者病灶互相融合，可波及整个大叶，形成融合性支气管肺炎（图2-103）。

视频 2-10

【诊断】根据咳嗽、弛张热型、叩诊浊音及听诊捻发音和啰音等典型症状，剖检变化和X线检查即可做出诊断。

【类症鉴别】

视频 2-11

1. 与支气管炎的鉴别

（1）相似点　体温高（39.5～41℃），咳嗽，流鼻液，肺部听诊有干啰音、湿啰音，

呼吸增数。

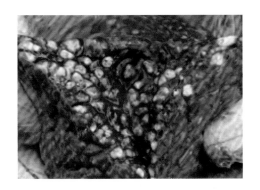

图 2-100　切面形状不规则的实质病灶

图 2-101　化脓性肺炎病灶中脓性渗出物

图 2-102　化脓性肺炎造成肺脏
　　　　　化脓坏死，形成烂肺

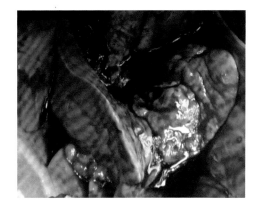

图 2-103　融合性支气管肺炎

（2）不同点　支气管炎病牛不发高热，有剧烈咳嗽，鼻液灰白或带黄色，咳嗽时流出量增多，X 射线检查肺纹理较粗但无炎性病灶。

2. 与胸膜肺炎的鉴别

（1）相似点　体温高（40～42℃），咳嗽，呼吸增数、困难。肺部听诊有啰音。

（2）不同点　胸膜肺炎病牛有传染性，肋部可听到摩擦音，听诊有大面积浊音区，且叩诊有疼痛。

3. 与牛流行热的鉴别

（1）相似点　体温高（40℃以上），呼吸增数、迫促，听诊肺音粗粝，流鼻液。

（2）不同点　流行热病牛有传染性，发现一头很快传染全群。眼结膜充血肿胀，四肢关节疼痛、有跛行。

4. 与牛肺疫（牛传染性胸膜肺炎）的鉴别

（1）相似点　体温高（40～42℃）而稽留，流鼻液，咳嗽。

（2）不同点　肺疫病牛有传染性，呼吸有吭声，胸部叩诊有疼痛，不愿卧下，垂皮、胸前浮肿，胸部听诊有摩擦音，便秘与下痢交替进行。

5. 与牛巴氏杆菌病的鉴别

（1）相似点　体温高（40～42℃），呼吸迫促、困难，咳嗽，流鼻液。

（2）不同点　巴氏杆菌病病牛有传染性，叩诊胸部有疼痛和浊音，不愿卧下，咽喉型喉部肿胀热痛，流涎，流泪，皮肤黏膜发绀，舌伸于口外，头颈伸直。

6. 与牛副流感的鉴别

（1）相似点　体温高（41℃），呼吸快，咳嗽，肺部（尤其是前下部）听诊有啰音。

（2）不同点　副流感病牛有传染性，有脓性结膜炎，流泪多，有的腹泻，有的腿软弱。

7. 与牛肺丝虫病的鉴别

（1）相似点　咳嗽，流鼻液，听诊有啰音。

（2）不同点　肺丝虫病牛体温不高，贫血，消瘦。从鼻液、粪便中可检查出幼虫。

【预防措施】预防应加强饲养管理，避免淋雨受寒、过度劳役等诱发因素。供给全价日粮，健全完善的免疫接种制度，减少应激因素的刺激，增强机体的抗病能力。

【安全用药】治疗原则是抑菌消炎、祛痰止咳、制止渗出、对症治疗，同时清除病因，加强护理。

1. 抑菌消炎

临床上主要应用抗生素和磺胺类制剂，治疗最好采取鼻液做细菌药敏试验，如为链球菌感染，青霉素和链霉素联合应用最好；对肺炎球菌感染的可用链霉素、卡那霉素、土霉素；对铜绿假单胞菌感染的，可使用庆大霉素和多黏菌素。

2. 祛痰止咳

常用氯化铵、碳酸氢钠，混合后灌服。频发痛咳分泌物不多时，可内服复方樟脑酊镇痛止咳；还可用复方甘草合剂或远志酊等。以上药物按照说明书要求使用。

3. 制止渗出

静脉注射10%氯化钙溶液或10%葡萄糖酸钙具有较好的效果。

4. 对症治疗

体温升高时，可肌内注射安乃近注射液或安痛定注射液等；体质衰弱时，可静脉注射25%葡萄糖溶液等；心脏衰弱时，可肌内注射或皮下注射10%安钠咖注射液等。

5. 中药疗法

（1）治疗小叶性肺炎的中药方剂

① 麻黄 15 克，金银花、连翘各 30 克，知母、麦门冬、玄参、天花粉、黄芩、生地黄各 25 克，桔梗 20 克，杏仁 8 克，生石膏 90 克，研末，蜂蜜适量为引，水煎灌服，每天 1 剂，连用 3 ~ 5 天。

② 生石膏 180 克，麻黄、杏仁、金银花、黄芩、板蓝根各 60 克，连翘、甘草各 45 克，水煎 2 次，混合煎液分 2 次灌服。可配合青霉素 400 万 ~ 640 万单位，链霉素 4 克，肌内注射，每天 2 次，连用 5 ~ 10 天。

③ 石膏 120 克，大枣、麻黄、杏仁各 60 克，葶苈子 45 克，甘草 40 克，水煎 2 次，混合煎液后分 2 次灌服。

（2）治疗大叶性肺炎的中药方剂

① 金银花、大青叶、前胡、芦根各 60 克，连翘、薄荷、杏仁、桑白皮、玄参、甘草各 45 克，桔梗 30 克，共研为细末，沸水冲调，候温灌服。

② 石膏 150 克，杏仁、黄芩、桑白皮、紫苏叶各 50 克，麻黄、甘草、桔梗、麦门冬、沙参、五味子各 30 克，共研为末，沸水冲调，候温一次灌服。

③ 生石膏 180 克，淡竹叶、水牛角各 60 克，连翘、生地黄、玄参、牡丹皮各 45 克，桔梗 40 克，栀子、黄芩、赤芍、知母各 30 克，黄连、甘草各 24 克，水煎，一次灌服。

④ 石膏 120 克，淡竹叶 90 克，地骨皮、石斛、川贝母、瓜蒌各 45 克，太子参 30 克，麦门冬、桑白皮各 12 克，共研为细末，沸水冲调，候温一次灌服。

⑤ 麻黄、甘草、木通各 24 克，杏仁、大青叶、金银花、瓜蒌仁各 30 克，石膏 90 克，芦根、白茅根各 60 克，黄芩 45 克，水煎取汁，候温灌服。

第三章

牛皮肤、泌尿系统疾病的类症鉴别诊断与安全用药

第一节　以皮肤发生异常为特征的皮肤疾病

一、伪狂犬病

伪狂犬病又叫"阿氏病"，是由疱疹病毒科伪狂犬病病毒引起的家畜和野生动物的一种急性传染病。以发热、局部奇痒（猪除外）及脑脊髓炎症状为主要临床特征。牛羊为散发，发病率可达40%，致死率高达90%～100%。本病欧洲发生最为严重，我国于1947年发现猫的伪狂犬病，目前已扩大到全国十几个省市，给畜牧业造成巨大的经济损失。

【病原】伪狂犬病病毒属疱疹病毒甲亚科，学名为猪疱疹病毒Ⅰ型。病毒粒子呈球形（图3-1），线状双股DNA病毒，有囊膜。病毒能在多种哺乳动物细胞上生长繁殖，产生细胞病变，并形成核内嗜酸性包涵体。实验动物感染，以家兔皮下接种最为敏感。乳小白鼠比成年鼠敏感。伪狂犬病病毒只有一个血清型，在发病初期病毒存在于血液、乳汁、实质器官和尿中，后期主要存在于中枢神经系统，恢复后1个月仍带毒。病毒对外界因素的抵抗力较高，对干燥的抵抗力强，在污染厩舍内能存活1个多月，干草上的病毒，夏天可存活30天，冬天可存活46天。腐败11天(盐腌20天)才可杀死病毒。病毒对热、紫外线及乙醚均敏感，加热56℃30分钟、70℃10分钟、100℃1分钟病毒失去感染力。冷冻环境下，病毒可保存2年。但0.5%的稀盐酸或1%氢氧化钠溶液可很快杀灭病毒。

【流行特征】患病动物、流产的胎儿和死胎、隐性感染动物以及带毒鼠类是本病的主要传染源。病毒随发病动物的分泌物（如鼻汁、唾液、尿液和乳汁等）排出，污染饲料、饮水、垫草及圈舍等环境。易感动物与发病动物或带毒动物之间通过直接或间接接触而感染。病毒主要经过呼吸道和消化道传播，通过吸入带毒的飞沫或污染的饲料而感染，此外，皮肤创伤以及交配感染，也可经胎盘及哺乳方式传播，吸血昆虫也可传播。自然感染见于牛、羊、猪、犬、猫和鼠类以及多种野生动物，实验动物中以兔最易感。牛常因接触病猪而感染发病（图3-2），但牛与牛之间，牛与猪之间也可互相传播。本病一般呈地方

性流行或流行性，以冬、春两季多发。牛感染后病死率很高，可达 90% 以上。

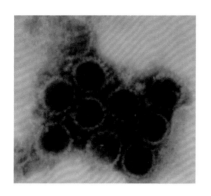
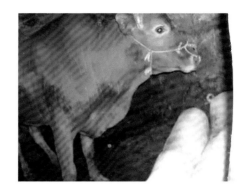

图 3-1 伪狂犬病病毒呈球状　　　图 3-2 牛与猪饲养在同圈造成伪狂犬病的传播

【临床症状】潜伏期 3～6 天，很少超过 10 天。各种年龄的牛均高度易感。牛感染后，病初表现精神沉郁，饮食欲减少或废绝，反刍停止，泌乳量减少，体温升高达 40℃ 以上。不久降至正常。典型症状主要表现为唇、鼻镜、眼睑、头颈、肩、四肢、乳房、会阴等处皮肤奇痒，病牛不停地舔咬痒部，或在墙壁、桩柱上摩擦，很快摩擦部被毛脱落（图 3-3），皮肤出血、水肿，严重时皮下结缔组织或肌肉裸露。由于奇痒，病牛表现狂暴不安、喷气或鸣叫，前后肢刨地（视频 3-1），不断起卧，频频回顾（图 3-4），但一般对人无攻击性。后期痉挛加剧，出现咽麻痹、流涎（图 3-5）、呼吸急促、心律不齐、磨牙、痉挛、死亡。一般于发病后 2 天内死亡。也有的病牛剧痒症状不明显，在发病后数小时内突然死亡。水牛的主要症状为神经症状，皮肤痒感不如黄牛明显，但病程较短。

视频 3-1

图 3-3 痒部被摩擦而使被毛脱落　　　图 3-4 病牛频频回顾痒部

【剖检变化】病死牛患部皮肤增厚 2～3 倍，被毛脱落，擦伤、撕裂、水肿、出血和糜烂。有的糜烂深达皮下和肌肉组织，切开皮肤有多量黄色胶样浸润，或混有血液。皮下组织和肌肉有大小不一的出血点（图 3-6）。中枢神经症状明显时，脑、脑膜或脊髓膜充血、出血、水肿，脑脊髓液增多。肺充血水肿，或有出血。心包积液，心内、外膜出血（图 3-7，

图 3-8）。消化道黏膜充血和出血。肝淤血肿大，其上可见少量灰白色坏死点。组织学检查可见弥漫性非化脓性脑膜脑炎及神经节炎变化，有明显的血管套和胶质细胞坏死。

图 3-5　病牛出现咽麻痹、流涎

图 3-6　肌肉有大小不一的出血点

图 3-7　心内膜出血

图 3-8　心外膜出血

【诊断】根据本病的流行特征、典型临床症状和剖检变化等可做出初步诊断。确诊须进行实验室检查，包括动物接种、病原分离和血清学诊断等。

【类症鉴别】

1. 与牛狂犬病的鉴别

（1）相似点　体温高（40℃以上），流涎，吼叫，磨牙，病程短。
（2）不同点　狂犬病病牛病初即吼叫，流涎，视力障碍。有腹痛，排黑色稀粪。不发生瘙痒，病程 2 ～ 3 天。

2. 与牛疥螨的鉴别

（1）相似点　剧烈瘙痒，啃咬，擦痒。
（2）不同点　疥螨病牛最初出现小结节，继为水疱，破裂流淋巴液，表面结痂，痂下湿润有臭味。

3. 与牛痒螨的鉴别

（1）相似点　奇痒、舌舔，擦痒。

（2）不同点 痒螨病牛于颈、角基、尾根、垂皮、肩侧皮肤增厚，有痂皮。皮肤刮取物镜检，可见螨虫。

4. 与皮肤瘙痒症的鉴别

（1）相似点 皮肤瘙痒，咬、舔局部，皮肤损伤。
（2）不同点 皮肤瘙痒症病牛不出现高温，吼叫，流涎。

5. 与感光过敏的鉴别

（1）相似点 皮肤奇痒，痉挛。
（2）不同点 感光过敏病牛一般因吃了过敏物质（如荞麦、贯叶连翘、野胡萝卜、黄花苜蓿等）而发病。乳房、乳头、四肢、胸腹部、口周围均出现疹块。

【预防措施】
（1）平时加强饲养管理，严格将猪与牛及其他动物分开饲养，并消灭饲养场的鼠类。
（2）运用血清学试验检疫并淘汰阳性牛，结合免疫接种，逐步净化牛群。
（3）引进牛时，必须严格检疫，防止带入病原。
（4）疫区和受威胁区，可用伪狂犬病弱毒冻干疫苗或牛羊伪狂犬病氢氧化铝甲醛灭活苗进行免疫接种，免疫效果可靠；成年牛皮下注射 10 毫升，犊牛皮下注射 8 毫升，6～7 天后重复注射 1 次，免疫期 1 年。
（5）发生本病时，病牛立即隔离或扑杀，场内的易感动物进行紧急接种。
（6）牛舍、被污染的环境以及饲养用具等用 2% 热氢氧化钠溶液、20% 漂白粉混悬液等每隔 5～6 天消毒 1 次，粪便发酵处理。

【安全用药】 目前尚无有效疗法，发病时应立即隔离病牛，对未出现神经症状的病牛，早期可用伪狂犬病高免血清治疗，可降低死亡率。对已经出现神经症状的一律捕杀，销毁处理。

二、牛螨病

牛螨病，又叫"疥癣"或"癞""疥疮""疥虫病"，是由牛疥螨（又叫"穿孔疥癣虫"）寄生在牛的表皮内或牛痒螨（又叫"吸吮疥癣虫"）寄生在牛的皮肤表面而引起的一种接触性传染的慢性皮肤寄生虫病。以剧痒、湿疹性皮炎和脱毛，患部逐渐向周围扩展和具有高度传染性为特征。临床上将螨病分为疥螨病和痒螨病。

【病原】 牛螨病的病原体主要是疥螨和痒螨两种。

1. 形态特征

（1）疥螨 又称"穿孔疥癣虫"，寄生于表皮深层。成虫身体呈龟形，背面隆起，腹扁平、浅黄色。虫体大小为 0.2～0.5 毫米。体背面有细横纹、锥突、圆锥形鳞片和刚毛。腹面有 4 对粗短的足，两对伸向前方，另两对伸向后方，均粗短。向后的两对短小，不超过体缘（图 3-9）。

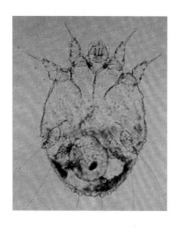
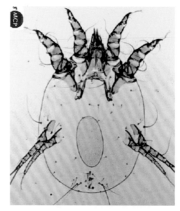

图 3-9　疥螨显微镜下照片　　图 3-10　痒螨显微镜下照片

（2）痒螨　又称"吸吮疥癣虫"，寄生于皮肤表面。体呈长圆形，大小为 0.5 ～ 0.9 毫米，肉眼可见。口器长，呈圆锥形。肛门位于躯体末端。第 1 和第 2 对足伸向侧前方，第 3 和第 4 对足伸向侧后方，均露出于体缘外侧。足的末端有时着生带柄的吸盘。雄虫末端有两个向后突起的大结节，上有数根长毛，腹后部有两个性吸盘（图 3-10）。

2. 发育过程

疥螨和痒螨的全部发育过程都在牛体上，包括卵、幼虫、若虫、成虫四个阶段。

（1）疥螨的发育过程　疥螨的口器为咀嚼式，在宿主表皮挖凿隧道，在隧道内进行发育和繁殖。雌螨在隧道内产卵后，卵经 3 ～ 8 天孵出幼虫（图 3-11）。幼虫离开隧道爬到皮肤表面，然后钻入皮内开凿小穴，在其中脱皮变为若虫，若虫进一步蜕化形成成虫。雌、雄成螨在宿主表皮上交配，交配后的雄螨不久死亡，雌螨寿命为 4 ～ 5 周。整个发育过程为 8 ～ 22 天，平均 15 天。

图 3-11　雌螨在宿主表皮挖凿隧道，在隧道内产卵并孵出幼虫

（2）痒螨的发育过程　痒螨口器为刺吸式，寄生于皮肤表面，吸取渗出液为食。雌螨在皮肤上产卵，约经 3 天孵出幼虫，进一步发育蜕化为若虫、成虫。雌、雄成螨在宿主表皮上交配，交配后 1 ～ 2 天即可产卵。痒螨整个发育过程约 10 ～ 12 天。

【流行特征】病牛是重要的传染源。本病主要通过健牛和病牛直接接触发生感染，也可通过被螨及其卵污染的墙壁、垫草、饲槽、用具以及饲养员的衣服和手、诊断治疗器械等发生感染。本病可以感染马、牛、羊、驼、猪、犬、兔等多种家畜以及狐狸、狼、虎、猴等野生动物。犊牛皮嫩，最易感染。各种家畜体表寄生的痒螨虽形态相似，但有宿主特异性，不相互传染。在寒冷季节和牛营养不良时均促使本病发生和蔓延。痒螨病多发生于秋冬季节，但夏季有潜伏型的痒螨病，病变比较干燥，常见于肛门周围、阴囊、包皮、胸骨处、角基、耳朵以及眼眶下窝。

【临床症状】

1. 疥螨病

牛疥螨病，开始发生于牛的面部（图3-12）、颈部（图3-13）、背部（图3-14）、尾根（图3-15）等被毛较短的部位，严重时可波及全身。水牛疥螨病多发生于角根、背部、腹侧及臀部，严重时头、颈、腹下及四肢内侧也有发生。

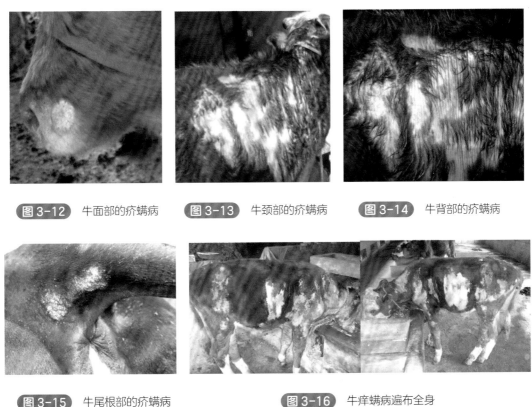

图 3-12　牛面部的疥螨病　　图 3-13　牛颈部的疥螨病　　图 3-14　牛背部的疥螨病

图 3-15　牛尾根部的疥螨病　　图 3-16　牛痒螨病遍布全身

2. 痒螨病

牛痒螨病，初期见于颈、肩和垂肉，严重时蔓延到全身（图3-16）。奇痒，常在墙、桩等物体上摩擦或用舌舐患部，被舐部的毛呈波浪状（图3-17）。患部脱毛、结痂，皮肤增厚失去弹性（图3-18）。水牛痒螨病多发生于角根、背部、腹侧及臀部，严重时头、颈、腹下及四肢内侧也有发生（图3-19）。体表形成很薄的"油漆起爆"状的痂皮（图3-20）。

图 3-17 　舌舔患部的毛呈波浪状

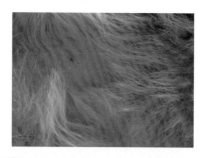

图 3-18 　牛患部脱毛，结痂，皮肤增厚失去弹性

图 3-19 　水牛发生于全身的痒螨病

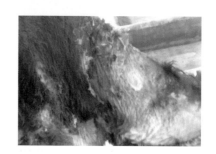

图 3-20 　体表很薄的"油漆起爆"状的痂皮

【剖检变化】

1.疥螨病病变

疥螨寄生时，首先在寄生局部出现小结节，而后变为小水泡，病变部奇痒而擦痒破溃，皮下渗出液体而形成痂皮（图3-21），被毛脱落，皮肤增厚，病变逐渐向四周扩张。

2.痒螨病病变

痒螨寄生时，首先局部皮肤奇痒，进而出现粟粒乃至黄豆大的结节，而后变为水泡及脓疱（图3-22），擦痒而破溃后流黄色渗出液（图3-23），并形成痂皮。严重的可引起表皮损伤，被毛脱落。

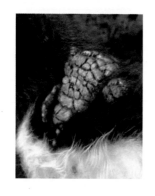

图 3-21 　疥螨病变部位
形成的痂皮

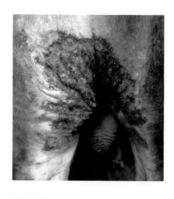

图 3-22 　病变部位有粟粒至黄豆大
的结节，还有水泡及脓疱

图 3-23 　患病部位擦痒
而破溃后流黄色渗出液

【**诊断**】根据流行特征、临床症状和剖检变化可做出初步诊断。在健康与病变皮肤交界处采集病料，显微镜下检查发现虫体即可确诊。采集病料时应刮至稍微出血。

【**类症鉴别**】

1. 与湿疹（慢性）的鉴别

（1）相似点　瘙痒、皮肤增厚，长毛处积皮屑，结节、水疱，易复发。
（2）不同点　湿疹（慢性）病牛病变部位结痂即痊愈，病情春季加重，不表现消瘦、镜检无螨虫。

2. 与牛钱癣的鉴别

（1）相似点　局部脱毛、水疱、结痂、皮肤增厚，有瘙痒。
（2）不同点　钱癣病牛多呈局限性脱毛斑，毛多折断，有痂块，可达 2 ～ 7 毫米厚，痂皮脱落后成秃斑，逐渐长出新毛。能很快扩大传染，刮取皮屑镜检有分枝菌丝。

3. 与牛虱病的鉴别

（1）相似点　瘙痒、摩擦，不安。
（2）不同点　牛虱病多寄生于额、耳根、颈肩、尾根，逆向拨被毛时可见有芝麻大小的黑色或色淡的虱爬动。

【**预防措施**】在流行地区，控制本病除定期有计划地进行药物预防及药浴驱虫外，还要加强饲养管理，保持圈舍干燥、清洁、通风、定期消毒（10% ～ 20% 石灰乳）。饲养管理人员要时刻注意消毒，以避免通过手、衣服和用具散布病原。经常注意牛群中牛的皮肤有无瘙痒、脱毛现象，一旦发现及时隔离治疗。引入牛时，应隔离观察，确认无螨病后，再并入牛群。治疗期间可应用 0.1% 的蝇毒磷乳剂对环境进行消毒，以防散布病原。

【**安全用药**】治疗方法有口服或注射药物疗法、药浴疗法、局部喷洒或涂抹药物疗法。

1. 口服或注射药物疗法

选用伊维菌素或阿维菌素类药物，有效成分一次剂量为每千克体重 0.2 ～ 0.3 毫克，间隔 7 ～ 10 天重复用药 1 次，病牛根据病的严重程度来决定注射次数。国内生产的类似药物有多种商品名称，剂型有粉剂、片剂（口服）和针剂（皮下注射）等。

2. 药浴疗法

适用于大群发病牛。一般在气候温暖季节的无风天气进行，也是预防本病的主要方法。常用药浴药物 0.0025% ～ 0.0050% 溴氰菊酯（倍特、敌杀死）溶液、0.025% ～ 0.075% 二嗪农（地亚农、螨净）溶液、0.05% 辛硫磷乳油水溶液、0.05% 蝇毒磷溶液、0.05% 双甲脒溶液、0.005% ～ 0.025% 巴胺磷（赛福丁）溶液等。根据情况可采用水泥药浴池或机械化药浴池；药液温度维持在 36 ～ 38℃；成批牛药浴时，要及时补充药液；药浴前让牛饮足水，以免误饮中毒；药浴时间 1 分钟左右；注意浸泡头部；药浴后将牛放在阴凉处注意观察，等药干以后再去放牧，并加强护理。如 1 次药浴不彻底，过 1 周后可再进行第 2 次。

3. 局部喷洒或涂抹疗法

可用伊维菌素或阿维菌素类药物浇泼剂进行防治。如是对局部病灶进行处理，也可进行局部药物喷洒或涂抹。为了使清除药物能充分接触虫体，治疗前最好应先剪除患部周围被毛，再用肥皂水或煤酚皂溶液彻底洗刷，清除硬痂和污物后再用药。每千克体重50～100毫克溴氰菊酯（倍特）喷洒2次，中间间隔10天；或每千克体重250～750毫克二嗪农（螨净）水乳液喷淋2次，中间间隔7～10天。常用涂抹药物有2%敌百虫水溶液，或0.01%辛硫磷乳剂溶液，或0.01%亚胺硫磷溶液。

4. 中药疗法

（1）生石灰5.4千克，硫黄粉10.8千克，水455升，混合后浸洗患处，每周1次，连用4次。

（2）硫黄200克，黄柏100克，百部150克，雄黄200克，共研末，用植物油调成软膏，涂搽患部。

（3）辣椒500克、烟叶1500克、常水1500～2500毫升，混合后煮沸，煎至500～1000毫升，取汁，再使用时将药液加温。

（4）百部、大枫子、马钱子、苦参、白芷各10克，狼毒、苦楝根皮、紫草、当归各15克，黄蜡30～60克，植物油500克。除黄蜡外，各药入油内炸至红色，取药油加入黄蜡，冷却后呈膏状。用时涂搽患部，间隔5～7天使用1次。

（5）硫黄、山花椒各适量，研末，调茶油涂抹患处。

（6）硫黄、冰片、雄黄、密陀僧、轻粉各10克，樟脑2克，胆矾25克，研末，调煤油涂搽患处。

（7）硫黄50克，胆矾25克，松针1000克，鲜颠茄300克，烟叶250克，共捣烂，水煎后加入煤油250毫升，涂搽患处。

（8）狼毒500克、硫黄150克（煅）、白胡椒45克（炒），共研细末备用。用时取药30克，加入烧沸的植物油750毫升，搅拌均匀放凉，用毛刷涂搽患部。

（9）蛇床子60克，硫黄、花椒、木鳖子、大枫子各30克，食盐15克，水银6克，胡桃仁120克，共研为细末，用棉籽油调匀，涂搽患部。

需要注意的是，间隔一定时间后重复用药，以杀死新孵出的虫体；在治疗病牛的同时，应用杀螨药物彻底消毒圈舍和用具，治疗后非病牛应置于消毒过的圈舍内饲养；隔离治疗过程中，饲养管理人员要时刻注意消毒，避免通过手、衣服和用具散布病原。

三、皮肤真菌病（钱癣）

牛皮肤真菌病（牛钱癣）是牛的一种真菌性皮肤传染病，又称"脱毛癣""秃毛""匐行疹"和"皮肤霉菌病"。其特征是皮肤、角质和被毛发生皮炎和秃毛，形成界限明显的圆形、不正圆形或轮状癣斑。本病为养牛业中常见的人兽共患病。

【病原】主要是疣状毛癣菌，其次是须毛癣菌和马毛癣菌，存在于被侵害的表皮内外及毛根周围，病原菌可产生抵抗力很强的孢子，在皮肤鳞屑或毛内能抵抗100℃干热1小时，在室温下可存活3～4年。在褥草和泥土中可生存数月。1%～3%石炭酸溶液、0.1% 升汞及 10% 福尔马林均可将其杀死。实践中常用甲醛熏蒸法达到消毒目的。

【流行特征】患病动物和带菌者是主要传染源，其体表的真菌孢子可以污染土壤、空气、工具、周围环境等形成长期疫源地。人员、鼠类、鸟类及昆虫等也可机械传播。健牛主要通过与病牛直接接触感染，也可通过厩舍、用具间接传染发病，特别是颈枷、颈带、笼头、挤奶带、刷子和饲槽。患有慢性病、不健壮、营养不良或有急性病的牛与同群的其他牛相比，癣的扩散或发展都比较明显。本病可以感染人及多种动物，动物中以牛、兔、犬、猫最易感，其次为猪、马、驴、羊和鸡。实验动物中豚鼠、大鼠、小鼠均易感。幼龄牛比成年牛更容易感染，特别是 2 个月到 1 岁的犊牛最易感，在发生过本病的牧场，犊牛每年都有流行。雌性比雄性动物易感。成年牛也可能严重感染。舍饲牛冬季常发生本病，其他季节也可发生，但较少。潮湿、污秽、阴暗的厩舍有利于本病的传播。康复后的皮肤对感染无保护力。

【临床症状】潜伏期 2～4 周。成年牛多发生在头部（图 3-24）、颈部（图 3-25）或肛门周围（图 3-26），偶尔也可发生在胸部（图 3-27）、臀部（图 3-28）及乳房。犊牛在口腔周围、眼及耳朵附近、颈和躯干等部位最易感（图 3-29），但病变可出现于全身各处。初期，仅仅呈豆子至米粒大小的结节，病变部真皮充血、水肿和局部炎症，并形成豆疹、小水疱或脓疱，有大量的皮屑或硬痂，毛发脱落。逐渐向周围呈环状发展，逐渐发展成为界限明显的隆起的秃毛圆斑，形如古钱币（故称为牛钱癣）（图 3-30），癣斑上被覆灰白色或灰黄色的鳞屑，被毛蓬乱，逐渐扩大，直径可达 72～75 毫米。如得不到及时治疗，病变可波及全身各部（图 3-31，视频 3-2），患牛瘙痒不安，有时啃咬自己身体（视频 3-3），逐渐消瘦。局限于颜色面部时，看上去像贴着面团，故常称"面团脸"（图 3-32）。本病病程较长，可能持续 1 年以上。

视频 3-2

视频 3-3

图 3-24　发生于头部的钱癣　**图 3-25**　发生于颈部的钱癣　**图 3-26**　发生于肛门周围的钱癣

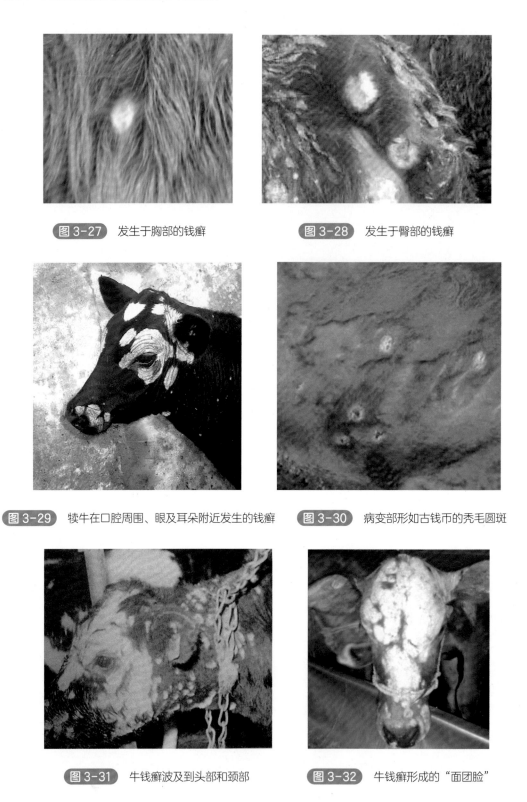

图 3-27　发生于胸部的钱癣　　　　　　图 3-28　发生于臀部的钱癣

图 3-29　犊牛在口腔周围、眼及耳朵附近发生的钱癣　　图 3-30　病变部形如古钱币的秃毛圆斑

图 3-31　牛钱癣波及到头部和颈部　　　　图 3-32　牛钱癣形成的"面团脸"

【诊断】根据流行特征、临床症状可初步诊断本病。确诊需进行实验室的病原体检查。

【类症鉴别】

1. 与牛螨病的鉴别

（1）相似点　局部脱毛、水疱、结痂、皮肤增厚，有瘙痒。

（2）不同点　螨病牛头颈先发生，逐渐蔓延全身，皮肤发生皱褶、增厚，龟裂出血。皮肤刮片无可检出螨虫。

2. 与湿疹的鉴别

（1）相似点　皮肤有小结节，水疱和瘙痒，脱毛。

（2）不同点　湿疹病牛不接触传染。皮肤上依次出现红斑、丘疹、水疱、脓疱、糜烂、结痂，最后鳞屑脱落，局部毛不碎断而是整个脱落。痂皮下镜检无分枝菌丝。

【预防措施】 加强饲养管理，搞好牛体和环境卫生。发现病牛要及时隔离治疗，被污染的牛舍、饲料、用具用加热至60℃的5%克疗林溶液、3%福尔马林或2%的氢氧化钠溶液消毒，亦可用甲醛熏蒸。

【安全用药】 为获得较好的疗效，用药之前必须先刮去或刷去感染性痂层。

1. 局部治疗

可先剪去病变部位的被毛，用温水浸软痂皮，再用温肥皂水或3%克疗林溶液洗净痂皮，每天涂搽抗真菌药。常用的药剂和用法有：① 10%水杨酸酒精溶液或5%～10%硫酸铜溶液或10%的碘酊涂搽，每隔1～2天一次；② 5%克疗林溶液或松馏油涂搽，直至痊愈；③ 20%硫酸铜氨水溶液涂搽患部，经1～2昼夜涂中性油膏，可迅速治愈；④适量豆油，烧沸，立即用镊子夹棉球涂于患部，每天涂搽1次，一般2～3次即可痊愈；⑤松节油250毫升、植物油250毫升、胡桃醌20～30毫克，充分混合为搽剂，用时加热50℃以上，每天涂搽1次；⑥ 50%鱼肝油除莠剂或5%克霉唑软膏，每天1次；⑦ 2%～5%硫黄石灰溶液或0.5%次氯酸钠溶液涂搽或喷雾，连用1周。

2. 中药疗法

可用巴豆24克、斑蝥9克、硫黄12克、红矾0.3克、狼毒15克、豆油600～800毫升，用时将巴豆、斑蝥、红矾、狼毒碾碎，加豆油煮沸30分钟，冷至60℃时加硫黄，用毛刷蘸取上药，涂于患处，直至痊愈。

3. 全身疗法

如果感染范围太大，需要进行全身治。

（1）碘化钾治疗　每450千克体重可用20%碘化钾溶液150毫升，静脉注射，3～4天重复1次。

（2）灰黄霉素治疗。可用灰黄霉素，口服，按每千克体重6～7.5毫克，连用7天以上。

四、蜱

蜱是寄生于畜禽体表的一类重要吸血性寄生虫，有硬蜱和软蜱两类。蜱病是由蜱寄生于动物的体表所引起的一类外寄生虫病。

【病原】蜱有硬蜱和软蜱两类。

1. 形态特征

（1）硬蜱　硬蜱是硬蜱科多种蜱属科的简称，又称"扁虱""牛虱""草爬子""草蜱""草瘪子""马鹿虱""狗豆子"等，在兽医学上具有重要意义的有六个属，即硬蜱属、扇头蜱属、牛蜱属、血蜱属、革蜱属和璃眼蜱属。硬蜱呈红褐色或灰褐色，长椭圆形，小米粒至大豆大（图3-33）。分为假头和躯体两部分。假头位于躯体前面；躯体背面有一块硬的盾板，雄蜱的盾板几乎覆盖整个背面，雌虫和若虫的盾板仅覆盖背面的前部。躯体腹面前部正中有一生殖孔；肛门位于后部正中，呈纵裂的半球形隆起；有一对气门板位于第4对足基节后侧方，其形状随种类和性别不同而异。足由6节组成，由基部向外依次为基节、转节、股节、胫节、后跗节和跗节，足末端有爪一对；第1对足跗节末端背缘有哈氏器，为蜱的嗅觉器官。硬蜱卵小，呈卵圆形，黄褐色。

（2）软蜱　软蜱属于软蜱科，与兽医有关的有两个属，即锐缘蜱属和钝缘蜱属。

（3）软蜱与硬蜱的区别　体背面无盾板，呈弹性的革状外皮；成虫假头隐于虫体前端腹面（幼虫除外），须肢为圆柱状，末节不隐缩；足的跗节背面生有瘤突，其数目、大小有分类意义；雌雄形态相似，雌蜱生殖孔为半圆形；雄蜱为横沟状。幼虫3对足，假头突出（图3-34）。

图3-33　大小不一的硬蜱　　　图3-34　硬蜱与软蜱的区别

2. 发育过程

（1）硬蜱的发育过程　大多数硬蜱在发育过程中的幼虫期和若虫期寄生在小型哺乳动物（兔、刺猬、野鼠等），成虫期寄生在家畜体；有的硬蜱发育过程中需要更换宿主，根据其更换宿主的次数，将硬蜱分成三种类型：即一宿主蜱（不更换宿主，幼虫、若虫、成虫在一个宿主体上发育）；二宿主蜱（幼虫、若虫在一个宿主体上发育，成虫在另一个宿主体上发育）；三宿主蜱（幼虫、若虫、成虫分别在三个宿主体上发育）。雌雄交配后，雌蜱落地产卵，产卵量可达千余到上万个。在适宜的条件下，经一段时间，卵中孵出幼虫，爬到宿主体上吸血，之后根据所需更换宿主次数的不同，逐渐发育为若虫、成虫。从卵发育至成蜱的时间，因种类和气温而异，可为 3 ～ 12 个月，甚至一年以上（图 3-35）。

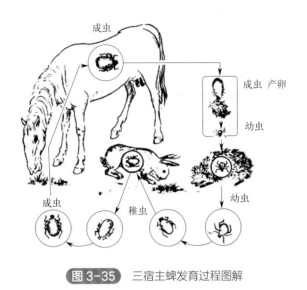

图 3-35　三宿主蜱发育过程图解

（2）软蜱的发育过程　软蜱的生活史为不完全变态。经卵、幼虫、若虫、成虫 4 个阶段（图 3-36）。雌蜱一生产卵数次，每次产卵数个至数十个。一生产卵不超过 1000 个。从卵发育到成虫需 4 ～ 12 个月。

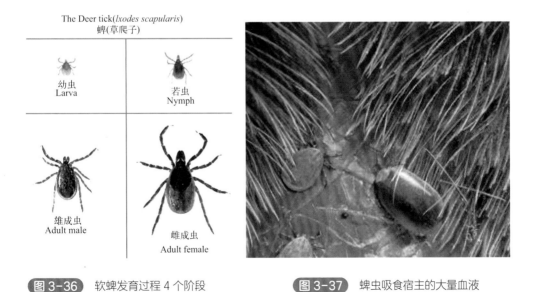

图 3-36　软蜱发育过程 4 个阶段　　　　**图 3-37**　蜱虫吸食宿主的大量血液

【流行特征】硬蜱的活动有明显的季节性，大多数是在温暖季节活动；越冬场所因种类而异，一般在自然界或在宿主体上过冬；各种蜱均有一定的地理分布区，与气候、地势、土壤、植被及动物区系等有关。软蜱生活在畜禽舍的缝隙、洞穴等处，只在吸血时才到宿主身上，吸完血后就落下来。成虫吸血多半在夜间，生活习性和臭虫相似；幼虫则不受昼夜限制，吸血时间长些。软蜱寿命长，一般为 6～7 年，甚至可达 15～25 年。各活跃期均能长期耐饥饿，对干燥有较强的适应能力。

【临床症状与剖检变化】硬蜱可吸食宿主大量血液（图3-37），幼虫期和若虫期吸血时间一般较短，而成虫期较长。尤其是雌蜱吸血后膨胀很大（图3-38）。寄生数量多时可引起牛贫血、消瘦、发育不良、皮毛质量降低以及产乳量下降等。由于蜱的叮咬可使宿主皮肤发生水肿、出血。蜱的唾液腺能分泌毒素，使牛产生厌食、体重减轻、肌萎缩性麻痹和代谢障碍。此外，蜱又是许多种病原体的传播媒介或贮存宿主。软蜱的危害与硬蜱相似。

图 3-38　雌蜱吸血后膨胀变化很大

【诊断】在牛体身上发现硬蜱或软蜱即可确诊。

【预防措施】消灭或控制环境中的蜱。

1. 消灭或控制圈舍内的蜱

可用水泥、石灰、泥土拌入上述药物堵塞圈舍的所有缝隙和孔洞或定期用药物喷洒圈舍。必要时也可隔离停用圈舍 10 个月以上或更长时间，使蜱自然死亡。

2. 消灭或控制自然界的蜱

根据具体情况可采取轮牧，相隔时间 1～2 年，牧地上的成虫即可死亡；也可在严格监督下进行烧荒，或深翻牧地、清除杂草灌木等破坏蜱的滋生地；有条件时，可选择上述有关杀虫剂的高浓度制剂或原液，进行超低量喷雾。

【安全用药】主要是消灭牛身上的蜱。可采用人工捕捉或药物杀灭的方法。

1. 人工捕捉

适用于感染数量少、人力充足的条件下，要经常检查牛的体表，发现蜱时应及时摘掉（图3-39）（摘取时应与体表垂直向上拔取）销毁。

2. 药物杀灭

常用杀蜱药物可根据季节和应用对象的不同，可选用口服、注射、药浴、喷涂或粉剂涂撒等不同用药方法；还应随蜱种不同，优选合适的药液浓度和使用间隔时间；各种药应交替使用，以避免抗药性的产生。具体应用如下：

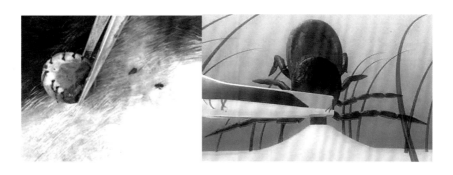

图 3-39　正确拨出蜱虫方法

（1）阿维菌素或伊维菌素　皮下注射或口服，剂量为每千克体重 0.2 ～ 0.3 毫克。

（2）拟除虫菊酯类杀虫剂　如溴氰菊酯乳油（倍特、敌杀死），用 0.0025% ～ 0.0050% 的药液进行药浴、喷淋、涂搽或洗刷。本药有触杀和胃毒杀虫作用，具有广谱、高效、药效期长、低残留等优点。牛在用药后 48 小时内可能有轻度不适。牛的休药期为 3 天。在此期间内不得屠宰供人食用。

（3）有机磷杀虫剂　如二嗪农（又称为地亚农、螨净），用 0.025% ～ 0.075% 的药液进行药浴、喷淋等，药物具有触杀、胃毒、熏蒸等作用和较弱的内吸作用，乳汁废弃时间为 3 天，宰前 14 天停药；还可用巴胺磷（商品名为赛福丁）药液，浓度为 0.005% ～ 0.025%。

五、牛皮蝇蛆病

牛皮蝇蛆病是由皮蝇科、皮蝇属的纹皮蝇和牛皮蝇的幼虫寄生于牛背部皮下组织而引起的一类蝇蛆病。皮蝇蛆偶尔也能寄生于马、驴、其他野生动物及人。皮蝇幼虫的寄生，可使患牛消瘦，犊牛发育不良，皮革质量下降，造成巨大的经济损失。

【病原】

1. 形态特征

寄生于牛的皮蝇属昆虫有 2 种，即牛皮蝇和纹皮蝇（图 3-40，图 3-41）。成蝇较大，体表密生有色长绒毛，有足 3 对及翅 1 对，外形似蜂。复眼不大，有 3 个单眼；触角芒简单，不分支。口器退化，不能采食，也不能叮咬牛只。纹皮蝇成熟第 3 期幼虫虫体粗壮，棕褐色，前后端钝圆，长 26 ～ 28 毫米，无口前钩。体表各节具有很多结节和小刺，但最后一节腹面无刺；有 2 个较平的后气门板，上有许多气孔。牛皮蝇成熟第 3 期幼虫长可达 28 毫米，最后两节腹面无刺，气门板呈漏斗状。

2. 发育过程

牛皮蝇与纹皮蝇的生活史基本相似。属于完全变态，整个发育过程须经卵、幼虫、蛹和成蝇 4 个阶段。成蝇一般多在夏季晴朗无风的白天侵袭牛只。纹皮蝇在牛的后肢球节附近和前胸及前腿部产卵。牛皮蝇在牛的四肢上部、腹部、乳房和体侧产卵。卵经 4 ～ 7 天孵出第 1 期幼虫，幼虫由宿主皮肤毛囊钻入皮下。纹皮蝇的幼虫钻入皮下后，沿疏松结缔组织走向胸腹腔后到达咽、食道、瘤胃周围结缔组织，在食道黏膜下停留约 5 个月，然后移行到牛前端背部皮下。而牛鼻蝇的幼虫钻入皮下后，沿外周神经的外膜移行到椎管硬膜外的脂肪组织中，在此停留约 5 个月，然后从椎间孔爬出移行到牛腰背部皮下。由牛食道黏膜等或椎管硬膜外脂肪组织移行至背部皮下的幼虫为第 2 期幼虫。它们到达牛背部皮下后，皮肤表面呈现瘤状隆起，随后隆起处出现直径 0.1 ～ 0.2 毫米的小孔，并逐渐增大，第 3 期幼虫在其中逐步长大成熟，第二年春天，则由皮孔蹦出，离开牛体入土中化蛹，蛹期为 1 ～ 2 个月，之后羽化为成蝇。成蝇不食不螫，只生活 5 ～ 6 天，在牛被毛上产卵后即死亡。整个发育过程需要 1 年左右（图 3-42）。

图 3-40　牛皮蝇成蝇　　　图 3-41　纹皮蝇成蝇　　　图 3-42　牛皮蝇生活史

【流行特征】皮蝇广泛分布于世界各地，我国牛的皮蝇蛆病分布广、寄生率高、寄生强度大，成蝇飞翔能力强（一次飞翔 2 ～ 3 千米），多呈区域性危害。我国以内蒙古、东北及西北地区较为严重。成蝇出现的季节，随各地气候条件和种类不同而有差异。在同一地区，纹皮蝇出现的季节比牛皮蝇早，纹皮蝇一般出现于 4 ～ 6 月，牛皮蝇则出现于 6 ～ 8 月。牛只的感染多在夏季炎热、成蝇飞翔的季节里。成蝇侵袭牛只一般在晴朗无风的白天，在牛毛上产卵，阴雨天不活动。

【临床症状与剖检变化】雌蝇飞翔产卵时可引起牛只的强烈不安，表现踢蹴、狂跑（跑蜂）等，站在水中不愿出来或长时间站在高坡上，不但严重影响牛采食、休息、抓膘，甚至可引起摔伤、流产或死亡。幼虫（图 3-43）钻入皮肤时，引起皮肤痛痒，精神不安，患部生痂。幼虫在深层组织内移行时（图 3-44）造成组织损伤。寄生在食道时可引起浆膜发炎。到背部皮下时可引起皮下结缔组织增生，在寄生部位发生肿瘤状隆起（图 3-45）和皮下蜂窝织炎。皮肤稍微隆起，继而皮肤穿孔，损伤牛皮，如有细菌感染可引起化脓，形成瘘管，经常有脓液和浆液流出，幼虫脱落后，瘘管逐渐愈合，形成斑痕，影响皮革价值。严重感染时，病牛表现消瘦、贫血、肉质降低、生长缓慢。感染严重时，牛的背部皮肤上就有 50 ～ 100 多个疱块，对牛危害是很大的。有时幼虫钻入延脑或大脑脚，可引起神经症状，如作后退动作、突然倒地、麻痹或昏厥等，重者可造成死亡。

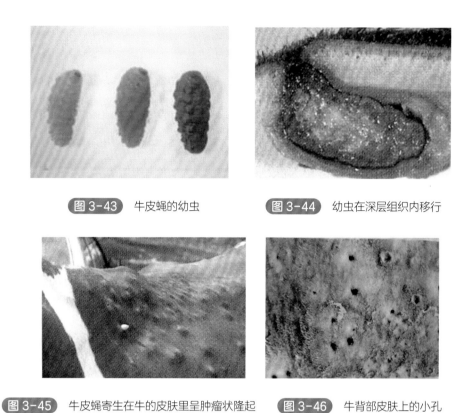

图 3-43　牛皮蝇的幼虫　　　　　图 3-44　幼虫在深层组织内移行

图 3-45　牛皮蝇寄生在牛的皮肤里呈肿瘤状隆起　　　图 3-46　牛背部皮肤上的小孔

【诊断】幼虫出现于牛背部皮下时易于诊断，可以触诊到隆起，上有小孔（图3-46），内含幼虫，用力挤压，可挤出虫体（图3-47），即可确诊。此外，流行特征，包括当地牛的皮蝇蛆病流行情况和病牛来源等，对本病的诊断也有很重要的参考价值。

图 3-47　用手指压迫牛背部皮孔周围，用力挤出幼虫

【预防措施】预防本病首先应打破行政区域界限，实行区域性联防联治；其次是在牛皮蝇蛆病流行地区，每逢皮蝇活动季节，可用 1%～2% 敌百虫溶液对牛体进行喷洒，每隔 10 天喷洒一次，杀虫率可达 90% 以上。产奶牛不得使用本品，肉牛屠宰前 7 天停药；或用当归 2 千克，放在 4 升食醋中浸泡 48 小时，在 9 月中旬、10 月上旬，于牛背部两侧各涂擦浸液一次（大牛 150 毫升 / 次，小牛 80 毫升 / 次），以浸湿被毛和皮肤为度；或每千克体重用 1～1.5 克拟除虫菊酯类药物喷洒，每 30 天喷洒一次，可杀死产卵的雌蝇或

由卵孵出的幼虫。严禁输入感染牛皮蝇蛆病的牛只。

【安全用药】消灭寄生于牛体内的幼虫，对防控牛皮蝇蛆病具有极其重要的意义，既可以减少幼虫的危害，又可以防止幼虫发育成成蝇。消灭幼虫可用机械疗法或药物疗法。

1. 机械疗法

多用在牛数量不多和虫体寄生数量少的情况下。即用手指压迫皮孔周围，将幼虫挤出，并将其杀死，伤口涂以碘酒。由于幼虫成熟期不同，机械疗法每隔 10 天需要重复操作，但需注意勿将虫体挤破，以免引起过敏反应。

2. 药物疗法

多用有机磷杀虫药和伊维菌素或阿维菌素类药物，治疗应在 4 ～ 11 月间进行。各地根据当地具体的流行特点来确定治疗时间，常用的药物种类、浓度和剂量如下：

（1）伊维菌素或阿维菌素　剂量为每千克体重为 0.2 毫克，皮下注射；或采用微量注射法（1% 伊维菌素或阿维菌素溶液），剂量为每 50 千克体重 1 毫升，1 次皮下注射。

（2）倍硫磷针剂　剂量为每千克体重 6 ～ 7 毫克，成年牛 1.5 毫升，青年牛 1 ～ 1.5 毫升，犊牛 0.5 ～ 1 毫升，臀部肌内注射，对皮蝇的第 1、2 期幼虫的杀虫率可达到 95% 以上；浇泼剂，每 100 千克体重用 10 毫升，沿着牛的背中线由前向后浇泼。犊牛及泌乳牛禁用，肉牛屠宰前 35 天停药。

（3）蝇毒磷　剂量按每千克体重 10 毫克，臀部肌内注射，对纹皮蝇的移行期幼虫有一定杀灭作用，本药是有机磷杀虫药中唯一可用于泌乳奶牛的杀虫剂，奶牛吸收后，大部分经代谢或以原形由粪尿排出，残留于体内的药物主要分布于脂肪组织中，乳汁中含量极微。

（4）皮蝇磷　8% 皮蝇磷溶液。剂量按每千克体重 0.33 毫升；母牛产犊前 10 天禁用，泌乳牛禁用，肉牛宰前 10 天停药。

（5）敌百虫　2% 敌百虫水溶液，取 300 毫升在牛背部或只在牛皮肤上的小孔处涂擦 2 ～ 3 分钟，经 24 小时后，大部分幼虫即软化死亡，其杀虫率可达 90% ～ 96%。本药对牛十分安全。涂擦时间一般从 3 月中旬至 5 月底，每隔 30 天处理 1 次，共处理 2 ～ 3 次。

注意事项：12 月至翌年 3 月因幼虫在食道和脊椎内寄生，虫体在该处死亡后可引起相应的局部严重反应，故此期间不宜用药。

3. 中医疗法

（1）百部 30 克，加水 500 毫升，水煎至 250 毫升，用注射器吸取 30 毫升，注入病牛鼻孔内，每天 2 次。

（2）3% ～ 5% 鱼藤浸剂喷洒牛体。

（3）在幼虫寄生部位的周围，用 60° 白酒做点状注射，1 次即可将皮蝇的幼虫杀死；或针刺寄生部位，再涂抹白酒。

（4）生桃叶捣烂，调入煤油，加冰片少许，涂敷患处。

（5）生石灰 50 克，熟烟叶 100 克，研末后加水调成糊状，塞进患部。

（6）当归 2 千克，置于 4 千克食醋中浸泡 48 小时，在 9 月中旬和 10 月上旬，于牛背两侧分别涂擦浸液 1 次（大牛 150 毫升 / 次，小牛 80 毫升 / 次），以浸湿被毛和皮肤为度。

（7）蒲芦茶（葫芦茶）60 克，陈石灰 15 克，捣烂敷于患处。

第二节 以体表形态异常及皮肤创伤肿瘤等为特征的皮肤疾病

一、坏死杆菌病

坏死杆菌病是由坏死杆菌引起动物的一种慢性传染病。其特征为多种组织坏死，尤其是皮肤、皮下组织和消化道黏膜坏死，有时在其它脏器上形成转移性坏死灶。成年牛感染本菌则常发生坏死性蹄炎，又称"腐蹄病"；犊牛感染本菌呈坏死性口炎，也称"犊白喉"。

【**病原**】病原是坏死杆菌。坏死杆菌为革兰氏染色阴性的一种多型性杆菌，小的呈球杆状，大的呈长丝状，无鞭毛，不形成芽孢和荚膜，采用复红美蓝染色时，因着色不均匀呈串珠状（图 3-48）。本菌为严格厌氧菌，较难培养成功。该菌至少可产生两种毒素，其外毒素皮下注射可引起组织水肿，静脉注射则数小时内死亡；内毒素皮下或皮内注射可致组织坏死。坏死杆菌对理化因素抵抗力不强，对热及常用消毒剂敏感，但在污染的土壤中能存活 10 ～ 30 天。本菌对 4% 醋酸敏感。常规消毒药均可将其杀死。

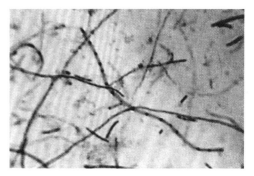

图 3-48 病料涂片中的坏死杆菌，复红 – 美蓝染色（1000×），呈长丝状，或呈串珠状

【**流行特征**】多种动物和野生动物均有易感性，人也会偶尔感染，其中牛羊最易感，尤其是奶牛和绵羊更易感。病牛和带菌牛为主要传染源。病牛常通过粪便排出病原菌，污染土壤、泥塘、饲养场，通过损伤的皮肤、黏膜而感染，通常以蹄部和四肢皮肤、口腔黏膜和生殖道黏膜发生较多，并可经血流散播全身。许多诱因如牛舍和运动场泥泞、杂有碎石，相互撕咬和践踏，吸血昆虫叮咬，饲喂坚硬尖锐的草料，饲料中钙磷不足、维生素缺乏，营养不良，闷热，潮湿，污秽的环境等，均易引发本病。在多雨、潮湿和炎热季节多发。呈散发性或地方性流行。

【**临床症状和剖检变化**】潜伏期数小时至 1 ～ 2 周，平均为 1 ～ 3 天。临床症状常见腐蹄病（成年牛）和坏死性口炎（犊牛白喉）。

1. 腐蹄病

成年牛多见。病初跛行，病肢不敢负重，喜卧地。蹄部肿胀（图 3-49），发热，叩击或用力按压病部时出现痛感。清理蹄底时，可见小孔或创洞，内有腐烂的角质和污黑的臭水，病程长者可见蹄壳变形、脱落（图3-50）。在趾（指）间、蹄冠、蹄缘、蹄踵等处出现蜂窝织炎时，多形成脓肿、脓漏或皮肤坏死（图3-51，图3-52），发出难闻的坏死气味，坏死部位也可波及腱、韧带和关节。病牛卧地不起，全身症状恶化，进而发生脓毒败血症而死亡。

 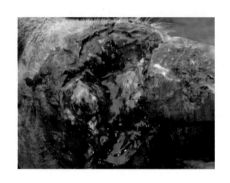

图 3-49 蹄间隙红肿热痛　　　图 3-50 蹄壳脱落，蹄底腐烂

 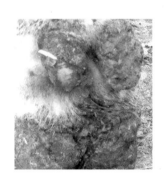

图 3-51 趾间出现蜂窝织炎，形成脓肿、脓漏　　图 3-52 蹄踵部出现蜂窝织炎，形成脓肿、脓漏

2. 坏死性口炎

又称"犊白喉"，多发生于1～4月龄犊牛。病初体温升高至39.5～40.5℃，厌食，流涎（图3-53），鼻漏呈脓样（图3-54），齿龈、颊部、硬腭、舌及咽部有界限明显的硬肿，上附粗糙、污秽褐色的坏死物质。坏死物脱落留下溃疡，边缘肥厚，底部不平整。鼻腔、气管黏膜也有病变。当喉部、肺部感染，呼吸困难，咳嗽短且具有痛感，呼出气具有腐臭味，通常经7～10天死亡。病程长者，食欲恢复，体重增加缓慢，因部分勺状软骨凸入喉腔，故持续呈现喘鸣声。剖检可见舌、齿龈黏膜上有溃疡，上附坏死黏膜及渗出物（图3-55），溃疡底部有肉芽增生。喉、气管、鼻、皱胃及大肠也可见有类似病变（图3-56）。当肺部感染，可见有肺炎灶、胸膜炎及肝脏肿大与坏死灶。

【诊断】根据流行特征、临床症状和剖检变化，可做出初步诊断。确诊需进行病原学检查。从病灶与健康组织的交界处采取材料涂片，以稀释石炭酸复红或碱性美蓝加温染色，镜检，若见有着色不均细长丝状坏死杆菌，即可确诊。

图 3-53　犊牛坏死性口炎的流涎

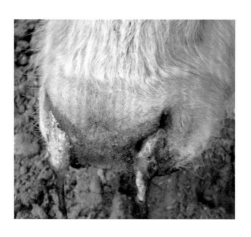

图 3-54　犊牛坏死性口炎的脓样鼻漏

图 3-55　舌黏膜上有溃疡，上附坏死黏膜

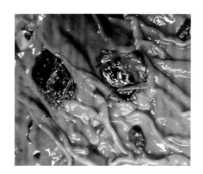

图 3-56　皱胃黏膜上的溃疡

【类症鉴别】

1. 腐蹄病与干性坏疽的鉴别

（1）相似点　皮肤坏死、干燥、皱缩、硬固。
（2）不同点　干性坏疽无传染性。多因火烧、强酸等造成，体温不高。

2. 腐蹄病与蹄腐烂的鉴别

（1）相似点　蹄间皮肤和组织腐败，有恶臭分泌物，跛行。
（2）不同点　蹄腐烂无传染性。先由蹄间裂的后面开始，而后蹄冠周围组织及关节发炎。

3. 犊白喉与咽炎的鉴别

（1）相似点　咽喉肿胀，呼吸吞咽困难。
（2）不同点　咽炎无传染性。颌下不水肿，口腔无溃疡，无伪膜。

4. 犊白喉与溃疡性口炎的鉴别

（1）相似点　口腔有溃疡，易出血，流涎。

（2）不同点　溃疡性口炎体温不高，溃疡无伪膜。无传染性。

【预防措施】

（1）加强饲养管理，消除诱发因素　改善环境卫生条件，及时清除圈舍、运动场积水，保持干净、干燥；防止过度拥挤，避免外伤发生，不在低洼潮湿地区放牧。

（2）防止感染　发生外伤时，应及时用5%碘酊涂擦伤口，以防感染；对腐蹄病的患牛及白喉的患犊，隔离治疗，污染的环境应彻底消毒；助产时要细心，脐带要严格消毒；营养要合理，给予优质细嫩干草。

【安全用药】以局部治疗为主，配合全身抗感染治疗。

1. 局部治疗

（1）腐蹄病的治疗　首先彻底清除坏死组织，腐蹄处用10%～30%硫酸铜溶液或5%福尔马林灌洗蹄，再撒以磺胺粉，包扎蹄绷带，将病牛置于干燥清洁的环境中饲养，每天或隔天换药1次。也可用1%高锰酸钾溶液或3%来苏儿溶液冲洗，在蹄底的孔或洞内填塞硫酸铜粉、水杨酸粉或高锰酸钾粉。对软组织可用松馏油、磺胺碘仿或抗生素（如土霉素）等药物，以绷带包扎，再以融化的柏油涂布以防水渗入创伤内。

（2）坏死性口炎的治疗　先除去口腔内的坏死组织及可见的伪膜，每天用3%过氧化氢溶液或1%高锰酸钾溶液洗涤两次，然后涂抹碘甘油或撒布冰硼散（冰片15克、朱砂18克、元明粉150克，研末备用），每天3次，连用3～5天。对本病的溃疡创面，也可用青霉素治疗，即先将病变部位清洗干净，再用绷带包扎，将青霉素生理盐水溶液经引流管注入，每天3次，每次10毫升左右，每毫升生理盐水内含青霉素4000～6000单位，现配现用。

2. 全身抗感染治疗

出现全身症状时，要消除炎症，防止病灶转移。常用青霉素（肌内注射，剂量为每次每千克体重22000单位，每天2次，连用7～14天）或用氨苄青霉素、土霉素、头孢菌素等，并结合磺胺类药物（剂量为第一天每千克体重140毫克，以后每天每千克体重为70毫克，连用3～5天）。根据全身症状，必要时可静脉注射葡萄糖注射液、安钠咖注射液，肌内注射维生素A注射液、维生素D注射液等。

二、牛气肿疽

气肿疽，又称"黑腿病"或"鸣疽病"，是由气肿疽梭菌引起的一种急性、发热性、败血性传染病。临床上以肌肉丰满部位（尤其是股部）发生气性炎性肿胀、按压有捻发音、局部变黑，并常有跛行为特征。本病在我国多发生于黄牛，呈地方性流行。

【病原】气肿疽梭菌，又名"费氏梭菌"，属梭菌属，为革兰氏染色阳性大杆菌，两端钝圆，厌氧，芽孢位于菌体中央或偏于一端，呈纺锤形。一般为单个存在，偶尔有两个相连，能产生不耐热的外毒素。本菌的繁殖体对理化因素抵抗力不强，但形成芽孢后则具有极强的抵抗力，在土壤中可存活20～25年，且耐受20分钟煮沸。0.2%升汞溶液10分钟或3%福尔马林溶液15分钟能将芽孢杀死。但2%石炭酸溶液对其无作用。盐腌肌肉中可存活 2 年以上，在腐败肌肉中可存活 6 个月。

【流行特征】气肿疽主要侵害黄牛，发病年龄为 0.5 ～ 5 岁，以 1 ～ 2 岁青年牛多发。病牛及其肉尸是本病的主要传染源。病牛的排泄物、分泌物及尸体处理不当，就会污染饲料、水源及土壤，当动物采食了被污染的饲草或饮水，病原经产仔、断尾、剪毛、去势、口腔和咽喉创伤侵入组织，也可由胃肠黏膜侵入血液而致病，吸血昆虫的叮咬亦可传播本病。本病多发生于天气炎热的多雨季节和潮湿地区，常呈地方性流行。

【临床症状】潜伏期 3 ～ 5 天，最短 1 ～ 2 天，最长 7 ～ 9 天。黄牛发病多为急性经过，病初体温升高到 41 ～ 42℃，稽留一日后逐渐下降到 39℃，不再上升，轻度跛行。不久在肩、颈、股、腰、背及胸前部等肌肉丰满部位发生气性炎性肿胀（图 3-57，视频 3-4），并迅速向四周扩散。初期热而痛，后来中央变冷、无痛。触诊有捻发音，叩诊呈鼓音。患部皮肤干硬呈暗红色或黑色（图 3-58），有时形成坏疽，穿刺或切开肿胀部，流

视频 3-4

出污红色带泡沫的酸臭液体。局部淋巴结肿大，触之坚硬。病牛食欲、反刍停止，鼻镜干燥，呼吸困难，脉搏快而弱，每分钟达 90 ～ 100 次。临死前体温下降，卧地不起（图 3-59）。病程一般为 2 ～ 3 天，也有 4 ～ 10 天的。新疫区病死率高达 100%。

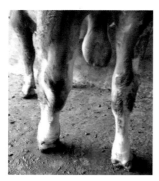

图 3-57　左后肢肌肉发生炎性肿胀

图 3-58　病牛右前肢皮肤干硬呈黑色

图 3-59　死前体温下降，卧地不起

图 3-60　尸体迅速腐败臌胀，四肢张开和伸直

【剖检变化】尸体迅速腐败臌胀，四肢张开和伸直（图 3-60），有时直肠突出。鼻孔、口腔、肛门与阴道流出血样泡沫。肿胀部位皮下组织呈红色或金黄色胶样浸润（图 3-61）。丰满处肌肉间充满气泡，切面呈海绵状（图 3-62），触之有捻发音，这种肿胀可向四周肌

肉组织扩散；中心变黑色，其周围色泽变淡，有刺激性酸臭气味像乳酪臭味（图3-63）。病变处切面呈一致污棕色，或有灰红色、淡黄色和黑色条纹（图3-64）。局部淋巴结肿胀、出血，切面黑红色。胸腹腔有暗红色积液。心脏内外膜出血、心肌变性。肝肾充血、肿大，呈暗黑色，有大小不等棕色干燥病灶，切开有大量暗红色血液和气泡流出，切面呈海绵状。

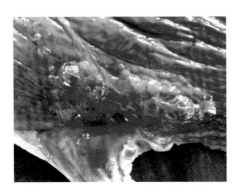

图 3-61 肿胀部位皮下组织呈红色胶样浸润

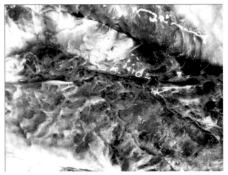

图 3-62 丰满处肌肉间充满气泡，切面呈海绵状

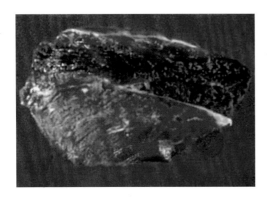

图 3-63 丰满处肌肉中心坏死变黑，周围色淡

图 3-64 肌肉切面呈污棕色、淡黄色

【诊断】根据流行特征、临床症状及剖检变化可初步诊断为本病，确诊需进行细菌分离鉴定，也可将细菌分离培养后进行动物试验。

【类症鉴别】

1. 与恶性水肿的鉴别

（1）相似点　有传染性，体温高（40～41℃），弥漫性肿胀，初热痛，后变冷无痛，按压有捻发音。

（2）不同点　恶性水肿病牛肿胀部位多在颈部，后期无捻发音，不显跛行。针刺肿胀部位流出淡黄色腥臭液，含气泡少。病灶水肿液镜检，可见长丝状菌体。

2. 与炭疽的鉴别

（1）相似点　有传染性，体温高（40～42℃），皮肤发生肿胀，先有热痛后变冷，死亡快。死后肛门、口、鼻流血沫，臌胀。

（2）不同点　炭疽病牛肿胀多发生在喉、颈、胸前、腹下、肩胛、乳房等处。不出现跛行，按压肿胀无捻发音，病程较长。血液镜检，可见炭疽杆菌。

3. 与巴氏杆菌病（浮肿型）的鉴别

（1）相似点　有传染性，体温高（41～42℃），肿胀初热痛，后变冷痛减轻。病程短。

（2）不同点　巴氏杆菌病（浮肿型）病牛肿胀多在颈部咽喉及胸前，按压无捻发音，呼吸高度困难，不出现跛行。血检可见两极浓染的杆菌。

4. 与蜂窝织炎的鉴别

（1）相似点　体温高（39～40℃），发生大面积肿胀，有热痛、有跛行（肿胀在筋膜下）。

（2）不同点　蜂窝织炎病牛无传染性。体温较低，肿胀扩大迅速，无捻发音，叩之无鼓音，一般无跛行，初期按压肿胀处呈现捏粉样，后变硬。病程较长。

【预防措施】凡近3年内发生过本病的地区，要坚持预防注射，每年春、秋两季各注射一次气肿疽甲醛苗，大牛、小牛一律皮下注射5毫升，小牛到6月龄应再注射一次；牛群发病时，应立即隔离治疗外，对其他牛只选用抗气肿疽血清或抗生素作预防性治疗；对病牛污染的牛舍、地面、用具等用20%漂白粉溶液、3%福尔马林或0.2%升汞溶液消毒；粪便、病牛尸体连同被污染的饲料和垫草等一律烧毁；死亡牛只严禁剥皮吃肉，应深埋或销毁。

【安全用药】

1. 早期治疗

早期治疗效果较好。病初期选用抗气肿疽血清，静脉注射或腹腔注射，每头牛150～300毫升，间隔12小时可重复注射一次；同时应用大剂量抗生素治疗，青霉素800万单位，注射用水30毫升，肌内注射，每天2次，连用5天；也可用四环素2～3克，5%葡萄糖注射液2 000毫升，静脉注射，每天2次，连用2～3天。对肿胀局部早期可用0.25%～0.5%普鲁卡因溶液10～20毫升、青霉素160万～320万单位，溶解后于肿胀周围分点注射，每天2次，连用3～4天。

2. 中后期治疗

中后期可切开肿胀部位，除去坏死灶，用2%高锰酸钾溶液或3%双氧水充分冲洗，并在肿胀周围分点注射普鲁卡因青霉素溶液（用0.25%～0.5%普鲁卡因溶液10～20毫升、青霉素160万～320万单位，溶解后使用）。当病牛发生毒血症或休克时，可选用5%碳酸氢钠注射液500毫升、1%地塞米松磷酸钠注射液3毫升、10%安钠咖注射液30毫升、5%葡萄糖生理盐水3000毫升，静脉注射，每天1次，连用2～3天（安钠咖注射液单独加入）。

3. 中药疗法

（1）紫草60克，黄芩、黄连、黄柏、栀子、白芷各30克，升麻（焙焦）、甘草各10

克，共为细末，开水冲调，候温，灌服，每天 1 剂，连用 3 ～ 5 剂。

（2）当归、赤芍、连翘各 30 克，金银花 60 克，甘草 10 克，蒲公英 120 克，共为细末，开水冲调，候温，灌服，每天 1 剂，连用 3 ～ 5 剂。

三、牛结节性皮肤病

牛结节性皮肤病又称"牛疙瘩病""牛疙瘩皮肤病""牛结节疹""牛结节性皮炎""牛块状皮肤病"，是由痘病毒科山羊痘病毒属牛结节性皮肤病病毒引起的牛全身性感染疫病，临诊上以发病牛只持续高热、皮肤出现大量疙瘩样结节为特征。该病不传染人，不是人兽共患病。世界动物卫生组织（OIE）将其列为法定报告的动物疫病，农业农村部暂时将其作为二类动物疫病管理。

【病原】牛结节性皮肤病病毒是一种痘病毒，与牛痘病毒差异很大，但与山羊痘病毒和绵羊痘病毒相似，同为一个病毒属，有共同的抗原决定簇，可以免疫交叉保护。迄今分离的病毒株只有一个血清型。大多数消毒剂（酸、碱、福尔马林）对这种病毒有很好的杀灭作用。干燥病变中的病毒能存活 1 个月以上。病毒耐冻融，置 -20℃ 以下能存活数年。这种病毒具有嗜上皮性，主要在皮肤和黏膜上皮细胞中复制繁殖。

【流行特征】牛结节性皮肤病于 1929 年首次在非洲赞比亚和马达加斯加出现，然后向非洲其他地方传播。1943 年传入博茨瓦纳，随后传入南非，引起 800 多万头牛感染，造成了严重的经济损失。本病于 1957 年传入肯尼亚，1970 年传入苏丹，1974 年传入尼日利亚。1977 年传入马里塔尼亚、马里、加纳和利比亚，1981—1986 年传入坦桑尼亚、肯尼亚、津巴布韦、索马里和喀麦隆，1988 年传入埃及。1989 年牛结节性皮肤病传出非洲大陆，传入中东地区的以色列，此后科威特、巴林、巴勒斯坦、阿联酋等中东国家相继报道发生该病。其后疫情向东欧和中亚蔓延扩散，2015—2016 年希腊、俄罗斯、哈萨克斯坦等国家相继报告发生该病。据不完全统计，2013—2016 年，全球共有 60 个国家向 OIE 报告发生牛结节性皮肤病疫情。2018 年，本病沿着俄罗斯和哈萨克斯坦边界进一步向东移动，接近我国新疆地区。2019 年传入印度和我国，2020 年传入孟加拉国。目前广泛分布于非洲、中东、中亚、东欧等地区。

本病只感染牛。发病率在 2% ～ 45% 之间，不同饲养管理水平是导致发病率有一定差异的主要原因。发病牛群病死率也不相同，通常在 1% ～ 10% 之间。发病牛可导致不育、流产，奶牛产奶量显著下降，肉牛生产性能下降，皮张无法利用。并可因继发细菌感染而死亡等，带来重大经济损失。

传染源是感染牛结节性皮肤病病毒的牛；感染牛和发病牛的皮肤结节、唾液、精液、血液、鼻液、脾脏、淋巴结等含有病毒，病牛恢复后可带毒 3 周以上。传播途径主要通过吸血昆虫（蚊、蝇、蠓、虻、蜱等）叮咬传播；可通过相互舔舐传播，摄入被污染的饲料和饮水也会感染本病，共用污染的针头也会导致在群内传播。感染公牛的精液中带有病毒，可通过自然交配或人工授精传播。易感动物是所有牛，黄牛、奶牛、水牛等易感，无年龄差异。《OIE 陆生动物卫生法典》规定，潜伏期是 28 天，实验感染动物从 4 天到 7 天不等，自然感染的动物可能长达 5 周。本病主要发生于吸血虫媒活跃季节（图 3-65）。

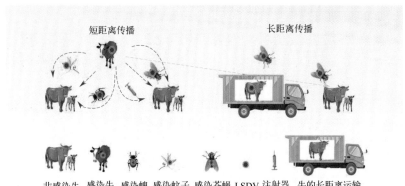

短距离传播　　　　长距离传播

非感染牛　感染牛　感染蜱　感染蚊子　感染苍蝇　LSDV　注射器　牛的长距离运输

图 3-65 牛结节性皮肤病传播示意图（图片来源：FAO《结节性皮肤病 兽医实用手册》，2017）

【**临床症状**】临床表现差异很大，跟动物的健康状况和感染的病毒量有关。感染牛只最初表现为体温升高，可达 41℃，可持续 1 周。浅表淋巴结肿大，特别是肩前淋巴结肿大。奶牛产奶量显著下降，肉牛生产性能下降。精神消沉，不愿活动。眼结膜炎，流鼻涕，流涎。发热后 48 小时皮肤上出现直径 10～50 毫米的结节，呈疙瘩样，以头、颈、肩部、乳房、外阴、阴囊等部位居多（图 3-66，图 3-67，图 3-68），有的全身都是结节（图3-69）。后期这些结节可能破溃，吸引蝇蛆，反复结痂（图 3-70），迁延数月不愈，皮张被永久性破坏。口腔黏膜出现水泡，继而溃破和糜烂。牛的四肢及腹部、肉垂、会阴等部位水肿（图 3-71，图 3-72），导致牛不愿活动。公牛可能暂时或永久性不育。怀孕母牛流产，发情延迟可达数月。

图 3-66 颈、肩部皮肤出现结节（图片涞源：李金明）

图 3-67 四肢皮肤、会阴部出现结节（FAO《结节性皮肤病 兽医实用手册》，2017）

图 3-68 牛体消瘦，乳房部出现结节（《动物外来病诊断图谱》，2005）

图 3-69　全身都是结节　　图 3-70　结节可能破溃，吸引蝇蛆，反复结痂（图片涞源：李金明）

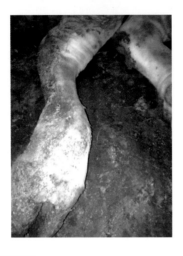

图 3-71　病牛的后肢水肿不愿起立　　图 3-72　病牛的腹部、肉垂水肿

【剖检变化】消化道和呼吸道内表面有结节病变。淋巴结肿大，出血。心脏肿大，心肌外表充血、出血，呈现斑块状淤血。肺脏肿大，有少量出血点（图3-73）。肾脏表面有出血点。肝脏肿大，边缘钝圆。胆囊肿大，为正常2～3倍，外壁有结节或出血斑（图3-74）。气管黏膜充血，有的出现结节或溃疡（图3-75），气管内有大量黏液。脾脏肿大，质地变硬，有出血状况。胃黏膜出血。小肠弥漫性出血。

图 3-73　心脏表面出血（左）；肺脏表面出血（右）（图片来源：陈荣贵）　　图 3-74　胆囊表面出现结节（图片来源：FAO《结节性皮肤病 兽医实用手册》，2017）

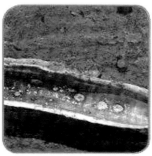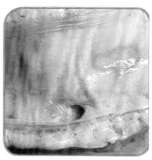

图 3-75　气管表面出现结节（图片来源：《动物外来病诊断图谱》，2005）

【诊断】牛的皮肤出现结节可怀疑为牛结节性皮肤病。牛结节性皮肤病与牛疱疹病毒2型、伪牛痘、疥螨病等临床症状相似，需采集可疑病例的皮肤结痂、唾液、口鼻拭子和抗凝血等样品，送至动物疫病预防控制中心进行检测。各省首例疑似疫情，经国家外来动物疫病研究中心复核，结果仍为阳性的，判定为确诊疫情。再次发生疑似疫情，由各省动物疫病预防控制中心确诊，样品送国家外来动物疫病研究中心备份。

【类症鉴别】

1. 与牛疱疹性乳头炎的鉴别

（1）相似点　乳房皮肤上出现结节、肿胀，结节逐渐变软脱落形成溃疡，结痂。

（2）不同点　牛疱疹型乳头炎病牛身体其他部位没有结节出现。

2. 与伪牛痘的鉴别

（1）相似点　乳头、乳房皮肤产生红色小丘疹、水疱，结痂。

（2）不同点　伪牛痘病牛乳头上的结痂为马蹄形或圆形，身体其他部位没有出现结节。

3. 与牛疥螨病的鉴别

（1）相似点　皮肤上出现结节，结节坏死、破溃，多出现在头、颈、胸等部位，严重时可波及全身。

（2）不同点　牛疥螨病牛局部脱毛、痒感明显和湿疹性皮炎，局部结痂出血处刮取物镜检可发现疥螨。

【预防措施】国内现在没有商品化的牛用疫苗，农业农村部推荐可以使用山羊痘疫苗（按照山羊的 5 倍剂量）进行免疫预防（表 3-1）。发病牛场（户）确诊后或了解到同县、邻县发生疫情后，牛场（户）可以参照如下程序对牛群进行紧急免疫：免疫时要保证皮内注射，可以使用 1 毫升注射器选择在尾根无毛处（1～2 个点）平行进针注射，要保证免疫后注射部位皮内出现 1 厘米左右的鼓包（图 3-76）。免疫操作流程可参照口蹄疫免疫，免疫前对牛只保定、消毒，免疫后做好记录。

表3-1　山羊痘疫苗免疫牛结节性皮肤病的具体操作

疫苗规格	稀释方法	牛只注射剂量	注射方法
25头份/瓶	2.5毫升生理盐水稀释		
50头份/瓶	5毫升生理盐水稀释	0.5毫升/头	尾根皮内注射
100头份/瓶	10毫升生理盐水稀释		

注：建议先开展小群免疫，无过敏情况出现再开展大群免疫。

图 3-76　用1毫升注射器在尾根无毛处平行进针皮内注射，注射部位皮内出现1厘米左右的鼓包

【安全用药】首先，对怀疑为牛结节性皮肤病的，要及时诊断、报告。其次，对确诊疫情，严格处置。扑杀发病及检测阳性牛，并无害化处理；清洗、消毒，并消灭吸血虫媒及其孳生地；限制所在县牛调出；开展紧急免疫。最后，疫情处置结束后，及时报告疫情总体处置和流调情况。

四、牛白血病

牛白血病，又称"牛造血细胞组织增生""牛地方性白细胞组织增生""地方流行性牛白血病""牛淋巴瘤病""牛恶性淋巴瘤""牛淋巴肉瘤"，是由牛白血病病毒引起的牛的一种慢性、进行性、肿瘤性传染病。临床上以淋巴细胞异常增生、进行性恶病质和高病死率为特征。OIE将其列为B类疫病。本病在世界各国均有发生，我国亦有本病发生的报道，并有开始蔓延和发病率增高的趋势。因此应该引起养牛从业者的注意。

【病原】牛白血病的病原是牛白血病病毒，属于反转录病毒科、肿瘤病毒亚科、C型肿瘤病毒属。病毒粒子呈球形，单股RNA，有囊膜。病毒易在原代的牛源和羊源的细胞内生长并传代。本病毒对外界环境的抵抗力很弱，紫外线直接照射和反复冻融均可杀灭病毒，牛奶中的病毒也可被巴氏消毒法灭活。病毒对各种有机溶剂敏感。常用消毒药物均能将其灭活。

【流行特征】在自然条件下，主要感染牛，乳牛最易感，肉牛次之。绵羊也偶尔感染。本病主要发生于成年牛，尤以4～8岁的牛多见。2岁以下的牛发病率低。母牛比公牛易感。传染源是病牛和带毒牛。主要通过牛的相互接触传播，也可能通过呼吸道传播。经吸血昆虫（虻、蝇、蚊、蜱、蠓和吸血蝙蝠）叮咬、采血、输血、注射和外科手术等血源性水平传播，也可经胎盘或哺乳垂直传染。垂直感染率低于 10%。垂直传播多与家族史和遗传因素有关，易感牛的家族发病率高达 30%～100%，不论公牛或母牛都可传染给后代。本病常呈地方性流行，或散发。

【临床症状】本病的特征为一个长的潜伏期（一般为 4～5 年）和两个发展阶段。第一个发展阶段为非显性期，只有血相变化，即白细胞和淋巴细胞增多及出现异常淋巴细胞。第二个发展阶段为显性期，病牛体温正常或稍有升高，贫血，全身浮肿，体表淋巴结可发生单侧性或对称性肿大，乳产量明显下降，易疲劳，进行性消瘦。由于肿瘤侵害的脏器不同，临床表现也不一样。如肿瘤侵害眼眶时，可见眼球突出（图 3-77，图 3-78）；如一侧肩前淋巴结增大，可见头颈向对侧偏斜；如一侧颈下部至胸前部的胸腺异常肿大，可见头颈向对侧偏斜（图 3-79）；侵害消化器官时（图 3-80），可表现消化不良、瘤胃臌气、顽固性下痢，甚至排带血的黑色粪便；膀胱内外有肿瘤时（图 3-81），则排尿障碍；胸腔淋巴肉瘤形成后，常出现呼吸困难；心脏受到侵害，则见心律不齐、心脏杂音、心包积液、心音低沉、静脉扩张和充血性心衰；脊髓受侵害时，则出现共济失调、后肢麻痹，甚至卧地不起；侵害皮肤时，从颈部到背部乃至臀部或四肢上部（图 3-82），颜面部（图 3-83，图 3-84）等处出现荨麻疹样肿胀，肿胀部位敏感，病牛拒绝触摸，局部伴有硬结、脱毛、发红和轻度的渗出，有时病灶逐渐退化等。实验室检查，白细胞总数增至 30×10^9 个/升，淋巴细胞比例超过 75%，出现成淋巴细胞（瘤细胞）。

图 3-77　侵害左侧眼眶的肿瘤使左眼球突出　　图 3-78　侵害右眼眶的肿瘤使右眼眼球突出并失明

 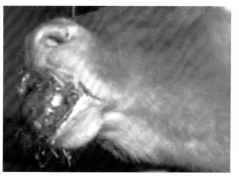

图 3-79　胸腺异常肿大，使头颈偏向对侧　　图 3-80　口腔内肿瘤

图 3-81　膀胱内肿瘤　　　　　　　　图 3-82　全身皮肤性肿瘤

图 3-83　口唇部皮肤肿瘤　　　　　　图 3-84　颜面部及颈部皮肤肿瘤

【剖检变化】尸体消瘦、贫血。病理变化主要有两个方面，其一是全身的广泛性淋巴肿瘤。各脏器、组织形成大小不等的结节性或弥散性肉芽肿病灶，皱胃、心脏和子宫最常发生病变。组织学检查可见肿瘤细胞浸润和增生，患病组织有大量瘤细胞浸润，破坏并代替许多正常的组织细胞。其二是血液学变化，出现不同程度的贫血，表现在淋巴细胞可从正常的50%增加到75%以上，未成熟的淋巴细胞可增加到25%以上，这种变化在病程早期最明显。

【诊断】根据流行特征、典型的临床症状和剖检变化可做出初步诊断，确诊需进行血液学检查和血清学检查，必要时还应进行病毒分离鉴定。牛感染本病后体内可产生特异的抗体，因此，琼脂扩散试验、补体结合试验、放射免疫技术、中和试验、免疫荧光试验和酶联免疫吸附试验等，检测病牛体内是否存在此特异性抗体，可作为白血病的早期诊断依据。由于牛群的带毒率高而发病率低，因此，解释血清学检测结果时要慎重，最好结合组织学活检和血液检查结果综合判定。

【类症鉴别】

1. 与牛结核病的鉴别

（1）相似点　有传染性。体表淋巴结肿大，贫血。

（2）不同点　结核病牛体温不高，有干咳，起立、运动吸入冷空气时咳嗽加剧。用结核菌素皮内注射阳性反应。

2. 与牛伊氏锥虫病（慢性）的鉴别

（1）相似点　体温高，体表淋巴结肿胀，贫血、消瘦，白血病增多。

（2）不同点　伊氏锥虫病牛皮肤皲裂，渗出液结痂脱落后脱毛，结膜有出血点或出血斑。耳、尾干枯，部分或全部干僵脱落。血检可见锥虫，补体结合反应阳性。

【预防措施】未发生本病的地区，引进种牛时，应进行血清学检查，防止引入阳性牛；定期对牛群进行临床检查、血液学检查和血清学检查，发现阳性反应病牛，及时淘汰，逐步净化污染牛群；对牛舍和运动场定期消毒和灭鼠，防止有害蚊虫孳生和侵袭；在断角、去势、疫苗注射、手术等操作时要严格消毒，防止人为传播疾病；对长期感染、发病的牛群，可采取全群扑杀措施，以消灭疾病。

【安全用药】本病目前尚无特效疗法，亦无疫苗进行预防。对阳性病牛要宰杀淘汰，隔离观察同群牛，彻底消毒污染场地和用具。对感染严重的牛群，应果断全群淘汰。

五、创伤

组织或器官的机械性开放性损伤称创伤。此时，皮肤或黏膜的完整性被破坏，同时与其他组织断离或发生部分缺损。一般的创伤均由创口、创缘、创壁、创腔、创底和创面组成（图3-85）。临床常见的有撕裂创和刺创。

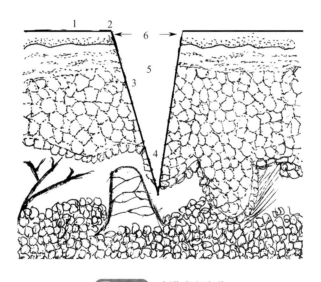

图 3-85　创伤各部名称

1—创围；2—创缘；3—创壁；4—创底；5—创腔；6—创口

（一）撕裂创

【发病原因】撕裂创或称裂创，是由钩、钉等物的钝性牵引所造成，使组织发生机械性牵张而断裂的损伤。

【临床症状】创口形状不整齐，组织发生撕裂或剥离，创缘呈现不正的锯齿状，创腔深浅不一（图3-86），创壁和创底凹凸不平，存在有创囊和组织碎片，创口裂开很大，出血很少（图3-87），剧烈疼痛。有的皮肤呈瓣状撕裂（图3-88），有的并发肌肉及腱的断裂，撕裂组织容易发生坏死或感染。

【安全用药】

（1）首先用灭菌纱布遮盖创面，剪除创围被毛；再用冷生理盐水或消毒液洗涤创围和创面，用镊子除去创面上的毛发和凝血块，并用 70% 酒精棉球擦拭干净；创面撒以青霉素粉或 1∶9 碘仿磺胺粉；创围用凡士林涂搽，盖上脱脂棉或纱布。

（2）对严重的撕裂创，在清洗、消毒之后，应修正创缘、创壁，撒以抗菌药粉，进行缝合（图 3-87，图 3-88）。对四肢下部的创伤一般还要进行包扎（图 3-87，图 3-88）。

（3）在炎热季节，应给创伤外部施用驱蝇防腐剂，以防止发生蝇蛆病。

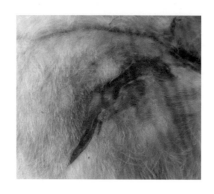

图 3-86　创缘不正、创腔深浅不一的撕裂创

图 3-87　出血少的撕裂创（左：清创后；中：缝合后；右：包扎后）

图 3-88　皮肤呈瓣状撕裂创（左 1 图：清创前；左 2 图：清创后；右 2 图：缝合后；右 1 图：包扎后）

（二）刺创

【发病原因】刺创一般是由于尖钉、尖桩或其它尖锐物（钢丝、草叉等）刺入皮肤和肌肉形成的。

【临床症状】创口小，创道狭而长（图 3-89），常伴发深部组织被损伤，并发内出血或形成组织内血肿。当致伤异物在创内折断而存留时，刺创极易感染化脓，甚至形成化脓性窦道，或引起厌氧菌感染。

【安全用药】深部刺伤非常危险，决不可因为看到只是一个小孔而认为无关大局，随便对表面清洗擦干就了结，因为这种伤口给细菌的侵入开了方便之门，最危险的是容易继发破伤风。应该在拔除异物之后，给伤口内注入 0.1% 高锰酸钾溶液或 3% 过氧化氢溶液进行彻底消毒，然后给创道内灌注 5% 碘酊或抗生素药液。注射破伤风抗毒素。根据实际情况决定是否缝合。

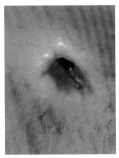

图 3-89　刺创

六、血肿

血肿是由于各种外力作用，导致血管破裂，溢出的血液分离周围组织，形成充满血液的腔洞。

【发病原因】血肿常见于软组织非开放性损伤，但骨折、刺创、火器创也可形成血肿。血肿形成的速度较快，其大小决定于受伤血管的种类、粗细和周围组织性状，一般均呈局限性肿胀，且能自然止血。较大的动脉破裂时，血液沿筋膜下或肌间浸润，形成弥漫性血肿。较小的血肿，由于血液凝固而缩小，其血清部分被组织吸收，凝血块在蛋白分解酶的作用下软化、溶解和被组织逐渐吸收。其后由于周围肉芽组织的新生，使血肿腔结缔组织化。较大的血肿周围，可形成较厚的结缔组织囊壁，其中央仍贮存未凝的血液，时间较久则变为褐色甚至无色。

图 3-90　腹侧壁的巨大血肿

图 3-91　奶牛背部皮下血肿

【临床症状】牛的血肿常发生于胸前和腹部（图3-90）。血肿可发生于皮下、筋膜下、肌间、骨膜下及浆膜下（图3-91～图3-93）。根据损伤的血管不同，血肿分为动脉性血肿、静脉性血肿和混合性血肿。血肿的临床特点是肿胀迅速增大，肿胀呈明显的波动感或饱满有弹性。穿刺时，可排出血液（图3-94，视频3-5）。4～5天后肿胀周围坚实，并有捻发音，中央部有波动，局部增温，由于凝固有时穿刺无血液。有时可见局部淋巴结肿大和体温升高等全身症状。

视频3-5

 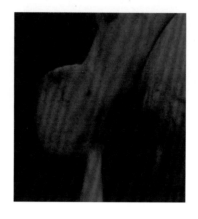 

图 3-92 乳房内部发生的血肿　图 3-93 跗关节外侧发生的血肿　图 3-94 血肿穿刺排出血液

【诊断】根据发病病因及临床症状（肿胀迅速、穿刺有血液）一般可以确诊。

【类症鉴别】

1. 与脓肿的鉴别

（1）相似点　局部增温，肿胀，有波动。
（2）不同点　脓肿穿刺有脓液流出。

2. 与淋巴外渗的鉴别

（1）相似点　物器撞击后出现肿胀，有波动感。
（2）不同点　淋巴外渗一般撞击后几天才出现肿胀，无热无痛，穿刺有橙黄色稍透明的淋巴液流出。

【安全用药】治疗重点应从制止溢血、防止感染和排出积血着手。可于患部涂5%碘酊，缠上压迫绷带。经4～5天后，可穿刺或切开血肿，排除积血或凝血块和挫灭组织，如发现继续出血，可行结扎止血，清理创腔后，再行缝合创口或开放疗法。

七、淋巴外渗

淋巴外渗是在钝性外力作用下，由于淋巴管断裂，致使淋巴液积聚于组织内的一种非开放性损伤。

【发病原因】原因是钝性外力在动物体上强行滑擦，致使皮肤或筋膜与其下部组织发生分离，淋巴管发生断裂。

【临床症状】淋巴外渗经常发生于淋巴管较丰富的皮下结缔组织，而筋膜下或肌间则较少。大动物常发生于颈部、胸前部、鬐甲部、腹侧部、臀部和股内侧部等（图 3-95）。淋巴外渗在临床上发生缓慢，一般于伤后 3～4 天出现肿胀，并逐渐增大，有明显的界限，呈明显的波动感，皮肤不紧张，炎症反应轻微。穿刺液为橙黄色稍透明的液体，或其内混有少量的血液。时间较久，析出纤维素块，如囊壁有结缔组织增生，则呈明显的坚实感。

【诊断】根据发病原因及临床症状（肿胀逐渐增大、穿刺有淋巴液）一般可以确诊。

【类症鉴别】

1. 与血肿的鉴别

（1）相似点　物器撞击后出现肿胀，有波动感。

（2）不同点　血肿一般撞击后迅速出现肿胀，稍有热痛，穿刺有血液流出。

2. 与脓肿的鉴别

（1）相似点　肿胀，有波动。

（2）不同点　脓肿病初有热痛，病稍久无热、无痛，而在肿胀中心显波动，穿刺有脓液流出。

3. 腹侧壁的淋巴外渗与外伤性腹壁疝的鉴别

（1）相似点　钝器撞击后出现肿胀，无热、无痛，皮肤无损伤。

（2）不同点　外伤性腹壁疝可在肿胀的偏上方摸到疝孔，听诊有肠蠕动音，疝孔大时，肿部内容物可还纳腹腔。

【安全用药】

（1）首先使动物安静，有利于淋巴管断端的闭塞。

（2）较小的淋巴外渗可不必切开，于波动明显部位，用注射器抽出淋巴液，然后注入95% 酒精或酒精福尔马林液（95% 酒精 100 毫升、福尔马林 1 毫升、5% 碘酊 1 毫升，混合备用），停留片刻后，将其抽出，以期淋巴液凝固堵塞淋巴管断端，而达制止淋巴液流出的目的。应用一次无效时，可行第二次注入。

（3）较大的淋巴外渗，可行切开（图 3-96），排出淋巴液及纤维素（图 3-97），用酒精福尔马林液冲洗，并将浸有上述药液的纱布填塞于腔内（图 3-98），作假缝合。当淋巴管完全闭塞后，可按创伤治疗。

（4）治疗时应当注意，长时间的冷敷能使皮肤发生坏死；温热、刺激剂和按摩疗法，均可促进淋巴液流出和破坏已形成的淋巴栓塞，因此都不宜应用。

八、脓肿

脓肿是指在任何组织或器官内形成外有脓肿膜包裹，内有脓汁潴留的局限性脓腔。如果在解剖腔内（胸膜腔、喉囊、关节腔、鼻窦、子宫）有脓汁潴留时则称为蓄脓，如关节蓄脓、上额窦蓄脓、胸膜腔蓄脓、子宫蓄脓等。

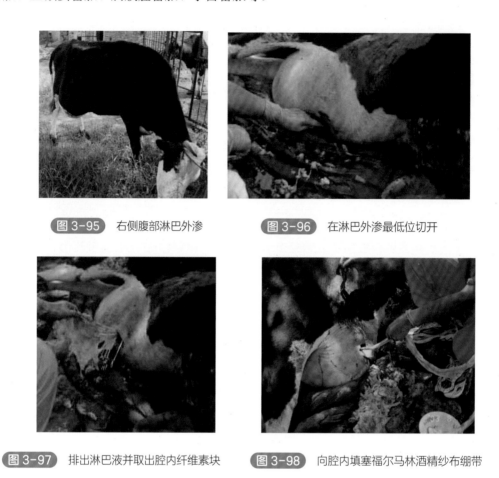

图 3-95 右侧腹部淋巴外渗　　图 3-96 在淋巴外渗最低位切开

图 3-97 排出淋巴液并取出腔内纤维素块　　图 3-98 向腔内填塞福尔马林酒精纱布绷带

【发病原因】本病的主要致病菌是金黄色葡萄球菌（图 3-99），其次是化脓性链球菌（图 3-100）、大肠杆菌、铜绿假单胞菌和化脓棒状杆菌，有时可见结核杆菌、放线菌等。

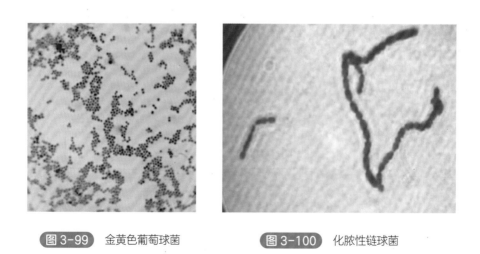

图 3-99 金黄色葡萄球菌　　图 3-100 化脓性链球菌

刺激性强的化学药品，如氯化钙、高渗盐水、水合氯醛等被误注或注射时漏入皮下、肌肉也能发生脓肿；注射时不遵守无菌操作规程可于注射部位发生脓肿；由原发病的细菌经血液或淋巴循环转移至新的组织或器官内则形成转移性脓肿。往往是由于炎症组织在细菌产生的毒素或酶的作用下，发生坏死、溶解，形成脓腔，腔内的渗出物、坏死组织、脓细胞和细菌等共同组成脓液。由于脓液中的纤维蛋白形成网状支架才使得病变限制于局部，使脓腔周围充血水肿和白细胞浸润，最终形成肉芽组织增生为主的脓腔包膜。

【临床症状】按脓肿发生部位，可分为浅在性脓肿和深在性脓肿。

1. 浅在性脓肿

浅在性脓肿又分为浅在性热性脓肿和浅在性冷性脓肿。浅在性热性脓肿常发生于皮肤、皮下结缔组织、筋膜下及表层肌肉组织内（图3-101～图3-104）。初期局部肿胀无明显的界限而稍高出于皮肤表面。触诊时局部温度增高，坚实有剧烈的疼痛反应。以后肿胀的界限逐渐清晰并在局部组织细胞、致病菌和白细胞崩解破坏最严重的地方开始软化并出现波动（图3-105）。由于脓汁溶解表层的脓肿膜和皮肤，脓肿可自溃排脓（视频3-6）。

视频 3-6

但常因皮肤溃口过小，脓汁不易排尽。浅在性冷性脓肿，一般发生缓慢，局部缺乏急性炎症的主要症状（图3-106，图3-107），即虽有明显的肿胀和波动感，但缺乏或仅有非常轻微的温热和疼痛反应。

2. 深在性脓肿

发生在深层肌肉、肌间、骨膜下、腹膜下及内脏器官中。由于脓肿部位深在，局部肿胀增温的症状常见不到。但常出现皮肤及皮下结缔组织的炎性水肿，触诊时有疼痛反应并常有指压痕。深在性脓肿未能及时切开，其脓肿膜在脓汁的作用下容易发生变性坏死，最后在脓汁的压力下可自行破溃。脓汁沿解剖学通路下沉形成流注性脓肿。这时新的流注性脓肿和原发性脓肿之间经常有一个或多个通道互相连通。由于患病牛从局部吸收大量的有毒分解产物而出现明显的全身症状，严重时还可能引起败血症。内脏器官脓肿常常是转移性脓肿或败血症的结果。如在牛创伤性心包炎时，心包、膈肌、网胃和膈连接处常见到多发性脓肿。患牛慢性消瘦、体温升高、食欲和精神不振（图3-108），血常规检查时白细胞数明显增多，特别是分叶核白细胞显著增多。

图 3-101 右颜面部浅在性热性脓肿

图 3-102 左后肢股部浅在性热性脓肿

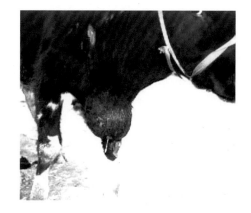

图 3-103 牛颌下浅在性热性脓肿　　图 3-104 奶牛胸前浅在性热性脓肿

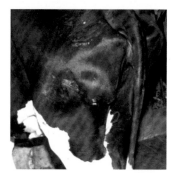

图 3-105 肿胀的界限清晰并出现波动　　图 3-106 臀部浅在性冷性脓肿

图 3-107 肩部浅在性冷性脓肿　　图 3-108 患腹腔脓肿的牛，消瘦、脱水、全身症状明显

　　【诊断】根据上述临床症状对浅在性脓肿比较容易确诊，深在性脓肿可进行诊断性穿刺和超声波检查后确诊。当脓汁稀薄时可从针孔直接排出脓汁，脓腔内脓汁过于黏稠时常不能排出脓汁，可用注射器抽吸脓汁或可见到针孔内常有干涸黏稠的脓汁或脓块附着。临床上必须与其他肿块性疾病如血肿、淋巴外渗、挫伤和某些疝、肿瘤等相区别，且不能盲目穿刺，以免损伤重要器官组织。

【类症鉴别】

1. 与血肿的鉴别

（1）相似点　局部增温，肿胀，有波动。

（2）不同点　血肿一般撞击后迅速出现肿胀，针刺有血液流出。

2. 与淋巴外渗的鉴别

（1）相似点　肿胀，有波动。

（2）不同点　淋巴外渗一般撞击后几天才出现肿胀，无热无痛，穿刺有橙黄色稍透明的淋巴液流出。

3. 腹侧壁脓肿与外伤性腹壁疝的鉴别

（1）相似点　肿胀，有波动。

（2）不同点　外伤性腹壁疝钝器撞击后出现肿胀，可在肿胀的偏上方摸到疝孔，听诊有肠蠕动音，疝孔较大时，肿胀部位的内容物可还纳腹腔。

4. 与蜂窝织炎的鉴别

（1）相似点　局部肿胀，有热痛。

（2）不同点　蜂窝织炎局部肿胀迅速大面积扩散，增温，疼痛剧烈和机能障碍，并有全身症状。

【预防措施】注射给药时应执行严格无菌操作规程；经静脉注射刺激性药物时，应避免将其漏出静脉；发生外伤时，应及时处理，防止感染。

【安全用药】治疗原则是初期消炎止痛、促进炎性产物吸收，后期促进脓肿成熟、排出脓汁。若出现全身症状时，及时采用抗菌消炎、强心补液等对症疗法。

（1）消炎、止痛及促进炎性产物的消散吸收　对于脓肿的初期，可涂以有消炎止痛作用的软膏（红霉素软膏、鱼石脂软膏等），亦可使用冷疗法。或用1%普鲁卡因青霉素溶液分点注射于脓肿周围，或采用复方醋酸铅散于患部冷敷，以促进炎症的消退和局限化。

（2）促进脓肿成熟　当炎性渗出停止后，局部可用温热疗法，或用 10% ～ 30% 鱼石脂软膏涂敷，促进脓肿成熟。同时配合应用抗生素或磺胺类药物。

（3）手术疗法　当局部已出现波动后要及时进行手术疗法。常用的手术疗法有三种：脓汁抽出法、脓肿切开法、脓肿摘除法。

① 脓汁抽出法。适用于病变部位不宜进行脓肿切开、脓肿膜形成良好的小脓肿，特别是关节部的小脓肿。其方法是利用较粗的针头刺入脓肿内，并用注射器将脓肿腔内的脓汁抽出，然后用生理盐水反复冲洗脓腔，洗净脓腔后，再抽净腔中的液体，最后灌注混有抗生素的溶液（图 3-109，图 110）。

② 脓肿切开法。脓肿成熟出现波动后立即切开（图 3-111、图 3-112）。a. 切口应选择在波动最明显且容易排脓的部位。b. 按手术常规对局部进行剪毛消毒，再根据情况对动物作局部或全身麻醉。c. 切开前为了防止脓肿内压力过大脓汁向外喷射，可先用粗针头将脓汁排出一部分。d. 切开时一定要防止外科刀损伤对侧的脓肿膜。e. 切口要有一定的长度并

作纵向切口以保证在治疗过程中脓汁能顺利地排出。f. 深在性脓肿切开时除进行确实麻醉外，最好进行分层切开，并对出血的血管进行仔细的结扎或钳夹止血，以防引起脓肿的致病菌进入血液循环，而被带至其他组织或器官发生转移性脓肿。g. 脓肿切开后，要尽量排尽脓汁，但切忌用力压挤脓肿壁，或用棉纱等粗暴擦拭脓肿膜里面的肉芽组织，这样就有可能损伤脓肿腔内的肉芽性防卫面而使感染扩散。h. 如果一个切口不能彻底排空脓汁时，可根据情况作必要的辅助切口，如反对孔等（图 3-113）。i. 对浅在性脓肿可用较温和的防腐液（3% 双氧水、0.1% 新洁尔灭溶液等）或生理盐水反复清洗脓腔；刺激性大的防腐剂，如碘、汞、黄色素等用于伤口处理时，会破坏细胞，延迟愈合；最后用脱脂纱布轻轻吸出残留在腔内的液体。j. 切开后的脓肿创口可按化脓创进行外科处理，装置油剂类或高渗纱布引流条（图 3-113），定时（24 ～ 48 小时）清洗脓腔和更换引流条，直至伤口愈合。

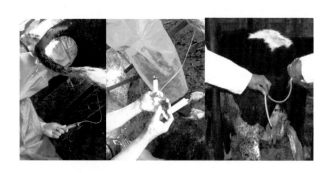
图 3-109　阴道壁脓肿穿刺排脓

图 3-110　对脓腔进行冲洗

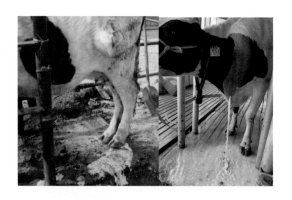
图 3-111　站立保定，切开排出脓汁

图 3-112　倒卧保定，切开排出脓汁

③ 脓肿摘除法。常用以治疗脓肿膜完整的浅在性小脓肿。在小脓肿周围的健康组织上完整切除脓肿，然后缝合形成新的无菌手术创。此时需注意勿刺破脓肿膜，防止新鲜手术创被脓汁污染。

（4）中药疗法

① 脓肿初期，用大黄、黄柏、姜黄、白芷、天花粉各 30 克，天南星、陈皮、苍术、厚朴各 25 克，甘草 15 克，共为细末，醋调，涂于患部。

② 脓肿破溃后，用 2% ～ 4% 黄柏溶液洗涤创口，然后用炉甘石 1.5 克、滑石 30 克、

龙骨 15 克、朱砂 3 克、冰片 1 克，研极细末，撒于创口。

九、蜂窝织炎

在疏松结缔组织内发生的急性弥漫性化脓性炎症称为蜂窝织炎。它常发生在皮下、筋膜下、黏膜下、肌间隙、气管及食道周围的蜂窝组织内，以其中形成浆液性、化脓性和腐败性渗出液并伴有明显的全身症状为特征。

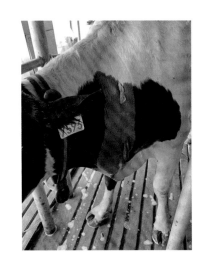

图3-113　脓肿切开排脓后，纱布条引流
（上口即反对孔）

【发病原因】引起蜂窝织炎的致病菌主要是溶血性链球菌，其次为金黄色葡萄球菌，亦可为大肠杆菌、厌氧菌及其他链球菌等，比较少见的是腐败菌或化脓菌和腐败菌混合感染。一般是经皮肤或黏膜的微细创口而引起的原发性感染，也可能继发于邻近组织或器官化脓性感染的直接扩散，或通过血液循环和淋巴道转移。偶尔见继发于某些传染病，或疏松结缔组织内误注或漏入刺激性强的化学制剂后也能发生。

【临床症状】蜂窝织炎时病程发展迅速。其局部症状主要表现为大面积肿胀、局部增温、疼痛剧烈和机能障碍。其全身症状主要表现为病牛精神沉郁、体温升高、食欲不振并出现各系统（循环、呼吸及消化系统等）的机能紊乱。由于发病的部位不同其症状亦有差异。

1. 皮下蜂窝织炎

常发生于四肢（特别是后肢）（图3-114），主要是由于外伤感染所引起。病初局部出现弥漫性渐进性肿胀。触诊时热痛反应非常明显。初期触诊肿胀呈现捏粉状有指压痕，后则变为稍坚实感。局部皮肤紧张，无可动性。随着炎症的进展，局部的渗出液则由浆液性转变为化脓性浸润。此时患部肿胀更加明显，热痛反应剧烈，病牛体温显著升高。随着局部坏死组织的化脓性溶解而出现化脓灶，触诊柔软而有波动感。

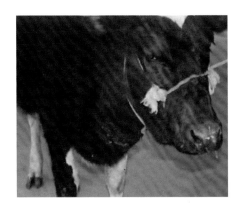

图3-114　牛后肢股部蜂窝织炎　　　　**图3-115**　颈下部蜂窝织炎

2. 筋膜下蜂窝织炎

常发生于前肢的前臂筋膜下、鬐甲部的深筋膜和棘横筋膜下、背腰部的深筋膜下，以及后肢的小腿筋膜下和股阔筋膜下的疏松结缔组织中（图3-115）。其临床特征是患部热痛反应剧烈，机能障碍明显，患部组织呈坚实性炎性浸润。病程根据发病筋膜的局部解剖学特点而向周围蔓延，全身症状严重恶化，甚至发生全身化脓性感染而引起动物的死亡。

3. 肌间蜂窝织炎

常继发于开放性骨折、化脓性骨髓炎、关节炎及腱鞘炎之后。有些是由于皮下或筋膜下蜂窝织炎蔓延的结果。感染可沿肌间和肌群间大动脉及大神经干的径路蔓延。首先是肌外膜，然后是肌间组织，最后是肌纤维。先发生炎性水肿（图3-116），继而形成化脓性浸润并逐渐发展成为化脓性溶解。患部肌肉肿大、肥厚、坚实、界限不清，机能障碍明显，触诊和他动运动时疼痛剧烈（图3-117）。表层筋膜因组织内压增高而高度紧张，皮肤可动性受到很大的限制。肌间蜂窝织炎时全身症状明显，体温升高、精神沉郁、食欲不振。局部已形成脓肿时，切开后可流出灰色、常带血样的脓汁。有时由化脓性溶解可引起关节周围炎、血栓性血管炎和神经炎。

图 3-116　牛左侧腹壁蜂窝织炎，大面积的炎性肿胀　　图 3-117　左侧胸壁胸肌、肌间蜂窝织炎

当向颈静脉注射刺激性强的药物时，若漏入到颈部皮下或颈深筋膜下，能引起筋膜下的蜂窝织炎。注射后经1～2天局部出现明显的渐进性肿胀，有热痛反应，但无明显的全身症状。当并发化脓性或腐败性感染时，则经过3～4天后局部即出现化脓性浸润，继而出现化脓灶。若未及时切开，则可自行破溃而流出微黄白色较稀薄的脓汁。它能继发化脓性血栓性颈静脉炎。当牛采食时，由于饲槽对患部的摩擦或其他原因，常造成颈静脉血栓的脱落而引起大出血。

【诊断】根据发病病因和临床特征（局部大面积肿胀、增温、疼痛剧烈和机能障碍，并有全身症状）可以做出诊断。

【类症鉴别】

1. 与脓肿的鉴别

（1）相似点　局部肿胀，有热痛。

（2）不同点　脓肿肿胀面积不会迅速扩大，全身不显症状。后期肿胀无热，四周边缘坚硬，顶部柔软有波动，穿刺有脓液流出。

2. 与牛气肿疽的鉴别

（1）相似点　局部肿胀，有热痛，跛行，体温高（41～42℃），精神不振。

（2）不同点　牛气肿疽病有传染性，体温较高，肿胀多在四肢上部，初热痛，后中央变冷，无痛，按压有捻发音，叩之鼓音，流行初期常在 24 小时内死亡。

3. 与恶性水肿的鉴别

（1）相似点　体温高（40～41℃），减食，肿胀扩大迅速，初有热痛。

（2）不同点　恶性水肿有传染性，肿胀初坚硬、灼热、疼痛，后变无热、无痛，按压柔软，有轻度捻发音，多发生在颈部，呼吸困难，如切开肿胀流出含有少数气泡的褐红色或淡黄色液体，常 1～3 天死亡。

【预防措施】平时注意牛体清洁卫生，一有创伤，立即消毒处理，防止感染。如病仅限于局部小面积，针对局部治疗即可，如面积较大或几处发病，必须局部治疗、全身治疗同时进行。

【安全用药】蜂窝织炎治疗原则是：减少炎性渗出、抑制感染扩散、减轻组织内压、改善全身状况、增强机体抗病能力。

1. 局部疗法

（1）控制炎症发展和促进炎症产物消散吸收　①最初 24～48 小时内，可用冷敷(10% 鱼石脂酒精、90% 酒精、醋酸铅明矾液、栀子浸液)，涂以醋调制的醋酸铅散。②用 0.5% 盐酸普鲁卡因青霉素溶液作病灶周围封闭。③当炎性渗出已基本平息(病后 3～4 天)，可用上述溶液温敷；也可使用 He-Ne 激光照射、超短波及微波电疗等。④在蜂窝织炎的治疗上，亦可外敷雄黄散，内服连翘散。

（2）手术切开　①倘若冷敷后，炎性渗出不见减轻，组织出现增进性肿胀，病牛体温升高和其他症状都有明显恶化的趋向时，应立即进行手术切开。②局限性蜂窝织炎脓肿时，可等待其出现波动后再行切开。③手术切开时应根据情况做局部或全身麻醉。④浅在性蜂窝织炎应充分切开皮肤、筋膜、腱膜及肌肉组织等。⑤切口必须有足够的长度和深度，作好纱布条引流。⑥必要时应造反对孔。⑦四肢应作多处切口，最好是纵切或斜切。⑧伤口止血后可用中性盐类高渗溶液（常用的是 10% 硫酸镁或硫酸钠的溶液）作引流以利于组织内渗出液的外流（图 3-118）。

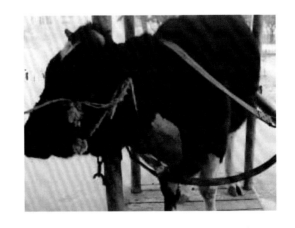

图 3-118　剃毛消毒后，做小切口切开皮肤和肌肉，用 10% 硫酸镁纱布引流减压，防止组织压迫坏死

2. 全身疗法

① 早期应用抗生素疗法、磺胺疗法及盐酸普鲁卡因青霉素封闭疗法。②对病牛要加强饲养管理，特别是多给些富有维生素的饲料。③注意纠正水和电解质及酸碱平衡的紊乱，进行合理的输液。

十、疝

疝，俗称"疝气"，是腹部的内脏器官从自然孔道或病理性破裂孔脱出至皮下或其他解剖腔的一种常见疾病。临床常见的有脐疝和外伤性腹壁疝。

（一）脐疝

脐疝是指腹腔内脏器官从扩大了的脐孔进入皮下而引起的疾病。临床上以脐部出现局限性球形肿胀为特征。

【发病原因】脐疝多发生于犊牛，可见于初生时，或出生后数天或数周。主要由于先天性脐部发育缺陷，犊牛出生后脐孔闭合不全；母牛分娩期间强力撕咬脐带，造成断脐过短；分娩后过度舔犊牛脐部，导致脐孔不能正常闭合而发病。亦见于犊牛出生后脐带化脓感染，从而影响脐孔正常闭合而发生本病。

【临床症状】脐部出现局限性球形隆起，触摸柔软，无痛，多易整复，也有的紧张，但缺乏红、痛、热等局部炎性反应。疝内容物由拳头大小可发展至小儿头大甚至更大（图3-119）。病初多数能在改变体位时疝内容物还纳回腹腔，并可摸到疝轮，听诊可听到肠蠕动音。随结缔组织增生，脐疝因内容物与疝囊或疝孔缘发生粘连或嵌闭，则不能还纳入腹腔，触诊囊壁紧张且富有弹性，并不易触及脐孔。病牛表现不安，食欲废绝。如继发腹膜炎，则体温升高，脉搏增数，严重时可发生休克。

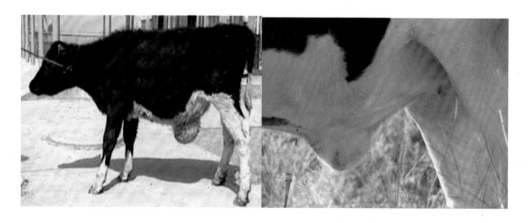

图3-119　犊牛脐疝

【诊断】根据临床症状可做出诊断。
【类症鉴别】与脐部脓肿的鉴别

（1）相似点　脐部肿胀，无热痛。

（2）不同点　脐部脓肿按压肿胀部位不能减少内容物。脐部无疝孔。

【预防措施】犊牛出生后断脐，脐带不宜留得太短；断脐带后要严格消毒，一旦有炎症时应立即治疗；及时制止过度舔犊牛脐部的行为。

【安全用药】本病可根据具体情况采用保守疗法和手术疗法。

（1）保守疗法　适用于疝轮较小的犊牛。取 95% 酒精或 10% ～ 15% 氯化钠溶液在疝轮周围分点注射，每点 3 ～ 5 毫升。

（2）手术疗法

①适用于较大的脐疝或疝内容物与疝孔周缘发生粘连的病牛。②术前禁食，仰卧或横卧保定，术部除毛、消毒、隔离，局部浸润麻醉，做纺锤形切口，打开疝囊，暴露疝内容物。③疝内容物如无粘连、未嵌闭，可将其直接还纳回腹腔。④若已经发生粘连，需仔细剥离，若为网膜，也可将其切除。⑤肠管发生嵌闭时，若嵌闭肠管已坏死，则需切除坏死肠管做端端吻合术。⑥最后对脐孔进行修整，采用水平褥式或重叠褥式缝合法缝合脐孔，皮肤做结节缝合，术部包扎结系绷带。⑦术后精心护理，不宜喂得过饱，限制剧烈活动，若有体温升高，可用抗生素治疗 5 ～ 7 天。

（二）外伤性腹壁疝

外伤性腹壁疝是由于腹肌和腹膜受到破坏，腹腔内脏通过破裂孔进入皮下而引起的疾病。临床上以外伤部位出现局限性肿胀为特征。

【发病原因】本病多由强大的钝性暴力所致。如踢蹴、冲撞、牛角抵撞、外力打击或倒于地面突出的物体上等，造成腹肌和腹膜破裂，但由于皮肤的韧性和弹性大，仍保持其完整性，使腹腔内的脏器脱至腹壁皮下而形成。此外，腹腔手术中，由于缝线过细或打结不牢，也可发生本病。牛常见的是在左侧腹壁的瘤胃疝及右侧剑状软骨部的皱胃疝。

【临床症状】腹壁受伤后多在局部突然形成一个局限性柔软的扁平或半球形隆起（图3-120，图3-121），1 ～ 2 天后周围出现浮肿。初期与血肿不易鉴别，肿胀部位触之温热疼痛，用力压迫突起部，疝内容物可还纳入腹腔，同时可摸到疝轮。随着炎性肿胀消退和病程延长，触诊肿胀部位无热无痛，疝囊柔软有弹性。通常情况下，全身症状不明显，但若为小肠大量脱出至皮下，引起嵌闭性疝时，可发生腹痛，甚至肠坏死而致死。

图3-120　剖腹产继发的腹底壁疝　　　　**图3-121**　奶牛右腹下巨大腹壁疝

【诊断】根据发病病因，并结合触诊能摸到疝孔，听诊能听到肠蠕动音等症状时可确诊。

【类症鉴别】

1. 与腹侧壁淋巴外渗的鉴别

（1）相似点：钝器撞击后出现肿胀，无热、无痛，皮肤无损伤。
（2）不同点：腹侧壁淋巴外渗一般撞击后几天才肿胀，按压不现疝孔，内容物不能消失，无肠蠕动音。

2. 与腹侧壁脓肿的鉴别

（1）相似点：肿胀，无热痛。
（2）不同点：腹侧壁脓肿按压肿胀部位内容物不能减少，按压不现疝孔，无肠蠕动音。

【预防措施】加强饲养管理，避免牛之间争斗；牛舍及运动场内不能有矮木桩类物体，以避免牛误撞后发生腹壁疝；腹腔手术时要严格按照要求进行，避免发生手术疝。

【安全用药】采用手术疗法，手术宜早不宜迟，最好在发病后立即手术。

（1）保定与麻醉　站立或侧卧保定，做局部浸润或腰旁神经干传导麻醉，同时配合应用静松灵等注射液进行全身浅麻醉。

（2）手术切开与还纳疝内容物　病初，疝内容物尚未粘连时，可在疝轮附近作切口；如已粘连，可在疝囊皮肤上做梭形切口，钝性分离皮下组织，还纳疝内容物。

（3）疝孔闭合　新鲜性疝孔一般需采用水平褥式或垂直褥式缝合；陈旧性疝孔大多瘢痕化，应切削成新鲜创面再行缝合。

（4）皮肤缝合　最后对疝囊皮肤做适当修整，采用减张缝合法闭合皮肤切口，打结系绷带。

（5）术后护理　术后适当控制饮食，减少活动量，防止摔跌。

十一、牛乳头状瘤

乳头状瘤由皮肤或黏膜的上皮转化而来。它是最常见的表皮良性肿瘤之一，可发生于各种动物的皮肤。该肿瘤可分为传染性和非传染性两种，传染性乳头状瘤多发生于牛，并散播于体表呈疣状分布，所以又称为"乳头状瘤病"。

【病原与流行特征】牛乳头状瘤，发病率最高，病原为牛乳头状瘤病毒（BPV），具有严格的种属特异性，不易传播给其他动物。传播媒介是吸血昆虫或接触传染。易感性不分品种和性别，其中以2岁以下的牛最多发。传染性疣如经口侵入，可见口、咽、舌、食管、胃肠黏膜发生此瘤。公牛生殖器乳头状瘤常因交配感染母牛阴门、阴道。

【临床症状】该病潜伏期为3～4个月，其好发部位为牛的面部（图3-122，图3-123）、颈部（图3-124）、肩部和下唇（图3-125），尤以眼、耳的周围最多发（图3-126）；成年母牛的乳头（图3-127）、阴门、阴道有时发生；雄性可发生于包皮、阴茎、龟头部。乳头状瘤的外形，上端常呈乳头状或分支的乳头状突起，表面光滑或凹凸不平，可呈结节状或菜花状等（图3-128），瘤体可呈球形、椭圆形，大小不一（图3-129），小者米粒大，大者可达几千克，有单个散在（图3-130），也可多个集中分布（图3-131）。皮肤的乳头状瘤（图 3-132），颜色多为灰白色、淡红或黑褐色。瘤体表面无毛，时间经过较久的病例常有裂隙，摩擦易破裂脱落。其表面常有角化现象。发生于黏膜的乳头状瘤还可呈团块状，但黏膜的乳头状瘤则一般无角化现象。瘤体损伤易出血（图 3-132）。病灶范围大和病程过长的牛，可见食欲减退，体重减轻。乳房、乳头的病灶，则造成挤奶困难，或引起乳腺炎。雄性生殖器官乳头状瘤常因交配感染雌性动物阴门、阴道。

图 3-122 面部乳头状瘤
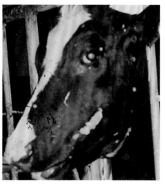
图 3-123 头面部乳头状瘤

图 3-124 颈部乳头状瘤

图 3-125 唇部乳头状瘤图

图 3-126 眼、耳的周围最多发乳头状瘤

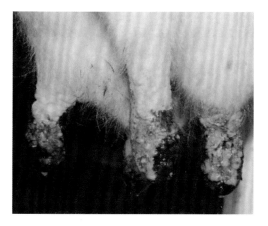
图 3-127 乳头的乳头状瘤

图 3-128 乳头状瘤呈菜花样

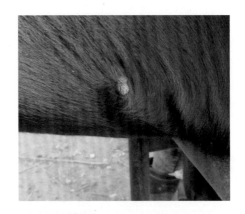

图 3-129　瘤体可呈球形、椭圆形，大小不一　　图 3-130　单个散在的乳头状瘤

图 3-131　多个集中分布的乳头状瘤　　图 3-132　容易损伤出血的乳头状瘤瘤体

【诊断】根据流行特征与临床症状基本可以诊断。

【预防措施】据报道，自家疫苗接种可预防本病，效果可高达87%。目前国外有市售的牛乳头状瘤疫苗供应。

【安全用药】治疗本病的主要措施是采用手术切除，或烧烙、冷冻及激光疗法。有蒂的，结扎蒂部，切断其血液供给，即可将其除去。

十二、脱肛与直肠脱

脱肛和直肠脱是指直肠末端的黏膜层脱出肛门（脱肛）或直肠一部分，甚至大部分向外翻转脱出肛门（直肠脱）。严重的病例在发生直肠脱的同时并发肠套叠或直肠疝。本病多见于幼龄动物。

【发病原因】直肠脱是由多种原因综合的结果，但主要原因是直肠韧带松弛，直肠黏膜下层组织和肛门括约肌松弛和机能不全。而直肠全层肠壁脱垂，则是由于直肠发育不全、萎缩或神经营养不良造成肛门括约肌松弛无力，不能保持直肠正常位置所引起。直肠脱的诱因为长时间泻痢、便秘、病后瘦弱、病理性分娩，或用刺激性药物灌肠后引起强烈努责，腹内压增高促使直肠向外突出。

【临床症状】轻者，直肠在病犊卧地或排粪后会发生部分脱出，即直肠部分性或黏膜性脱垂。在发生黏膜性脱垂时，直肠黏膜的皱襞往往在一定的时间内不能自行复位，若此现象经常出现，则脱出的黏膜发炎，很快地在黏膜下层形成高度水肿，失去自行复原的能力。临床诊断可在肛门口处见到圆球形、颜色淡红或暗红的肿胀（图 3-133）。随着炎症和水肿的发展，则直肠壁全层脱出，即直肠完全脱垂。诊断时，可见到由肛门内突出呈圆筒状下垂的肿胀物。由于脱出的肠管被肛门括约肌箝压，而导致血循障碍，水肿更加严重。同时，因受外界的污染，表面污秽不洁，沾有泥土和草屑等，甚至发生黏膜出血、糜烂、坏死和继发损伤（图 3-134）。此时，病犊牛经常伴有全身症状，体温升高、食欲减退、精神沉郁，并且频频努责，做排粪姿势。

 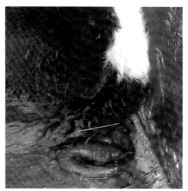

图 3-133　肛门口处颜色暗红的圆球形肿胀　　图 3-134　脱出的肠管已有部分坏死

【类症鉴别】与阴道脱的鉴别
（1）相同点　尾根下有拳头大凸出的黏膜球状物。
（2）不同点　阴道脱是由阴门脱出，而不是由肛门凸出。
【预防措施】发病初期及时治疗便秘、下痢等，并注意饲予青草和软干草，充分饮水。
【安全用药】对脱出的直肠，则根据具体情况，参照下述方法及早进行治疗。

1. 整复

适用于发病初期或黏膜性脱垂的病犊牛。整复应尽可能在直肠壁及直肠周围蜂窝组织未发生水肿以前施行。

（1）先用 0.25% 温热的高锰酸钾溶液或 1% 明矾溶液清洗患部，除去污物或坏死黏膜，然后用手指谨慎地将脱出的肠管还纳原位。为了保证顺利地整复，可使躯体后部稍高。

（2）在肠管还纳复原后，可在肛门处给予温敷以防再脱。

（3）为了减轻疼痛和挣扎，最好给病犊牛施行荐尾硬膜外腔麻醉或直肠后神经传导麻醉。

（4）为防再度脱出，应做肛门环缩术：用弯三棱针系 10# 缝线，线端穿上青霉素胶盖，缝针距肛门缘 1.5～2 厘米处的 6 点钟处刺入皮下，经皮下至 3 点钟处穿出（图3-135），再缝合上一个胶盖，缝针于 2～3 点钟之间的皮外进针，经皮下于 12 点钟处出针（图 3-136），再缝合上一个胶盖，在 9 点钟处同样出针，再缝合上一个胶盖，至 6 点钟处的胶盖进针与出针，缝线绕肛门一周，抽紧两线头使肛门缩小并打个活结

（图 3-137）。

  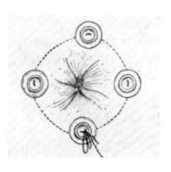

图 3-135 用弯三棱针系 10# 缝线，线端穿上青霉素胶盖，缝针距肛门缘 1.5 ～ 2 厘米处的 6 点钟处刺入皮下，经皮下至 3 点钟处穿出

图 3-136 再缝合上一个胶盖，缝针于 2 ～ 3 点钟之间的皮外进针，经皮下于 12 点钟处出针

图 3-137 再缝合上一个胶盖，在 9 点钟处同样出针，再缝合上一个胶盖，至 6 点钟处的胶盖进针与出针，缝线绕肛门一周，抽紧两线头使肛门缩小并打个活结

2. 黏膜剪除法

是我国民间传统治疗动物直肠脱的方法，适用于脱出时间较长、水肿严重、黏膜干裂或坏死的病例。其操作方法是按"洗、剪、擦、送、温敷"五个步骤进行。步骤一：先用温水洗净患部，继以温防风汤（防风、荆芥、薄荷、苦参、黄柏各 12 克，花椒 3 克，加水适量，煎两沸，去渣，候温待用）冲洗患部。步骤二：其后用剪刀剪除或用手指剥除干裂坏死的黏膜，再用消毒纱布兜住肠管，撒上适量明矾粉末揉擦，挤出水肿液。步骤三：再用温生理盐水冲洗后，涂 1% ～ 2% 的碘石蜡油润滑。步骤四：然后再从肛门腔口开始，谨慎地将脱出的肠管向内翻入肛门内。步骤五：最后在肛门外进行温敷。

3. 固定法

整复后仍继续脱出的病例，则需考虑将肛门周围予以缝合，缩小肛门孔，防止再脱出。方法是：距肛门孔 1 ～ 3 厘米处，做一肛门周围的荷包缝合，收紧缝线，保留 2 ～ 3 指大小的排粪口，打成活结，以便根据具体情况调整肛门口的松紧度，经 7 ～ 10 天病犊牛不再努责时，则将缝线拆除。

4. 直肠周围注射酒精或明矾液

本法是在整复的基础上进行的，其目的是利用药物使直肠周围结缔组织增生，借以固定直肠。临床上，常用 70% 酒精溶液或 10% 明矾溶液注入直肠周围结缔组织中。

5. 直肠部分截除术

手术切除用于脱出过多、整复有困难、脱出的直肠发生坏死、穿孔或有套叠而不能复位的病犊牛。

以上方法实施后喂以麸皮、米粥和柔软饲料，多饮温水，防止卧地。根据病情给予镇痛、消炎等对症疗法。

第三节 以排尿异常为特征的泌尿系统疾病

一、尿石症

尿石症是尿结石嵌入泌尿道，引起出血和炎症，以及造成尿路阻塞，引起排尿机能障碍的疾病。尿结石是尿路中盐类结晶析出所形成的大小不均、数量不等的矿物质凝结物（图3-138）。临床上以腹痛、排尿障碍和血尿为特征。本病主要发生于公畜，各种动物均可发生，牛、羊、犬和猪常见。

【分类与发病原因】

1. 分类

尿石症的种类很多，按其成分可分为磷酸盐或碳酸盐结石、尿酸铵结石、胱氨酸结石、草酸钙结石、硅酸盐结石。按其尿石的所致位置可分为肾结石、输尿管结石、膀胱结石、尿道结石（图3-139）。本病以尿道结石多见，而肾结石、输尿管结石、膀胱结石较少见。

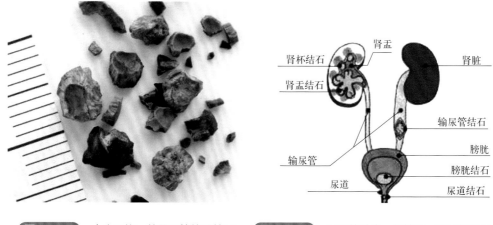

图 3-138 大小不均、数量不等的尿结石　　图 3-139 尿石的种类：肾结石、输尿管结石、膀胱结石、尿道结石

2. 病因

促使尿石症形成的因素有：①性别差异相当悬殊。公母牛的尿道在解剖上有很大差别。例如公牛及阉牛的尿道是位于阴茎中间的一条很细长的管子，长度大于母牛的几倍乃

至十倍，而且有"S"状弯曲及尿道突，结石很容易停留在细长的尿道中，尤其是更容易被阻挡在"S"状弯曲部或尿道突内。母牛的尿道很短，膀胱中的结石很容易通过尿道排出体外。故患结石的均为公牛。②维生素A缺乏时，特别是长期饲喂未经加工处理的棉籽饼粕，易导致结石形成。③长期饲喂高蛋白、高能量、高磷的精饲料。特别是谷类、玉米、大麦、高粱等精料，易引起尿结石的发生。④长期饮硬水（即钙、镁离子含量高的水），容易析出盐类结晶。饮水量与结石有关，饮水量少，尿液浓稠，尿中难溶性或不溶性的盐类物质增高，易与尿中异物结合形成结石。⑤肾和尿路感染。使尿中有炎性产物积聚，成为结石的核心。

【临床症状】 泌尿系统存有少量细砂粒时，没有多大妨害，但若堆积量太多，使排尿受到部分或全部障碍时，就会显出症状。尿石症的特征是排尿疼痛。病牛表现为摇尾不安、后肢踢腹、拱背站立、头抵墙壁、阴茎反复勃起，呈频频排尿姿势，尿呈淋漓滴下或完全无尿。尿石症严重的育肥牛，在阴毛上可见有大量的结石颗粒（图3-140）。在剧烈运动后，多出现血尿，病牛呈紧张步样。触诊尿道外部表现疼痛。如龟头部阻塞，可摸到硬结物。尿闭时间长时，可导致膀胱破裂或尿毒症而死。

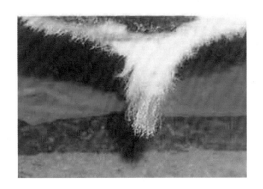

图 3-140　重病育肥牛的阴毛上可见有大量的结石颗粒　　图 3-141　肾脏肿大而充血

【剖检变化】 病变集中表现在排尿生殖系统。肾脏及输尿管肿大而充血（图3-141，图3-142），甚至有出血点（图3-143）。膀胱因积尿而膨大（图3-144），剖开时见有大小不等的颗粒状结石（图3-145），黏膜上有出血点和化脓灶（图3-146）。尿道起端及膀胱颈被结石堵塞（图3-147），有的尿道内也有结石（图3-148）。

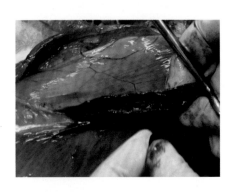

图 3-142　输尿管肿大，管内充满血液　　图 3-143　输尿管内有出血点

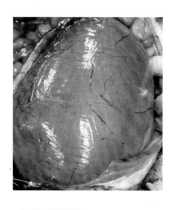

图 3-144　膀胱高度充盈

图 3-145　膀胱内有大小不等的颗粒状结石

图 3-146　黏膜上有出血点和化脓灶

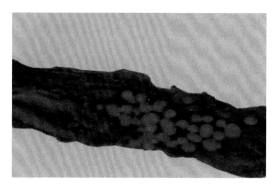

图 3-147　尿道起端及膀胱颈被结石堵塞

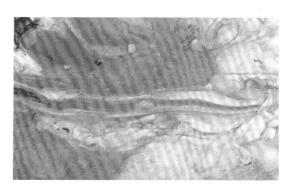

图 3-148　尿道内的结石

【诊断】根据尿频、排尿障碍、血尿等症状可做出初步诊断。确诊要进行 X 射线检查、导尿管进行尿道探诊，进行必要的尿液常规（尤其是尿沉渣、尿路上皮及感染菌的检查）和血液常规检查。

【类症鉴别】

1. 与膀胱炎的鉴别

（1）相似点　尿少，尿血，排尿困难，有疝痛。

（2）不同点　膀胱炎尿中见血多在尿的最后出现，直肠检查膀胱壁肥厚、不平，有压痛。

2. 与尿道炎的鉴别

（1）相似点　排尿困难，尿初有血，排尿时有痛感。
（2）不同点　尿道炎排尿时跺脚，但仍能排出尿液，自龟头至会阴部尿道无阻塞物。

3. 与膀胱麻痹的鉴别

（1）相似点　滴尿，直肠检查膀胱膨满。
（2）不同点　膀胱麻痹尿道无阻塞物，直肠检查时按压膀胱无痛感，但可增加排尿量。

【预防措施】对于舍饲的种公牛，可从饲养管理上进行预防。①增强运动，供给足量的清洁饮水，有条件的可饮磁化水。②在饲料方面，应供给优质的干苜蓿，因其含有大量维生素 A，同时能够供应钙质，以调整麸皮和颗粒饲料中含磷过多的问题。③如果没有苜蓿干草，应给精料中加入 1%～2% 的骨粉或碳酸钙。④以谷物精料为主要日粮的育肥牛场，应在育肥开始时在饲料中添加 1% 的预防尿结石专用添加剂至出栏。⑤在配制育肥牛日粮时，应注意钙与磷的比例不能低于 1.5∶1；应控制麸皮、高粱等高磷饲料的用量，适当添加苜蓿粉或 1% 的氯化铵，并给予充足清洁的饮水。⑥尿路存在炎症时要及时地积极治疗。

【安全用药】本病的治疗原则是消除结石，控制感染，对症治疗。常用下列措施和药物。

（1）立即改变饲养管理　首先对能排尿的牛主要是减去食盐及麸皮，单纯给予青草；其次给饲料中加入黄玉米或苜蓿，同时给病牛大量饮水或投予利尿剂，使细小的尿石随尿排出。

（2）按摩疗法　对于较大与疏松者使之粉碎，随尿冲出，其方法：以大拇指和食指捏住阴茎，自上而下顺次按摩 30～40 次，每天 3 次；或用温热毛巾在结石部位轻轻按摩，每次 5～10 分钟，每天 3 次，促使阴茎松弛，结石疏松，利于排石。

（3）中药疗法　用桃仁、归尾、香附子、滑石、萹蓄各 60 克，红花、鸡内金各 30 克，赤芍、广香各 45 克，海金沙 80 克，金钱草 150 克，木通 90 克，将以上各药碾细，共分 3 次，开水冲灌。每次用药时加水 1500 毫升左右，以增加排尿。

（4）尿道肌肉松弛剂和冲洗法　当尿石症严重时，可使用 10～20 毫升的 2.5% 的氯丙嗪液溶液肌内注射，然后用消毒的、涂擦润滑剂的导尿管，缓慢插入尿道或膀胱，注入消毒液，反复冲洗。

（5）控制感染　控制体内其他细菌的危害，可以注射青霉素和链霉素。

（6）手术疗法　对于不能排尿的，应立即实施手术切开，将尿结石取出。

二、膀胱炎

膀胱炎是膀胱黏膜及其黏膜下层的炎症。临床上以疼痛性频尿和尿中出现较多的膀胱上皮细胞、炎性细胞、血液和磷酸铵镁结晶为特征。各种家畜均可发生，多见于牛、马、犬、猫。多发于母畜，以卡他性膀胱炎多见。

【发病原因】膀胱正常时由于排尿的清洗作业，黏膜局部免疫和尿的抗菌作用对细菌感染有自然防御机能。创伤、尿潴留、难产、导尿、膀胱结石等因素能破坏这些防御机能而造成感染。常见病因有：

1. 细菌感染

化脓杆菌和大肠杆菌、葡萄球菌、链球菌、铜绿假单胞菌、肾棒状杆菌、变形杆菌等以及霉菌毒素经过血液循环或尿路感染而致病。

2. 机械性刺激或损伤

导尿管过于粗硬，插入粗暴，膀胱镜使用不当以致损伤膀胱黏膜。膀胱结石、膀胱内肿瘤、尿潴留时的分解产物以及带刺激性的药物，如松节油、酒精、斑蝥等的强烈刺激引起膀胱黏膜的损伤而发病。由脊椎骨折、椎间盘突出及脊髓炎所致神经损伤或膀胱憩室等引起的尿潴留而引起本病。

3. 邻近器官炎症的蔓延

肾炎、输尿管炎、尿道炎，尤其是母畜的阴道炎、子宫内膜炎等，极易蔓延至膀胱而引发本病。

4. 毒物影响或某种矿物质元素缺乏

缺碘可引起动物的膀胱炎；牛蕨中毒时因毛细血管的通透性升高，发生出血性膀胱炎。

5. 其他疾病引起

由尿毒症、肾上腺皮质功能亢进以及使用肾上腺皮质激素或其他免疫抑制剂等引起的免疫功能降低而致病。

【临床症状】

1. 急性膀胱炎

典型的临床表现是频频排尿，或屡作排尿姿势（图3-149），但无尿液排出，病牛尾巴翘起，阴户区不断抽动，有时出现持续性尿淋漓、痛苦不安等症状。直肠检查，病牛抗拒，表现疼痛不安，触诊膀胱，手感空虚。若膀胱括约肌经受炎性产物刺激，长时间痉挛性收缩可引起尿闭，严重者可导致膀胱自发性穿孔破裂。尿液检查，终末尿为血尿（图3-150）。尿液混浊，尿中混有黏液、脓汁、坏死组织碎片和血凝块并有强烈的氨臭味（图3-151）。尿沉渣镜检，可见到大量膀胱上皮细胞、白细胞、红细胞、脓细胞和磷酸铵镁结晶等。

2. 慢性膀胱炎

由于病程长，病牛营养不良，消瘦，被毛粗乱，无光泽，其排尿姿势和尿液成分与急性者略同。若伴有尿路梗塞，则出现排尿困难，但排尿疼痛不明显。

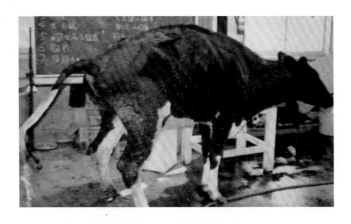

图 3-149　病牛屡作排尿姿势

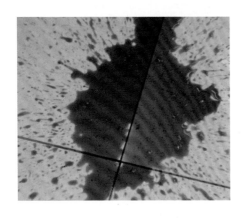

图 3-150　终末尿是血尿

图 3-151　尿液混浊，混有坏死组织碎片和血凝块

3. 急性卡他性膀胱炎

若能及时治疗可迅速痊愈，预后良好。重剧病例，可继发败血症而死亡，也可出现尿阻塞，预后不良。

【剖检变化】急性膀胱炎，肉眼可见膀胱黏膜充血、出血（图 3-152）、肿胀和水肿，尿液混浊并含黏液。慢性病例，膀胱壁明显增厚，黏膜表面粗糙且有颗粒（图 3-153）。血管丰富的乳头突起可能受到侵蚀。尿中混有血液和含有大的血凝块。

【诊断】急性膀胱炎可根据疼痛性频尿、排尿姿势变化，直肠检查膀胱有痛感等临床症状以及尿液检查有大量的膀胱上皮细胞和磷酸铵镁结晶，进行综合判断。

【类症鉴别】

1. 与肾盂肾炎的鉴别

（1）相似点　尿频、尿量少，排尿困难，尿中含有黏液、脓液、血液。

（2）不同点　肾盂肾炎尿中有肾盂上皮细胞和肾上皮细胞，直肠检查肾肿大、有痛感，输尿管也膨大有波动，膀胱无变化。

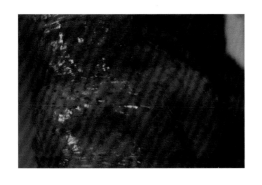

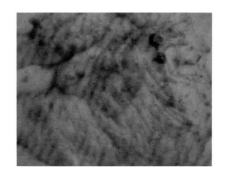

图 3-152 急性膀胱炎，膀胱黏膜充血、出血、肿胀和水肿

图 3-153 慢性膀胱炎，膀胱壁增厚，黏膜表面粗糙且有颗粒

2. 与尿道炎的鉴别

（1）相似点 尿量少，排尿姿势不正常，排尿时有疼痛表现，有时尿有血。

（2）不同点 尿道炎触摸尿道时有痛处，整泡尿在初排时尿中有血，直肠检查膀胱时无异常。镜检尿液无膀胱上皮细胞。

3. 与尿石症（尿道结石）的鉴别

（1）相似点 尿少或不排尿，排尿时有疼痛，有时尿带血。

（2）不同点 尿道未完全阻塞时，有时可见尿血多在尿的最初出现；完全阻塞后无尿，公牛自龟头至"S"状弯曲可摸到尿道有凸出的硬结物，直肠检查膀胱充满，膀胱壁光滑不敏感。

4. 与膀胱麻痹的鉴别

（1）相似点 尿频，排尿姿势不正常，排尿困难。

（2）不同点 膀胱麻痹尿淋漓，后肢常被尿打湿，直肠检查时膀胱充满尿，膀胱壁光滑，按压无痛，但排尿量增加。

【预防措施】首先注意平时的清洁卫生，尤其较瘦弱的母牛，如阴户周围发现粪污，立即清除，防止微生物侵入。其次注意在需要导尿时，阴户周围及手和器械应严格消毒，并小心操作，以免损伤膀胱和引起感染。最后要注意，如果其他泌尿器官或生殖器官发生疾病时，应及早治疗，防止其蔓延至邻近器官，喂牛时应限制喂高蛋白饲料，经常给清洁饮水。

【安全用药】本病的治疗原则是加强护理、抑菌消炎、防腐消毒及对症治疗。

1. 抑菌消炎

青霉素与链霉素肌内注射，连用 1 周；也可用磺胺类药物与抗菌增效剂，以提高疗效。也可选用其他抗生素，如头孢类（头孢曲松、头孢拉定、头孢噻呋钠等）或拜有利（恩诺沙星）等。

2. 消毒防腐

对重症病例，可先用 0.1% 高锰酸钾溶液或 1% ～ 3% 硼酸溶液，或 0.1% 雷佛奴尔溶液，或 0.02% 呋喃西林溶液，或 0.01% 新洁尔灭溶液，或 1% 亚甲蓝溶液做膀胱冲洗。在反复冲洗后，膀胱内注入青霉素 80 万～ 120 万单位，每日 1 ～ 2 次，效果较好。

3. 尿路消毒

口服呋喃妥因。或肌内注射头孢拉定、丁胺卡那霉素，配伍静脉注射 40% 乌洛托品注射液 50 ～ 100 毫升。

4. 中药疗法

中兽医称膀胱炎为"气淋"。主症为排尿艰涩，不断努责，尿少淋漓。对于出血性膀胱炎，可服用秦艽散：秦艽 50 克，瞿麦 40 克，车前子 40 克，当归、赤芍各 35 克，炒蒲黄、焦山楂各 40 克，阿胶 25 克，研末，水调灌服。

三、尿道炎

尿道炎是指尿道黏膜及其下层发生的炎症。临床上以尿频、尿痛、经常性血尿等为主要特征。

【发病原因】常见于导尿时导尿管消毒不彻底，无菌操作不严密，导致细菌感染；或导尿时操作粗暴，以及尿结石的机械刺激，致使尿道黏膜损伤而感染。也可由邻近器官的炎症蔓延而引起，如膀胱炎、阴道炎或子宫内膜炎等。

【临床症状】病牛常呈排尿姿势，排尿时表现疼痛，尿液呈断续状流出（图 3-154）。由于炎症的刺激，常反射地引起公牛阴茎频频勃起，母牛阴唇不断开张。严重时可见黏液、脓性分泌物不断从尿道口流出（图 3-155）。尿液混浊，常含有黏液、血液或脓液（图 3-156），有时混有坏死、脱落的尿道黏膜（图 3-157）。触诊或尿道检查时，患牛疼痛不安。若时间较长，则可因尿道黏膜发生坏死、增生而导致尿道狭窄甚至阻塞，最终引起尿道破裂。

【诊断】根据临床症状如疼痛性排尿，尿道肿胀、敏感，以及导尿管探诊和外部触诊，尿液检查有细菌和尿道上皮细胞，进行综合判断。

图 3-154 病牛排尿时疼痛，尿液呈断续状流出　**图 3-155** 黏液和脓性分泌物不断从尿道口流出

图 3-156　尿液混浊，含有黏液、血液及脓液　　　图 3-157　尿液中混有坏死、脱落的尿道黏膜

【类症鉴别】

1. 与膀胱炎的鉴别

（1）相似点　尿量少，排尿姿势不正常，排尿时有疼痛表现，有时尿有血。

（2）不同点　膀胱炎血液多在排尿末期发现，直肠检查膀胱壁增厚、表面不平、按压有痛。镜检尿液有膀胱上皮细胞。

2. 与尿石症（尿道结石）的鉴别

（1）相似点　排尿细流或如滴，尿时有痛，尿初有血。

（2）不同点　尿道未完全阻塞时，有时可见尿血多在尿的最初出现；完全阻塞后无尿，公牛自龟头至"S"状弯曲可摸到尿道有凸出的硬结物，直肠检查膀胱充满、膀胱壁光滑不敏感。

【预防措施】首先对瘦弱母牛应改善饲养管理及检查有无疾病，以便迅速改变体况，阴户周围如被粪尿污染应立即洗净；其次发现阴道炎、包皮炎时应及时治疗，以防止继发本病；最后为了防止尿道感染，导尿时导尿管要彻底消毒，操作时要严格按操作规程进行，防止尿道黏膜的损伤感染。

【安全用药】尿道炎的治疗要确保尿道排泄通畅，消除病因，控制感染，结合对症治疗，以局部治疗为主。

（1）抗菌消炎　全身应用抗生素（如庆大霉素、小诺霉素等）或磺胺类药，或在阴门两侧注射抗生素，效果更好。

（2）局部治疗　首先清洗、消毒病牛的外阴部，尾巴用绷带缠裹后系于一侧。其次对于轻症病例用温防腐消毒液冲洗阴道，如 0.1% 高锰酸钾溶液、0.5% 新洁尔灭溶液等。再次对于重症病例及渗出液多时，可用 2%～5% 的氯化钠溶液、稀碘液（1000 毫升水中加 5% 碘酊 2～3 毫升）或 1%～3% 的明矾水冲洗。最后尿道清洗后局部涂布软膏或乳剂，如 10% 碘仿甘油、1：2 的碘甘油、抗生素软膏、磺胺乳剂等，连续治疗，直至症状消失。

（3）对症治疗　止血用止血敏注射液，肌内注射或静脉注射，每次 10～20 毫升，每天 2 次，连用 3～5 天。解热镇痛选用安乃近注射液，皮下或肌内注射，每次 10～40 毫升，每天 2 次，连用 3～5 天；或安痛定注射液，皮下或肌内注射，每次 10～50 毫升，每天 2 次，连用 3～5 天。

第四章

牛神经系统疾病与运动障碍疾病的类症鉴别诊断与安全用药

第一节 以兴奋、沉郁、麻痹等为特征的神经系统疾病

一、日本乙型脑炎

日本乙型脑炎，又称"流行性乙型脑炎"，简称"乙脑"，是由日本乙型脑炎病毒引起的一种人兽共患急性传染病。在人和马呈现脑炎症状；猪则表现为流产、死胎及睾丸炎，少数猪特别是仔猪可呈现脑炎症状；牛、羊等家畜和家禽多呈隐性感染。

【病原】日本乙型脑炎病毒，又名"日本脑炎病毒"，为黄病毒科黄病毒属成员，基因组为单股 RNA，病毒颗粒呈球形，有囊膜及纤突。能凝集鸽、鹅、雏鸡和绵羊的红细胞，经过长期传代的毒株会丧失其血凝活性。自然界分离毒株血凝滴度不同，但无抗原性差异。病毒对外界环境的抵抗力不强，在 −20℃可保存一年，但毒价降低，在 50% 甘油生理盐水中于 4℃可存活 6 个月。病毒在 pH7 以下或 pH10 以上，活性迅速下降，常用消毒药都有良好的灭活作用。

【流行特征】人、马、骡、驴、牛、羊、猪、鹿、鸡、鸭和野鸟等均可感染本病毒，以幼龄动物更易感。患病动物和带毒动物为传染源。病毒主要存在于感染动物中枢神经系统及肿胀的睾丸内，而在血液内的存留时间短。主要通过吸血昆虫传播，库蚊、伊蚊、按蚊以及库蠓均可传播本病，其中三代喙库蚊为主要媒介。病毒在蚊体内繁殖和越冬，且可经卵传至后代。因此，蚊不仅是传播媒介，也是病毒的贮存宿主。热带地区，本病全年均可发生，在亚热带和温带地区有明显的季节性，流行集中于夏末秋初吸血昆虫孳生季节。

【临床症状】多呈隐性感染，自然发病者极为少见。感染发病后主要表现为发热和神经症状。发热时食欲废绝、呻吟、磨牙（图 4-1）、痉挛、转圈运动、四肢强直（视频 4-1）、昏睡（图 4-2）。急性 1～2 天死亡，慢性 10 天左右可能死亡。

视频 4-1

图 4-1　病牛磨牙　　　　　　图 4-2　病牛昏睡

【剖检变化】肉眼病变不明显。脑组织学检查，可见非化脓性脑炎变化。

【诊断】根据本病的流行特征、典型临床症状等可做出初步诊断。确诊须进行实验室检查。

【类症鉴别】

1. 与牛狂犬病的鉴别

（1）相似点　有传染性，沉郁，磨牙，呻吟，有兴奋神经症状。

（2）不同点　牛被狂犬病病犬咬后发病，兴奋时挣脱缰绳冲撞，视力障碍，不断哞叫，流涎，吞咽困难，腹痛、排黑色稀粪。

2. 与铅中毒的鉴别

（1）相似点　肌肉颤搐，磨牙，转圈。

（2）不同点　铅中毒病牛采食含铅物质（如油漆、颜料、铅化合物、铅矿冶炼厂的废水）而发病。步态蹒跚，感觉过敏，口吐白沫，瞳孔散大，角弓反张，惊厥而死。

3. 与氟乙酰胺中毒的鉴别

（1）相似点　沉郁，磨牙，呻吟，痉挛（阵发性）。

（2）不同点　因采食混有氟乙酰胺的饲料而发病。空嚼流涎，口角流粉红色泡沫，步行蹒跚，阵发性痉挛持续 9～18 小时，突然倒地抽搐、狂叫，角弓反张，四肢痉挛，瞳孔散大、口吐白沫。

【预防措施】首先要加强宿主动物的管理。重点管理好没有经过夏秋季节的幼龄动物和从非疫区引起的动物，这类动物大多没有感染过乙脑，一旦感染则容易产生病毒血症，成为传染源。其次要消灭蚊虫孳生地。吸血昆虫多的季节用药灭蚊，冬季注意消灭越冬蚊，以杜绝传播媒介。

【安全用药】目前尚无特效治疗方法。发现病牛，积极隔离治疗。加强护理，精心饲喂，防止继发感染，同时进行对症治疗。

二、李氏杆菌病

李氏杆菌病是由产单核细胞增多性李氏杆菌引起的动物和人的一种食源性、散发性人兽共患传染病，该病致死率高。临床上主要表现为脑膜炎、败血症和妊娠母牛发生流产。

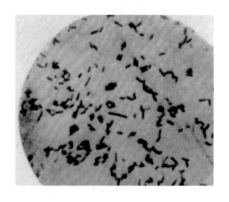

图 4-3　李氏杆菌的形态（革兰氏染色）

【病原】病原菌为产单核细胞李氏杆菌，是一种革兰染色阳性、两端钝圆的短小杆菌，单在，呈V字排列、或呈丛排列（图 4-3）；无芽孢、荚膜。本菌对食盐和热耐受性强，在 20% 的食盐溶液内能经久不死，巴氏消毒法不能杀灭，65℃经 30 ～ 40 分钟才可杀灭。但一般消毒药易使其灭活。

【流行特征】本病易感动物非常广泛，已证明至少有 42 种哺乳动物和 22 种鸟类有易感性。自然发病家畜以绵羊、牛、猪及兔感受性较高，家禽以鸡、火鸡、鹅较多，野兽、野禽、啮齿动物均易感染，且常为本病的贮存宿主。人也能自然感染。一般呈散发，发病率低，但病死率很高。各种年龄的牛羊都可感染发病，以犊牛较易感，发病急，有些地区牛羊发病多在冬季和早春。患病动物和带菌动物是本病的主要传染源，病菌随患病动物的分泌物和排泄物排到外界，污染饲料、饮水和外界环境。本病传播途径可能通过消化道、呼吸道、眼结膜、皮肤创伤以及交配。被污染的饲料和饮水可能是主要的传播媒介，吸血昆虫也能传播，腐败青贮饲料和碱性环境可以促进李氏杆菌的繁殖。冬季缺乏青贮饲料，天气骤变，有内寄生虫或沙门菌感染时，均可为本病发生的诱因；土壤肥沃的地方发病多。

【临床症状】本病潜伏期一般为 2~3 周，短可数日，长可达 2 个月。病初体温升高约 1~2℃，不久降至常温。原发性败血症主要见于犊牛，表现精神沉郁，呆立，低头垂耳，轻热，流鼻液，流泪（图 4-4），不随群运动，不听驱使。咀嚼吞咽迟缓（视频 4-2），有时在口颊一侧积聚多量没有嚼烂的草料（图 4-5）。下痢，迅速死亡。脑膜脑炎发生于较大的犊牛或成年牛，主要表现精神症状，头颈一侧性麻痹，弯向对侧，该侧耳下垂，唇下垂，眼半闭（图 4-6），以至视力丧失。沿偏头方向旋转（回旋病）或作圆圈运动（视频 4-3），遇到障碍物时，则低头抵于其上。颈项强硬，有的呈现角弓反张，有的共济失调，有的吞咽肌麻痹而大量流涎，有的不能采食也不能饮水。最后卧地不起，呈昏迷状（图 4-7），妊娠的母牛流产，强行翻身，又迅速反转过来，以至死亡。病程短的 2~3 天，长的 1~3 周或更长。水牛突然发生脑炎，临床症状相似，但其病程更短，死亡率更高。

视频 4-2

视频 4-3

【剖检变化】有神经症状的病牛，脑膜和脑实质可能充血、发炎或水肿（图 4-8），脑脊髓液增加，稍浑浊，含有很多细胞，脑干变软，有小脓灶（图 4-9）。肝脏可能有炎症和小坏死灶。败血症的犊牛，有败血症变化，肝脏、脾脏、心肌能见到小点状坏死或多发性脓肿以及皮下组织黄染等。流产母牛的胎盘发炎、子叶水肿，子宫内膜充血、出血或坏死。脑和小脑组织学检查，在白质部可见多型核和单核细胞灶以及由单核细胞组成的血管套。

【诊断】根据流行特征、临床症状和剖检变化进行初步诊断。确诊需要进行实验室检查。

图 4-4　病犊牛流鼻液，流泪

图 4-5　病牛口颊一侧积聚多量没有嚼烂的草料

图 4-6　头颈弯向麻痹的对侧，麻痹侧耳下垂，眼半闭

图 4-7　严重病牛颈项强硬地弯向健侧，卧地不起并呈昏迷状

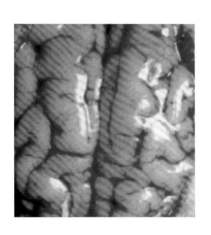

图 4-8　脑膜充血、水肿

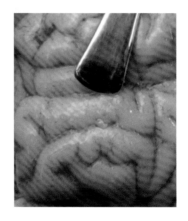

图 4-9　脑的小脓灶

【类症鉴别】

1. 与脑膜脑炎的鉴别

（1）相似点　体温高（40~41℃），兴奋前进时不避障碍物，共济失调。

（2）不同点　脑膜脑炎无传染性，体温高不自动下降，不出现头颈一侧性麻痹弯向健侧。

2. 与脑多头蚴病（脑包虫病）的鉴别

（1）相似点　头颈歪向一侧，头向上仰，视力障碍，作圆圈运动。

（2）不同点　脑多头蚴病无传染性，体温不升高，转圈执拗，即使缰绳绕柱至鼻仍要转圈。

【预防措施】做好卫生防疫和饲养管理。怀疑青贮饲料与发病有关须改用其他饲料。平时注意驱除鼠类和其他啮齿动物，驱除体内外寄生虫。严格检疫，禁止从疫区引进牛只。发病后，病牛应立即隔离治疗，对病牛尸体应深埋或化制处理，用漂白粉、5% 来苏尔溶液等消毒剂对牛舍、笼具、用具、环境和饲槽等进行消毒并采取综合防疫措施。由于本病可感染人，故畜牧兽医工作人员应注意自我保护。

【安全用药】

（1）早期大剂量使用磺胺类药物并配合庆大霉素、四环素等都具有良好效果。10% 磺胺 -6- 甲氧嘧啶注射液 120 毫升，肌内注射，每天 2 次，连用 5～7 天，首次用量加倍。同时配合庆大霉素注射液 10 万～40 万单位，肌内注射，每天 2 次，连用 5～7 天。

（2）土霉素 2.5～5 毫克/千克体重，5% 葡萄糖生理盐水 500 毫升，静脉注射，每天 2 次，连用 5～7 天。

（3）注射用四环素 300 万～400 万单位，5% 葡萄糖生理盐水 2000 毫升，静脉注射，每天 1 次，连用 5～7 天。

（4）注射用青霉素钠 1200 万～1600 万单位、注射用硫酸链霉素 6 克、注射用水 50 毫升，一次肌内注射，每天 2 次，连用 5～7 天。

（5）对有神经症状表现的病牛，可用丁胺卡那霉素 300 万单位，复方氯丙嗪注射液 0.6 毫克/千克体重，分别肌内注射。

大多数病牛需治疗 7～21 天，否则难以治愈。对于失去饮水能力的患牛要补充碳酸盐和体液，流涎患牛每天需要补液直至流涎停止。一般对于能行走的病牛，采用抗生素疗法、补液疗法和支持疗法预后良好；但对神经症状表现明显的病例，治疗都难以奏效。

三、脑多头蚴病

脑多头蚴病，又称"脑包虫病"，是由带科多头属的多头绦虫的中绦期幼虫多头蚴寄生于牛羊的脑部及脊髓所引起的一种绦虫蚴病。偶见于骆驼、猪、马及其他野生反刍动物，极少见于人；成虫寄生于犬、狼、狐狸的小肠中。

【病原】

1. 形态特征

脑多头蚴为乳白色半透明囊泡，呈圆形或卵圆形（图 4-10），从豌豆大到皮球大不等。囊内充满液体。囊壁由两层膜组成，外膜为角质层，内膜为生发层，其上有十几个到上百个分布不均匀的原头蚴（头节），头节直径 2～3 毫米。成虫长 40～100 厘米，由 200～250 个节片组成。头节上有顶突，上有排列成两圈的小钩。孕节的子宫内充满虫卵，子宫侧支为 14～26 对。

2. 发育过程

寄生在终末宿主体内的成虫，其孕节脱落后随宿主粪便排出体外，虫卵污染牧草、饲料和饮水等，被牛、羊（中间宿主）吞食而进入胃肠道；虫卵在小肠内孵化成六钩蚴，经肠内消化作用，六钩蚴脱壳逸出，借小钩吸附于肠黏膜上，然后穿入肠壁静脉而随血流进入门脉系统，随血流到达脑和脊髓中，经 2～3 个月发育为多头蚴。多头蚴在牛羊体内发育缓慢，感染后2～5周呈粟粒大小，6周囊体直径可达2～3厘米，经过2～3个月，直径可达3～4厘米或更大，并有很多头节，但还可继续生长到7～8个月停止生长，包囊的直径可达5厘米以上。犬、狼、狐狸等肉食兽吞食了含有多头蚴的牛羊脑、脊髓而感染，多头蚴在终末宿主的消化道中经消化液的作用，囊壁溶解，原头蚴附着在小肠壁上逐渐发育，经过45～76天虫体成熟。多头蚴上的每个原头蚴均可发育成一条绦虫。多头绦虫在终宿主的小肠内可存活数年之久，一年内任何季节都可以向外散布病原（图4-11）。

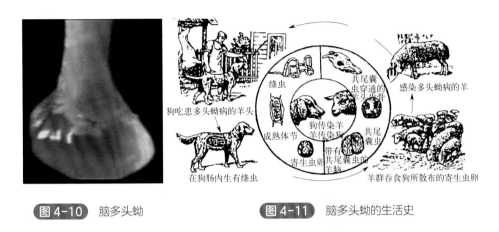

| 图 4-10　脑多头蚴 | 图 4-11　脑多头蚴的生活史 |

【**流行特征**】本病为全球性分布，欧洲、亚洲及北美洲绵羊的脑多头蚴极为常见。呈地方性流行，其主要传播源是犬。我国牧区内蒙古、宁夏、甘肃、青海及新疆多发。其它省，如陕西、山西、河南、山东、江苏、福建、贵州、云南、四川等有羊多头蚴病的报道。此外，黄牛、山羊和牦牛的多头蚴病在山东、山西、西北各省常见。一年四季都有感染可能。

【**临床症状与剖检变化**】牛感染后1～3周，呈现体温升高及类似脑炎或脑膜炎的症状，严重感染者常引起死亡，耐过牛的上述症状消失而呈健康状态。牛感染2～7个月后，出现典型的神经症状，即表现异常运动和异常姿势。虫体寄生于一侧大脑半球时（图4-12），常向患侧做转圈运动，因此又称"回旋病""转圈病"，多数病例对侧视力减弱或全部消失；虫体寄生于大脑正前部时，头下垂抵于胸前，或向前直线运动或常把头抵在障碍物上呆立不动（图4-13）；虫体寄生于大脑后部时，头高举，后退，可能倒地不起，颈部肌肉强直性痉挛或角弓反张；虫体寄生于小脑时，表现知觉过敏，容易惊恐，行走急促或步样蹒跚，平衡失调，痉挛等；虫体寄生在腰部脊髓时，后躯及盆腔脏器麻痹，最后死于高度消瘦或重要神经中枢受害。前期有脑膜炎和脑炎病变，后期可见囊体或在表面，或嵌入脑组织中。寄生部位的头骨变薄、松软和皮肤隆起。如果寄生多个虫体而又位于不同部位时，则出现综合性症状。

【**诊断**】在流行区，根据其特殊的临床症状、病史做出初步判断。寄生在大脑表层时，头部触诊（患部皮肤隆起，头骨变薄变软，甚至穿孔）可以判定虫体所在位置。有些病例需经剖检才能确诊。

【**类症鉴别**】

1. 与牛铅中毒的鉴别

（1）相似点　精神萎靡，共济失调，站立不稳，转圈。

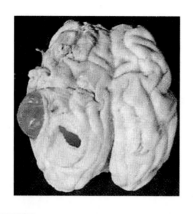

图 4-12 多头蚴寄生在一侧大脑半球

图 4-13 病牛头抵在障碍物上呆立不动

（2）不同点　铅中毒病牛头颈肌肉抽搐，感觉过敏，磨牙，口吐白沫，眼球转动，瞳孔散大，绝食，先便秘后腹泻，盲目行走。

2. 与铜缺乏症的鉴别

（1）相似点　以前肢为轴心作圆圈运动，体温不高，运动障碍。

（2）不同点　铜缺乏症病牛毛色变淡（红、黑色变棕红、灰白），骨骼变形，关节畸形，还出现癫痫症状，不断哞叫，血浆每毫升铜含量低于 0.5 微克。

【预防措施】首先只要不让犬吃到含有脑多头蚴患病动物的脑和脊髓即可控制住本病。其次要对牧羊犬和家犬应用吡喹酮（每千克体重 5～10 毫克，一次内服）或氢溴酸槟榔碱（每千克体重 2～4 毫克，一次内服）进行定期驱虫，排出的犬粪便和虫体应深埋或烧毁。最后可以进行药物预防，将吡喹酮 1 份、葵花籽油 10 份，充分研磨混合均匀，用前加温至 40～42℃，每千克体重 50 毫克，选臀部分两点深部肌内缓慢注射。此药防治脑包虫病疗效显著，毒性小，如能驱虫 2 次，可消灭脑包虫的寄生，以在每年 7 月下旬及 10 月下旬驱虫为宜。

【安全用药】

（1）对脑表层寄生的囊体，可施行手术摘除，在脑深部寄生者则难以去除。

（2）用吡喹酮，每千克体重 100 毫克，一次口服，每天 1 次，连用 5 次。

（3）吡喹酮（口服每次每千克体重 75 毫克）和丙硫苯咪唑（阿苯达唑，口服或注射治疗，每次每千克体重 75 毫克），每天 1 次，连用 3 次。

四、氟中毒

氟中毒分为无机氟化物中毒和有机氟化物中毒两类。

（一）无机氟化物中毒

无机氟化物中毒是指动物经消化道或（和）呼吸道连续摄入无机氟化物，在体内长期蓄积所引起的全身器官和组织的毒性损害的急、慢性中毒的总称。临床上分为急性无机氟化物中毒和慢性无机氟化物中毒。主要见于犊牛、牛、羊、猪、马和禽。

【发病原因】急性无机氟化物中毒主要是动物一次性食入大量氟化物或氟硅酸钠而引起的中毒，常见于给牛用氟化钠驱虫时用量过大。慢性无机氟化物中毒是牛的长期连续摄入超过安全限量的无机氟化物引起的。

【临床症状】

1.急性无机氟化物中毒

一般在食入半小时后出现症状。一般表现为流涎、呕吐、腹痛、腹泻、呼吸困难、肌肉震颤、阵发性强直痉挛（视频4-4），瞳孔扩大，严重时虚脱而死。有时动物粪便中带有血液和黏液。

视频4-4

2.慢性无机氟化物中毒

慢性无机氟中毒又称"氟病"，最为常见，是以骨、牙齿病变为特征，常呈地方性群发。牙齿的损害是本病的早期特征之一，牙面、牙冠有许多白垩状，黄、褐以至黑棕色、不透明的斑块沉着（图4-14）。表面粗糙不平，齿釉质碎裂（图4-15），甚至形成凹坑，色素沉着在孔内，牙齿变脆并出现缺损（图4-16），病变大多呈对称发生，尤其是门齿，具有诊断意义。颌骨、掌骨、肋骨等呈现对称性的肥厚，骨变形，常有骨赘。管骨变粗，有骨赘增生；

图4-14　慢性无机氟化物中毒的氟斑牙

腕关节或跗关节硬肿（图4-17），甚至愈合在一起，患肢僵硬，蹄尖磨损，有的蹄匣变形，重症起立困难。临床表现背腰僵硬，跛行，关节活动受限制，骨强度下降，骨骼变硬、变脆（图4-18），容易出现骨折。

【类症鉴别】主要是与硝酸盐和亚硝酸盐中毒的鉴别

（1）相似处　食欲、反刍废绝，流涎，腹痛，腹泻，肌肉震颤，呼吸困难。

（2）不同处　硝酸盐和亚硝酸盐中毒病牛有接触或采食含有硝酸盐或亚硝酸盐的青绿饲料或水的病史。血液呈黑红色或咖啡色如酱油状，凝固不良。

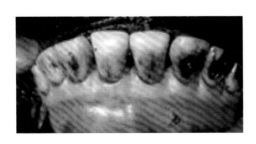

图4-15　牙齿表面粗糙不平，齿釉质碎裂

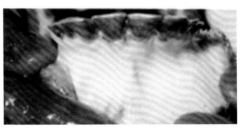

图4-16　牙齿有凹坑、变脆、出现缺损

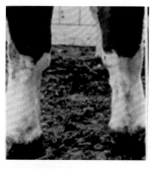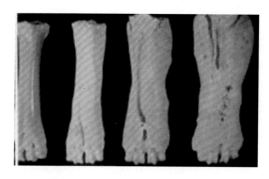

图 4-17　跗关节硬肿　　　　图 4-18　骨强度下降，骨骼变硬、变脆

【预防措施】主要根治"三废"，减少氟的排放，对废气、废水中的氟化物做无害化处理。在高氟污染区，应饮用深井水，给予优质饲料、饲草，可用减轻环境高氟带来的损害。

【安全用药】

1. 急性无机氟化物中毒应及时抢救

用 0.5% 氯化钙溶液或石灰水洗胃；或静脉注射葡萄糖酸钙注射液或氯化钙注射液，以补充体内钙的不足；同时配合维生素 D、维生素 B_1 和维生素 C 治疗。

2. 慢性无机氟化物中毒的治疗

治疗比较困难。首先要停止摄入高氟牧草或饮水；其次是要转移动物至安全牧区放牧是最经济和有效办法，并给予富含维生素的饲料及矿物质添加剂，修整牙齿；再次是对跛行病牛，可静脉注射 10% 葡萄糖酸钙注射液。

（二）有机氟化物中毒

有机氟化物中毒是指动物误食了被有机氟农药（氟乙酰胺）或鼠药（氟乙酸钠、氟乙酰胺、甘氟等）污染的饲草或饮水而引起的以中枢神经系统机能障碍和心血管系统机能障碍为特征的一种中毒病。本病的临床特征是起病突然，抽搐、痉挛等神经症状及循环系统症状等。各种动物都可发生，以犬、猫、猪和反刍动物多见。

【发病原因】由于误食或误饮有机氟化物污染的饲料或饮水引起。

【临床症状】牛中毒后有两种类型。突发型，无明显先兆性症状，经 9 ～ 18 小时后突然倒地，剧烈抽搐，惊厥，角弓反张，来不及抢救、迅速死亡（图 4-19）。潜伏型，一般在摄入毒物潜伏 1 周后，经运动或受刺激后突然发作，全身肌肉震颤、共济失调、尖叫、惊恐，在抽搐中死于心力衰竭。

图 4-19　剧烈抽搐，惊厥，角弓反张而死亡

【类症鉴别】主要是与有机磷中毒的鉴别

（1）相似处　肌肉震颤，站立不稳，流涎，呻吟，空嚼，体温不高。

（2）不同处　有机磷中毒病牛有接触或采食有机磷农药或用农药涂身灭虫的病史。瞳孔缩小，眼球突出震颤，呼出气及胃内容物有大蒜气味。

【预防措施】

（1）预防急性氟中毒措施　就是在利用氟制剂作兽药时，应特别注意剂量和应用方法。

（2）预防慢性氟中毒措施

① 在工业污染区，根本措施是根治污染源，把排氟量控制在安全范围以下。

② 在自然高氟区（牧草含氟量平均超过 70 毫克 / 千克为高氟区），应严禁放牧，超过 40 毫克 / 千克为危险区，只允许成年牛作短期放牧。

③ 应采取在无氟或低氟区与危险区轮牧的方法放牧，在危险区放牧不宜超过 3 个月。

④ 饲料中氟含量不应超过干物质的 0.003%，对牛补饲磷酸盐时，该磷酸盐含量不应高于 1000 毫克 / 千克，磷酸盐的用量亦不能高于日粮的 2%。

⑤ 饮水含氟量超过 2.0 毫克 / 升时不宜饮用。

⑥ 改良草场的根本措施是使高氟草场面积逐渐缩小，安全区逐渐扩大。

【安全用药】

（1）发现中毒后，立即停喂可疑饲料，尽快排出胃肠内毒物，先用 0.1% 高锰酸钾洗胃（忌用碳酸氢钠），然后可投服鸡蛋清、次硝酸铋，保护胃肠黏膜。

（2）及时应用特效解毒药解氟灵 (50% 乙酰胺)，剂量为每日每千克体重 0.1 ～ 0.3 克，用 0.5% 普鲁卡因液稀释，分 2 ～ 4 次肌内注射 (首次注射为日用量的 1/2)，连续用药 3 ～ 7 天。解氟灵和纳洛酮（1 ～ 5 毫克 / 天，肌内注射）合用，疗效较好。

（3）口服其他解毒药　用乙二醇乙酸酯 (甘油乙酸酯、醋精)100 毫升，溶于 500 毫升水中灌服；或用 5% 酒精和 5% 醋精 (剂量为每千克体重 2 毫升) 内服；或用 95% 酒精 100 ～ 200 毫升，加水适量，每日内服 1 次；或 65 度白酒 200 ～ 300 毫升，1 次内服。

（4）对症治疗　严重者进行强心补液、镇静、兴奋呼吸中枢等对症治疗。

五、有机磷农药中毒

有机磷农药中毒是指畜禽接触、吸入或误食某种有机磷农药后发生的以呈现腹泻、流涎、肌群震颤和瞳孔缩小等为特征的一种中毒病。各种动物均可发生。临床上以体内胆碱酯酶活性被钝化、乙酰胆碱蓄积而出现胆碱能神经兴奋效应为特征。

【发病原因】 有机磷农药是一种毒性较强的接触性神经毒，主要通过饲草的残存或因操作不慎污染，或因纠纷投毒而造成牛生产性或事故性中毒。

【临床症状】 牛中毒后多在 1 ～ 3 小时内出现症状，最快的在采食后 20 分钟即可发病。有机磷农药中毒后主要表现为胆碱能神经兴奋，乙酰胆碱大量蓄积，出现毒蕈碱样、烟碱样症状及中枢神经系统症状。

1.毒蕈碱作用症状

又称"M 样症状"，主要表现为胃肠运动过度、腺体分泌过多而导致腹痛，患牛回顾腹部，反刍、嗳气减少甚至消失，瘤胃臌气，肠音高亢，腹泻，粪尿失禁，不时排出稀软或水样带血粪便（图 4-20）。大量流涎，流泪，鼻孔和口角有白色泡沫（图 4-21），瞳孔缩小呈线状，食欲废绝，可视黏膜苍白等。呼吸困难，呼出气中带有蒜臭味，四肢末端厥冷，听诊肺区有湿啰音。频尿，全身出汗。

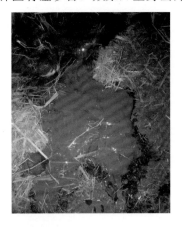

图 4-20　排出水样带血粪便

图 4-21　有机磷农药中毒病牛流涎

2. 烟碱样作用症状

视频 4-5

又称"N 样症状"，表现肌肉痉挛，如上下眼睑、颈、肩胛、四肢肌肉发生震颤，常以三角肌、斜方肌和股二头肌最明显，严重者波及全身肌肉，出现肌群震颤。继发骨骼肌无力和麻痹，心跳加快。重则强直性痉挛、共济失调、倒地不起（视频 4-5），最后因呼吸肌麻痹窒息而亡（图 4-22）。

3. 中枢神经系统症状

由于乙酰胆碱在脑组织中蓄积，影响中枢神经之间冲动的传导，而出现过度兴奋或高度抑制，后者多见。

【剖检变化】胃黏膜充血、出血（图 4-23，图 4-24）、肿胀，黏膜易脱落，肺充血肿大（图 4-25），气管内有白色泡沫（图 4-26，视频 4-6），肝脾肿大，肾脏混浊肿胀，包膜不易剥落（图 4-27）。

视频 4-6

图 4-22　共济失调，倒地不起，窒息而亡

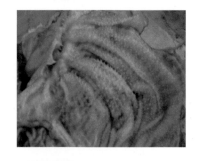

图 4-23　瓣胃黏膜充血、出血

【诊断】根据有接触有机磷农药的病史，结合神经症状和消化系统症状，进行综合分析可以建立初步诊断。要确诊需进行胆碱酯酶活力测定和毒物检验。

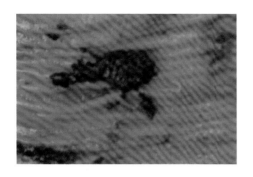

图 4-24　皱胃黏膜充血、出血

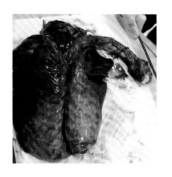

图 4-25　肺充血肿大

图 4-26　气管内有白色泡沫

图 4-27　肾脏混浊肿胀，包膜不易剥落

【类症鉴别】

1. 与癫痫的鉴别

（1）相似点　眼球、肌肉震颤，卧地时四肢乱蹬。

（2）不同点　癫痫病没有与有机磷农药接触史，口流白沫，不流涎，不出现呼吸困难，当病发作几分钟或十几分钟后即恢复正常状态。

2. 与食盐中毒的鉴别

（1）相似点　失神，肌肉震颤，磨牙，卧地乱蹬腿。

（2）不同点　食盐中毒病牛有曾过量采食食盐、腌水或超量应用氯化钠的病史，烦渴，尿少或无尿，瞳孔散大。

【预防措施】预防本病的根本措施是建立和健全有机磷农药的购销、运输、保管和使用制度，以防动物误食；喷洒过农药的田地或草场要做好标记，在 7～30 天内严禁牛只进入摄食，也严禁在场内刈割青草饲喂牛；使用敌百虫驱寄生虫时应严格控制剂量；研制高效、低毒、低残的新型有机磷农药。

【安全用药】

1. 排除毒物

首先立即使中毒牛脱离毒源，马上停止使用可疑饲料和饮水；其次除去尚未吸收的毒物，经皮肤沾污的可充分用清水、5% 石灰水、0.5% 氢氧化钠溶液或肥皂水洗刷皮肤；再次对于经消化道中毒的，可用大量清水、2% ～ 3% 碳酸氢钠溶液或食盐水洗胃，并灌服活性炭；最后须注意，敌百虫中毒不能用碱水洗胃和清洗皮肤，否则会转变成毒性更强的敌敌畏。

2. 特效解毒

目前常用的解毒药有两种：一种是抗 M 受体拮抗剂；另一种为胆碱酯酶复活剂。

（1）抗 M 受体拮抗剂　即乙酰胆碱对抗剂，常用硫酸阿托品，其一次用量为 10 ～ 50 毫克，皮下或肌内注射。中毒严重时以 1/3 剂量缓慢静脉注射，2/3 剂量皮下注射。经 1 ～ 2 小时症状未见减轻的，可减量重复应用，直到出现所谓"阿托品化"状态 (即口腔干燥、出汗停止、瞳孔散大、心跳加快等)。"阿托品化"之后，应每隔 3 ～ 4 小时皮下或肌内注射一次一般剂量阿托品，以巩固疗效。此外，山莨菪碱（654-2）和樟柳碱（703）对有机磷农药中毒有一定疗效。

（2）胆碱酯酶复活剂　胆碱脂酶复活剂，常用的有解磷定、氯磷定和双复磷等。解磷定剂量每千克体重为 20 ～ 50 毫克，用 5% 葡萄糖溶液或生理盐水配成 2.5% ～ 5% 溶液，缓慢静脉注射，以后每隔 2 ～ 3 小时注射 1 次，剂量减半，直至症状缓解。氯磷定，剂量同解磷定，可肌内注射或静脉注射。双复磷，每千克体重 40 ～ 60 毫克，皮下、肌内或静脉注射。

3. 对症治疗

除采取以上措施外，还需要进行对症治疗。

（1）治疗过程中特别注意保持患牛呼吸道的通畅，防止呼吸衰竭或呼吸麻痹，如消除肺水肿、兴奋呼吸、输入高渗葡萄糖溶液等。

（2）口服中毒者，应及早洗胃，适量应用阿托品，勿过早停药。

4. 中药治疗

（1）防风 60 克、绿豆 250 ～ 500 克，煎水灌服，每天 2 次，连用 2 天。

（2）甘草 120 克、绿豆 250 ～ 500 克，煎水灌服，每天 2 次，连用 2 天。

六、尿素中毒

尿素中毒是指家畜采食过量尿素引起的以肌肉强直、呼吸困难、循环障碍，新鲜胃内容物有氨气味为特征的一种中毒病。主要发生在反刍动物，多为急性中毒，死亡率很高。

【发病原因】发病原因主要是尿素饲料使用不当。如将尿素溶解成水溶液喂给时，易发生中毒；饲喂尿素的动物，若不经过逐渐增加用量，初次就突然按规定量喂给，也易发生中毒；不严格控制定量饲喂，或对添加的尿素未搅拌均匀等，都能造成中毒。将尿素堆放在饲料的近旁，导致发生误用（如误认为食盐）或被动物偷吃。个别情况下，有动物因偷喝大量人尿而发生急性中毒的病例。此外，由于饲料中糖类含量不足，而豆科饲料比例过大、饮水不足、体温升高、肝功能紊乱、瘤胃液 pH 值升高，以及饥饿或间断性饲喂尿素等，也可成为中毒诱因。

【临床症状】中毒症状出现的迟早和严重程度与食入的尿素量和血氨浓度有关。牛在食入中毒量尿素后 30 ～ 60 分钟即出现症状，起初表现为沉郁和呆滞，接着表现不安和感光过敏，呻吟，反刍停止，瘤胃臌气，肌肉抽搐、震颤，步态不稳，反复出现强直性痉挛、呼吸困难、脉搏加快、出汗、流涎（图 4-28）。后期病牛倒地，肛门松弛，四肢游泳状划动，如不及时治疗，大部分动物 3 小时左右开始窒息而死亡（图 4-29）。血氨浓度升高至 4.7 毫摩尔 / 升（正常为 0.12 ～ 0.36 毫摩尔 / 升），红细胞压积增高，血液 pH 值在中毒初期升高，死亡前下降并伴有高血钾、尿液 pH 值升高。

图 4-28　病牛表现呆滞、出汗流涎　　图 4-29　瘤胃臌气，肌肉震颤，流涎，倒地死亡

【剖检变化】鼻孔内流出红褐色液体，眼球下陷（图 4-30），眼结膜发绀，阴道黏膜发绀，有白色胶样物，皮下淤血。腹腔内有强烈的腐败气味。瘤胃饱满，浆膜呈暗褐色，切开后有刺鼻的氨味，黏膜脱落，底部出血（图 4-31），胃内容物呈现红白相间。肠黏膜脱落出血（图 4-32），尤其是小肠前段的出血和溃疡严重。肝脏肿大，含血量多（图 4-33），质地变脆，胆囊扩张，充满胆汁。肾脏肿大，有大量的尿酸盐沉积。肺脏淤血，支气管内有粉红色泡沫状分泌物。心外膜有鲜红色弥漫性出血点（图 4-34）。心室扩大，血凝块分层明显。膈膜有轻度充血和少量淤血。

【诊断】结合病史（突然食入大量尿素或饮用高浓度尿素的水）、临床症状（强直性痉挛、循环衰竭、呼吸困难等）和剖检变化进行诊断，必要时进行血氨测定。

图 4-30　鼻孔内流出红褐色液体，眼球下陷　　图 4-31　瘤胃黏膜出血

图 4-32　肠黏膜脱落出血　　　图 4-33　肝脏肿大，含血量多　　　图 4-34　心外膜有鲜红色
　　　　　　　　　　　　　　　　　　　　　　　　　　　　　　　　　　　　　　弥漫性出血点

【类症鉴别】

1. 与有机磷农药中毒的鉴别

（1）相似点　肌肉震颤，站立不稳，步态蹒跚，呼吸困难，流涎，绝食，呻吟，心跳加快。

（2）不同点　有机磷农药中毒病牛因采食或饮用有机磷农药污染的饲料或水，或喷洒牛体灭虱而发病。眼球震颤、突出，瞳孔缩小，腹泻，胃内容物和呼出气有大蒜气味，体温不高。

2. 与有机氟化物中毒的鉴别

（1）相似点　沉郁，阵发性痉挛，心跳加快，知觉过敏（死前），呻吟，绝食，步态不稳。

（2）不同点　有机氟化物中毒病牛因采食有机氟化物污染的饲料或饮水而发病，并未接触尿素。牛瞳孔散大，痉挛常持续 9 ～ 18 小时，突然倒地狂叫，角弓反张，四肢痉挛、划动，衰竭死亡。

【预防措施】

（1）初次饲喂尿素添加量要小　大约为正常喂量的 1/10，以后逐渐增加到正常的全饲喂量，持续时间为 10 ～ 15 天，并要供给玉米、大麦等富含糖和淀粉的谷类饲料。一般添加尿素量为日粮的 1% 左右，最多不应超过日粮干物质总量的 1% 或精料干物质的 2% ～ 3%。

（2）使用尿素饲料要合理　使用尿素要适量，将添加的尿素要均匀地搅拌在粗精饲料成分中饲喂；不能将尿素溶于水后饲喂；也不能给反刍动物饲喂尿素后立即大量饮水；尿素不宜与豆饼、南瓜等含有尿素酶的饲料同喂。

（3）必须严格遵守饲料保管制度　不能将尿素饲料同常用饲料混杂堆放，以免误用；在牛舍内应避免放置尿素饲料，以免被偷吃。

【安全用药】无特效药物。可以采取以下措施进行治疗。

（1）发现中毒时应立即停喂尿素，并用食醋 500 ～ 1000 毫升，或用 5% 醋酸 4500 毫升加适量水，成年牛 1 次灌服。

（2）用 5% 葡萄糖溶液或 5% 葡萄糖生理盐水 3000 ～ 4000 毫升、25% 葡萄糖溶液 500 毫升、25% 维生素 C 注射液 8 ～ 10 毫升、10% 安钠咖注射液 30 毫升（或樟脑磺酸钠注射液 20 毫升）静脉注射。必要时在 12 ～ 24 小时内再注射 1 次。

（3）用硫代硫酸钠 5 ～ 10 克，用蒸馏水配成 5% ～ 20% 溶液静脉注射或肌内注射。

（4）肌肉抽搐时，可肌注苯巴比妥（每千克体重 5 ～ 15 毫克，用蒸馏水或生理盐水溶解）；或用 25% 硫酸镁溶液 40 ～ 100 毫升，肌内注射。

（5）呼吸困难时，可使用盐酸麻黄碱，成年牛 50 ～ 300 毫升，肌内注射。

（6）中药治疗　绿豆 250 克、滑石粉 250 克、炙甘草 80 克，水煎取汁，候温灌服。

七、硝酸盐和亚硝酸盐中毒

硝酸盐和亚硝酸盐中毒是牛摄入过量含有硝酸盐或亚硝酸盐的植物或饮水，引起的以皮肤、黏膜发绀、呼吸困难、角弓反张、血液凝固不良为特征的一种中毒病。

【**发病原因与发病机理**】白菜、油菜、菠菜、芥菜、韭菜、甜菜、萝卜、玉米秸秆、苜蓿等青绿植物，是喂牛的好饲料，但又都含有数量不等的硝酸盐。亚硝酸盐为硝酸盐在硝化细菌的作用下，还原为氨过程中的中间产物。硝化细菌广泛分布于自然界中，适宜的生长温度为 20 ～ 40℃，青绿饲料堆放过久发酵腐熟或在牛的瘤胃中，硝酸盐可转化为亚硝酸盐，毒性大大提高，引起亚硝酸盐中毒。亚硝酸盐中的亚硝酸根（NO_2^-）具有强氧化性，可将血液中的氧合血红蛋白迅速氧化成高铁血红蛋白，从而使血红蛋白失去携氧功能，导致组织细胞缺氧。因血液与组织都缺氧，故发病动物可视黏膜呈暗红色。

【**临床症状**】多在食后 1 ～ 5 小时出现症状。病牛精神沉郁，茫然呆立，步态蹒跚，肌肉震颤，呼吸高度困难（图 4-35），心跳加快，眼结膜及口、鼻黏膜发绀。常伴有流涎（图 4-36）、腹痛、腹泻（图 4-37），有时可有呕吐。瘤胃蠕动减弱甚至消失，反刍停止，嗳气减少或停止，瘤胃臌气。重者耳、鼻、四肢冰凉，体温正常或稍有下降。最后卧地不起，四肢划动，全身痉挛挣扎死亡。血液凝固不良，呈酱油色。严重的几分钟到 1 小时死亡。轻的可以耐过而自然恢复。

图 4-35　病牛高度呼吸困难

图 4-36　病牛大量流涎

【**剖检变化**】最具特征的变化是血液呈黑红色或咖啡色如酱油状，凝固不良（图 4-38，视频 4-7），与空气接触经久仍不变为鲜红色。胃肠道有炎性病变，心肌变性、柔软或出血，肺充血。

视频 4-7

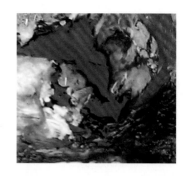

图 4-37 中毒牛腹泻　　图 4-38 病牛的血液凝固不良，如酱油状

【诊断】根据病史调查和临床症状可做出诊断。必要时取胃内容物或饲料汁液 1 滴，滴于滤纸上，滴加 10% 联苯胺溶液 1～2 滴，再滴加 10% 醋酸 1～2 滴，若滤纸变为棕色，则为阳性。

【类症鉴别】

1. 与炭疽病的鉴别

（1）相似点　呼吸困难、腹痛、肌肉震颤、黏膜蓝紫色，死后血液呈黑红色、凝固不良。
（2）不同点　炭疽病牛体温高（42℃），有传染性，濒死时天然孔出血。亚急性型在喉、颈、胸前、腹下、肩胛、乳房等处出现有热痛的肿胀。血检有炭疽杆菌。

2. 与氢氰酸中毒的鉴别

（1）相似点　体温不高或偏低，流涎，腹痛，呼吸困难，脉细弱，肌肉震颤。
（2）不同点　氢氰酸中毒病牛吃了含氰苷的嫩高粱、玉米苗或其收获后的再生苗发病。呼出气有杏仁味，可视黏膜鲜红。

3. 与无机氟化物中毒的鉴别

（1）相似点　食欲、反刍废绝，流涎，腹痛，腹泻，肌肉震颤，呼吸困难。
（2）不同点　无机氟化物中毒病牛因采食无机氟矿区、温泉、炼铝、氟化盐厂的废水污染的饲料或水而发病，有强直性痉挛，感觉过敏，易惊，尿的含氟量在 10 毫克 / 千克以上（正常为 2～6 毫克 / 千克）。

【预防措施】喂牛的青绿饲草收割后应摊开敞放，不要露天堆积、日晒雨淋，如已发热不应喂牛；接近收割期的青饲料不能再施用硝酸盐或 2,4-D 等化肥农药，曾用硝酸盐化肥和除草剂的植物及污染的水不要给牛饮食，以免发生中毒；对已经中毒的病牛，应迅速抢救。

【安全用药】

1. 特效解毒

治疗本病特效解毒剂是亚甲蓝（美蓝），剂量为每千克体重 8～10 毫克，加生理盐水或葡萄糖溶液，制成 1% 溶液，静脉注射。用甲苯胺蓝治疗变性血红蛋白效果比亚甲蓝好，剂量按千克体重 5 毫克制成 5% 溶液静脉注射，也可用于肌内或腹腔注射。同时应给予大剂量维生素 C（3 ～ 5 克）和静脉滴注高渗葡萄糖以增强疗效。

2. 对症治疗

呼吸困难者，可用 25% 尼可刹米注射液 10 ～ 20 毫升，皮下注射。或用 5% 葡萄糖生理盐水 1000 毫升、50% 葡萄糖注射液 100 毫升、20% 安钠咖注射液 20 毫升，静脉注射。或用 10% 维生素 C 注射液 30 ～ 50 毫升，一次肌内注射，或按 5 ～ 20 毫克 / 千克体重加入 25% 葡萄糖注射液 500 毫升中，静脉注射。或用硫代硫酸钠 5 ～ 20 克，静脉注射。当出现高度呼吸困难时，可用 3% 过氧化氢溶液 80 毫升、10% 葡萄糖注射液 2 000 毫升，静脉注射。或用 0.1% 高锰酸钾溶液 500 ～ 1000 毫升，10 分钟后再灌服 1% 硫酸铜溶液 100 毫升。或用十滴水 30 ～ 50 毫升，加入等量水，一次缓慢灌服。

3. 采用放血等疗法

通过尾尖、蹄头、耳静脉或颈静脉放血 500 ～ 1000 毫升，放血的同时于对侧颈静脉注射 5% 葡萄糖生理盐水补液，直至血液黏稠度接近正常为止。

4. 中药治疗

用绿豆粉 500 ～ 700 克，甘草末 100 克，开水冲调，候温，一次灌服。

八、氢氰酸中毒

氢氰酸中毒是指动物采食富含氰苷的饲料引起的以呼吸困难、黏膜鲜红、肌肉震颤、全身惊厥等组织性缺氧为特征的一种中毒病。本病多发于牛、羊等反刍动物，而单胃动物较少发病。

【**发病原因与发病机理**】多种饲草饲料均含有较多的生氰糖苷，如木薯、高粱及玉米的鲜嫩幼苗（尤其是再生苗），亚麻子及机榨亚麻子饼（土法榨油时亚麻子经过蒸煮则氰苷含量少），豆类中的海南刀豆、狗爪豆，蔷薇科植物如桃、李、梅、杏、枇杷、樱桃的叶和种子，牧草中的苏丹草、约翰逊草和白三叶草等。当饲喂过量时，均可引起中毒。生氰糖苷本身无毒，但当含有生氰糖苷的植物被动物采食咀嚼时，在有水分及适宜的温度条件下，经植物体内所含脂解酶（如 β- 葡萄糖苷酶和羟腈裂解酶）作用，或经反刍动物瘤胃水解酶的作用，产生氢氰酸，导致动物中毒的物质是氰离子。另外，牛放牧时误食或吸入氰化物农药（氰化钠、氰化钾、氰化钙等）也易引起中毒。

【**临床症状**】牛通常在采食含氰苷植物的过程中或采食后 15 ～ 20 分钟内突然发病。表现腹痛不安，呼吸加快，肌肉震颤，全身痉挛，可视黏膜鲜红，流出白色泡沫状唾液（图 4-39）；先兴奋，很快转为抑制，呼出气有苦杏仁味，随后全身极度衰弱无力，行走不稳，突然倒地，体温下降，肌肉痉挛，瞳孔散大，反射减少或消失，心动徐缓，呼吸浅表，很快昏迷而死亡。闪电型病程一般不超过 2 小时，最快者 3 ～ 5 分钟死亡。

【**剖检变化**】血液凝固不良，各组织器官的浆膜和黏膜，特别是心内外膜，有斑点状出血（图 4-40，图 4-41），肺淡红色、水肿（图 4-42），气管和支气管内充满大量淡红色泡沫状液体（图 4-43），有时切开瘤胃可闻到苦杏仁味（图 4-44）。

【诊断】根据采食氰苷植物的病史、起病的突然性、呼吸极度困难、神经机能紊乱等不难做出诊断。

【类症鉴别】与硝酸盐和亚硝酸盐中毒的鉴别

（1）相似点　采食后很快发病（1～5小时），体温偏低，流涎，后躯麻痹。

（2）不同点　硝酸盐和亚硝酸盐中毒病牛因吃堆积的青绿饲料而发病，全身发绀，血液如酱油，用二苯胺试剂检测亚硝酸盐呈阳性。

图 4-39　病牛流出白色泡沫状唾液

图 4-40　心外膜斑点状出血

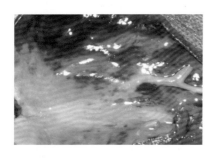
图 4-41　心内膜斑点状出血

图 4-42　肺淡红色并水肿

图 4-43　气管内充满大量淡红色泡沫状液体

图 4-44　瘤胃切开后有苦杏仁气味

【预防措施】禁用高粱和玉米幼苗，特别是再生幼苗等富含氰苷的植物喂牛。含氰苷的饲料，最好放于流水中浸渍 24 小时或漂洗后再加工利用。如果新鲜饲喂，可适量配合干草同喂；防止牛误食氰化物农药。口服桃仁、杏仁、郁李仁等含氰苷的中药治疗疾病时，剂量不宜过大。不要在含有氰苷植物的地区放牧牛。

【安全用药】

1. 特效解毒

治疗本病的特效解毒剂是亚硝酸钠和硫代硫酸钠，必须两种药物联合应用。发病后立即用亚硝酸钠 2 克，配成 5% 的溶液，静脉注射；随后再静脉注射 5% ～ 10% 硫代硫酸钠溶液 100 ～ 200 毫升。或亚硝酸钠 3 克、硫代硫酸钠 15 克、蒸馏水 200 毫升，混合，一次静脉注射，可重复使用。

2. 放血疗法

先于耳尖或颈静脉放血 1000 ～ 1500 毫升，然后立即静脉注射 5% 葡萄糖溶液 2000 ～ 2500 毫升。

3. 中药疗法。

（1）绿豆 500 克（磨浆）、甘草 100 克（研末或水浸），混合后灌服。

（2）绿豆 500 ～ 1000 克、金银花 65 克、甘草 60 克，共研为细末，加冷水适量灌服。

（3）芥菜 1500 ～ 2500 克，捣烂，加水冲服。

（4）鸡蛋 20 个、花生油 250 毫升，灌服。

（5）山药 90 克，熟地黄、山茱萸、五味子、党参各 60 克，茯苓、牡丹皮、泽泻、白术、麦门冬各 45 克，甘草 30 克，水煎 2 次，混合煎液，候温灌服。

（6）黄芩、生代赭石各 120 克，熟地黄、生龙骨（先煎）、生牡蛎（先煎）、枸杞子各 60 克，川芎、川楝子、延胡索、泽泻、茯神等各 45 克，当归、白芍各 30 克，水煎 2 次，混合煎液，候温灌服。

（7）使用特效解毒药后，先灌服麻油 1000 ～ 1500 毫升，再取绿豆 1000 克、甘草 60 克，水煎候温，药渣和药液一并灌服。

4. 其他疗法

为防止胃肠内氢氰酸的吸收，可以用 0.1% 高锰酸钾溶液或 3% 过氧化氢溶液洗胃，灌服液体石蜡 500 ～ 1000 毫升，以促进胃内容物排出。

九、日热病和热射病

日射病和热射病是因日光和高热所致的动物急性中枢神经机能严重障碍性疾病。动物在炎热的季节中，头部持续受到强烈的日光照射而引起的中枢神经系统机能严重障碍称为"日射病"；而动物所处的外界环境气温高、湿度大，动物产热多、散热少，体内积热而引起的严重中枢神经系统机能紊乱称为"热射病"。临床上将日射病和热射病统称为"中暑"。

在炎热的夏季多发，病情发展急剧，甚至引起动物迅速死亡。各种动物均可发病，牛、马、犬及家禽多发。

【发病原因与发病机理】

1. 发病原因

盛夏酷暑，动物在强烈日光下使役或奔跑，或饲养管理不当、动物长期休闲、缺乏运动，或厩舍拥挤、闷热潮湿、通风不良，或用密闭而闷热的车、船等运输都是引起本病的常见原因。动物体质衰弱、心脏和呼吸功能不全、代谢机能紊乱、皮肤卫生不良、出汗过多、饮水不足、食盐缺乏，以及在炎热天气条件下，动物从北方运至南方，其适应性差、耐热能力低，都易促使本病的发生。

2. 发病机理

从发病学上分析，无论是热射病还是日射病，最终都会出现中枢神经系统紊乱，但发病机理还是有一定的差异。

（1）日射病　因动物头部持续受到强烈日光照射，日光中紫外线穿过颅骨直接作用于脑膜及脑组织即引起头部血管扩张、脑及脑膜充血、头部温度和体温急剧升高，导致神智异常。又因日光中紫外线的光化作用，引起脑神经细胞炎性反应和组织蛋白分解，从而导致脑脊液增多、颅内压增高，影响中枢神经调节功能，新陈代谢异常，导致自体中毒、心力衰竭，患病动物卧地不起、痉挛、昏迷。

（2）热射病　由于外界环境温度过高、湿度大，动物体温调节中枢的机能降低、出汗少、散热障碍，产热与散热不能保持相对平衡，产热大于散热，造成动物机体过热，引起中枢神经机能紊乱、血液循环和呼吸机能障碍而发生本病。热射病发生后，机体温度高达 $41 \sim 42℃$，体内物质代谢加强，氧化产物大量蓄积，导致酸中毒；同时因热刺激，反射性地引起大量出汗，致使患病动物脱水。由于脱水和水、盐代谢失调，组织缺氧，碱储下降，脑脊液与体液间的渗透压急剧变化，影响中枢神经系统对内脏的调节作用，心、肺等脏器代谢机能衰竭，最终导致窒息和心脏麻痹而死亡。

【临床症状】

1. 日射病

常突然发生，病牛开始精神沉郁，四肢无力，步态不稳，共济失调，突然倒地，四肢做游泳样划动。随着病情进一步发展，体温略有升高，呈现呼吸中枢、血管运动中枢机能紊乱，甚至出现麻痹症状。可视黏膜潮红（图4-45），眼球突出，全身出大汗。心力衰竭，静脉怒张，脉微弱，呼吸急促而节律失调，结膜发绀，瞳孔散大，皮肤干燥。皮肤、角膜、肛门反射减退或消失（图4-46），腱反射亢进，常发生剧烈的痉挛或抽搐而迅速死亡，或因呼吸麻痹而死亡。

2. 热射病

突然发生，病牛体温急骤上升，高达41℃以上，皮温增高甚至烫手，白色皮肤牛全身通红。常发生于使役中的牛。病牛突然停步，站立不动，或步态不稳，有的兴奋狂暴、

图 4-45　眼结膜潮红

图 4-46　病牛肛门反射消失

癫狂冲撞，难以控制，或倒地张口喘气，呼吸困难，两鼻孔流出粉红色、带小泡沫的鼻液（图 4-47）。心悸、心音亢进，脉搏疾速而微弱，每分钟可达百次以上。眼结膜充血，瞳孔扩大或缩小。后期病牛呈昏迷状态（图 4-48），意识丧失，四肢划动，呼吸浅而疾速，节律不齐，脉不感手，第一心音微弱，第二心音消失，血压下降，收缩血压 10.66 ～ 13.33 千帕，舒张压为 8.0 ～ 10.66 千帕。濒死前，严重脱水，汗液分泌停止，皮肤干燥，尿少或无尿，呼吸节律不齐，多有体温下降，昏迷，常因呼吸中枢麻痹而死亡（视频 4-8）。

视频 4-8

　　在临床实践中，日射病和热射病常常同时发生，很难区分。

　　【诊断】根据发病季节，病史资料和体温急剧升高，突然发病，心肺机能障碍和倒地昏迷等临床症状，容易确诊。

图 4-47　病牛两鼻孔流出粉红色的鼻液

图 4-48　病牛卧地不起，呈昏迷状态

【类症鉴别】

1. 与脑膜脑炎的鉴别

（1）相似点　体温高（40 ～ 41℃），沉郁，瞳孔反射机能消失，共济失调。

（2）不同点　脑膜脑炎病牛发病不一定在炎夏烈日或闷热的情况下发生，兴奋时盲目前冲，跳槽逃窜。

2. 与急性肺充血和肺水肿的鉴别

（1）相似点　体温升高（40～41℃），呼吸困难，颈静脉怒张，惊恐不安，黏膜发绀。

（2）不同点　急性肺充血和肺水肿病牛肘外展，头下垂，肺充血时叩诊肺上部清音，下部呈浊音，听诊肺泡音微弱或粗厉。肺水肿，叩诊呈半浊音或浊音，听诊有小水泡音或捻发音。

视频 4-9

【预防措施】在炎热季节，役用牛应早晚使役，中午休息，勤饮水；要做好牛舍的防暑降温工作，加强厩舍通风，防止潮湿、闷热和拥挤，严禁中午放牧，午间休息时到阴凉处或树荫下；补喂食盐或西瓜（视频4-9），保证充足的饮水；车船运输，不可过于拥挤。随时注意观察，发现中暑现象时，应及时救治。

【安全用药】本病治疗原则是立即防暑降温，应用镇静安神、强心利尿、解除酸中毒等的药物。

（1）消除病因和加强护理　发病后，役牛立即停止使役，将病牛牵到阴凉通风处，若卧地不起，可就地搭起阴棚，保持安静。

（2）降温疗法　不断用冷水浇头，淋浴全身（视频4-10），或以冷水灌肠，饮服大量1%～2%冷盐水，有条件的可在头部放置冰袋，亦可用

视频 4-10

酒精擦拭体表，或用电风扇吹风，以促进体热放散；肌内注射2.5%盐酸氯丙嗪溶液10～20毫升，至体温下降到39℃时停止。在恢复当天只允许喂青草。或体质较好的牛，可以颈静脉放血1000～2000毫升（放血至血液呈鲜红色或不粘手），然后静脉注射生理盐水2000～3000毫升。

（3）缓解心肺机能障碍　对心功能不全的，可皮下注射20%安钠咖注射液等强心剂10～20毫升；按每千克体重1～2毫克静脉注射地塞米松注射液，以防止肺水肿的发生；纠正酸中毒可静脉注射5%碳酸氢钠注射液，每次400～1000毫升，每天1～2次；当病牛兴奋不安时，可静脉注射安溴注射液100毫升，也可灌服或直肠灌注水合氯醛黏浆剂；使用利尿剂来促进毒素的排出，但应注意机体钾离子的平衡。

（4）中药疗法

① 可用清热镇惊散。处方：防风、香薷、独活、远志、柏子仁、半夏、柴胡、僵蚕、黄芩、桔梗、石莲子、栀子各20克，枣仁、龙胆草各30克，南星、勾丁、霍草、菖蒲、薄荷各15克，甘草12克。上药共研细末，开水调剂，候温灌服，连服4剂即可。

② 石膏180克，黄芪、生地黄、淡竹叶各60克，知母、玄参、麦门冬、滑石各45克，甘草、木通各24克，水煎灌服。

③ 香薷、黄芩、天花粉、连翘各60克，黄连、栀子、当归各45克，柴胡、甘草各24克，共研为细末，沸水冲调，候温灌服。

④ 西瓜（去籽）5000克、白糖250克，灌服。或鸡蛋清20个，灌服。

⑤ 茯苓30克，朱砂、雄黄各10克，研末，另加1个猪胆的胆汁，加水调匀灌服。

⑥ 鲜苇根150克、青竹叶130克、绿豆150克、鲜萹蓄500克，水煎灌服。

⑦ 鲜芦根1.5千克，鲜荷叶5张，水煎灌服。

（5）针灸治疗　针刺颈脉、三江、太阳、蹄头、尾尖等穴。

（6）促进胃肠功能恢复　病情好转后，用人工盐300克，口服。或用10%氯化钠注射液300～500毫升，静脉注射。

十、牛酮病

牛酮病，又叫"牛酮血症""牛醋酮症""牛酮尿症"，是泌乳母牛产犊后几天至几周内由于体内碳水化合物及挥发性脂肪酸代谢紊乱所引起的一种全身性功能失调的代谢性疾病。临床上以血液、尿、乳中的酮体含量增高，血糖浓度下降，消化机能紊乱，体重减轻，产奶量下降，间断性地出现神经症状为特征。根据有无明显的临床症状可将其分为临床型酮病和亚临床型酮病。健牛血清中的酮体（指 β- 羟丁酸、乙酰乙酸、丙酮）含量一般在 1.72 毫摩尔 / 升（100 毫克 / 升）以下，亚临床型酮病母牛血清中酮体含量在 1.72 ～ 3.44 毫摩尔 / 升（100 ～ 200 毫克 / 升）之间，而临床型酮病母牛血清中的酮体含量一般在 3.44 毫摩尔 / 升（200 毫克 / 升）以上。本病主要发生在舍饲高产奶牛，以 3 ～ 5 胎次、产后 2 ～ 8 周内泌乳盛期较多见。

【发病原因】本病病因涉及的因素很多，并且较为复杂。下列因素在酮病的发生中起着重要作用。

（1）乳牛高产　在母牛产犊后的 4 ～ 6 周已出现泌乳高峰，但其食欲恢复和采食量的高峰在产犊后 8 ～ 10 周。因此在产犊后的 8 ～ 10 周内食欲较差，能量和葡萄糖的来源本来就不能满足泌乳消耗的需要，假如母牛产乳量高，势必加剧这种不平衡，体内糖消耗过多、过快，造成糖的供应与消耗不平衡，使血糖降低。由此种原因引起的酮病称为"生产性酮病"。多发生在体况极好、具有较高的泌乳潜力，而且饲喂高质量的日粮的母牛。

（2）日粮中营养不平衡和供应不足　饲料供应过少、品质低劣、饲料单一、日粮不平衡，或者精料过多、粗饲料不足，而且精料属于高蛋白、高脂肪和低碳水化合物饲料，使机体的生糖物质缺乏，糖生成减少，血糖浓度降低，产生大量酮体而发病。由此种原因引起的酮病称为"食源性酮病"或"饥饿性酮病"。多发生在体况较差、饲喂低劣饲料的奶牛；或发生在青贮料中含有过量丁酸盐以及因其造成适口性差而导致奶牛采食量减少所致。

（3）母牛产前过度肥胖　干奶期供给能量水平过高，母牛产前过度肥胖，严重影响产后采食量的恢复，同样会使机体的生糖物质减少，糖生成减少，引起能量负平衡，产生大量酮体而发病。由此种原因引起的酮病称为"消耗性酮病"。多发生于干奶期。

（4）其他　如母牛患肝脏疾病以及矿物质如钴、碘、磷等缺乏。皱胃变位、创伤性网胃炎、前胃弛缓、胃肠卡他、子宫内膜炎、产后瘫痪、乳腺炎等疾病，也可继发本病。由此种原因引起的酮病称为"继发性酮病"。多发生于产前有疾病而没能治好的奶牛。

【流行特征】本病多发生于产犊后的第一个泌乳月内，尤其在产后 3 周内。各胎龄的母牛都可发病，但以 3 ～ 6 胎母牛发病最多，第一次产犊的青年母牛也常见发生。产乳量高的母牛发病较多。无明显的季节性，一年四季都可发生，冬春发病较多。

【临床症状】根据血液中酮体含量和有无临床表现，将本病分为临床型和亚临床型两种。酮病往往都呈现低血糖症、酮血症、酮尿症和酮乳症。

1.临床型酮病

症状常在产犊后几天至几周出现，根据症状不同又可分为消化型酮病和神经型酮病。

（1）消化型酮病　病牛表现食欲减退或废绝，喜喝牛尿、污水，异嗜脏物、墙壁（图 4-49）和泥土，可视黏膜发黄。反刍咀嚼口数不定，或少于 30 次或多于 70 次。便秘，粪便上覆有黏液。精神沉郁，凝视，体重显著下降，产奶量也降低。呈拱背姿势，表现轻度腹痛（图4-50）。乳汁易形成泡沫，类似初乳状，有与呼吸、排尿相同的酮气味（类似烂苹果气味），加热更明显。病牛迅速消瘦（图4-51）。

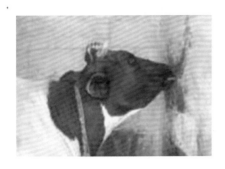

图 4-49　病牛啃舔墙壁

图 4-50　患酮病牛拱背姿势，有轻度腹痛表现

（2）神经型酮病　病牛多数表现嗜睡（图4-52），少数病牛表现有神经症状。突然发作，上槽后不认其槽位，在棚内乱转，目光怒视（图4-53），横冲直撞，站立不稳，全身紧张，颈部肌肉强直，兴奋狂暴。也有的在运动场内乱跑（图4-54），阻挡不住，饲养员称"疯牛病"。有的牛不愿走动，呆立于槽前，低头搭耳，目光无神，眼睑闭合，似如睡状。这些症状间断地多次发生，每次持续1小时，然后间隔8～12小时又重新出现。尿呈浅黄色、水样，易形成泡沫。

图 4-51　患酮病牛迅速消瘦

图 4-52　患酮病牛嗜睡表现

图 4-53　患酮病的牛目光怒视

图 4-54　病牛在运动场内乱跑

2. 亚临床酮病

病牛虽无明显的临床症状，但由于会引起母牛泌乳量下降、乳汁质量降低、体重减轻、生殖系统疾病和其他疾病发病率增高，仍然会引起严重的经济损失。

【诊断】根据临床症状、饲养管理、日粮搭配、产量高低综合分析，一般不难诊断。

1. 临床型酮病的诊断

高产经产牛突然发病，消化机能障碍表现明显，伴有精神状态不佳等全身表现，吃粗料不吃精料，呼出的气体、尿、乳有明显的烂苹果味，可基本做出诊断。在临床实践中，常用快速简易定性法检测血液（血清、血浆）、尿液和乳汁中有无酮体存在。所用试剂为亚硝基铁氰化钠 1 份、硫酸铵 20 份、无水碳酸钠 20 份，混合研细。方法是：取其粉末 0.2 克放在载玻片上，加待检样品 2 ～ 3 滴，当酮体含量在 1.72 毫摩尔 / 升（100 毫克 / 升）以上时，试剂立即出现淡红色或紫红色即为阳性。也可用人医检测尿酮的酮体试剂进行测定。但需要指出的是，所有这些测定结果必须结合病史和临床症状才能进行诊断。

2. 亚临床型酮病的诊断

亚临床酮病必须根据实验室检验结果进行诊断，其血清中酮体含量在 1.72 ～ 3.44 毫摩尔 / 升（100 ～ 200 毫克 / 升）。继发性酮病（如子宫炎、乳腺炎、创伤性网胃炎、真胃变位等因食欲下降而引起发病者）可根据血清酮体水平增高、原发病本身的特点以及对葡萄糖或抗酮疗法治疗不能得到良好效果而诊断。

【类症鉴别】

1. 与皱胃左方变位的鉴别

（1）相似点　产后发病，体温不高，呼出气、尿和奶有酮气味，腹痛。

（2）不同点　皱胃左方变位病牛左侧最后三肋弓区听诊的蠕动音与瘤胃蠕动音不一致，并可听到钢管音，与对侧（最后三肋弓区）相比稍显膨胀，而左肷下陷。

2. 与前胃弛缓的鉴别

（1）相似点　体温不高，食欲、反刍减退、空嚼，有时粪干。

（2）不同点　前胃弛缓病牛不一定在产后突然发病，奶、尿和呼出气无酮气味。

3. 与骨软症的鉴别

（1）相似点　体温不高，食欲、反刍减少，产后好卧、瘫痪。

（2）不同点　骨软症病牛有异嗜，尾梢柔软可折叠，四肢运动强拘，奶、尿和呼出气无酮气味。

4. 与子宫炎（可继发酮尿症）的鉴别

（1）相似点　血酮水平升高（一般不高于 0.5 毫克 / 毫升），拱腰。

（2）不同点　子宫炎（可继发酮尿症）病牛直肠检查，按压子宫敏感，按压时阴户流出分泌物增加，尿酮粉试验阴性。

5. 与乳腺炎（可继发酮尿症）的鉴别

（1）相似点　血酮水平升高（一般不高于 0.5 毫克 / 毫升），拱腰。
（2）不同点　乳腺炎（可继发酮尿症）病牛乳房肿、痛、硬，有热，尿酮粉试验阴性。

6. 与青草搐搦的鉴别

（1）相似点　产前肥胖，感觉过敏，空嚼，沉郁凝视（警惕），摇摆，吃草反刍废绝，沉郁兴奋反复间断发作。
（2）不同点　青草搐搦病牛在大量施钾肥、氮肥的草地放牧及天气恶劣情况下易发，两耳竖立，突发音响或触动，均能引起惊厥。血清镁低于 25 ～ 30 毫克 / 升。

7. 与产后瘫痪的鉴别

（1）相似点　产后发病，沉郁，食欲减退或废绝，嗜睡，体温不高。
（2）不同点　产后瘫痪病牛不愿走动，四肢肌肉震颤，皮温低，病后几小时即不能站立，昏睡，眼睑反射减弱或消失，瞳孔散大，肛门松弛，舌垂于唇外，流涎。

8. 与牛妊娠毒血症的鉴别

（1）相似点　母牛肥胖，食欲减退，便秘，沉郁，凝视，有时狂躁，摇摆，腹痛。
（2）不同点　妊娠毒血症病牛常在产前发病，共济失调，步态踉跄，卧地（常伏卧）不起，体温、心跳、呼吸均正常，先便秘后腹泻，粪恶臭。

【预防措施】首先应加强泌乳盛期和干乳期的奶牛饲养管理，限制使用高蛋白饲料，适量加糖；其次要防止干乳期牛过肥，日粮中干草和草粉的比例不低于 30%，优质青贮不低于 30%，块根、块茎应占 10%，精料不高于 30%，加强运动，及时治疗前胃疾病，定期检测酮体；再次可以用酵母 120 克、葡萄糖 200 克、酒精 50 毫升，加水 120 毫升制成合剂，有较好的预防和治疗作用，在干乳期或产前 30 天给予，每次间隔 10 天，连用 2 次。

【安全用药】治疗原则是以补充体内葡萄糖不足及提高酮体利用率为主、解除酸中毒，配合调整瘤胃机能及其他疗法。继发性酮病以根治原发病为主。治疗措施包括补糖疗法、抗酮疗法、对症疗法和中药疗法。

（1）补糖疗法　对大多数母牛有明显效果。①用 50% 葡萄糖溶液 500 ～ 1000 毫升，1 次静脉注射，每天 2 次，须重复注射，否则可能复发。②重复饲喂丙二醇或甘油（每天 2 次，每次 500 克，连用 2 天；随后每天 250 克，用 2 ～ 10 天），效果很好。③或用丙酸钠，口服，每次 250 克，每天 2 次，连用 3 ～ 5 天。④或用乳酸钠或乳酸钙，首日用量 1 千克，随后为每天 0.5 千克，连用 7 天。⑤或用乳酸铵，口服，每天 200 克，连用 5 天。需要指出的是，口服葡萄糖无效或效果很小，因为瘤胃中的微生物使糖发酵而成为挥发性脂肪酸，其中丙酸只是少量的，因此治疗意义不大。

（2）抗酮疗法　又称"激素疗法"。①对于体质较好的病牛，用促肾上腺皮质激素（ACTH）200 ～ 600 单位肌内注射，效果是确实的，而且方便易行。②应用糖皮质激素（剂量相当于 1 克可的松，肌内注射或静脉注射）治疗酮病效果也很好，有助于病的迅速恢复，但治疗初期会引起泌乳量下降。③本法对于慢性病例或体弱的牛应慎用。

（3）对症疗法　①水合氯醛早就在奶牛酮病中得到应用，首次剂量在牛为 30 克，以后用 7 克，每天 2 次，连续 3～5 天。因首次剂量较大，通常用胶囊剂投服，继则剂量较小，可放在蜜糖或水中灌服。水合氯醛的作用是对大脑产生抑制作用，降低兴奋性，同时破坏瘤胃中的淀粉及刺激葡萄糖的产生和吸收，同时并通过瘤胃的发酵作用提高丙酸的产生。②维生素 B_{12}（1 毫克，静脉注射）和钴（每天 100 毫克硫酸钴，放在水和饲料中，口服）有时用于治疗酮病。③静脉输入 10% 葡萄糖酸钙注射液或 5% 氯化钙溶液，缓解慢性酮病的神经症状，有效预防营养不良。④解除酸中毒，用 5% 碳酸氢钠溶液 1000 毫升，1 次静脉注射。⑤防止不饱和脂肪酸生成过氧化物，可用维生素 E，每次 400～700 毫克内服。⑥促进皮质激素的分泌可用维生素 A，每千克体重用 500 国际单位，内服；或用维生素 C 2～3 克内服。⑦治血酮，可用丙二醇，每天每头牛用 120 克。⑧调整瘤胃机能可喂给健牛瘤胃液 3～5 升，每天 2～3 次；或脱脂乳 2 升，蔗糖 500～1000 克，1 次内服，每天 1 次。⑨保肝可用氯化胆碱、蛋氨酸、肝泰乐等。

（4）中药疗法。①基本方：神曲 100 克，苍术 80 克，党参、当归、赤芍、熟地、砂仁各 60 克，茯苓、木香、白术、甘草各 50 克，川芎 40 克。共为细末，开水冲调，候温灌服，每天 1 剂，连用 3 天。②若粪中带有未消化饲料，重用砂仁 80～100 克，加肉桂 50 克。③若瘤胃蠕动弛缓者，加厚朴 60 克、枳壳 50 克；④若病程较长，超过 20 天，耳鼻四肢冰凉者，重用党参 80～100 克，加黄芪 60 克、黑附片 50 克；⑤若有恶露者，加益母草 100 克；⑥若有神经症状者，去茯苓，加石菖蒲、酸枣仁、茯神各 40 克，远志 30 克。

十一、母牛倒地不起综合征

母牛倒地不起综合征是泌乳奶牛产前或产后发生的一种以"倒地不起"为特征的临床综合征，又称"爬行母牛综合征""母牛卧地不起综合征""母牛躺卧不起综合征""母牛爬卧综合征""爬卧母牛综合征"。它不是一种独立的疾病，而是许多疾病经过中伴随的一个体征。大部分病例与生产瘫痪同时发生。广义地认为，牛分娩前后无任何明确原因致瘫痪，而在 24 小时内仍不能站立者；生产瘫痪牛用钙剂治疗 10 分钟内不能站立，经两次钙制剂治疗 24 小时内无反应或反应不完全的倒地不起母牛，都可归属在这一综合征范畴内。母牛倒地不起综合征不但发病率高，致死率也高。究其原因，除疾病本身的发生过程比较急骤、病因比较复杂以外，兽医在诊治上未能做到及时和准确也是一个重要原因。

【发病原因】倒地不起综合征按病因可分为以下几种：

（1）营养代谢性病因　主要是由于饲料品质不良，特别是矿物质缺乏引起的，如低磷酸盐血症、低钙血症（图 4-55）、低镁血症、低钾血症（图 4-56）、白肌病和酮病（图 4-57）等。

（2）产科性原因　胎儿过大、产道开张不全或助产粗鲁等，损伤了产道及周围神经，犊牛产出后，母牛发生卧地不起。此外，脓毒性子宫内膜炎、乳腺炎、胎盘滞留等都可能与本病的发生有关。

（3）外伤性原因　主要指骨骼、神经、肌肉、韧带、关节周围组织损伤及关节脱臼等。如因母牛体重较重，产房地面太滑，在分娩、起卧或行走时失去平衡不慎跌倒所造成，包括腓肠肌断裂（图 4-58）、髋关节损伤、闭孔神经麻痹（图 4-59）、腓神经麻痹（视频 4-11）、关节脱臼（图 4-60，视频 4-12）、桡神经全麻痹（图 4-61，视频 4-13）、坐骨神经损伤（图 4-62）、股骨头脱臼（图 4-63）、骨折（图 4-64）等。

视频 4-11　　　　　视频 4-12　　　　　视频 4-13

图 4-55　母牛倒地不起综合征——低钙血症

图 4-56　母牛倒地不起综合征——低钾血症

图 4-57　母牛倒地不起综合征——酮病

图 4-58　两侧腓肠肌断裂病牛

图 4-59　闭孔神经麻痹

图 4-60　髋关节脱臼

图 4-61　桡神经麻痹

（4）其他原因　某些重剧疾病，如肾机能衰竭、中枢疾病等也可引起本病。

【临床症状】倒地不起常发生于产犊过程或产犊后 48 小时内。饮欲、食欲表现正常或减退，体温正常或稍有升高，但心率增加到每分钟 80～100 次，脉搏细弱。严重病例则出现感觉过敏，并且在倒地不起时呈现某种程度的四肢抽搐、食欲消失。大多数病例出现低钙血症、低磷酸盐血症、低钾血症、低镁血症（图 4-65）。血糖浓度正常，血清肌酸磷酸激酶（CK）和天冬氨酸氨基转移酶（AST）活性在躺卧 18～20 小时后可明显升高，并可持续数天。有的病牛表现中度的酮尿症、蛋白尿，也可在尿中出现一些透明圆柱和颗粒圆柱。有些病牛可见有低血压和心电图异常。

图 4-62　坐骨神经损伤　

图 4-63　股骨头脱臼（跗关节之上大腿处的折痕）

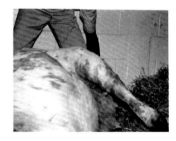

图 4-64　长骨骨折（注意肿胀非常明显）

图 4-65　母牛倒地不起综合征——低镁血症

【诊断】根据发病原因和临床症状可以做出初步诊断。结合实验室中各项指标的测定数据进行分析可以确诊。

【预防措施】在消除病因的基础上，采取对症治疗，特别应防止肌肉损伤和褥疮形成，可适当给予垫草及定期翻身，或在可能情况下人工辅助站立（视频 4-14，视频 4-15），经常投予饲料和饮水。静脉补液和对症治疗，有助于病牛的康复。

【安全用药】

（1）当怀疑伴有低磷酸盐血症时，可用 20% 磷酸二氢钠溶液 300 ～ 500 毫升静脉注射。

（2）当怀疑低镁血症时，可静脉注射 25% 硼葡萄糖酸镁溶液 400 毫升。

（3）当怀疑为低钾血症时，可将 10% 氯化钾溶液 80 ～ 100 毫升加入 2000 ～ 3000 毫升葡萄糖生理盐水溶液中静脉注射，静脉注射钾剂时要注意控制剂量和速度。

（4）可应用皮质醇、兴奋剂、维生素 B_1、维生素 E 和硒等药物和对症治疗。

视频 4-14

视频 4-15

十二、瘤胃酸中毒

见"第一章　牛消化系统疾病的类症鉴别诊断与安全用药"中"第二节　以反刍功能异常为特征的消化系统疾病"中的"四、瘤胃酸中毒"。

十三、青草搐搦

青草搐搦是反刍动物采食幼嫩牧草后而突然发生的一种高度致死性疾病，又称"青草蹒跚"。临床上以兴奋不安、强直性和阵发性肌肉痉挛、搐搦、呼吸困难和发生急性死亡为特征。临床病理学以血镁浓度下降、常伴有血钙浓度下降为特点。

【发病原因】本病的发生与血镁浓度降低有直接的联系，而血镁浓度降低与牧草镁含量缺乏或存在干扰镁吸收的成分直接相关。其主要病因有：

（1）牧草镁含量不足　低镁的牧草主要来自低镁的土壤，如酸性岩性土壤。此外，土壤pH值太低或太高也影响植物对镁吸收的能力。大量施用钾肥或氮肥的土壤，植物含镁量低。

（2）牛只镁吸收减少　有些低镁血症病牛所采食的牧草中镁含量并不低，甚至高于正常需要量，但因其利用率较低，也可导致本病发生。饲料中钾含量高，可竞争性抑制肠道对镁离子的吸收，促进镁和钙的排泄，导致低镁血症的产生。偏重施用氮肥的牧场，饲料中氮含量过高，瘤胃内产生多量的氨，与磷、镁等离子形成不溶性磷酸铵镁，阻碍镁的吸收。

（3）饲料不当影响镁的吸收　饲料中过多供给长链脂肪酸，与镁离子产生皂化反应，也可影响镁的吸收；饲料中硫酸盐、碳酸盐、柠檬酸盐、锰、钠、钙等含量过高以及内分泌紊乱和消化道疾病都会影响镁的吸收。

【临床症状】

视频 4-16

视频 4-17

（1）急性型　病牛突然停止采食、惊恐不安、耳朵煽动（图4-66）、甩头、哞叫、肌肉震颤（视频4-16），有的出现盲目急走或狂奔乱跑。行走时步态跛跄，前肢高抬，四肢僵硬，易跌倒。倒卧地后，全身肌肉强直（图4-67），口吐白沫，牙关紧闭，眼球震颤，瞳孔散大，瞬膜外露，期间有阵挛（视频4-17）。脉搏可达150次/分钟，心悸，心音强盛，甚至在1米之外都能听到亢进的心音。体温升高达40.5℃，呼吸加快。这种类型的病牛多因来不及救治，很快死亡。

图 4-66　病牛惊恐不安，耳朵煽动

图 4-67　病牛倒地后，全身肌肉强直

（2）亚急性型　病程3～5天，病牛食欲减退或废绝，泌乳牛产奶量下降，病牛常保持站立姿势，频频排粪、排尿，头颈回缩，频频眨眼，对声响敏感，受到剧烈刺激时可引起惊厥。行走时，步态强拘，肌肉震颤，后肢和尾僵直。重症病牛有攻击人的行为。

（3）慢性型　病牛呆滞，反应迟钝，食欲减退，泌乳减少。经数周后，呈现步态强拘，后躯跟跄，头部，尤其是上唇、腹部及四肢肌肉震颤，感觉过敏，施以微弱的刺激亦可引起强烈的反应。后期感觉丧失，陷入瘫痪状态（图4-68）。

【诊断】根据病史和突然发生、兴奋不安、运动不协调、敏感、搐搦等临床症状，以及血清镁、钙和钾浓度的测定，脑脊髓液和尿液中镁浓度的降低，可做出诊断。

图 4-68　感觉丧失，陷入瘫痪状态

【类症鉴别】

1. 与铅中毒的鉴别

（1）相似点　吼叫，步态蹒跚，肌肉震颤，感觉过敏，磨牙，口吐白沫，惊厥，角弓反张，急性型 1 ～ 2 小时内死亡。

（2）不同点　铅中毒病牛是在铅矿、冶炼厂附近废水污染或喷洒含铅农药的草地放牧，或舔舐油漆而发病。瞳孔散大而目盲，血铅浓度达 0.81 毫克 / 千克（正常 0.103 毫克 / 千克）。

2. 与牛狂犬病的鉴别

（1）相似点　步态蹒跚，体温高（40 ～ 41℃），停止吃草、反刍，吼叫，口流涎，行动盲目。

（2）不同点：牛狂犬病有传染性，因被狂犬病病犬咬伤而发病，有腹痛，起卧不安，吞咽困难，大量流涎不止，哞叫不断，视力障碍，衔草不嚼，排黑色稀软粪。剖检脑胞浆内有内基氏小体。

3. 与奶牛酮病的鉴别

（1）相似点　吃草、反刍废绝，感觉过敏，空嚼，沉郁凝视（警惕），摇摆，沉郁兴奋反复间断发作。

（2）不同点　酮病奶牛是由于饲料中蛋白质、脂肪过多，碳水化合物不足而发病。多在产后几天或几周发病。强迫运动显执拗，呼出气及奶有酮气，尿、奶酮粉试验呈阳性。

4. 与破伤风的鉴别

（1）相似点　牙关紧闭，两耳直立，尾肌及后肢强直性痉挛，对音响和触诊过敏，引起强直。

（2）不同点　破伤风是因破伤风梭菌感染而发病，头颈四肢均强直，形如木马，即使卧倒也不能屈曲，瞪眼，瞬膜露出。

5. 与脑膜脑炎的鉴别

（1）相似点　突然发病，盲目向前奔跑，倒地四肢划动，咬牙切齿，触诊过敏。

（2）不同点　脑膜脑炎病牛神志不清，狂暴时跳跃逃窜，不避障碍，甚至伤人，继而嗜眠沉睡，衔草不嚼不咽，瞳孔时大时小，血镁不低。

6. 与有机磷中毒的鉴别

（1）相似点 盲目冲撞，阵发痉挛，对音响、触诊过敏，尿频，流涎。

（2）不同点 有机磷农药中毒病牛因采食有机磷农药污染的饲料而发病。下颌部肌肉战栗，上下齿嗑撞，眼睑痉挛，视力障碍，还见腹泻，随后依次出现颈部、前躯和后躯的肌纤维性痉挛。慢性常见肌肉震颤先从头部肌肉开始，渐次向后扩展遍及躯体的其他肌肉，逐渐加剧，四肢强拘，步态跟跄，鼻镜溃烂，口黏膜肿胀、黄色，甚至形成疣状物，且常伴发出血性卡他性胃肠炎。

【预防措施】

（1）不要在施钾肥多、氮肥多的牧地放牧。如草地缺镁，可用2%硫酸镁溶液喷洒草地，每隔2周喷1次，或用研细的氧化镁每公顷撒布30千克，均可迅速提高牧草的含镁量。

（2）在危险阶段给牛补镁，每天补饲氧化镁或硫酸镁（50～100克）。

（3）如遇恶劣天气应将牛群及时赶入圈舍，并喂给干草，避免饥饿，夏季雨后所生的青草或谷苗不能让牛群采食，避免本病的发生。

（4）对病牛可因饲养管理条件和气候的不同而有差异，最主要的是迅速提高血镁水平，最好镁、钙同时应用比较安全。

【安全用药】

（1）成年牛用钙镁合剂（25%硼葡萄糖酸钙和5%次磷酸镁溶液）500毫升，一次静脉注射。或将硼葡萄糖酸钙250克、硫酸镁50克加蒸馏水1000毫升，制成注射液，400～800毫升，一次静脉注射。

（2）成年牛用25%硫酸镁溶液150～250毫升、10%葡萄糖溶液1000毫升缓慢静注，虽可迅速提高血镁水平，但3～6小时后恢复注射前水平。用25%硫酸镁溶液400毫升静脉注射，几分钟内血清镁浓度提高到0.005毫克/毫升，在注射过程中，尤其静注时如出现呼吸困难、心跳加快，应即停止用药。

（3）用3.3%乳酸镁溶液静注可使血清镁的持续时间延长。用15%葡萄糖镁溶液200～400毫升静注，其持续时间比硫酸镁长。用12%的己二酸镁溶液和5%的葡萄糖酸钙溶液500毫升静注较好。

（4）在静注镁剂提高血清镁浓度水平后，因其维持时间不太长，所以必须在饲料中补充镁，每日补饲氧化镁60～120克。

（5）必须采用施镁肥和喷洒含镁溶液的方法增加饲草的含镁量，以持续解决镁的缺乏。

第二节 以跛行为特征的运动障碍疾病

一、破伤风

破伤风又名"强直症""锁口风"，是由破伤风梭菌经伤口感染后产生外毒素，侵害神经组织所引起的一种急性、中毒性人兽共患传染病。本病的主要特征为全身骨骼肌持续性或阵发性痉挛以及对外界刺激反射兴奋性增高，但牛感染后反射兴奋性增高不明显。

【病原】本病病原为破伤风梭菌。又称"强直梭菌"，分类上属芽孢杆菌属，为细长的杆菌，多单个存在，形成芽孢，芽孢在菌体一端，似鼓锤状（图4-69）。周鞭毛，无荚膜。幼龄培养物革兰氏染色阳性，48小时后呈阴性（图4-70）。本菌为严格厌氧菌。本菌可产生破伤风痉挛毒素、溶血毒素及非痉挛毒素。其中破伤风痉挛毒素引起该病特征性症状和刺激保护性抗体的产生，溶血毒素具有溶解红细胞，引起局部组织坏死。非痉挛性毒素对神经末梢有麻痹作用。本菌繁殖体

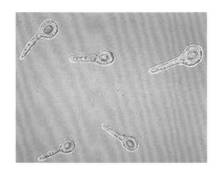

图 4-69　破伤风梭菌的芽孢形状　　　　图 4-70　破伤风梭菌幼龄培养物 48 小时后呈阴性

对一般理化因素抵抗力不强，一般消毒药如10%碘酊、10%漂白粉溶液及30%过氧化氢等约10分钟将其杀死。但其芽孢具有很大的抵抗力，在土壤中可存活几十年，耐煮沸1～3小时，高压蒸汽120℃10分钟死亡。本菌对青霉素敏感，磺胺药次之，链霉素无效。

【流行特征】各种动物均有易感性，其中以单蹄兽最为易感，牛、羊和猪次之，人也易感，鹿、犬和猫仅在例外情况下发生，鸟类和家禽却有抵抗力。易感动物不分年龄、品种和性别均可感染发病。破伤风梭菌广泛存在于自然界中，动物可通过各种创伤，如断脐、断尾、阉割、剪毛、断角（图4-71）、去势（图4-72）、手术、穿鼻、钉伤、产后及其他外伤（图4-73）等感染；但并非一切创伤均可感染，必须具备缺氧条件；有些病例见不到伤口，可能是伤口已愈合或经子宫、消化道黏膜损伤而感染，因此，本病在现代规模化、集约化养殖过程中具有一定的危害性。本病无季节性，常表现零星散发。

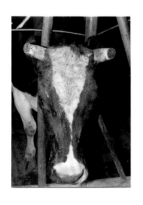
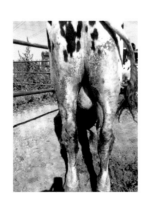
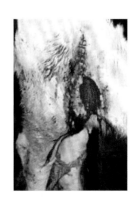

图 4-71　断角　　　　　图 4-72　去势　　　　　图 4-73　外伤处理

【临床症状】 潜伏期一般为 7 ～ 14 天，最短为 1 天，最长可达数周。病初症状不明显，随着病情的发展，病牛逐渐出现全身僵硬、腰背强拘、运动不灵活（图 4-74）；吞咽困难、流涎，两耳直立，眼半闭，瞬膜突出（图 4-75），鼻孔开张，瞳孔散大，严重时牙关紧闭；颈、腰僵硬不能弯曲，四肢强直如木马，尾高举，关节屈曲困难（图 4-76）。嗳气、反刍停止，腹肌紧缩。常发生瘤胃臌胀或子宫积液和积气。病牛神志清楚，对外界刺激反射兴奋性增高，即轻微刺激（如音响、强光及触摸等）可使病牛惊恐不安、症状加重（图 4-77），但反射兴奋性增高不明显。体温一般正常，仅在临死前体温上升达 42℃。病程长短不一，通常为 14 ～ 28 天。

图 4-74 病牛全身僵硬，腰背强拘，运动不灵活

图 4-75 刺激后瞬膜明显外露

图 4-76 病牛颈、腰僵硬不能弯曲，四肢强直如木马，尾高举，关节屈曲困难

图 4-77 病犊牛神志清楚，对外界刺激可使其惊恐不安

【剖检变化】 本病的剖检变化不明显，仅在黏膜、浆膜及脊髓等处可见有小出血点，肺脏充血、水肿、骨骼肌变性或具有坏死病灶以及肌间结缔组织水肿等非特异变化。

【诊断】 根据流行特征和典型的临床症状即可做出初步判断。确诊需要从创伤感染部位取材，进行细菌的分离和鉴定，结合动物实验进行诊断。

【类症鉴别】

1. 与青草搐搦的鉴别

（1）相似点 牙关紧闭，两耳直立，尾肌及后肢强直性痉挛，对音响和触诊过敏，引起强直。

（2）不同点 青草搐搦病牛多因夏季采食了雨后青草而发病。突然甩头，盲目乱跑，颈和四肢震颤，惊厥呈间歇性发作，倒地四肢划动。

2 与骨软症的鉴别

（1）相似点　咀嚼缓慢，腰硬，四肢运动强拘。

（2）不同点　骨软症病牛耳动灵活，牙关不紧，四肢不强直。

【**预防措施**】平时注意饲养管理和卫生，防止牛只受伤。一旦发生外伤，尤其严重创伤时，应及时进行伤口消毒和外科处理，或注射破伤风抗毒素。断脐、断角及外科手术时应严格及时用 5%～10% 的碘酊消毒，并在手术前后注射青霉素或破伤风抗毒素，以预防发生本病。发病较多的地区或养牛场，每年应定期给牛接种破伤风类毒素。

【**安全用药**】应采取综合措施，包括创伤处理、药物治疗、中药疗法和加强护理。具体措施如下：

（1）创伤处理　牛受伤后立即进行伤口处理，清除创口内的污物、异物、坏死组织及痂皮，必要时进行扩创，用 5%～10% 碘酊和 3% 双氧水或 2% 高锰酸钾溶液冲洗伤口，再撒布碘仿磺胺粉（碘仿 1 份，氨苯磺胺 9 份），然后用青霉素、链霉素在创伤周围注射。同时用青霉素、链霉素进行全身治疗，每天上午、下午各肌内注射 1 次，连续 1 周。

（2）药物治疗

① 尽早用破伤风抗毒素进行治疗，犊牛用 20 万～60 万单位，成年牛用 60 万～120 万单位，分 3 次注射，也可一次全剂量皮下注射或静脉注射。另外，将精制破伤风抗毒素于大椎、百会等穴位注射，用量为常规注射剂量的一半，也可收到较好的疗效。

② 临床上为缓解肌肉的强直痉挛，常用 25% 硫酸镁溶液 20～120 毫升、40% 乌洛托品溶液 10～40 毫升、25% 葡萄糖溶液 50～200 毫升、25% 维生素 C 注射液 2～6 毫升、樟脑磺酸钠注射液 2～5 毫升，缓慢静脉注射，每天 1～2 次；也可用盐酸氯丙嗪（每毫升含 25 毫克），剂量按每千克体重 1～2 毫克，肌内注射。

③ 对于不能采食和饮水的病牛，用 10% 葡萄糖溶液 1000～2000 毫升，静脉注射，每天 1 次。

④ 消除酸中毒，可用 5% 碳酸氢钠溶液 150～1000 毫升静脉注射。

⑤ 瘤胃臌胀时，可行瘤胃穿刺放气。

⑥ 为缓解牙关紧闭、开口困难，可用 2% 盐酸普鲁卡因溶液 20 毫升加 0.1% 肾上腺素 0.5～1 毫升，混合后分点注入两侧咬肌，每点约 5～10 毫升。

⑦ 抗菌消炎。可用青霉素钠 400 万单位、链霉素 500 万单位，注射用水 40 毫升，分别一次肌内注射，每天 2 次，连用 3～5 天。

（3）中药疗法

① 天麻、乌蛇、羌活、川芎各 20 克，附子、天南星、防风、薄荷各 15 克，蝉蜕、荆芥、半夏各 12 克，水煎取汁，加 50 度白酒 250 毫升，葱 3 根（切碎），灌服，同时用朱砂 9 克，麝香 1.5 克，研末取少许吹鼻，每天 2～3 次。

② 僵蚕、天麻、乌蛇各 15 克，防风、羌活各 12 克，钩藤、蔓荆子、藁本、款冬花、川芎各 10 克，白芷、甘草各 6 克，细辛 3 克，煎汁加黄酒 30 毫升，灌服，连用 2 天。

③ 威灵仙 90 克，大蒜 248 克，菜油 60 毫升，捣烂，热酒冲服，每天 1 剂，连用 3～6 天。

④ 防风、荆芥穗、薄荷、蝉蜕各 30 克，白芷、升麻、僵蚕各 25 克，天麻、胆南星

各 15 克，葛根 18 克，水煎取汁灌服。

⑤ 乌蛇、生黄芪、金银花各 45 克，白菊花、麻黄根、蝉蜕、酒当归、酒大黄各 30 克，栀子、羌活、胆南星各 25 克，防风 18 克，荆芥、桂枝、地龙、甘草各 15 克。水煎取汁，加黄酒 250 毫升，灌服，连用 2～3 天。

⑥ 防风 30 克，羌活 25 克，蝉蜕 31 克，天麻、胆南星、炒僵蚕各 18 克，川芎 15 克，全蝎 12 克，细辛、白芷、红花、姜半夏各 9 克。水煎取汁，加黄酒 200 毫升，一次灌服，每天 1 剂，连用 3～4 天。

⑦ 天麻 25 克，羌活、升麻、沙参、乌蛇、独活、阿胶、胆南星、生姜、蔓荆子、防风、何首乌各 30 克，蝉蜕、藿香、桑螵蛸、僵蚕、川芎、旋覆花各 20 克，细辛 10～15 克。除阿胶外，其余各药水煎取汁，候温后加阿胶灌服，每天 1 剂，连用 2～3 天。

⑧ 天麻、党参、黄芩、当归、金银花、连翘各 31 克，玄参、僵蚕各 21 克，全蝎 19 克，乌蛇、蝉蜕、胆南星各 12 克，蜈蚣 3 克。水煎取汁，灌服，每天 1 剂，连用 2～3 天。

⑨ 党参、玄参、天麻、黄芪、乌蛇、当归、金银花各 30 克，胆南星、蝉蜕各 15 克，连翘 25 克，蜈蚣 3 条，水煎取汁，灌服，每天 1 剂，连用 2～3 天。

⑩ 石菖蒲 1000 克，煎汁，分早、晚 2 次灌服，同时静脉注射破伤风抗毒素 20 万单位，连用 3 天。

⑪ 槐树枝 1000 克，煎汁，加黄酒 500～750 毫升，导服，连用 2～3 剂。同时，用 10% 葡萄糖注射液 2000 毫升、40% 乌洛托品注射液 50 毫升、1% 盐酸普鲁卡因注射液 100～300 毫升、10% 维生素 C 注射液 20 毫升、精制破伤风抗毒素 15 万单位，静脉注射。

（4）加强护理

① 精心的护理是治愈破伤风的重要环节，将病牛置于光线较暗、安静、干燥洁净的厩舍中，避免音响刺激；冬季注意保温，可将棉被或麻袋搭于背上；给予易消化的青绿饲料和清洁饮水。

② 对牙关紧闭不能采食的病牛，用胃管给予小米粥等半流质食物，恢复期口腔已经张开时，饲料要少给勤添，防止过食；重症病牛用吊带吊起，以防卧倒或摔跌。

③ 在背腰和四肢痉挛症状减轻时，要适当牵遛，按摩四肢，以促进肌肉功能恢复。总之，要认真做好静、养、防、遛 4 个方面的护理。

二、牛流行热

牛流行热，又称"三日热"或"暂时热"，在我国某些地方被称为"牛流行性感冒"，是由牛流行热病毒引起牛的一种急性、热性传染病。其临床特征是突然高热、流泪，有泡沫样流涎，鼻漏，呼吸迫促，后躯僵硬，跛行，一般取良性经过，发病率高，病死率低。轻症 2～3 天内即可恢复正常，故又有"三日热""暂时热"之称。

【病原】牛流行热病毒，又名"牛暂时热病毒"或"三日热病毒"，为弹状病毒科暂时热病毒成员。只有一个血清型。呈子弹形或圆锥形（图 4-78），成熟的病毒粒子长 130～220 纳米、宽 60～70 纳米，单股 RNA，有囊膜，除典型的子弹形粒子外，还可见到 T 形粒子。病毒具有血凝性抗原，能凝集鹅、鸽、马、仓鼠、小鼠和豚鼠的红细胞，而且能被相应的抗血清抑制。该病毒对外界的抵抗力不强，乙醚、氯仿敏感。胰蛋白酶、紫外线、酸和碱对病毒均有灭活作用。对热敏感，56℃ 10 分钟、37℃ 18 小时灭活和 25℃ 120 小病毒失去活力；在 pH2.5 以下或在 pH9 以上于 10 分钟内使之灭活，对一般消毒药敏感。

【流行特征】本病的主要传染源为病牛，发热期病牛的血液中含有病毒，主要通过吸血昆虫传播，为蚊、蠓、蝇的叮咬而传播。本病不能通过接触传染。自然条件下，绵羊、山羊、骆驼、鹿均不感染。本病发生与牛的品种、年龄有一定关系，主要侵害奶牛、黄牛，水牛较少感染，以 3 ～ 5 岁牛多发，1 ～ 2 岁和 6 ～ 8 岁牛少发，犊牛和 9 岁以上老牛很少发生。母牛尤以妊娠牛发病率高于公牛，产奶量高的母牛发病率高。本病呈周期性流行，流行周期为 3 ～ 5 年发生一次地方性流行或 7 ～ 12 年出现一次大流行。本病具有季节性，夏末秋初，多雨潮湿、高温、蚊蝇及吸血昆虫多的季节多发。流行方式为跳跃式蔓延，即以疫区和非疫区相嵌的形式流行。本病传染力强，传播迅速，短期内可使很多牛发病，呈现流行或大流行。本病发病率可高达 100%，但多取良性经过，死亡率低，一般只有 1% ～ 2%，但肉牛及高产奶牛死亡率可达 10% ～ 20%。

【临床症状】按临床表现可分为呼吸型、胃肠型和瘫痪型三型。

视频 4-18

1. 呼吸型

分为最急性型和急性型两种。病牛主要表现为食欲减少，体温可达 40 ～ 41℃，眼结膜潮红、充血，流泪，眼睑水肿（图 4-79），呼吸急促，口角出现多量泡沫状黏液（图 4-80，视频 4-18），精神不振，病程 3 ～ 4 天。严重病牛发病后数小时内死亡。

图 4-78　牛流行热病毒呈子弹形或圆锥形

图 4-79　眼结膜肿胀潮红、充血，流泪

2. 胃肠型

病牛眼结膜潮红，流泪，口腔流涎及鼻流浆液性鼻液（图 4-81），腹式呼吸，不食，精神萎靡，体温可达 40℃。粪便干硬，呈黄褐色，有时混有黏液，胃肠蠕动减弱，瘤胃停滞，反刍停止。还有少数病牛表现腹泻和腹痛等，病程 3 ～ 4 天。

图 4-80　病牛口角流出多量泡沫状黏液

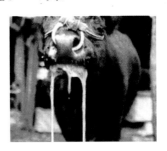

图 4-81　病牛口腔流涎，鼻流浆液性鼻液

3.瘫痪型

多数体温不高，四肢关节肿胀，疼痛，卧地不起（图4-82），食欲减退，肌肉颤抖，皮温不整，精神萎靡，站立则四肢特别是后躯表现僵硬，跛行，不愿移动。

本病死亡率一般不超过1%，但有些病牛因跛行、瘫痪而被淘汰。

【剖检变化】急性死亡病例主要病变为咽、喉黏膜呈点状或弥漫性出血（图4-83），有明显的肺间质性气肿，多集中在尖叶、心叶和膈叶前缘，肺脏高度膨隆，间质增宽，内有气泡（图4-84），压迫肺脏呈捻发音。或肺充血与肺水肿，胸腔积有多量暗紫红色液（图4-85），肺间质增宽，内有胶冻样浸润，肺切面流出大量暗紫红色液体（图4-86），气管内积有多量泡沫状黏液（图4-87）。心内膜、心肌乳头部呈条状或点状出血（图4-88），肝脏轻度肿大，脆弱。脾髓粥样。肩、肘、跗关节肿大，关节液增多，呈浆液性。关节液中混有块状纤维素。全身淋巴结充血、肿胀和出血。皱胃、小肠和盲肠呈卡他性炎症和渗出性出血（图4-89）。

图 4-82　牛四肢关节肿胀而卧地不起

图 4-83　咽、喉黏膜呈弥漫性出血

图 4-84　肺脏高度膨隆，内有气泡

图 4-85　肺充血，胸腔积有多量暗紫红色液体

图 4-86　肺切面流出大量暗紫红色液体

图 4-87　气管内积有多量泡沫状黏液

图4-88 心肌乳头部呈点状出血

图4-89 皱胃卡他性炎症与渗出性出血

【诊断】本病的特点是大群发生，传播快速，有明显的季节性，发病率高、病死率低，结合病牛临床上表现的特点，可以初步诊断。确诊需做病原分离鉴定或用中和试验、补体结合试验、免疫荧光等进行诊断，必要时可采取病牛血用易感牛做交叉保护试验。

【类症鉴别】

1. 与牛肺炎的鉴别

（1）相似点　体温高（40℃以上），呼吸增数、迫促，听诊肺呼吸音粗糙，流鼻液。
（2）不同点　肺炎病牛无流行性，不伴发运动强拘和跛行，不流泪。

2. 与牛传染性鼻气管炎的鉴别

（1）相似点　有传染性。体温高（40℃以上），眼充血、流泪，流鼻液，呼吸增数。
（2）不同点　牛传染性鼻气管炎多在冬季流行，呼吸型因鼻窦、鼻镜发炎而有红鼻子之称，有咳嗽，鼻黏膜溃烂，有脓性鼻液，呼出气有臭味。流行期有配种者，公牛、母牛生殖道发炎有脓疱。

3. 与风湿症的鉴别

（1）相似点　有热（39～40℃），跛行，运动后跛行减轻（尤其流行热初期极像风湿症）。
（2）不同点　风湿病急性时体温升高，但不超过40℃，且无流行性。一般跛行在运动中会减轻以至消失。食欲有减退不会废绝，呼吸不迫促、不流泪和鼻液。

【预防措施】预防本病主要应根据本病的流行规律，做好疫情监测和预防工作；注意环境卫生，清理牛舍周围的杂草污物，加强消毒，扑灭蚊、蠓、蝇等吸血昆虫，每周用杀虫剂喷洒一次，切断本病的传播途径；注意牛舍的通风，对牛群要防晒防暑，饲喂适口饲料，减少外界各种应激因素；发病区，在流行季节到来之前，应用结晶紫灭活苗10毫升，皮下注射，间隔3～7天，再注射15毫升，可获得6个月的免疫力。或用病毒裂解疫苗2毫升，皮下注射，间隔4周，再注射3毫升；发生本病时，要对病牛及时隔离、治疗，对假定健牛及附近受威胁地区的牛群，可采用疫苗或高免血清进行紧急预防接种；自然病例恢复后可获得2年以上的坚强免疫力。

【安全用药】发生本病后，应立即隔离病牛并进行治疗。本病尚无特效治法，多采取对症治疗。治疗原则是早发现、早隔离、早治疗，合理用药，护理要得当，以减轻病情，提高机体抗病力。病初可根据具体情况进行退热、强心、利尿、整肠健胃、镇静，停食时间长的可适当补充生理盐水及葡萄糖溶液，用抗菌药物防止并发症和继发感染。呼吸困难时应及时输氧。也可用中药辨证施治。治疗时，切忌灌药，易引起异物性肺炎。

（1）抗菌药物防止并发症和继发感染

① 5% 葡萄糖生理盐水 1 500 毫升、0.5% 氢化可的松注射液 50 毫升、10% 维生素 C 注射液 40 毫升、硫酸庆大霉素注射液 40 万～80 万单位，混合后一次静脉注射，每天 1 次，连用 2～3 天。

② 青霉素 1 万～2 万单位 / 千克体重、链霉素 500 万单位、注射用水 40 毫升，肌内注射，每天 2 次，连用 3～5 天。

③ 盐酸四环素 400 万单位、1% 地塞米松磷酸钠注射液 5 毫升、10% 安钠咖注射液 20 毫升、5% 糖葡萄糖生理盐水 3000 毫升，若为产乳母牛，加 5% 氯化钙注射液 300 毫升，一次静脉注射。

（2）对症治疗

① 如高热时，可一次肌内注射复方氨基比林 20～50 毫升，或 30% 安乃近注射液 20～50 毫升，每天 2～3 次；或用 10% 磺胺嘧啶钠注射液 100 毫升，一次静脉注射，每天 2～3 次；或用 5% 葡萄糖生理盐水 2000～3000 毫升，一次静脉注射，每天 2～3 次。

② 对重症病牛，同时给予大剂量的抗生素防止继发感染，并静脉内补液、强心、解毒，每次常用青霉素 1000 万～2000 万单位、链霉素 5～10 克、林格氏液 1000～3000 毫升、安钠咖 2～5 克、维生素 C 2～4 克，每天 2 次。同时可肌内注射复合维生素 B 注射液 20～30 毫升或维生素 B_1 20～30 毫升。若为产乳母牛，加 5% 氯化钙注射液 300 毫升，一次静脉注射。

③ 对四肢关节疼痛的牛，可用 2.5% 醋酸氢化泼尼松注射液 5 毫升，肌内注射；或用 2% 普鲁卡因注射液 20 毫升、生理盐水 1000 毫升、10% 安钠咖注射液 20 毫升，静脉注射；或用维生素 B_1 注射液 5～10 毫升，于大胯穴或百会穴注射；或静脉注射水杨酸钠溶液，还可内服芬必得胶囊等药物进行治疗。

④ 对卧地不起的病牛，要协助改变倒卧姿势，防止褥疮的发生。可用 25% 葡萄糖注射液 500 毫升、5% 葡萄糖生理盐水 1000～1500 毫升、10% 安钠咖注射液 20 毫升、40% 乌洛托品注射液 50 毫升、10% 水杨酸钠注射液 100～200 毫升，一次静脉注射，每天 1～2 次，连用 3～5 天。或用盐酸硫胺注射液 1 克或呋喃硫胺注射液 0.2～0.3 克，肌内注射，并静脉注射 10% 葡萄糖酸钙注射液 500～1000 毫升和 10% 氯化钾注射液 100 毫升。或用 20% 葡萄糖酸钙 500～1000 毫升、10% 氯化钾注射液 100 毫升，一次静脉注射。或用 0.2% 硝酸士的宁注射液 10 毫升，于百会穴注射。

⑤ 呼吸困难病牛，可用 25% 氨茶碱注射液 20～40 毫升、6% 盐酸麻黄素注射液 10～20 毫升，一次肌内注射，每 4 小时注射 1 次。或用地塞米松磷酸钠注射液 50～75 毫克、5% 葡萄糖生理盐水 1500 毫升，缓慢静脉注射，注意妊娠母牛慎用。或颈静脉放血 1000～2000 毫升，同时注入等量 5% 葡萄糖生理盐水。

⑥ 解毒、防止酸中毒，可用 5% 葡萄糖生理盐水 1500 毫升、5% 碳酸氢钠注射液 300～500 毫升、10% 维生素 C 注射液 20～30 毫升，静脉注射，每天 1 次。

⑦ 兴奋不安的病牛，可用 20% 甘露醇或 25% 山梨醇注射液 300～500 毫升，一次静脉注射。或用氯丙嗪注射液 0.5～1 毫克 / 千克体重，一次肌内注射。或用硫酸镁注射液，每千克体重 25～50 毫克，缓慢静脉注射。

（3）中药治疗

① 金银花、连翘、芦根各 45 克，薄荷、牛蒡子、竹叶、淡豆豉、桔梗、荆芥、甘草

各 30 克，水煎取汁，灌服，每天 1 剂，连用 2 天。

②柴胡、半夏、陈皮、炒枳壳、秦艽、羌活各 40 克，五加皮 35 克，白芍 45 克，桂枝 30 克，水煎灌服。

③芦根 60 克，金银花、连翘、竹叶各 30 克，淡豆豉、桔梗、牛蒡子、荆芥穗各 25 克，薄荷 15 克，甘草 10 克，共研为细末，沸水冲服。

④桑叶 25 克，杏仁、芦根、桔梗各 20 克，菊花、连翘各 15 克，薄荷、甘草各 10 克，水煎 2 次，混合煎液，一次灌服。

⑤石膏 150 克，杏仁、甘草各 25 克，麻黄 15 克，水煎灌服。

⑥薄荷、葱白、芫荽根、山楂、健曲、炒麦芽各 60 克，水煎灌服。

⑦板蓝根、白菊花各 100 克，紫苏 150 克，煎服。

⑧鲜马鞭草、鲜紫苏各 250 克，水煎服。

三、坏死杆菌病

见"第三章 牛皮肤、泌尿系统疾病的类症鉴别诊断与安全用药"中"第二节 以体表形态异常及皮肤创伤肿瘤等为特征的皮肤疾病"中的"一、坏死杆菌病"。

四、风湿病

风湿病是反复发作的急性或慢性非化脓性炎症，特点是胶原结缔组织发生纤维蛋白变性以及骨骼肌、心肌和关节囊中的结缔组织出现非化脓性局限性炎症。本病常侵害对称的肌肉或肌群和关节，有时也侵害心脏，常见于马、牛、猪、羊、犬、家兔和鸡。

【发病原因与分类】

1. 发病病因

风湿病的病因迄今尚未完全阐明。目前一般认为风湿病是一种变态反应，与溶血性链球菌感染有关。溶血性链球菌感染所引起的病理过程有两种：一种为化脓性感染，另一种为感染后的延期性非化脓性并发病，即变态反应性疾病。风湿病属于后一种类型。此外，在临床实践中证明，风、寒、潮湿、过劳等因素，在风湿病的发生上起着重要的作用。如畜舍潮湿、阴冷，大汗后受冷雨浇淋，受贼风特别是穿堂风的侵袭，夜卧于寒湿之地或露宿于风雪之中以及管理使役不当等都是容易发生风湿病的诱因。

2. 分类

风湿病有以下几种分类方法。

（1）根据发病的组织器官分类 可分为肌肉风湿病（风湿性肌炎）、关节风湿病（风湿性关节炎）和心脏风湿病（风湿性心膜炎）。

（2）根据发病部位分类 可分为颈风湿、肩臂风湿（前肢风湿）、背腰风湿和臀股风湿（后肢风湿）。

（3）根据病程经过分类 可分为急性风湿病和慢性风湿病。

【临床症状】动物风湿病的主要临床特点和症状是发病的肌群、关节及蹄的疼痛和机能障碍。疼痛表现时轻时重，部位可固定或不固定。具有突发性、疼痛性、游走性、对称性、复发性和活动后疼痛减轻等特点。急性期发病迅速，患部温热、肿胀、疼痛及机能障碍等症状非常明显（图4-90），同时出现体温升高等全身症状。病程经过数日或或1～2周后即可好转或痊愈，但容易复发。慢性期病程较长，可拖延数周或数月之久。患病动物容易疲劳，运动强拘不灵活。患部缺乏肿胀、热痛等急性炎症的症状。颈风湿病表现为低头困难（两侧同时患病）（图4-91）或风湿性斜颈（单侧患病）（图4-92）。患病肌肉僵硬，有时疼痛。

图 4-90　风湿病急性期病牛

图 4-91　两侧颈部肌肉风湿，表现为低头困难

【诊断】在诊断时，应注意以下两个特点：患病部位并不局限于一处，常有游走性，而且多侵害后肢，故常有腰部发硬表现；跛行特点是步子短、步态僵硬。在开始行走时跛行显著，行走一段之后跛行减轻，甚至很不明显。

【类症鉴别】

1. 与骨软症的鉴别

（1）相似点　运动强拘，起卧艰难。

（2）不同点　按捏关节无热痛，肌肉无痛，不板硬。尾梢柔软可以折叠。表现吃草缓慢，时多时少，咀嚼无声，有异嗜。运动时强拘，持续运动强拘增重。

图 4-92　单侧颈风湿

2. 与佝偻病的鉴别

（1）相似点　运步艰难，好卧。

（2）不同点　佝偻病病牛站立时出现肢体弯曲变形。在运动中强拘、跛行随着持续运动不减轻。

【预防措施】在风湿病多发的冬春季节，要特别注意饲养管理和环境卫生，要做到精心饲养，注意使役，勿使其过度劳累。家畜使役后出汗时不要系于房檐下或有穿堂风处，免受风寒。厩舍应保持卫生、干燥，冬季时注意保温以防动物受潮气和着凉。对溶血性链球菌引起的急性上呼吸道感染，如急性咽炎、喉炎、扁桃体炎、鼻卡他等疾病及时治疗。

【安全用药】风湿病的治疗要点是：消除病因、加强护理、祛风除湿、解热镇痛、消除炎症。除改善饲养管理以增强病牛的抗病能力外，还应采取以下治疗措施。

（1）应用解热、镇痛及抗风湿药 水杨酸类药物（水杨酸、水杨酸钠、阿司匹林）抗风湿作用最强，特别对急性肌肉风湿病疗效较高，而对慢性风湿病疗效较差。牛口服一次量 10 ～ 60 克；注射剂量 10 ～ 30 克，每日 1 次，连用 5 ～ 7 天。也可将水杨酸钠与乌洛托品、樟脑磺酸钠、葡萄糖酸钙等联合应用。

（2）应用皮质激素类药物 临床上常用氢化可的松注射液、地塞米松注射液、醋酸泼尼松（强的松）注射液、氢化泼尼松（强的松龙）注射液等。此疗法配合应用抗生素、水杨酸钠有更好的效果，但容易复发。

（3）应用抗生素控制链球菌感染 风湿病急性发作期需使用抗生素，首选青霉素肌内注射，每日 2 ～ 3 次，一般应连用 10 ～ 14 天。

（4）应用碳酸氢钠、水杨酸钠和自家血液疗法 牛每日静脉注射 5% 碳酸氢钠溶液 200 毫升，10% 水杨酸钠溶液 200 毫升；自家血液的注射量为第一天 80 毫升、第三天 100 毫升、第五天 120 毫升、第七天 140 毫升，7 天为一疗程。每疗程之间间隔 1 周，可连用 2 个疗程。该方法对急性肌肉风湿病疗效显著，对慢性风湿病可取得一定的好转。

（5）中兽医疗法 中药如通经活络散（黄芪 50 克，当归、白芍各 35 克，木瓜、牛膝各 30 克，巴戟、藁本、故纸、木通、泽泻、薄荷各 40 克，桑枝、威灵仙各 50 克，共为细末，开水冲调，候温灌服。加减：前肢痛加桂枝、杜仲；后肢痛加川断、杜仲，重用牛膝；腰痛加川断，重用木瓜）、

独活寄生散（独活 50 克、桑寄生 50 克、秦艽 40 克、防风 25 克、细辛 15 克、当归 25 克、白芍 25 克、川芎 20 克、干地黄 30 克、杜仲 30 克、牛膝 35 克、党参 40 克、茯苓 35 克、肉桂 25 克、甘草 25 克，共为细末，开水冲调，候温灌服）。针灸可根据病情选择新针、电针、水针或火针。较常用的穴位有：前肢风湿选抢风、膊尖等穴；背腰风湿病可选百会、肾俞、尾本等穴；后肢风湿选大胯、小胯、仰瓦、阳陵、邪气等穴。醋酒灸法（火鞍法）适用于腰背风湿病，但对瘦弱、衰老或怀孕的病牛禁用。

（6）物理疗法 物理疗法对慢性风湿病疗效较好。局部温热疗法：将酒精加热至 40℃ 左右，或将麸皮与醋按 4 ∶ 3 的比例混合炒热装于布袋内进行患部热敷，每日 1 ～ 2 次，连用 6 ～ 7 天。亦可使用热石蜡及热泥疗法等。光疗法可使用红外线（热线灯）局部照射，每次 20 ～ 30 分钟，每日 1 ～ 2 次，用到明显好转为止。电疗法可用中波透热疗法、中波透热水杨酸离子透入疗法、短波透热疗法、超短波电场疗法、多源频谱疗法等，均有较好的疗效。冷疗法包括冷蹄浴、用醋调制的冷泥敷蹄等，适用于急性蹄风湿的初期。

（7）局部涂擦刺激剂 局部可应用水杨酸甲酯软膏（处方：水杨酸甲酯 15 克、松节油 5 毫升、薄荷脑 7 克、白色凡士林 15 克）、水杨酸甲酯莨菪油搽剂（处方：水杨酸甲酯 25 克、樟脑油 25 毫升、莨菪油 25 毫升），亦可局部涂擦樟脑酒精及氨搽剂等。

五、骨软症

骨软症是发生在软骨内骨化作用已经完成的成年牛的一种骨营养不良，主要原因是钙、磷缺乏及二者的比例不当（在反刍动物，主要由于磷缺乏）。特征性病变是骨质的进行性脱钙，呈现骨质软化及形成过量的未钙化的骨基质。临床特征是消化紊乱、异嗜癖、

跛行、骨质软化及骨变形。

【发病原因】骨软症的病因与佝偻病相似。但应注意，牛的骨软症通常是由于饲料、饮水中磷含量不足或钙含量过多，导致钙、磷比例不平衡而发生。本病常发生于土壤严重缺磷的地区，而继发性骨软症，则是由于日粮中补充过量的钙所致。泌乳和妊娠后期的母牛发病率最高。在黄牛和水牛骨软症的流行区，往往在前一个季节中曾发生过严重的天气干旱，引起植物根部能吸收到的土壤磷很少，同时又缺乏某些含磷精饲料的补充。乳牛的骨粉或含磷饲料补充不足时，特别在大量应用石粉（含碳酸钙99.05%）或贝壳粉以代替骨粉的牧场，高产母牛的骨软症发病率显著增高。

【临床症状】病初出现消化紊乱，并呈现明显的异嗜癖。病牛表现食欲减退，体重减轻，被毛粗乱。病牛舔舐泥土（图4-93，视频4-19）、墙壁（图4-94）、铁器（图4-95，视频4-20，视频4-21）、其他牛的被毛（视频4-22），在野外啃嚼石块，在牛舍吃食污秽的垫草。有时，由于异嗜癖而伴有食道阻塞、创伤性网胃炎等。随后动物出现运步强拘，

视频 4-19

视频 4-20

视频 4-21

视频 4-22

图 4-93　病牛舔舐泥土

图 4-94　病牛舔舐墙壁

腰腿僵直，拱背站立，走路后躯摇摆（图4-96），或呈现四肢的轮跛。经常卧地不愿起立（图4-97）。乳牛腿颤抖，伸展后肢，做拉弓姿势（图4-98）。某些奶牛后蹄蹄壁龟裂，角质变松肿大（图4-99）。奶牛常伴发腐蹄病，病程稍久的变为芜蹄（图4-100）。进一步发展可出现躯体四肢骨骼肿胀变形，呈现胸廓扁平，凹腰，拱背，四肢关节肿大变形、疼痛（图4-101），后肢呈"X"形（图4-102）等症状。牛尾椎骨排列移位、变形，重者尾椎骨变软，椎体萎缩，最后几个椎体消失。人工可使尾卷曲，病牛不感痛苦。骨盆变形，常致难产。肋骨、肋软骨接合部肿胀，易折断。卧地时常摔倒或滑倒，导致腓肠肌腱剥脱，四肢及腰椎关节扭伤。长期卧地不起者，可继发褥疮。血液学检查，血清钙含量多无明显变化，多数病牛血清磷含量明显降低。正常牛血清磷水平为5～7毫克/分升，骨软症时可下降至2.8～4.3毫克/分升，血清碱性磷酸酶活性升高。

【诊断】根据发病病因、临床症状和饲料分析，结合病牛年龄、性别、妊娠和泌乳情况、发病季节等调查可确诊。

图 4-95 病牛舔食铁栏杆

图 4-96 病牛运步强拘，腰腿僵直，拱背站立，走路后躯摇摆

图 4-97 病牛卧地不愿起立

图 4-98 病牛后肢伸展，做拉弓姿势

图 4-99 病牛后蹄蹄壁龟裂，角质变松肿大

图 4-100 病程稍长变为芜蹄

图 4-101 病牛四肢关节肿大变形、疼痛

图 4-102 病牛后肢呈"X"形

【类症鉴别】

1. 与风湿病的鉴别

（1）相似点　运步强拘，跛行，好卧。

（2）不同点　风湿病病牛运动强拘和跛行在起步之初很明显，愈走愈减轻甚至消失，如中途休息后再走则强拘和跛行再现甚至更重。肢体跛行常有转移性。

2. 与慢性无机氟中毒的鉴别

（1）相似点　关节粗大，消化不良，吃草缓慢，行动迟缓。

（2）不同点　慢性无机氟中毒病牛四肢交替出现跛行。水牛如桡骨、腕骨愈着，腕关节不能屈曲。牙齿釉质出现黄色、褐色或黑色斑，两侧臼齿出现波状齿或阶状齿，齿变稀，易塞草。

【预防措施】对日粮要经常分析，有条件时可做预防性监测，根据饲养标准和不同生理阶段的需求，调整日粮中的钙、磷比例，补充维生素 D。日粮中的钙、磷黄牛按2.5 ∶ 1、乳牛按 1.5 ∶ 1 的比例饲喂。粗饲料以花生秸、高粱叶、豆秸、豆角皮为佳。红茅草、山芋干是磷缺乏的粗饲料。最好是补充苜蓿干草和骨粉，而不应补充石粉。在日粮中添加含氟 1% ～ 1.5% 的磷酸盐岩，对乳牛骨软症有预防作用。

【安全用药】

1. 加强饲养管理

针对饲料中钙、磷不足，维生素 D 缺乏可采取相应的治疗措施。对牛的治疗，当病的早期呈现异嗜癖时，就应在饲料中补充骨粉，可以不药而愈。病牛每天给予骨粉 250克，5 ～ 7 天为 1 疗程。对跛行的病牛给予骨粉时，在跛行消失后，仍应坚持 1 ～ 2 周。

2. 药物治疗

（1）严重病牛，除从饲料中补充骨粉外，同时应配合无机磷酸盐进行治疗，例如可用20% 磷酸二氢钠溶液 300 ～ 500 毫升，或 3% 次磷酸钙溶液 1000 毫升，静脉注射，每日 1次，连续 3 ～ 5 天。也可同时应用维生素 D_2 或维生素 D_3 400 万单位，肌内注射，每周 1 次，用 2 ～ 3 次。

（2）维生素 AD 注射液 15000 ～ 20000 单位、维丁胶性钙注射液 20 毫升，一次肌内注射，隔日使用 1 次，连用 3 ～ 5 天。

3. 中药治疗

（1）煅牡蛎 20 份，煅骨头 30 份，炒食盐、炒黄豆各 15 份，小苏打 10 份，苍术 7 份，炒茴香 3 份。共研细末，每天 90 ～ 150 克，口服，并将精粉料加酵母发酵 24 小时，拌料饲喂，连用 30 ～ 40 天。

（2）牡蛎、海螵蛸、麦芽各 60 克，龙骨 50 克，补骨脂 20 克，炒苍术 30 克，研末，沸水冲调，一次灌服。

（3）龙胆根 100 克，炒牡蛎、南京石粉、苍术各 200 克，研末，每天 50 克，拌料喂服，连用数天。

（4）苍术、牡蛎各1000克，炒盐150克，研末，早、晚各100克，拌料喂服。

（5）海螵蛸、蚕砂、鸡蛋壳、苍术各300克，研末后混料投喂，每天50克，分2次用，连用数天。

（6）骨碎补、牛膝、杜仲、自然铜、当归、白术、厚朴、陈皮、白芷、延胡索、五灵脂、草薢、小茴香各30克，川楝子10克，水煎，候温加酒125毫升、姜30克（切碎），灌服。

（7）水针疗法　维丁胶性钙注射液10万单位，抢风穴、大胯穴分别注射。

六、骨折

骨的完整性或连续性因外力作用遭受部分中断或完全破坏时称为骨折。骨折的同时常伴有周围软组织不同程度的损失。各种动物均可发生，以四肢长骨发生较为常见。

【发病原因】骨折都发生在打击、挤压、火器伤等各种机械外力直接作用的部位，如车辆冲撞、重物压轧、蹴踢、角顶等，常发生开放性（图4-103）甚至粉碎性骨折（图4-104）。间接暴力如奔跑中扭闪或急停、跨沟滑倒等，可发生四肢骨折、髋骨或腰椎的骨折；肢蹄嵌夹于洞穴、木栅缝隙等时，肢体常因急速旋转而发生骨折。肌肉突然强烈收缩，可导致肌肉附着部位骨的撕裂。如患有骨髓炎、骨疽、佝偻病、骨软症等疾病，或年龄衰老、妊娠后期及在高产奶牛泌乳期时，或患有营养神经性骨萎缩、慢性氟中毒以及某些遗传性疾病等情况下，极易发生病理性骨折。

图 4-103　开放性骨折

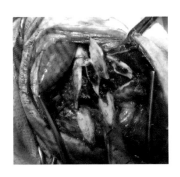

图 4-104　粉碎性骨折

【临床症状】牛骨折常发生于四肢长骨，而且多为单纯的完全骨折（图4-105）。骨折的特征是：骨折后肢体变形，表现患肢弯曲、缩短、延长等异常姿势（图4-106）；异常活动表现为骨折的肢体在负重或做被动运动时，出现屈曲、旋转等（视频4-23，视频4-24）；骨摩擦音表现为用手按摸骨折部分，可以听到骨断端摩擦音或有骨摩擦感（图4-107）。病牛突然倒卧不起（图4-108），或者悬起断肢，用其余三肢来负担体重，而呆立不动（图4-109）。病牛精神稍差，在刚发生之后，由于断肢不能负重而行走困难。骨折部位发生疼痛性的肿胀，且常伴有皮肤损伤，但出血表现极其轻微（图4-110）。

视频 4-23

视频 4-24

【诊断】根据外伤史和临床症状，一般不难诊断。确诊具体性质的骨折，需进行 X 线检查。

【预防措施】平时注意饲料中钙、磷充足且比例合理，及时发现和治疗骨质性疾病，可以避免病理性骨折的发生；在使役、运动以及保定时，要注意合理操作，不可过于野蛮，以便预防外伤性骨折的发生。

图 4-105　四肢长骨单纯的完全骨折

图 4-105　骨折的肢体表现弯曲、缩短

图 4-107　用手按摸骨折部分，能听到断端摩擦音并感觉到骨摩擦感

图 4-108　病牛骨折后，突然倒地不起

【安全用药】动物骨折经过治疗后，是否能恢复生产能力，这是必须考虑的问题。由于动物的种类、年龄、营养状况不同，发生骨折的部位、性质、损伤程度不一，以及治疗条件、技术水平等因素，骨折后愈合时间的长短以及愈合后病肢的功能恢复程度有较大差异。除了有价值的种畜或贵重的动物可尽力进行治疗外，对于一般动物，若预计治疗后不能恢复生产性能，或治疗费用超过该动物的经济价值时，就应该断然做出淘汰的决定。

1. 闭合性骨折的治疗

包括复位与固定和功能锻炼三个环节。

（1）正确复位　用消毒液洗净受伤部位及创伤周围的皮肤，涂以 5% 碘酒，以防细菌感染。整复骨折部分，使断端接合良好。

图 4-109　骨折病牛悬起断肢，三肢负重，呆立不动

图 4-110　骨折部位发生疼痛性的肿胀，皮肤有损伤，表现极其轻微的出血

（2）合理固定　用硬纸剪成长条，或用粗细合适的木棍或竹板等，宽度根据骨折部的粗细，在腿的四面（前、后、内、外）各放一条，然后用绷带紧紧缠住，以保护伤口和固定折断部分。在使用绷带以前，应该在压力特别大的地方垫以棉花或麻屑（图 4-111～图 4-113）。

图 4-111　夹板绷带外固定（方法之一）

图 4-112　夹板绷带外固定（方法之二）

（3）加强护理和功能锻炼　在治疗初期，应将病牛关在舍内，不让过多活动（图4-114），或者只允许在运动场里走动。待患病肢能够着地时，让其在圈舍周围逍遥活动并进行功能锻炼，促使及早恢复正常行动。功能锻炼包括早期按摩、对未固定关节作被动的伸展活动、牵遛运动及定量使役等。

图 4-113　石膏绷带外固定

图 4-114　病牛关在舍内，不可过多活动

2. 开放性骨折的治疗

与闭合性骨折的治疗一样，开放性骨折的治疗也要遵循复位与固定和功能锻炼两个基本原则。控制感染化脓十分重要。必须全身运用足量（常规量的1倍）敏感的抗菌药物2周以上。

3. 骨折的药物疗法和物理疗法

①多数临床兽医认为用一定的辅助疗法，有助于加速骨折的愈合。②骨折初期局部肿胀明显时，宜选用有关的中草药外敷，同时结合内服有关中药方剂如"接骨散"（血竭、土虫各100克，没药、续断、牛膝、乳香各50克，自然铜、当归、南星、红花各25克，研为细末，分两次服，白酒250～500毫升为引），每日1剂。③为了加速骨痂形成，需要增加钙质和维生素，可在饲料中加喂骨粉、碳酸钙和增加青绿饲料等。④幼龄动物骨折时，可补充维生素A、维生素D或鱼肝油，必要时可以静脉补充钙剂。⑤骨折愈合的后期可进行局部按摩、搓擦，增强功能锻炼，同时配合物理疗法，如石蜡疗法、温热疗法、直流电钙离子透入疗法、中波透热疗法及紫外线治疗等，以促使早日恢复功能。

七、蹄病

（一）指（趾）间皮炎

指（趾）间皮炎是指没有扩延到深层组织的指（趾）间皮肤的炎症。是牛的常发疾病，往往多肢发病。特征是皮肤不裂开，有腐败气味。

图 4-115　牛场环境潮湿不卫生

【发病原因】环境潮湿、不卫生是主要病因（图4-115），条件性致病菌感染为诱因。结节状杆菌和螺旋体曾从病变部分离到。

【临床症状】病初，与球部相邻的皮肤肿胀，表皮增厚和稍充血，指（趾）间隙有一些渗出物（图4-116，图4-117），并有轻度跛行，以后在球部出现角质分离（通常在两后肢外侧趾），跛行明显。少数病例，化脓性潜道可以深达蹄匣内，严重的可引起蹄匣脱落，病牛被迫淘汰。本病常发展成慢性坏死性蹄皮炎（蹄糜烂）和局限性蹄皮炎（蹄底溃疡）（图4-118，图4-119）。

图 4-116　后蹄趾间表皮增厚、充血，有渗出物

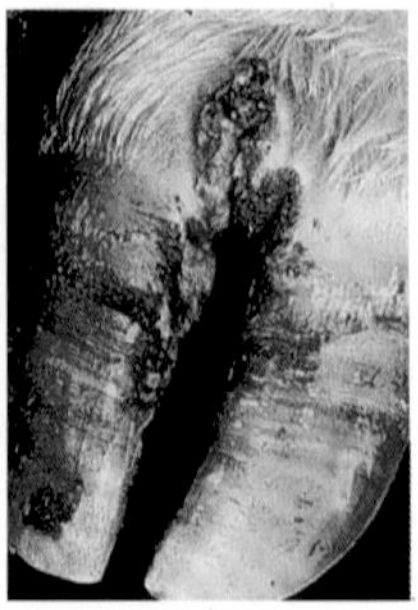

图 4-117　前蹄指间表皮增厚，渗出物结痂

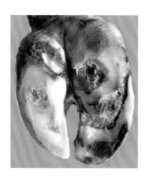

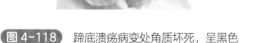

图 4-118　蹄底溃疡病变处角质坏死，呈黑色　　　　**图 4-119**　蹄底溃疡处崩解、脱失，露出蹄底真皮

【预防措施与安全用药】首先保持蹄的干燥和清洁，其次局部应用防腐和收敛剂，每天 2 次，连用 3 天；病牛也可进行蹄浴。轻症渗出性皮炎可很快治愈。如角质分离应将其剥离清除，每天撒布硫酸铜，或涂碘酊等消毒液。

（二）蹄脓肿

本病是蹄壳真皮的一种化脓性疾病。主要特征是蹄部肿烂，发生进行性坏死，引起蹄匣脱落。牛羊都可发生。一般都是继发于未及时治疗的腐蹄病，但也可以是原发性的，故作为另一种病对待，以便及时采取正确疗法。

【发病原因】通常为坏死梭形杆菌和化脓棒状杆菌以及其他化脓性细菌。这些细菌可通过蹄壳的小裂缝或小创伤而进入蹄内。在干燥环境下不发生传染，潮湿环境容易促进传染的扩散。例如长期把牛圈养在冷湿环境或潮湿发酵的蕈草上（图 4-120）、运动不足、蹄子不清洁以及蹄有损伤等，都是蹄脓肿发生的有利因素。

【临床症状】主要表现为跛行，病牛蹄部有疼痛反应。检查蹄部时，可发现蹄冠发热、肿胀而变软，发红或腐烂（图 4-121），有时伴有湿疹，有疼痛。一旦脓肿破裂，则疼痛减轻，如果不继续用抗生素治疗，脓肿容易复发。更严重时，蹄间腐烂，流出灰白色脓汁（图 4-122），恶臭，甚至蹄匣脱落（图 4-123）。检查蹄部病理变化过程，发现最初是趾部充血、角质发生湿性表面坏死（图 4-124）。几天以后，坏死扩延到蹄踵部及蹄壳真皮。到了后期，蹄壁的下部出现一层灰色坏死组织，造成蹄壁脱离（图 4-125）。

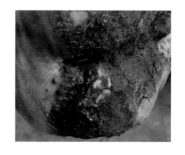

图 4-120　牛圈冷湿、泥泞且卧床潮湿　　　　　　**图 4-121**　蹄冠部腐烂

【预防措施】平时加强蹄部护理，不要把牛圈养在低湿环境及潮湿蕈草上；保证充分

视频 4-25

运动；经常修剪蹄，及时除去蹄指（趾）间的夹杂物。对新引进的牛应进行检疫，先隔离一个时期，对蹄部进行检查及作必要的处理后，再放入全群内。当牛群内发现本病时，应立刻隔离患病牛，给其余牛清洗蹄部并用 1%～2% 硫酸铜溶液喷洒或浸浴 1～2 分钟（图 4-126，视频 4-25），达到预防目的；蹄的浸浴最好在药浴池内进行。

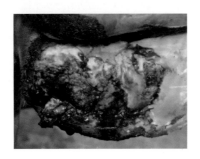

图 4-122　蹄间糜烂，流出灰白色脓汁

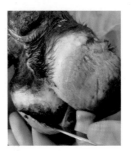

图 4-123　蹄匣脱落

图 4-124　角质发生湿性表面坏死

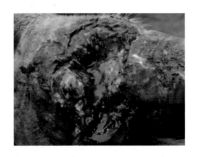

图 4-125　蹄壁下部灰色坏死组织，使蹄壁脱离

【安全用药】①病初在有炎症和湿疹时，用温的浓盐水或浓醋，加等量冷水洗浴，然后涂以碘酒；也可以用 2% 石炭酸溶液浸浴，然后涂以松馏油。②疼痛剧烈而严重跛行者，可用 0.5%～1% 普鲁卡因溶液 10 毫升、青霉素 20 万单位进行局部封闭；如 5 天连续注射青霉素或土霉素效果更好。③或起初由表面向内腐烂、坏死时，可先用清水洗去泥土，然后用温的 10% 硫酸铜溶液浸洗，每日 1 次，每次 2～3 分钟，

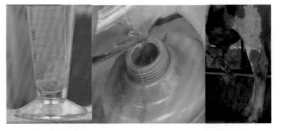

图 4-126　用 1%～2% 硫酸铜溶液喷洒蹄部

直到痊愈为止。④如果用 30% 硫酸铜溶液浸洗，每隔 2～3 天用一次，连洗 3 次，疗效更好。也可以用 10% 福尔马林溶液浸洗蹄，每次 10 分钟以上。⑤遇到化脓情况时，可将病牛隔离到干燥处，用刀切开患部，将脓液排除干净，然后用消毒液洗涤，吹入消炎粉，裹上绷带；每 2～3 天重复一次，直到痊愈为止；还可以局部使用青霉素水油乳剂或青霉素-凡士林软膏。⑥洗伤口所用消毒液，在起初剧烈时可用 10% 硫酸铜溶液，等坏死组织消除后改用 0.1% 高锰酸钾溶液，以免腐蚀新生的肉芽组织，影响痊愈。

（三）指（趾）间皮肤增殖

指（趾）间皮肤增殖是指（趾）间皮肤和（或）皮下组织的增殖性反应，又称"指（趾）间瘤""指（趾）间结节""指（趾）间赘生物""指（趾）间纤维瘤""慢性指（趾）间皮炎""指（趾）间穹隆部组织增殖"等。各种品种的牛都可发生，发生率比较高的有荷兰牛和海福特牛。中国荷斯坦乳牛发生也很普遍。

【**发病原因**】引起本病的确切原因尚不清楚。一般认为与遗传有关，但仍有争论。两指（趾）向外过度扩张（开蹄），引起指（趾）间皮肤紧张和剧伸，或某些变形蹄，引起泥浆、粪尿等异物对指（趾）间皮肤的经常刺激（图4-127），都易引起本病。有人观察认为指（趾）骨有外生骨瘤与本病发生有关，也有人观察缺锌时可引起本病。运动场为沙质土壤，蹄部比较清洁的牛群，发病率明显降低。

图 4-127　泥浆、粪尿对指（趾）间皮肤的刺激

【**临床症状**】本病多发生在后肢，可以是单侧的，也可以是双侧的。指（趾）间隙一侧开始增殖的小病变不引起跛行（图 4-128），容易被忽略。增大时，可见指（趾）间隙前面的皮肤红肿、脱毛、破溃。指（趾）穹隆部皮肤进一步增殖时，形成"舌状"突起（图4-129），此突起随着病程发展，不断增大增厚，在指（趾）间向地面伸出，其表面可由于压迫发生坏死，或受伤发生破溃（图 4-130），引起感染，可见有渗出物，气味恶臭。根据病变大小、位置、感染程度和落到患指（趾）的压力，出现不同程度的跛行。严重增生者（图 4-131），其泌乳量可明显降低和并发变形蹄。

【**安全用药**】在炎症期，清洗牛蹄后用防腐剂包扎，可暂时缓和炎症和疼痛。对小的增生物，可用腐蚀剂腐蚀，但不易根除。大的增生物可采用手术切除根治。

图 4-128　指（趾）间隙一侧开始增殖的小病变

图 4-129　皮肤增殖物在指（趾）间呈舌状突起

（四）蹄叶炎

蹄叶炎，又称为"弥散性无败性蹄皮炎"，是角质蹄壁的下层和蹄底肉样血管组织的

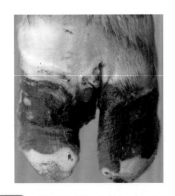

图 4-130 增殖物感染后破溃，导致蹄冠部肿胀

图 4-131 比较严重的皮肤增殖物

一种急性或慢性炎症。本病为蹄底后 1/3 处的非化脓性坏死，该部位恰恰是蹄底和蹄球的结合部。可分为急性、亚急性和慢性。在急性和亚急性阶段有全身性症候。慢性蹄叶炎是急性和亚急性蹄叶炎的结果。

【发病原因】牛蹄叶炎为全身性代谢紊乱的局部表现，但确切原因尚无定论，倾向于综合因素所致，包括分娩前后到泌乳高峰时期食入过多碳水化合物精料、不适当运动、遗传和季节因素等。研究表明，组织内组胺、内毒素和酸性增加均可诱发本病。也可继发于其他疾病，如严重的乳腺炎、子宫炎、酮病、瘤胃酸中毒、便秘、肠炎、感冒等。长途运输、四肢强力负重就使蹄的局部发生充血或发炎。

【临床症状】

1. 急性蹄叶炎

症状非常典型。病牛体温升高达 41℃左右，脉搏加快，强迫起立和行走时，表现极度痛苦，触摸蹄时有热感。病牛运步困难，特别是在硬地上（图 4-132）。站立时弓背，四肢收于一起，低头（图 4-133）。如仅前肢发病时，症状更加严重，后肢向前伸，达到腹下（图 4-134），以减轻前肢的负重。有时可见两后肢交叉，以减轻患肢（趾）的负重。通常内侧趾疾病更明显，常用腕关节跪着（图 4-135）采食。后肢患病时，常见后肢运步时划圈。患牛不愿站立，常长时间躺卧（图 4-136），早期可见明显的出汗和肌肉颤抖。局部可见前肢的静脉扩张，趾动脉搏动明显（图 4-137），蹄冠的皮肤发红（图 4-138），蹄温高。蹄底角质脱色，变为黄色，有不同程度的出血。不及时治疗可转慢性。

图 4-132 病牛运步困难，特别是在硬地上

图 4-133 站立时弓背，四肢收于一起，低头

图 4-134　前肢发病时后肢向前伸，达到腹下

图 4-135　内侧指疾病明显时，腕关节跪着

图 4-136　病牛不愿站立而卧地不起

图 4-137　趾动脉搏动明显

2. 亚急性蹄叶炎

全身症状不明显，局部症状轻微。

3. 慢性蹄叶炎

临床症状比急性轻，没有全身症状。但可引起不同程度的跛行，也是发展为其他蹄病的原因之一。患牛站立时以球部负重，时间较长后，全身症状变严重，出现蹄变形、蹄延长，蹄前壁和蹄底形成锐角（图 4-139）。由于角质生长紊乱，出现异常蹄轮。

图 4-138　蹄冠的皮肤发红

图 4-139　病牛出现的变形蹄

【预防措施】分娩前后应避免饲料的急剧变化，产后增加精料的速度应慢；给精料后

应给适量的饲草；饲料内可添加重碳酸氢钠；可让牛只自由舔盐，以增加唾液分泌；定期修蹄，减少和缓解蹄变形，形成蹄合理负重；慢性蹄叶炎应注意经常护蹄；平时注意加强饲养管理，适当运动，增强机体的体质；长途运输时注意中间适当休息；积极治疗原发病，以防止和减少本病发生。

【安全用药】

（1）首先应除去病因，给予抗组胺制剂，也可应用止痛剂。

（2）瘤胃酸中毒时，静脉注射碳酸氢钠溶液，并用胃管投给健牛瘤胃内容物；慢性蹄叶炎时注意护蹄，维持其蹄形，防止蹄底穿孔。

（3）中兽医疗法

① 放血疗法。可采取放蹄头、胸堂、玉堂血。

② 内服活血、祛痰解毒的中草药。

【方剂一】茵陈散。茵陈 24 克、当归 24 克、没药 18 克，甘草、桔梗、柴胡、红花、青陈皮、紫菀、杏仁、白药子各 15 克，水煎取汁，候温，灌服，每天 1 剂，连用 2～3 剂。

【方剂二】红花散加减。红花 20 克、山楂 30 克、厚朴 20 克、陈皮 20 克、甘草 15 克、黄药子 30 克、白药子 30 克、没药 20 克、桔梗 20 克、枳壳 30 克、神曲 20 克、麦芽 30 克，水煎取汁，候温，灌服，每天 1 剂，连用 2～3 剂。

八、口蹄疫

见"第一章　牛消化系统疾病的类症鉴别诊断与安全用药"中"第一节　以流涎、咀嚼和吞咽困难为特征的消化系统疾病"中的"一、口蹄疫"。

九、佝偻病

佝偻病是在生长期的幼畜或幼禽由于维生素 D 及钙、磷缺乏或饲料中钙、磷比例失调所致的一种骨营养不良性代谢病。病理特征是生长骨的钙化作用不足，并伴有持久性软骨肥大与骨骺增大。临床特征为消化紊乱、异嗜癖、跛行及骨骼变形。本病常见于犊牛、羔羊、仔猪和幼犬，幼驹和幼禽亦可发生。

【发病原因】主要是由于饲料中维生素 D 含量不足或缺乏，以及光照不足，致使幼畜体内维生素 D 缺乏而引起发病。怀孕母畜或幼畜饲料中钙、磷含量不足或比例失调，也是本病发生的主要原因。圈舍潮湿、拥挤、阴暗（图 4-140）、犊牛消化功能严重紊乱、营养不良，可成为该病的诱因（图 4-141）。放牧的母牛秋膘较差，冬季未补饲，春季产的幼畜更容易发生本病。快速生长中的犊牛，主要是由于原发性磷缺乏及舍厩中光照不足。在哺乳幼犊对维生素 D 的缺乏要比成年牛更敏感，舍饲和缺乏光照的牛发病率高。

【临床症状】

1. 先天性佝偻病

犊牛出生后即呈现不同程度的衰弱（视频 4-26），经数天后仍然不能

视频 4-26

站立（图 4-142）。辅助站立时，背腰拱起，四肢弯曲不能伸直，多向一侧扭转，躺卧时亦呈不自然姿势。

图 4-140　犊牛圈舍潮湿、拥挤、阴暗

图 4-141　犊牛消化功能严重紊乱，营养不良，成为佝偻病诱因

2. 后天性佝偻病

患病犊牛早期呈现食欲减退，消化不良，精神委顿，不活泼，然后出现异嗜癖（图 4-143）。病犊牛易疲劳，经常卧地，不愿起立和运动（图 4-144）。发育停滞，消瘦，下颌

图 4-142　先天性佝偻病犊牛数天后仍不能站立

图 4-143　佝偻病犊牛异嗜

视频 4-27

骨增厚和变软，出牙期延长，齿形不规则，齿质钙化不足（坑凹不平、有沟、有色素），常排列不整齐，齿面易磨损，不平整。发病严重的犊牛，口腔不能闭合，舌突出。流涎，吃食困难。最后在面骨和躯干、四肢骨骼有变形。头骨颜面部肿大。肋骨扁平，胸廓狭窄，脊柱弯曲，肋骨肋软骨结合部膨大隆起，形成串珠状。四肢管状骨弯曲变形，犊牛低头，拱背，站立时前肢腕关节屈曲（图 4-145），向前方外侧凸出，呈现内弧形，即呈"O"形姿势（图4-146，图 4-147，视频 4-27）；后肢跗关节内收，呈"八"字形叉开站立，即呈"X"形姿势（图 4-148）。运步时步态僵硬（图 4-149），肢关节增大，前肢关节和肋骨软骨联合部最明显。X 线检查，可表现为骨质密度降低，长骨末端呈现"羊毛状"或"蛾虫状"外观。骨骼末端凹而扁，若发现骺变宽或不规则，更可证实为佝偻病。

图 4-144　佝偻病犊牛卧地不起

图 4-145　佝偻病犊牛前肢腕关节屈曲

【剖检变化】剖检主要病变在骨骼，长骨变形、骨端肥大、骨质变软和直径变粗，关节肿大，肋骨与肋软骨结合处肿胀（串珠样肿）。

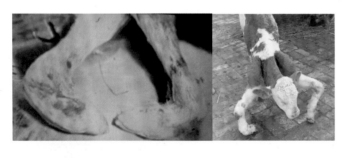

图 4-146　两前肢内弧形，呈"O"形姿势

图 4-147　佝偻病牛前肢呈"O"形姿势

【诊断】根据动物的年龄、饲养管理条件、慢性经过、生长迟缓、异嗜癖、运动困难以及牙齿和骨骼变化等特征，不难诊断。血清钙、磷水平及碱性磷酸酶活性的变化，也有参考意义。骨的 X 射线检查及骨的组织学检查，可以帮助确诊。

【类症鉴别】

1. 与铜缺乏症的鉴别

（1）相似点　四肢运动障碍。

图 4-148 佝偻病犊牛后肢呈"X"形姿势

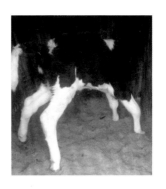

图 4-149 佝偻病犊牛运步时步态僵硬

（2）不同点 铜缺乏症病牛持续腹泻，排黄绿色乃至黑色水样粪（泥炭泻）。有被毛褪色。

2. 与先天性屈腱挛缩的鉴别

（1）相似点 初生犊牛运步缓慢、艰难，行走不稳。
（2）不同点 先天性屈腱挛缩病牛球关节及冠关节屈曲不能伸展，蹄尖着地。

3. 与碘缺乏症的鉴别

（1）相似点 精神不活泼，腕关节弯曲，四肢骨骼变形。
（2）不同点 碘缺乏症病牛站立困难，甚至腕关节着地。皮肤干燥、增厚、粗糙，甲状腺肿大。

4. 与风湿病的鉴别

（1）相似点 运步艰难，好卧。
（2）不同点 风湿病病牛站立时不出现肢体弯曲变形。在运动中初强拘、跛行，持续运动逐渐减轻或消失，休息后再运动又强拘、跛行。

【**预防措施**】防治佝偻病的关键是保证机体能获得充分的维生素 D。加强对孕畜及幼畜的饲养管理，给以充足光照，增加运动；合理配制日粮，注意钙、磷比例，维持钙、磷平衡，供给足够的维生素 D。在北方寒冷季节和地区的舍饲幼畜群，应延长其户外太阳光照射时间，或定期利用紫外线灯照射，照射距离为 1.0 ～ 1.5 米，照射时间为 5 ～ 15 分钟。

【**安全用药**】治疗原则是改善饲养管理、补充维生素 D 制剂和矿物质。但应注意剂量不宜过大，否则会导致钙在骨组织中沉积不良的后果。

（1）有效的治疗药物是维生素 D 制剂，例如鱼肝油、浓缩维生素 D 油、维丁胶性钙注射液等。如内服鱼肝油 20 ～ 60 毫升；或内服浓鱼肝油，各种家畜均每百千克体重 0.4 ～ 0.6 毫升，每天 1 次，发生腹泻时停止用药。

（2）维丁胶性钙注射液，皮下注射或肌内注射 2.5 万～ 10 万单位，每天 1 次或隔天 1 次，连用 5 ～ 7 次。或维生素 A、维生素 D 注射液，肌内注射 5 ～ 10 毫升，每天 1 次，连用 5 ～ 7 天。或维生素 D_3 注射液，肌内注射，各种家畜均按每千克体重 1500 ～ 3000 单位，注射前、后需补充钙剂。

（3）先天性佝偻病，从出生后第 1 天起，即用维生素 D₃ 液 7 万～10 万单位，皮下或肌内注射，每 2～3 日 1 次，重复注射 3～4 次，至四肢症状好转时为止。

（4）应用钙剂，如碳酸钙 30～120 克内服；或乳酸钙 5～15 克内服；或葡萄糖氯化钙注射液，静脉注射 100～300 毫升；或 10% 氯化钙注射液，静脉注射，犊牛 5～10 毫升；或 10% 葡萄糖酸钙液，静脉注射，犊牛 10～20 毫升。静脉注射钙剂，初期每日 1 次，以后每周 1～2 次。

十、硒和维生素 E 缺乏症

硒和维生素 E 缺乏症主要是由于体内微量元素硒和维生素 E 缺乏或不足而引起的一种营养缺乏病。临床上以猝死、跛行、腹泻和渗出性素质等为特征，病理学上以骨骼肌、心肌、肝脏和胰腺等组织变性、坏死为特征。本病可发生于各种动物，以仔畜为多见。

【发病原因】饲料（草）中硒和（或）维生素 E 含量不足是本病发生的直接原因。当饲料中硒含量低于每千克 0.05 毫克时，或饲料加工贮存不当，其中的氧化酶破坏维生素 E 时，就会出现硒和维生素 E 缺乏症。饲料中硒的来源于土壤硒，因此土壤低硒是硒缺乏症的根本原因。饲料中含有大量不饱和脂肪酸，可促进维生素 E 氧化，如鱼粉、猪油、亚麻油、豆油等作为添加剂掺入日粮中，可产生过氧化物，促进维生素 E 氧化，引起维生素 E 缺乏。生长快的动物对硒和维生素 E 的需要量增加，容易引起发病。此外，硫与硒之间存在竞争性吸收现象，若土壤中含硫过多或草料中硫酸盐含量过大，可导致机体对硒的吸收减少而致病。本病以 1～3 月龄犊牛易发。

【临床症状】按病程可分为急性型、亚急性型和慢性型 3 种。

1. 急性型

年幼的犊牛多表现为急性型。临床症状不明显，往往在驱赶、奔跑或蹦跳中或受惊吓时突然死亡，或表现呼吸困难、黏膜发绀、心跳加快、心音混浊、体温正常。精神沉郁，站立不稳，病程数小时至 1 天，死于急性心力衰竭。主要表现为心肌营养不良。

2. 亚急性型

主要表现精神沉郁、食欲减退或废绝，不愿活动，站立时肘部肌群和后肢股部肌肉震颤（图 4-150），运步缓慢，背腰僵硬，后躯摇摆，后期卧地不起。触诊四肢和背腰部肌肉，有硬痛感。舌和咽喉部肌肉变性时，吸吮和采食动作发生困难。膈肌和肋间肌发病时，引起严重的呼吸困难，并出现喘鸣音。初期心搏动增强，以后心搏动减弱，并出现心律不齐。体温多正常，呼吸加快到 80～90 次/分钟，心率增加到 120～140 次/分钟。病程可持续 1～2 周，最后因心力衰竭和肺水肿而死亡。

3. 慢性型

犊牛生长发育停滞，精神沉郁，食欲减退，有异嗜癖，消化不良性腹泻，渐进性消瘦，被毛粗乱无光泽。脊柱弯曲，全身乏力，驱赶时行走缓慢，步履蹒跚，喜卧地，易继发呼吸道炎症。成年母牛繁殖性能下降，分娩出孱弱的犊牛或死胎。成年公牛睾丸变性萎缩，性欲减退，失去种用能力。发病犊牛一般是在 3 ～ 7 周龄，运动可加剧病情。

【剖检变化】病变部肌肉（骨骼肌、腰、背、臀、膈肌）变性，色淡似煮肉样，呈灰黄色、黄白色的点状、条状、片状不等。横断面有灰白色、淡黄色斑纹，质地变脆、变软、钙化（图 4-151）。心肌扩张变薄，以左心室为明显，多在乳头肌内膜有出血点，心内外膜有黄白色或灰白色与肌纤维方向平行的条纹斑（图 4-152，图 4-153）。肝脏肿大，硬而脆，表面粗糙，断面有槟榔样花纹。有的病例肝脏由深红色很快变成灰白色，最后呈土黄色。肾脏充血、肿胀，实质有出血点和灰色的斑状灶。

【诊断】根据基本症状群（幼龄，群发性），结合临床症状（运动障碍、心脏衰竭、渗出性素质、神经机能紊乱）、特征性病理变化（骨骼肌、心肌、肝脏等典型的营养不良病变），参考病史可以做出初步诊断。进一步诊断可通过对病牛血液及某些组织的含硒量 [病犊牛的血液硒含量在 5 微克 /100 毫升以下（正常血液硒含量在 10 微克 /100 毫升以上）]、谷胱甘肽过氧化物酶活性、谷草转氨酶活性、谷丙转氨酶活性、肌酸磷酸激酶活性、乳酸脱氢酶活性等进行测定，血液和肝脏维生素 E 含量进行测定，同时测定周围的土壤、饲料硒含量，进行综合分析。还可对病牛作补硒和维生素 E 治疗进行验证性诊断。

图 4-150 站立时肘部肌群和后肢股部肌肉震颤

图 4-151 骨骼肌有条片状灰白色病变

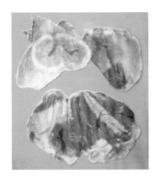

图 4-152 病犊心肌，心肌纵和横切面均呈灰白色条纹状变性坏死灶

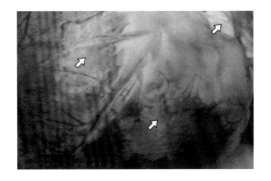

图 4-153 白肌病病犊心脏外膜变性、坏死（大范围白色区）

【预防措施】在低硒地带饲养的牛或饲用由低硒地区运入的饲粮、饲草时，必须补硒。补硒的方法有：①直接注射硒制剂；②将适量硒添加于饲料、饮水中喂饮；③对饲用植物做植株叶面喷洒，以提高植株及籽实的含硒量；④低硒地区施用硒肥。⑤谷粒种子（如小

麦）和豆科牧草（如苜蓿）是维生素 E 的良好来源。⑥母牛泌乳期补充维生素 E 饲料可提高产奶量，一般每天在饲料中混合 α- 生育酚不少于 1 克。⑦简便易行的方法是应用硒 - 维生素 E 饲料添加剂，按照说明使用。⑧妊娠母牛，从分娩前 2 个月起，每隔 20 天用 0.1% 亚硒酸钠溶液 5 ～ 10 毫升，每隔 15 天用维生素 E 250 ～ 300 毫克，肌内注射；犊牛出生 2 ～ 3 天，再用 0.1% 亚硒酸钠溶液 5 ～ 10 毫升，肌内注射。

【安全用药】

（1）亚硒酸钠溶液配合醋酸生育酚肌内注射，治疗效果确实。成年牛用 0.1% 亚硒酸钠溶液 15 ～ 20 毫升和醋酸生育酚每千克体重 5 ～ 20 毫克。犊牛用 0.1% 亚硒酸钠溶液 5 毫升和醋酸生育酚 0.5 ～ 1.5 克。

（2）适当使用维生素 A、复合维生素 B、维生素 C 及其他对症疗法（如强心、消炎、止泻等）。

第五章

牛生殖系统疾病的类症鉴别诊断与安全用药

第一节　母牛生殖系统疾病

一、流产

流产是由于胎儿或母体异常而导致妊娠的生理过程发生扰乱，或它们之间的正常关系受到破坏而使妊娠中断。它可发生在妊娠的各个阶段，但以妊娠的早期较多见。根据流产的症状不同，可分为隐性流产、小产、早产及延期流产。

【发病原因】造成流产的原因很多，一般分为传染性流产和非传染性流产两大类。

1. 传染性流产

传染性流产是由传染病（布鲁氏杆菌病、弯杆菌病、支原体病、衣原体病、钩端螺旋体病、李氏杆菌病、乙型脑炎、口蹄疫、传染性鼻气管炎等）（图5-1）和寄生虫病（弓形体病、胎儿滴虫病、新孢子虫感染等）引起。

2. 非传染性流产

可见于子宫畸形、胎盘胎膜炎、羊水增多症等；严重的内科病、外科病、产科病、中毒病等也能引起流产的发生；饲养管理不当，如长期饲料不足而过度瘦弱、饲料单纯而缺乏某些维生素和无机盐、饲料腐败或霉败、大量饮用冷水或带有冰碴的水等；机械性损伤，如长途运输过于拥挤，剧烈的跳跃、跌倒、抵撞、蹴踢和挤压等；药物使用不当，如使用大量的泻剂、利尿剂、麻醉剂和其他可引起子宫收缩的药品等。

【临床症状】流产的临床症状有以下五种表现。

（1）胚胎消失（又称隐性流产）　母牛不表现明显的临床症状，常见于胚胎早期死亡，表现为屡配不孕或返情推迟、妊娠率降低。

（2）排出未足月胎儿　有如下两种情况：小产，即排出未经变化的死胎（图5-2），胎儿及胎膜很小，常在无分娩征兆的情况下排出（视频 5-1），多不被发现。早产，即排出不足月的活胎（图 5-3，视频 5-2），有类似正常分娩征兆和过程，但很不明显，常在排出胎儿前 2～3 天，乳腺突然膨大，阴唇稍微肿胀，阴门内有清亮黏液排出，乳头内可挤出清亮液体。有的妊娠牛出现腹痛、起卧不安、呼吸和脉搏加快等。早产的胎儿，虽然活力很低，仍应尽力抢救。

（3）胎儿干性坏疽（干尸化）　胎儿死于子宫内，胎儿及胎膜水分被吸收后体积缩小变硬，胎膜变薄而紧包于胎儿（"纸质型"），呈棕黑色（图 5-4），犹如干尸（图 5-5）。母牛表现发情停止，但随妊娠时间延长腹部并不继续增大。直肠检查，不感有胎动，子宫内无胎水，但有硬固物，子宫中动脉不变粗且无妊娠样搏动，牛的一侧卵巢有十分明显的黄体（图 5-6）。干尸化胎儿，有时伴随发情被排出。

图 5-1　传染性流产的胎儿

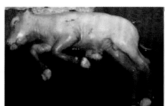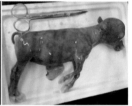

图 5-2　小产的胎儿

图 5-3　早产的胎儿

图 5-4　变薄的胎膜紧包棕黑色着"纸质型"干胎儿

（4）胎儿浸溶　胎儿死于子宫内，由于子宫颈开张，非腐败性微生物侵入，使胎儿软组织液化分解后被排出，但因子宫开张有限，故骨骼存留于子宫内（图 5-7）。患牛表现精神沉郁、体温升高、食欲减退、腹泻、消瘦；母牛努责仅仅可排出红褐色或黄棕色腐臭黏液或脓液（图 5-8），并有时排出小短骨头；黏液粘污尾及后躯，干后结成黑痂。阴道检查，子宫颈开张，阴道及子宫发炎，在宫颈或阴道内可摸到胎骨；直肠检查时，在子宫内能摸到残存的胎儿骨片。

（5）胎儿腐败分解（气肿的胎儿）　胎儿死于子宫内，由于子宫颈开张，腐败菌（厌气菌）侵入，使胎儿内部软组织腐败分解，产生硫化氢、氨、丁酸及二氧化碳等气体积存于胎儿皮下组织，胸、腹腔及阴囊内。母牛表现腹围增大，精神不振，呻吟不安，频频努责，从阴门内流出污红色恶臭液体（图 5-9，视频 5-3），食欲减退，体温升高。阴道检查，产道有炎症，子宫颈开张，触诊胎儿有捻发音。

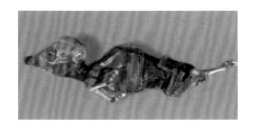

图5-5　干尸化胎儿

图5-6　牛的一侧卵巢十分明显的黄体

图5-7　胎儿浸溶，胎儿骨骼留在子宫内

图5-8　母牛努责仅仅可排出红褐色腐臭脓液

【诊断】流产的诊断，既包括流产类型的确定，还应当确定引起流产的病因，如为传染性流产，应及早采取措施。流产病因的确定，需要参考流产母牛的临床表现、发病率和母牛生殖器官及胎儿的病理变化等，怀疑可能的病因并确定检测内容。通过详细的资料调查与实验室检测，最终做出病因学诊断。

【类症鉴别】

1. 与肺炎的鉴别

（1）相似点　呼吸迫促，心跳增数，体温稍升高。

（2）不同点　肺炎病牛肺音粗粝，或有干啰音、湿啰音，体温较高。但不出现频尿及经常出现排尿姿势和努责现象。

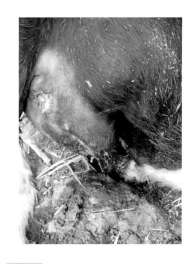

图5-9　从阴门内流出污红色恶臭液体

2. 与膀胱炎的鉴别

（1）相似点　频作排尿姿势，起卧不安。

（2）不同点　膀胱炎病牛直肠检查膀胱肥厚、敏感。

【预防措施】根据妊娠牛的特点，实施综合性防治措施。

（1）给以数量足、质量高的饲料，日粮中所含的营养成分，要考虑母牛和胎儿需要，严禁饲喂冰冻、霉败变质及有毒饲料，防止饥饿、过渴和过食、暴饮。

（2）妊娠母牛要适当运动和使役，防止挤压碰撞、跌摔踢跳、鞭打惊吓、重役猛跑。

（3）作好冬季防寒和夏季防暑工作。

（4）合理选配，以防偷配、乱配。母牛的配种、预产期，都要记录。配种（授精）、妊娠诊断、直肠及阴道检查，都要严格遵守操作规程，严防粗暴从事。

（5）定期进行检疫、预防接种、驱虫和消毒，确定无布鲁氏菌、毛滴虫、环形泰勒虫、梨形虫的感染，无异常反应的牛方可进行配种。

（6）凡遇疾病，要及时诊断，及早治疗，用药谨慎，以防流产。

（7）发生流产时，先行隔离消毒，一面查明原因，一面进行处理，以防传染性流产传播。

【安全用药】 治疗首先应确定是何种流产，怀孕能否继续进行，再确定治疗措施。

（1）对先兆流产牛的治疗 对有流产征兆（胎动不安，腹痛起卧，呼吸、脉搏增数等）、胎儿未被排出体外及习惯性流产的母牛，应全力保胎，以防流产。可采用以下措施。

① 将妊娠牛单独置于安静环境中，减少外界不良刺激。可肌内注射黄体酮注射液 50～100 毫克，每天或隔天 1 次，连用 2～3 次，亦可肌内注射维生素 E，剂量为每次每千克体重 5～20 毫克。

② 可用 0.1% 硫酸阿托品注射液皮下注射，或使用溴制剂、安定等进行镇静辅助治疗。

③ 中药疗法。取炒白术、当归各 30 克，川芎、白芍、党参、砂仁、熟地各 20 克，炒阿胶、苏叶、黄芩、陈皮各 25 克，生姜 15 克，甘草 10 克。共为末，开水冲调，候温，一次灌服，每天 1 剂，连用 2～5 剂。

④ 对有流产病史的母牛，为防止形成习惯性流产，可根据上次流产的孕期提前 15～30 天，用孕酮 50～100 毫克，肌内注射，隔天再注射 1 次，连续 3～4 次。

⑤ 禁止阴道检查，适当加强运动，减轻和抑制努责。

⑥ 胎儿死亡且已排出，应调养母牛。

⑦ 胎儿已死未排出，应尽早排出死胎，并剥离胎膜，须在子宫内放入抗生素，以防继发病的发生。

（2）对小产牛及早产牛的治疗 宜灌服落胎调养方：当归、川芎、赤芍各 24 克，熟地、桃仁各 9 克，生黄芪 15 克，丹参 12 克，红花 6 克，共研末冲服。

（3）对难娩流产牛的治疗 出现流产先兆，经上述处理后病情仍未稳定，阴道排出物继续增多，起卧不安，子宫颈口已经开放，胎囊已经进入阴道或已经破水，属于难娩流产，应尽快促使子宫内容物排出。若子宫颈口已经开大，可用手将胎儿拉出。若胎儿已经死亡，牵引、矫正有困难，可进行截胎术。如子宫颈口开张不大，手不易伸入，可用前列腺素溶解黄体，用雌激素促使子宫颈松弛，然后施行人工助产；对子宫颈口仍不开放或不易取出胎儿的，应剖腹取出胎儿。

（4）对胎儿干尸化的治疗 可灌注灭菌石蜡油或植物油于子宫内，将死胎拉出，再以复方碘溶液冲洗子宫。当子宫颈口开张不足时，可肌内注射或皮下注射己烯雌酚 5～20 毫克（必要时，间隔两天重复注射），肌内注射前列腺素 $F_{2\alpha}$ 25 毫克或氯前列烯醇 0.1～1 毫克，促使黄体萎缩、子宫收缩及子宫颈口开张，待宫颈开张较大后，然后就向子宫内灌入灭菌的润滑剂将死胎拉出。一般将黄体压碎后 4～5 天，死胎可自行排出。用上述方法后，子宫颈口仍开放不大，可先进行截胎术，然后取出；对不易经产道取出的，尽早施行剖腹产手术。

（5）胎儿浸溶及腐败分解的治疗 尽早将死胎组织和分解物排出，并按子宫内膜炎处理，同时应根据全身状况配以必要的全身疗法。

二、阴道脱出

阴道脱出是指阴道底壁、侧壁和上壁的一部分组织、肌肉出现松弛扩张，子宫和子宫颈也随着向后移动，松弛的阴道壁形成折襞，嵌堵于阴门内或突出于阴门外。可以是部分阴道脱出，也可以是全部阴道脱出。本病常发生于妊娠末期的牛。

【发病原因】发病可能与母牛骨盆腔的局部解剖生理有关。在骨盆韧带及阴道邻近组织松弛，阴道腔扩张、阴道壁松软，又有一定的腹内压情况下，多发生本病。母牛年老经产，衰弱，营养不良，缺乏钙、磷等矿物质及运动不足，常引起骨盆韧带松弛。妊娠末期，胎盘分泌的雌激素较多，或摄食含雌激素样活性物质较多，可使固定阴道的组织及外阴松弛。牛产后发生阴道脱出，须检查是否有卵巢囊肿。

【临床症状】按其脱出程度，可分为轻度阴道脱出、中度阴道脱出和重度阴道脱出三种。

（1）轻度阴道脱出　主要发生在产前。病牛卧下时，可见阴道前庭及阴道下壁（有时为上壁）形成皮球大、粉红湿润并有光泽的瘤状物，堵在阴门内（图5-10），或露出于阴门外（图5-11）；母牛起立后，脱出部分能自行缩回。若病因未除，母牛多次卧下和站起，脱垂的阴道壁周围往往有延伸来的脂肪，或因分娩损伤引起松弛时，导致脱出的阴道壁就会逐渐增多，病牛起立后脱出的部分长时间不能缩回（图5-12），黏膜红肿、干燥。有的母牛每次妊娠末期均发生，称为"习惯性阴道脱出"。

（2）中度阴道脱出　当阴道脱出伴有膀胱和肠道进入骨盆腔，其阴道脱出加重（图5-13），脱出物呈排球大小的囊状物。起立后，脱出的阴道壁再不能缩回，组织充血、肿胀，频频努责，使阴道脱出得更多，表面干燥或溃疡，由粉红色转为暗红色、蓝紫色或黑色（图5-14），有的发生坏死或穿孔。

图 5-10　阴道脱出瘤状物堵在阴门内

图 5-11　阴道脱出瘤状物露出阴门外

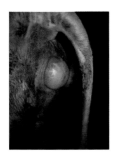

图 5-12　病牛站立时阴道脱出的部分不能缩回

图 5-13　阴道脱出伴有膀胱进入骨盆腔

图 5-14　脱出的阴道呈暗红色，表面有溃疡

（3）重度阴道脱出　子宫和子宫颈后移，子宫颈脱出于阴门外。阴道的腹侧可见到尿道口，排尿不畅；有时在脱出的囊内可触摸到胎儿的前置部分。若脱出的阴道前端子宫颈明显并紧密关闭（图5-15），则不易发生早产及流产；若宫颈外口已开放且界限不清（图5-16），则常在24～72小时内发生早产。持续强烈的努责，可引起直肠脱出、胎儿死亡及流产等。脱出的阴道黏膜淤血、水肿；严重的，黏膜可与肌层分离，阴道黏膜破裂、糜烂或坏死，易继发全身感染。产后发生者，脱出往往不完全，在其末端有时可看到子宫颈膣部肥厚的横皱襞。

图5-15　阴道全脱出子宫颈脱出，但子宫颈口紧密关闭

图5-16　阴道全脱出子宫颈脱出，但宫颈外口也已开放且界限不清

【诊断】根据发病原因及临床症状比较容易诊断。

【类症鉴别】

1. 与直肠脱的鉴别

（1）相似点　尾根下有拳头大凸出的黏膜球状物。
（2）不同点　直肠脱是由肛门脱出，不是由阴门凸出。

2. 与子宫脱出的鉴别

（1）相似点　由阴门凸出。
（2）不同点　子宫脱出多在产后发生，凸出的比球大，如长袋状，可见到子宫黏膜子叶。

3. 与阴道肿瘤的鉴别

（1）相似点　由阴门凸出。
（2）不同点　阴道肿瘤任何时间都可能出现，不一定在妊娠末期。肿瘤一般形成时间比较长，有蒂，容易出血。

【预防措施】加强饲养管理，给予营养全面足够的日粮，加强运动，防止过度劳累和损伤阴道，预防和及时治疗增加腹压的各种疾病。

【安全用药】治疗方法因脱出的程度不同而异。

（1）对轻度阴道脱出的治疗　易于整复，关键是防止复发。站立时能自行缩回的，一般不需整复和固定。在加强运动、增强营养、减少卧地，并使其保持前低后高姿势的基础上，灌服具有"补中益气"的中药方剂，多能治愈。将尾拴于一侧，以免尾根刺激脱出的黏膜。当站立时不能自行缩回者，则应进行整复固定，并配以药物治疗。怀孕牛注射孕酮，每日肌内注射 50～100 毫克，至分娩前 20 天左右为止，可有一定的疗效。

（2）对中度和重度阴道脱出的治疗　先行整复固定，并配以药物治疗。

① 整复时，将病牛保定在前低后高的地方，裹扎尾巴并拉向体侧，选用温的 2% 明矾水、1% 食盐水、0.1% 高锰酸钾溶液、0.1% 雷佛奴尔溶液或淡花椒水，清洗局部及其周围。

② 水肿严重时，热敷挤揉或划刺以使水肿液流出。然后用消毒的湿纱布或涂有抗菌药物的油纱布把脱出的阴道包盖，趁母牛不甚努责时用手掌将脱出的阴道托送还纳后，取出纱布，再用拳头将阴道复位。推回后手臂最好在阴道内再放置一段时间，使阴道得以恢复、适应。

③ 取治脱穴 (阴唇中点旁开 1 毫米) 及后海穴电针，或在两则阴唇黏膜下蜂窝组织内注入 70% 酒精 30～40 毫升，或以栅栏状阴门托或绳网结予以固定，亦可用消毒的粗缝线将阴门上 2/3 作减张缝合（图 5-17，图 5-18）或纽孔状缝合（图 5-19)。

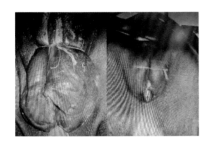

图 5-17　阴门上一针减张缝合　　**图 5-18**　阴门上两针减张缝合

④ 当病牛剧烈努责而影响整复时，可作硬膜外腔麻醉或尾骶封闭。

（3）对顽固性阴道脱出病例的治疗　可采用坐骨小孔缝合固定法 (图 5-20)。先从坐骨小孔投影的臀部剃毛消毒并刺一个皮肤小口，一只手伸入阴道内探摸坐骨小孔，将双股或四股粗缝线的一端缚一粗的圆枕或有机大衣纽扣带入阴道，另一只手持长柄针向坐骨小孔方向刺入，穿透阴道，把缝线嵌入缝针缺口拔出长柄针，缝线即被导出臀部，再在外面同样嵌一圆枕或有机大衣纽扣，拉紧缝线打结；无长柄缝针时，可用一长粗缝针从阴道经坐骨小孔穿出臀部。另一侧按同法进行，如此即将阴道壁和骨盆侧壁组织牢固地固定在一起。

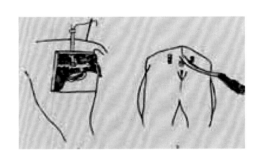

图 5-19　纽孔状缝合　　　　**图 5-20**　坐骨小孔缝合固定法

（4）对脱出的阴道有严重感染病例的治疗　应施以全身疗法，必要时，可行阴道部分切除术。除上述处理外，配服 "加味补中益气汤"（炙黄芪 90 克，党参、白术、当归、陈皮各 60 克，炙甘草 45 克，升麻、柴胡各 30 克，枳壳 90 克，水煎内服，每天 1 剂，连用

2～3剂）能加速病愈。

（5）针灸疗法 阴道脱出部分小且没有坏死直接针灸即可缩回，不需打针，配合口服补中益气散。若脱出部分较大，先消毒处理，然后处理坏死部分再进行针灸。圆利针深度在 10～12 厘米之间，共五针。外阴上方两侧旁开 1 厘米位置，向前下方刺入，左右各一穴；肛门左右各一穴，向前下方刺入；肛门与尾根之间（后海穴）刺入一穴。留针 20～30 分钟（图 5-21）。

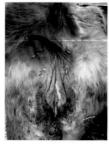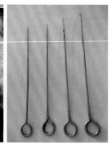

图 5-21 阴道脱出的针灸疗法

三、奶牛肥胖综合征

奶牛肥胖综合征，又称"牛脂肪肝病"，因发病经过和病理变化类似于母羊妊娠毒血症，所以也称为"牛妊娠毒血症"。本病是奶牛分娩前后发生的一种以厌食、抑郁、严重的酮血症、脂肪肝、末期心率加快和昏迷，以及致死率极高为特征的脂质代谢紊乱性疾病。奶牛常在分娩后，泌乳高峰期发病，有些牛群发病率可达 25%，致死率达 80%。

【发病原因】妊娠母牛过度肥胖是本病的主要原因。引起母牛过度肥胖的因素有：干乳期，甚至从上一个泌乳后期开始，大量饲喂谷物或者全株青贮玉米；干乳期过长，能量摄入过多；未把干乳期的牛和正在泌乳的牛分群饲养，精饲料供应过多。分娩、产乳、气候突变、临分娩前饲料突然短缺等是本病的诱发因素。

【临床症状】病牛显得异常肥胖，脊背展平，毛色光亮。乳牛产仔后几天内呈现食欲不振，逐渐停食。病牛虚弱，躺卧，血液和乳中酮体增加，严重酮尿。采取治疗酮病的措施常无效。肥胖牛群还经常出现皱胃扭转、前胃弛缓、胎衣滞留、难产等，按治疗这些疾病的常用方法疗效甚差。部分病牛呈现神经症状，如举头（图 5-22）、头颈部肌肉震颤（图 5-23），最后昏迷，心动过速。病牛致死率极高。幸免于死的病牛表现出休情期延长，牛群中不孕及少孕的现象较普遍，对传染病的抵抗力降低，容易发生乳腺炎、子宫炎、沙门氏菌病等，某些代谢病（如酮病和生产瘫痪等）发病率增高。

肥胖孕牛常于产犊前表现不安，易激动，行走时运步不协调，粪便少而干，心动过速。如在产犊前两个月发病者，患牛有 10～14 天停食，精神沉郁，躺卧、匍匐在地（图 5-24），呼吸加快，鼻腔有明显分泌物，口腔周围出现絮片（图 5-25），粪便少，后期呈黄色稀粪、恶臭，病死率很高，病程为 10～14 天，最后呈现昏迷，并在安静中死亡。

图 5-22 脂肪肝病牛举头顶撞栏杆　　图 5-23 脂肪肝病牛的头部肌肉震颤

图 5-24 病牛精神沉郁，伏卧在地　　**图 5-25** 病牛鼻腔有明显的分泌物，口腔周围出现絮片

血液检测出现血清天冬酸氨基转移酶（AST）、鸟氨酸胺甲酰转移酶（OCT）和山梨醇脱氢酶（SDH）活性升高，血清中白蛋白含量下降，胆红素含量增高，提示肝功能损害。血清酮体、尿中酮体、乳中酮体含量增高。患病乳牛常有低钙血症 [15～20 毫摩尔 / 升]，血清无机磷浓度升高到 64.4 毫摩尔 / 升，血清中非酯化脂肪酸（NE-FAs）含量升高、胆固醇和甘油三酯浓度降低。病初期呈低血糖症，但后期呈高血糖症。白细胞总数、中性粒细胞、淋巴细胞减少。

【**诊断**】本病均发生于肥胖母牛，肉牛多发生于产犊前，奶牛于产犊后突然停食、躺卧等；根据临床病理学检验结果（如肝功能损害、酮体含量增高等）进行诊断；根据肝脏活体采样检查进行诊断，肝中脂肪含量在 20% 以上。

【**预防措施**】将干乳期的乳牛按照相应品种的乳牛标准来进行饲养；乳牛干乳期不可过长，能量不可摄入过多；不可将干乳期的牛和泌乳期的牛混群饲养。

【**安全用药**】本病致死率较高。一般而言，食欲废绝的病牛多取死亡。对于尚能保持食欲者，配合支持疗法常可治愈；补充能量，如静脉注射 50% 葡萄糖溶液 500 毫升，能减轻症状，但其作用时间较短；皮质类固醇注射可刺激体内葡萄糖的生成，也可刺激食欲，但用此药时应同时注射高渗葡萄糖；病牛应喂以可口的高能量饲料如玉米麦片，也可按每头牛每天 250 毫升丙二醇或甘油，用水稀释后灌服，并注射多种维生素，能提高疗效；灌服健牛的瘤胃液 5～10 升，或喂给健牛反刍食团有助于疾病的恢复；建议用氯化胆碱治疗，每 4 小时 1 次，每次 25 克，口服或皮下注射，或用硒 - 维生素 E 制剂口服。

四、难产

难产是指由于各种原因而使分娩的第一阶段（开口期），尤其是第二阶段（胎儿排出期）明显延长，如不进行人工助产，则母体难以或不能排出胎儿的产科疾病。

【**发病原因**】母牛发育不全，提早配种，骨盆和产道狭窄，加之胎儿过大，不能顺利产出；营养失调，运动不足，体质虚弱，老龄或患有全身性疾病的母牛引起子宫和腹壁收缩微弱以及努责无力，胎儿难以产出；胎位不正，羊水胞破裂过早，使胎儿不能产出，成为难产。

【**临床症状**】妊娠母牛发生阵痛，起卧不安，时有拱腰，并出现努责，回头顾腹，阴门肿胀，从阴门流出红黄色浆液，有时露出部分胎膜，有时可见胎儿蹄或头，但胎儿长时间不能产出（图 5-26，图 5-27，视频 5-4）。

视频 5-4

图 5-26　牛难产时阴门露出部分胎膜、胎蹄

图 5-27　牛难产时阴门露出胎儿的蹄和头（左），牛难产时阴门仅露出胎儿的蹄（右）

【诊断】当分娩牛努责无力、子宫颈开张不全，胎儿通过产道比较缓慢；产期超过正常时限，努责强烈，胎膜露出，或胎水流失，胎儿久未排出，即可确诊。在正生时，如一侧或两侧前腿已经露出很长而不见唇部，或唇部已经露出而不见一侧或两侧蹄尖；倒生时只见一侧蹄或尾尖，表示发生胎势异常。

【预防措施】

（1）对于繁殖用的母牛，从小就要加强饲养管理，保证发育良好，培育体格健壮的母牛。后备母牛不要过早配种，否则也容易发生骨盆狭窄而难产。

（2）妊娠期间要按照妊娠饲养标准喂养，保证胎儿生长发育的需要和母牛的健康。妊娠母牛必须适当运动，一直到胎儿正常产出为止。为此应该分群饲养管理。

（3）对于接近预产期的母牛，应再进行分群，特别多加照管。①准备好分娩场所，天气温暖时，可在露天生产，但必须备有棚舍，以防天气突然变化时应用。在大型牧场，应备有较大的空气流通良好的产房或产圈、产棚，除了干燥及排水良好外，还应装置分娩栏。②应该有专人值班，特别注意接产，尤其注意清晨和傍晚的时候。

（4）在分娩过程中，要尽量保持环境安静；接产人员不要高声喧哗，防止母牛受到惊扰。

（5）对于分娩的异常现象，要做到尽早发现，及时处理。当发现分娩时间拉长时，即应进行胎儿和产道检查，根据反常情况进行助产。只要发现及时，母牛还有分娩力量，稍微加以帮助，即容易产出，可以防止发生严重的难产。

（6）做好临产检查　临产时做好产道和胎儿的检查。妊娠母牛采取站立保定，可将母牛置于前低后高的坡地上，侧卧保定要将后躯臀下垫以草束，胎儿反常姿势位于上方。洗涤消毒外阴部和手臂；将消毒过的或戴上消毒长臂手套的手臂伸入产道，详细检查，确定难产的种类，以便采取相应的助产措施。

① 产道检查。检查产道的松软及润滑程度，子宫颈的松软及开张程度，骨盆腔的大小及软产道有无异常等。

② 胎儿检查。正常正生的胎儿的两前肢平直伸入骨盆，胎头伸直，唇向前置于两前肢之间，胎儿的背腹方向与母牛背腹方向一致；检查时可以摸到胎儿蹄掌向下、扁平的腕关节和置于两前肢间的唇部。正常倒生是两后肢平直伸入产道，臀部也进入产道；检查时可以摸到蹄掌向下或侧向和向下突起的跗关节。若胎儿有吸吮动作、心跳，或四肢有收缩活动，表示胎儿仍存活。正常正生或正常倒生，产道正常的让其自然娩出。凡不正常的应立即矫正助产。

【安全用药】常见的难产及助产的措施。

（1）首先进行临产检查，判定难产的原因，以便采取助产的方法。助产器械需浸泡消毒，术者、助手的手及母牛的外阴处，均要彻底清洗消毒。

（2）对于胎位正常且已进入分娩过程的母牛，如表现没有努责，或者努责的时间短而无力，迟迟不能将胎儿排出。可肌内或静脉注射催产素，观察母牛分娩进程，待其自然娩出。但这种方法并不十分可靠。根据笔者经验，可将外阴部和助产者的手臂消毒后，伸入产道。正生时抓住胎儿的两前肢，护住胎儿的头部，缓慢均匀地用力把胎儿拉出（图5-28）。倒生时抓住或拴住胎儿的两后肢缓慢地牵引出来（5-29）。牵拉出胎犊臀部时，脐带已被撕断，此时应全力以赴迅捷地将胎儿牵拉出产道，以避免胎儿窒息死亡。

（3）对于胎儿横向、竖向，胎儿下位、侧位，头颈下弯、侧弯、仰弯，前肢腕关节屈

图 5-28　拴住胎儿的前肢把胎儿牵引拉出

图 5-29　抓住和拴住胎儿肢体牵引拉出

曲，后肢跗关节屈曲等的难产母牛（图5-30～图5-34），术者手臂消毒后伸入产道，将异常的胎位、胎向、胎势进行矫正，抓住或拴住胎儿的前肢或后肢把胎儿牵引拉出。

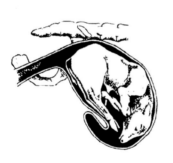

图 5-30　倒生上位臀部前置

图 5-31　倒生下位

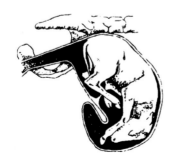

图 5-32　倒生上位跗关节前置

图 5-33　四肢前置

（4）对于阴门狭窄或胎头过大的母牛，往往是胎头的颅顶部卡在阴门口，母牛虽然使劲努责，但仍然产不出胎儿。遇此情况可在阴门两侧上方，将阴唇剪开 1 ～ 5 厘米，术者两手在阴门上角处向上翻起阴门，同时压迫尾根基部，以使胎头产出而解除难产。胎儿排出后消毒切口并结节缝合（图 5-35）。

图 5-34　背部前置　　　　　　　　图 5-35　难产时剪开阴唇并进行结节缝合

（5）对于双犊同时楔入产道的母牛，术者手臂消毒后伸入产道，先将一个胎儿推回子宫内，而后把另一个胎儿拉出后，再拉出推回子宫内的胎儿。如果双犊各将一肢体伸入产道，形成交叉的情况，则应先辨明关系，可通过触诊腕关节和跗关节的方法区分开前后肢，再顺手触摸肢体与躯干的连接，分清肢体的所属，最后拉出胎儿解除难产。

视频 5-5

（6）对于子宫颈狭窄、扩张不能、骨盆狭窄的母牛，应果断地施行剖腹产手术（视频 5-5），以挽救母仔的生命。

五、胎衣不下

母畜分娩出胎儿后，如果胎衣在正常时限内不能排出，就称为"胎衣不下"或"胎衣滞留""胎膜滞留"。胎衣为胎膜的俗称。牛排出胎衣的正常时间为 12 小时，如超过 12 小时则表示异常。正常健康奶牛分娩后胎衣不下的发生率在 3% ～ 12% 之间，平均为 7%。

【发病原因】引起胎衣不下的原因很多，主要与胎盘结构、产后子宫收缩无力或弛缓及妊娠期间胎盘发生炎症有关。牛、羊胎盘属于上皮绒毛膜与结缔组织绒毛膜混合型，胎儿胎盘与母体胎盘联系比较紧密，是胎衣不下发生较多的主要原因。产后子宫收缩无力或弛缓，是由于妊娠期间，饲料单纯、缺乏矿物质及微量元素和维生素，特别是缺乏钙盐与维生素 A，孕畜消瘦、过肥、运动不足等，都可使子宫弛缓；怀多胎、胎水过多及胎儿过大，使子宫过度扩张，可继发产后子宫阵缩微弱而发生胎衣不下；流产、早产、难产等异常分娩后，造成产出时雌激素不足，或者子宫平滑肌疲劳收缩无力而继发本病。另外，

视频 5-6

怀孕期间子宫受到某些细菌或病毒的感染，发生子宫内膜炎及胎盘炎，使胎儿胎盘和母体胎盘发生粘连，流产后或产后易于发生胎衣不下。高温季节、产后子宫颈收缩过早，也可引起胎衣不下。还可能与遗传有关。

【临床症状】胎衣不下分为胎衣部分不下及胎衣全部不下两种类型。

（1）胎衣全部不下　即整个胎衣未排出，胎儿胎盘的大部分仍与母体胎盘连接，仅见一部分已分离的胎衣悬吊于阴门之外（视频 5-6，图 5-36）。脱露出的部分

主要为尿膜绒毛膜（图 5-37），呈土红色，表面上有许多大小不等的胎儿子叶（图 5-38）。滞留的胎衣经过 2～3 天，炎热夏季经 1～2 天，发生腐败分解，从阴道排出污红色恶臭液体（图 5-39），内含腐败的胎衣碎片，患牛卧地时，排出量增多。病程延长，常继发子宫内膜炎。腐败分解产物被吸收后，则引起全身症状，病牛体温升高，食欲和反刍减退，脉搏和呼吸增数，不安，频繁努责，拱背，瘤胃弛缓、积食或臌气，有时腹泻，产奶量下降。多数病例经 1 个月左右，自行排尽腐败分解产物，但由于继发子宫内膜炎和子宫蓄脓，影响以后怀孕。

（2）胎衣部分不下　即胎衣的大部分已排出，仅有一部分或个别胎儿胎盘残留在子宫内，从外部不易发现，通常仅在恶露排出时间延长时才被发现，所排恶露的性质与胎衣完全不下时相同，仅排出量较少。

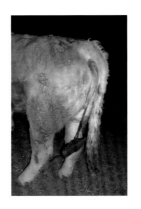 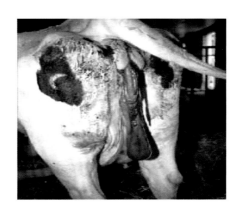

图 5-36　一部分已分离的胎衣悬吊于阴门之外　图 5-37　牛胎衣全部不下悬在阴门外的尿囊绒毛膜

 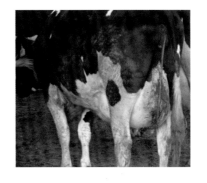

图 5-38　牛胎衣全部不下胎衣表面的子叶　图 5-39　从阴道排出污红色恶臭液体，污染到乳房上面

【诊断】本病根据在阴门外悬吊有胎衣而易于确诊。对胎衣未悬吊于阴门外者，需进行阴道检查。

【预防措施】预防本病主要是加强妊娠母牛的饲养管理；给妊娠母牛饲喂富含多种矿物质和维生素的饲料；舍饲奶牛要有一定的运动时间和干乳期；产前 1 周减少精料，搞好产房的卫生消毒工作；分娩后让母牛自己舔干犊牛身上的黏液，尽可能灌服羊水，并尽早挤乳或让犊牛吮乳；分娩后，特别是在难产后应立即注射催产素或钙制剂，避免使分娩牛饮用冷水；分娩后饮益母草及当归煎剂或水浸液，亦有防止胎衣不下的效用。

【安全用药】胎衣不下的治疗原则是：尽早采取治疗措施，防止胎衣腐败吸收，促进子宫收缩，局部和全身抗菌消炎，在条件适合时可剥离胎衣。治疗胎衣不下的方法很多，概括起来可以分为药物疗法和手术疗法两大类。

1. 药物疗法

视频 5-7

在确诊胎衣不下之后要尽早进行药物治疗。

（1）子宫腔内投药（视频 5-7）　①向子宫腔内投放四环素、土霉素、磺胺类或其他抗生素，起到防止胎衣腐败、延缓溶解及子宫感染的作用，然后等待胎衣自行排出。②在子宫黏膜与胎衣之间放置粉剂土霉素或四环素，剂量为 1～2 克，把药物装入胶囊或用水溶性薄膜纸包好，放置于两个子宫角中，隔天 1 次，视情况可用 1～3 次。③也可用其他抗生素（如青霉素、链霉素等）或磺胺类药物。④子宫腔内投药可同时肌内注射催产素。⑤如子宫颈口已缩小，可先肌内注射苯甲酸雌二醇等，使子宫颈口松软开张，排出腐败物，然后再放入防止感染的药物，隔天注射 1 次，共用 2～3 次。

（2）肌内注射抗生素　在胎衣不下的早期阶段，常常采用肌内注射抗生素的方法。当出现体温升高、产道创伤等情况时，还应根据临床症状的轻重缓急，增大药量，或改为静脉注射，并配合使用支持疗法。

（3）促进子宫收缩　①为加快排出子宫内已腐败分解的胎衣碎片和液体，可先肌内注射苯甲酸雌二醇 20 毫克，1 小时后肌内或皮下注射催产素 50～100 单位，2 小时后重复 1 次。催产素需早用，最好在产后 12 小时以内注射，超过 24 小时或难产后继发子宫弛缓者，效果不佳。②还可应用麦角新碱 1～2 毫克，皮下注射。③牛灌服羊水 300 毫升，促使胎衣排出；如灌服后 2～6 小时仍不能排出胎衣，可再灌服 1 次。羊水可在分娩时收集，放在阴凉处，防止腐败变质；如用非自身的羊水，必须保证供羊水的母牛健康无病，尤其是没有结核病及传染性流产等传染病。

（4）促进胎儿胎盘与母体胎盘分离　在子宫内注入 5%～10% 氯化钠溶液 2000～3000 毫升，促使胎儿胎盘缩小，从母体胎盘上脱落，但注入后须注意使盐水尽可能完全排出。

（5）饮用红糖麸皮水和静脉用药　在奶牛产后，立即喂饮红糖麸皮水（红糖 3 千克、麸皮 1 千克、温水 25 升），随即静脉注射 25% 葡萄糖溶液 1000 毫升、10% 氯化钠溶液 500 毫升、10% 安钠咖注射液 20 毫升、5% 氯化钙溶液 500 毫升。注射后胎衣多在 3～6 小时内自行脱落。

（6）中药疗法

① 用桃红四物汤加味。处方：熟地、当归、赤芍各 60 克，桃仁、红花各 45 克，川芎、青皮各 30 克，益母草 120 克，童尿半碗为引，水煎，候温灌服，每天 1 剂，根据情况用 1～3 剂。

② 党参 60 克，黄芪 45 克，当归 90 克，川芎、红花各 25 克，桃仁 30 克，炮姜 20 克，甘草 15 克，以黄酒 150 毫升为引，体温升高者加黄芩、连翘、金银花，研末，灌服。

③ 车前子 250～300 克，用 300～500 毫升 50 度白酒或 75% 酒精拌湿后点燃，边燃边拌，待酒或酒精燃尽冷却后研碎，加温水一次灌服。

④ 当归 60 克，党参、益母草各 30 克，川芎、桃花各 20 克，炮姜、炙甘草各 15 克，以 120 毫升黄酒为引，共研细末冲调灌服。

⑤ 当归、川芎、滑石、海金沙、大戟、芫花、甘遂各 30 克，益母草 50 克，研末，沸水冲调，候温灌服。

⑥ 党参、当归各 60 克，五灵脂、生蒲黄、川芎、益母草各 30 克，共研细末，沸水冲调，候温灌服。

⑦ 车前子 50 克、益母草 50 克，水煎取汁，加白酒 150 毫升，一次灌服。

⑧ 生蒲黄 250 克、五灵脂（酒炒）250 克，研末，沸水冲调，分 3 次服完。

⑨ 向日葵盘 150 克、益母草 100 克、当归 30 克，水煎取汁，加红糖 200 克，一次灌服。

⑩ 南瓜蒂 500 克、艾叶 50 克、红花 30 克，煎汁适量，加白酒 150 毫升，灌服。

⑪ 鸡蛋 10 个，醋 250 毫升，混合灌服。

⑫ 榆白皮 45 克、荷叶 40 克、王不留行 35 克，研末，沸水冲调，每天 1 剂，连用 2 天。

⑬ 榆白皮 100 克、胡麻子 250 克（盐炒），研末，沸水冲调，灌服。

⑭ 胡麻油 150 毫升、青盐 35 克，水煎灌服。

⑮ 鲜荷叶 1 000 克，煎汁，加红糖 500 克，灌服。

⑯ 全当归 150 ～ 200 克、川芎 75 ～ 100 克，水煎灌服。

2. 手术疗法

即徒手剥离胎衣。①如药物治疗无效，在产后 48 ～ 72 小时，子宫颈口尚未缩小到手不能伸入以前，对没有继发急性子宫内膜炎和体温升高的病牛可试行胎衣剥离。②剥离胎衣应注意的原则是：容易剥离就坚持剥，否则不可强行剥离（视频 5-8），患急性子宫内膜炎或体温升高的，不可剥离。③最好到产后 72 小时进行剥离。④剥离胎衣应做到快（5 ～ 20 分钟内剥完）、净（无菌操作，彻底剥净）、轻（动作要轻，不可粗暴），严禁揪扯子叶和损伤子宫内膜。

视频 5-8

具体手术操作：

（1）母牛外阴部常规消毒，术者手臂皮肤消毒后，先擦 0.1% 碘化酒精加以鞣化，使保护层不易脱落，然后涂液状石蜡。

（2）为防止胎衣粘在手上，妨碍操作，可在子宫内灌入 10% 氯化钠注射液 500 ～ 1000 毫升。

（3）操作时，左手扯住胎衣，右手顺着胎衣伸入子宫，找到胎盘（图 5-40）。

（4）剥离要有顺序，由近及远，螺旋前进，逐个逐圈进行，由一个子宫角到另一个子宫角。

（5）手触及母子胎盘后，用拇指及食指捏住胎儿胎盘的边缘，轻轻将其自母体胎盘上撕开一点，或者用食指尖把它抠开一点，再将食指或拇指伸入胎儿胎盘与母体胎盘之间，逐步将其分开。胎衣剥离得越完整，效果越好（图 5-41）。

（6）剥离过程中，左手要把胎衣扯紧，以便顺着它去寻找尚未剥离的胎盘。剥离过的胎盘表面粗糙，不和胎衣相连。未剥离过的胎盘表面光滑，和胎衣相连。

视频 5-9

（7）为防止由于剥出的部分太重把胎衣扯断，可将一部分剪掉。当剥离到子宫角尖端时，可轻拉胎衣，使子宫角尖端内翻，便于剥离（图 5-42，视频 5-9）。

（8）胎衣剥离完后，用 0.1% 高锰酸钾溶液或 0.1% 新洁尔灭溶液等反复冲洗子宫，直至流出的液体与注入的液体颜色一致为止（图 5-43）。

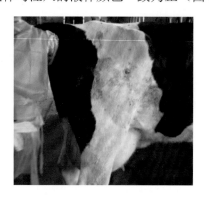

图 5-40　左手扯住胎衣，右手顺着胎衣伸入子宫找到胎盘

图 5-41　剥离完整的胎衣

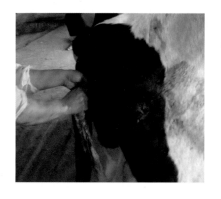

图 5-42　剥离到子宫角尖端时，轻拉胎衣，
使子宫角尖端内翻，便于剥离

图 5-43　胎衣剥离完后用消毒液反复冲洗子
宫，直至流出液体前后一致为止

（9）再向子宫内投放土霉素 5 ～ 10 克，每天或隔天投放一次，连用 3 ～ 5 次，以防子宫感染。

（10）术后整复以理气养血、活血散瘀为原则，可取当归、川芎、白芍、熟地黄、党参、茯苓、白术、肉桂、黄芩、桃仁、赤芍各 30 克，红花、甘草各 15 克，水煎灌服。

六、子宫脱出

子宫脱出即指子宫角的前端甚至子宫角和子宫体全部翻出于阴门之外。多见于产程的第三期，有时则在产后数小时之内发生，产后超过 1 天发病的患病动物极为少见。牛特别是乳牛多发。羊、猪也常发生。

【发病原因】体质虚弱，运动不足，胎水过多，胎儿过大或多次妊娠，致使子宫肌收缩力减退和子宫过度伸张引起的子宫弛缓，是其主要原因。分娩过度延迟时，子宫黏膜紧裹胎儿，随着胎儿被迅速拉出而造成宫腔负压，而腹压相对增高，则子宫可随胎儿翻出阴门外。分娩和胎衣不下的强烈努责，产后长期站立于向后倾斜的床栏，以及便秘、腹泻、疝痛等引起的腹压增大，是其诱因。

【**临床症状**】牛的子宫脱出在阴门之外见到有呈不规则的长圆形物体突出，表面布满圆形或半圆形的海绵状母体胎盘（子叶）（图5-44），且可分为大小两堆（大者为孕角，小者为非孕角），有时可达或超过跗关节（图5-45）。脱出的子宫黏膜表面常附着有未脱落的胎膜（图5-46），剥去胎膜或自行脱落后呈粉红色或红色（图5-47），后因瘀血而变为紫红色或深灰色（图5-48）。随着水肿呈肉冻状，且多被粪土污染和摩擦而出血，进而结痂、干裂、糜烂等。有的伴有阴道脱出（图5-49）。寒冷季节常因冻伤而发生坏死。如不及时治疗，子宫可发生出血、坏死，甚至感染而引起败血症，病牛即表现出全身症状。

图 5-44　牛子宫脱出表面布满子叶

图 5-45　牛脱出的子宫达到跗关节（左图）或超过跗关节（右图）

图 5-46　脱出的子宫黏膜表面附着未脱落的胎膜

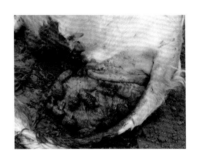

图 5-47　脱出的子宫剥去胎膜后呈红色

【**诊断**】子宫脱出通常结合病史及临床症状不难做出诊断。

【**类症鉴别**】

1. 与阴道脱的鉴别

（1）相似点　阴门外有黏膜外翻的脱出物。

（2）不同点　阴道脱发生于分娩前，即使阴道全脱也仅有排球大小，并可见子宫颈口。不像子宫脱出那样有较大的囊状物，并垂脱出那么多甚至到跗关节。

2. 与阴道肿瘤的鉴别

（1）相似点　阴道有囊状物。

图 5-48　脱出的子宫瘀血变为紫红色

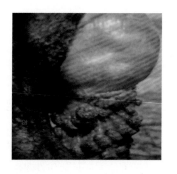

图 5-49　伴有阴道脱出子宫脱出

（2）不同点　阴道肿瘤病牛没有努责现象，触诊局部无疼痛感。在分娩时障碍胎儿排出，甚至因破裂而出血，阴道检查可发现肿瘤。

【预防措施】平时加强饲养管理，保证饲料质量，使牛体身体状况良好；在怀孕期间，保证母牛有足够的运动，增强子宫肌肉的张力；遇到胎衣不下时，绝不要强行拉出；遇到产道干燥时，在拉出胎儿之前，应给产道内涂抹或灌注大量无菌油类，以预防子宫脱出。

【安全用药】子宫脱出时必须及早治疗。以整复为主，配以药物治疗。但当子宫严重损伤坏死及穿孔而不宜整复时，应实施子宫截除术或淘汰。

1. 整复法

整复脱出的子宫之前必须检查子宫腔内有无肠管和膀胱，如有，应将肠管先压回腹腔并将膀胱中尿液导出，再行整复。

（1）保定与麻醉　首先对患牛进行妥善保定，尽量使牛站在前低后高的地面上，也可侧卧保定于前低后高的床面上，对牛可进行全身浅麻醉或后海穴深部局部麻醉（图 5-50）。在保定前，应先将直肠内的粪便排空，防止整复时排便，污染子宫。

（2）清洗　①用温热的消毒液将脱出的子宫及外阴部和尾根彻底清洗干净，除去其上黏附的污物及坏死组织，用灭菌单子保护（图 5-51）。②同时静脉内注射钙制剂，以减少黏膜的渗出，并根据疾病的全身情况进行补液、强心和纠正代谢性酸中毒等。然后再进行整复。③用垂体后叶素进行子宫壁注射；④遇有胎盘出血，可用缝线结扎或药物止血。⑤表面涂以碘甘油或其他抗生素软膏。

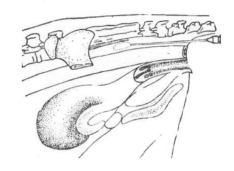

图 5-50　后海穴深部区域浸润麻醉

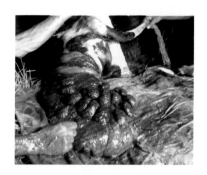

图 5-51　清洗脱出子宫后，用灭菌单子保护

（3）整复 ①由两助手用纱布或门板等其他器材将脱出的子宫兜起提高，使它与阴门等高（图5-52），然后整复。②整复子宫的方法有两种：一种是由子宫角尖端开始，术者一手用拳头顶住子宫角尖端的凹陷处，小心而缓慢地将子宫角推入阴道，另一手和助手从两侧辅助配合，并防止送入的部分再度脱出。同法处理另一子宫角，逐渐将脱出的子宫全部送回骨盆腔内；另一种是由子宫基部开始，从两侧压挤并推送靠近阴门的子宫部分，一部分一部分地推送，直至脱出的子宫全部被送回盆腔内（图5-53）。待子宫被全部还纳后，将手臂尽量伸入其中上下左右摆动数次，以使子宫恢复正常位置并防止再脱出。为保证子宫全部复位，可灌入热消毒药液，然后导出。整复后，为防止感染，可向子宫内放入大剂量抗生素或其他防腐抑菌药物，并注射促进子宫收缩的药物。

2. 预防复发及护理

① 整复后为防止复发，应皮下或肌内注射50～100单位催产素。②为防止患牛努责，也可进行荐尾间硬膜外麻醉或后海穴深部局部麻醉（见图5-50）。③为防止子宫整复后不会再次脱出，可缝合阴门，清洗消毒外阴，采用双内翻缝合法（图5-54），或结节缝合法（图5-55），或荷包缝合法，或胶皮塞减张缝合法（图5-56），或纱布包减张缝合法，或圆枕缝合法，固定无毛外阴部位。根据阴门裂的长度，通常在阴门裂的腹侧留下3～5厘米的开放范围。注意缝合松紧度适宜，既要有效固定，还要能够顺利排尿。缝合后，可在阴门两边中间距离阴唇5毫米处分别注射10毫升高浓度酒精，通过刺激阴门两侧的组织出现无菌性炎症而明显肿胀，形成压迫，从而能够进一步避免发生子宫复脱。通常在2～3天后，母牛停止努责时就可将缝合线拆除，但要注意在进行拆线前必须每天都采取一次直肠检查，如果发现子宫出现内翻，要立即进行整复，不然会对今后的受孕产生不良影响。还可采用明尼可夫氏缝合法，取一定长度的18号缝合线，线两端分别穿入长约8～10厘米的直三棱缝合针，两针再通过大号塑料纽扣（或类似表面光滑、无棱角塑料制品）双孔，术者手持握缝合针、线、纽扣进入阴道内约20～25厘米，将阴道壁尽力压向骨盆上侧壁，使针穿过臀部肌肉及皮肤，并用吻合扣（即与阴道内相同的大号塑料纽扣）在臀部固定（图5-57）。④若配以具有"补虚益气"的中药方剂，则效果更好。除阴道脱出的中药方剂外，益母补气散可供使用：益母草、炙黄芪各120克，升麻、党参、白术、当归各60克，柴胡24克，陈皮30克，炙甘草45克，共末，一次用粳米粥冲调灌240克，每天2次，连服6～8天。

图 5-52 将脱出的子宫与阴门等高

图 5-53 子宫脱出的整复方法之一

图 5-54 阴门的双内翻缝合

图 5-55　阴门结节缝合法

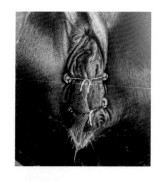

图 5-56　胶皮塞减张缝合法

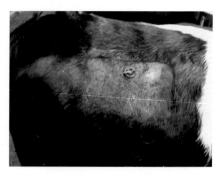

图 5-57　明尼可夫氏缝合法

3.脱出子宫切除术

如确定子宫脱出时间已久，无法送回，或者子宫有严重的损伤与坏死，整复后有可能引起全身感染、导致死亡的危险，可将脱出的子宫切除，以挽救母牛的生命。或根据实际情况进行淘汰。

七、生产瘫痪

生产瘫痪，亦称"乳热症"或"低钙血症""产后瘫痪"，是母牛分娩前后突然发生的一种严重代谢疾病。其特征是低血钙，全身肌肉无力、知觉丧失及四肢瘫痪。

视频 5-10

视频 5-11

【发病原因】本病多发生在饲养良好的高产奶牛，以产奶量最高的 3 ～ 6 胎（5 ～ 9 岁）奶牛居多，但第 2 ～ 11 胎也时有发生；初产母牛几乎不发生此病。而且该病大多发生在顺产后的头 3 天内，特别是产后 12 ～ 48 小时内（视频 5-10），少数在分娩过程中或分娩前数小时发病（视频 5-11），极少数在怀孕末期或分娩后数天、数周发生。发病的直接原因与分娩前后血钙浓度急剧降低有关，也有人认为与一时性脑贫血所致的脑组织缺氧、脑神经兴奋性降低有关。本病为散发，然而个别牧场的发病率可高达 25% ～ 30%。

【临床症状】生产瘫痪时，表现的症状不尽相同，有典型与非典型（轻型）症状两种。

1.典型症状

视频 5-12

病情发展很快，从开始发病到出现典型症状，整个过程不超过 12 小时。初期表现食欲减退或废绝，反刍、瘤胃蠕动、排粪及排尿停止，泌乳量降低，精神沉郁，表现轻度不安。不愿走动，后肢交替踏脚，后躯摇摆，好似站立不稳，四肢（有时是身体其他部分）肌肉震颤（视频 5-12）。有些病例开始时则出现惊慌、哞叫、凶暴、目光凝视等兴奋和敏感症状；头部及四肢肌肉痉挛，不能保持平衡。所有病例开始时鼻镜即变干燥，四肢及身体末端发凉，皮温降低，脉搏则无明显变化。不久，出现意识抑制和知觉丧失的特征症状。病牛昏睡，眼睑反射微弱或消失（图5-58），瞳孔散大，对光线照射无反应，皮肤对疼痛刺激亦无反应。肛门松弛，肛门反射消失。心音减弱，速率增快，每分钟可达80～120次；脉搏微弱，勉强可以摸到；呼吸深慢，听诊有啰音；有时发生喉头及舌麻痹，舌伸出口外不能自行缩回，呼吸时出现明显的喉头呼吸声。吞咽发生障碍，因而易引起异物性肺炎。病牛以一种特殊姿势卧地，即伏卧，四肢屈于躯干以下，头向后弯到胸部一侧（图5-59），用手将头拉直后，手一松开，头又重新弯向胸部。体温降低也是生产瘫痪的特征症状之

图 5-58　病牛昏睡，眼睑反射微弱或消失

一。病初体温仍在正常范围内，但随着病程发展，体温逐渐下降，最低可降至35～36℃。病牛死前处于昏迷状态（图5-60），死亡时毫无动静，有时注意不到死亡时间；少数病例死前有痉挛性挣扎。如果本病发生在分娩过程中，则努责和阵缩停止，不能排出胎儿。

图 5-59　典型生产瘫痪的特殊卧地姿势

2. 非典型症状

呈现非典型（轻型）病例所占的数目较多，产前及产后较长时间发生的生产瘫痪也多为非典型。其症状除瘫痪外，主要特征是头颈姿势不自然，由头部至鬐甲呈一轻度的"S"状弯曲（图5-61）。病牛精神极度沉郁，但不昏睡，食欲废绝。各种反射减弱，但不完全消失（视频5-13）。病牛有时能勉强站立，但站立不稳，且行动困难，步态摇摆。体温一般正常或不低于37℃。

视频 5-13

图 5-60　病牛处于昏迷状态　　　图 5-61　非典型生产瘫痪的"S"状弯曲

【诊断】诊断生产瘫痪的主要依据是：病牛为 3～6 胎的高产母牛，刚刚分娩不久（绝大多数在产后 3 天以内），并出现特征性的瘫痪姿势及血钙降低（一般在 0.08 毫克/毫升以下，多为 0.02～0.05 毫克/毫升，正常血钙浓度为 0.086～0.111 毫克/毫升）。如果乳房送风疗法有良好效果，便可做出确诊。

【类症鉴别】

1. 与奶牛酮病的鉴别

（1）相似点　食欲减少，不排粪，沉郁，嗜睡。常在产后几天或几周内发病。

（2）不同点　酮病奶牛乳汁、尿液和呼出气有酮气味，酮粉检验，乳汁和尿液阳性反应。没有瘫痪特征。对钙疗法，尤其是对乳房送风疗法，没有反应。注射葡萄糖，有明显疗效。

2. 与产后败血症的鉴别

（1）相似点　精神沉郁，躺卧时头颈弯于一侧，昏睡，反射迟钝。

（2）不同点　产后败血症病牛除濒死时体温下降外，一般体温均升高（40～41℃），眼睑、肛门疼痛，反射不完全消失。

3. 与牛妊娠毒血症的鉴别

（1）相似点　不吃不反刍，肌肉震颤，卧地不愿起，昏睡。

（2）不同点　妊娠毒血症病牛多在分娩前 2 个月左右肥胖母牛发病。先便秘后腹泻，排恶臭黄白色稀粪，初期兴奋不安，共济失调，后期昏迷、安静、死亡。

4. 与截瘫（腰椎骨折）的鉴别

（1）相似点　肛门松弛，反射消失，卧地不起，不排粪尿。

（2）不同点　截瘫（腰椎骨折）病牛有脊髓受害的原因，即使产后发生，脊髓损伤处的后部体躯感觉消失，但脊髓损伤处的前部躯体感觉敏锐；直肠检查时，腰椎有疼痛，触摸腰椎部甚至有不平整的感觉。

【预防措施】

（1）在干乳期中，最迟从产前 2 周开始，给母牛饲喂低钙高磷饲料，减少从日粮中摄取钙量，是预防本病的一种有效方法。即分娩前将每头奶牛钙量限制在每天 60 克以下，增加谷物精料，减少饲喂豆科干草及豆饼等，使钙、磷比例控制在（1.5∶1）～（1∶1）。

（2）在分娩后，立即将每头奶牛摄入的钙量增加到每天 125 克以上，或在分娩后立即肌内注射 10 毫克双氢速甾醇。

（3）分娩前 8～2 天，1 次肌内注射维生素 D_2（骨化醇）1000 万单位，或按每千克体重 2 万单位的剂量应用。

（4）如果用药后母牛未产犊，则每隔 8 天重复注射 1 次，直至产犊为止。或产前 3～7 天每天肌内注射 1000 万～2000 万单位维生素 D_3。

（5）产后不要立即挤奶及产后 3 天内不将初乳挤净，对于预防生产瘫痪有一定的积极作用。

【安全用药】静脉注射钙剂或乳房送风是治疗生产瘫痪最有效的惯用疗法，治疗越早，疗效越高。

（1）静脉注射钙剂　①最常用的是硼葡萄糖酸钙溶液（葡萄糖酸钙溶液中加入 4% 的硼酸，以提高葡萄糖酸钙的溶解度和稳定性），一般的剂量为静脉注射 20%～25% 硼葡萄糖酸钙 500 毫升（中等体格的黑白花乳牛）。如无硼葡萄糖酸钙溶液，可改用市售 10% 葡萄糖酸钙注射，但剂量应加大，一次静脉注射 500～1500 毫升，或静脉注射 10% 氯化钙溶液，一次量 150～250 毫升。②静脉补钙的同时，用维丁胶性钙注射液 5～10 毫升进行肌内注射，有助于钙的吸收和减少复发率。③注射 6～12 小时后，病牛如无反应，可重复注射，但最多不得超过 3 次，而且继续注射可能发生不良后果。④使用钙剂量过大或注射的速度过快，可使心率增快和节律不齐，严重时还可能引起心传导阻滞而发生死亡，所以一般注射 500 毫升溶液至少需要 10 分钟。⑤另外，可给以轻泻剂，促进积粪排出，并改进消化机能。

（2）乳房送风疗法　该法为治疗牛生产瘫痪最有效和最简便的方法，特别适用于对钙制剂效果差的病例。向乳房内打入空气，需用专门的器械——乳房送风器（图 5-62）。使用之前应将送风器的金属筒消毒并在其中放置干燥消毒棉花，以便滤过空气，防止感染。没有乳房送风器时，也可利用大号连续注射器或普通打气筒，但过滤空气和防止感染比较困难。打入空气前，使牛侧卧，挤净乳腺中的积奶，并消毒乳头孔，然后将消毒过、尖端涂有少许润滑剂的乳导管插入乳头管内，注入青霉素 10 万单位及链霉素 0.25 克（溶于 20～40 毫升生理盐水内）。然后从倒卧侧的后乳区开始逐个打入空气，4 个乳区内均应打满空气。打入的空气量以乳房皮肤紧张、乳腺基部的边缘清楚并且变厚，同时轻敲乳房呈现鼓响音时为宜。应当注意，打入的空气不够，不会发生效果。打入空气过量，可使腺泡破裂，发生皮下气肿。打气之后，乳头孔用胶布密封或用宽纱布条将乳头轻轻扎住，防止空气逸出。待病牛起立后，经过 1 小时，将纱布条解除。扎勒乳头不可过紧及过久，也不可用细线结扎。多数病例经打气后 30 分钟左右痊愈。如果效果不明显，6 小时后可重复送风 1 次，或根据病情继续使用。

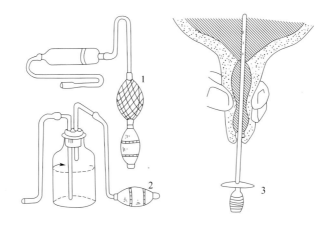

图 5-62　乳房送风器与注射装置

1—金属筒式送风器；2—玻璃瓶式送风器；3—通乳针插入乳头

（3）中药疗法

① 黄芪、党参各 60 克，当归 45 克，川芎、桃仁、川续断、桂枝、牛膝、白术、秦

芜各 30 克，木瓜 20 克，益母草 90 克，炮姜、甘草各 15 克。水煎取汁，加入骨粉 60 克，黄酒 200 毫升，调匀，一次灌服。

② 龙骨 400 克，当归、熟地黄各 50 克，红花 15 克，麦芽 400 克，煎汤分 2 次口服，连用 3 天。

③ 当归 50 克，益智仁 45 克，血竭、木通、没药、巴戟天、小茴香、白术、秦芜、续断、海风藤、熟地黄、枸杞子、桑寄生、天麻各 30 克，川楝子、破故纸、木瓜各 25 克，水煎灌服。

④ 延胡索、桃仁、赤芍、没药各 45 克，红花、牛膝、白术（炒）、牡丹皮、当归、川芎各 21 克，共研细末，沸水冲调，候温灌服。

⑤ 鳝鱼头 120～150 克，焙成黄色，研末加白酒 120 毫升，调匀口服。

（4）其他疗法　用钙剂治疗疗效不明显或无效时，也可考虑应用胰岛素和肾上腺皮质激素，同时配合应用高糖和 2%～5% 碳酸氢钠注射液。对怀疑血磷和血镁也降低的病例，在补钙的同时静脉注射 50% 葡萄糖溶液和 15% 磷酸钠溶液各 200 毫升及 25% 硫酸镁溶液50～100 毫升。

八、子宫内膜炎

子宫内膜炎是母牛分娩后或流产后子宫黏膜的炎症，是常见的一种母牛生殖器官疾病，也是导致母牛不孕的重要原因之一。就其炎症性质可分为黏液性、黏液脓性和脓性子宫内膜炎。依其发病经过可分为急性和慢性，慢性较多见。

【发病原因】配种、人工授精和阴道检查时消毒不严，分娩、助产、难产、胎衣不下、子宫脱出、阴道炎、腹膜炎、胎儿死于腹中及产道损伤后，或剖腹产时无菌操作不严等，细菌侵入而引起。阴道内存在的某些条件性病原菌，在机体抵抗力降低时，亦可发生本病。此外，在布氏杆菌病、结核杆菌病、副伤寒、牛胎儿弧菌病、牛鼻气管炎病毒病、牛腹泻病毒病等传染病时，也常发生相应的子宫内膜炎。

【临床症状】本病按病程可分为急性子宫内膜炎和慢性子宫内膜炎两种。

1. 急性子宫内膜炎

视频 5-14

多见于分娩后或流产后。主要表现为体温升高、精神不振、食欲减退或废绝，反刍及泌乳减少或停止等全身症状。常见拱背、努责、常作排尿姿势，从阴门排出黏液性或黏液脓性渗出物，卧地时排出量增多（图 5-63），阴门周围及尾根常黏附渗出物并干涸结痂（图 5-64，视频 5-14）。阴道检查，子宫颈稍微开张，有时可见脓性渗出物从子宫颈流出。直肠检查可感到子宫角粗大肥厚。病重者分泌物呈现污红色或棕色，具有臭味（图 5-65）。严重时，呈现昏迷，甚至死亡。

2. 慢性子宫内膜炎

多由急性炎症转变而来，全身症状常不明显，有时体温略微升高，精神欠佳，食欲及泌乳稍减，发情周期不正常。自阴道排出灰白色（图 5-66）或黄褐色稍稀薄的脓汁（图

图 5-63　从阴道流出黏液脓性渗出物

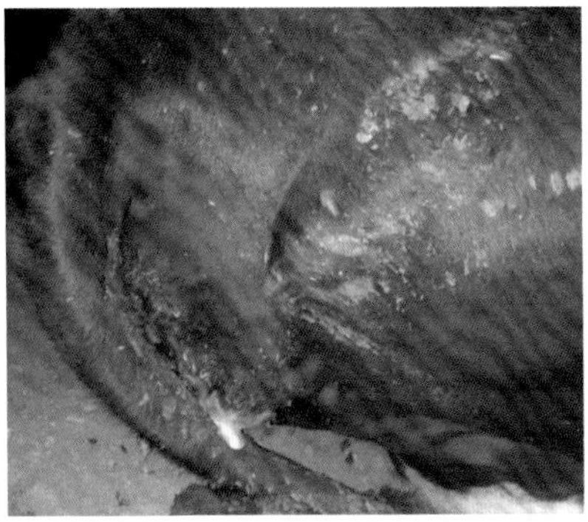

图 5-64　阴门周围及尾根黏附渗出物并干涸结痂

图 5-65　阴门流出具有臭味的棕色分泌物

图 5-66　从阴道流出的灰白色脓汁

5-67)，病牛尾根、阴门、大腿和飞节上常黏附脓性薄痂（图 5-68）。直肠检查，一侧或两侧子宫角稍大，冲洗子宫的回流液混浊，很像面汤或米汤（图 5-69），其中夹杂有脓块和絮状物（图 5-70）。有的在临床症状、直肠及阴道检查时，均无任何变化，仅表现为屡配不孕，发情时从阴道流出多量不透明的黏液（图 5-71），子宫冲洗物在静置后有沉淀物。

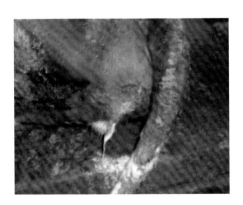

图 5-67　从阴道流出黄褐色稍稀薄的脓汁

图 5-68　病牛尾巴上黏附着的脓性分泌物薄痂

 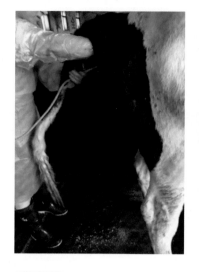 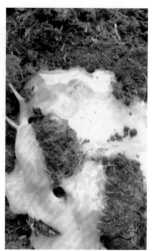

图 5-69　米汤样子宫液　　图 5-70　子宫冲出液中含有脓块　　图 5-71　发情时阴道流出
　　　　　　　　　　　　　　　　　　　　　　　　　　　　　　　　　　不透明黏液

【诊断】根据观察阴道分泌物性质和阴道检查、直肠检查结果可做出诊断。

【类症鉴别】

1.与阴道炎的鉴别

（1）相似点　阴门流出分泌物，尾部附有分泌干结物，时有拱背、翘尾、努责现象。

（2）不同点　阴道炎病牛阴道检查，阴道黏膜潮红、肿胀，严重时有糜烂。

2.与正常恶露排泄的区别

（1）相似点　产后数日内阴道排泄浆性、黏性分泌物，尾有黏液干结物。

（2）不同点　正常恶露排泄牛的排泄物无臭味，经几天排泄即停止，直肠检查时子宫无异常。

【预防措施】预防本病首先应加强饲养管理，注意保持圈舍和产房的清洁卫生，给予全价营养饲料，适当增加日照和运动，提高牛只抵抗力；其次在临产前后，对阴门及周围部位进行消毒。在配种、人工授精和助产时，应注意器械、术者手臂和外生殖器的消毒；最后要及时、正确治疗流产、难产、胎衣不下、子宫脱出及阴道炎等疾病，以防损伤和感染。

【安全用药】主要是应用抗菌消炎药物，防止感染扩散，清除子宫腔内渗出物并促进子宫收缩。

（1）清除子宫内渗出物　采用子宫冲洗法，是治疗急、慢性子宫内膜炎的有效方法。冲洗应在母牛发情时进行。对不发情的母牛要事先注射苯甲酸雌二醇或己烯雌酚，促使子宫颈松弛开张后再进行冲洗。冲洗子宫应严格遵守无菌操作。常用的子宫冲洗液有0.1%高锰酸钾溶液、0.1%利凡诺溶液、0.01%～0.05%新洁尔灭溶液等。药液温度40～42℃（急性炎症期可用20℃的冷液），每天或隔天冲洗1次，连做3～4次，直至排出液透明为止（图5-72）。如子宫积脓，先将脓液排出后再冲洗。但要注意，对伴有严重全身症状的病牛，为了避免引起感染扩散使病情加重，禁止冲洗疗法。

（2）应用抗菌消炎，防止感染扩散 子宫冲洗后，根据病情和疾病性质，选用以下药物子宫内注入。子宫注药法是治疗慢性黏液性、黏液脓性及脓性子宫内膜炎的常用方法之一，子宫内渗出物不多时，不需冲洗子宫，只向子宫内注入抗生素混悬油剂（青霉素 160 万单位、链霉素 200 万单位、新霉素 600 毫克、灭菌植物油 20 毫升，混合配成混悬油剂）20 毫升或中药抗生素混悬油剂（用当归、益母草、红花浸出液 5 毫升，青霉素 80 万单位，链霉素 100 万单位，灭菌植物油 20 毫升，混合配成混悬油剂）25 毫升，1 次即可。还可以购买市场上销售的这类药物来使用，如宫得康乳剂等。若重症子宫内膜炎有全身症状时，应使用广谱抗生素进行全身治疗。

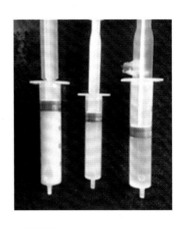

图 5-72 子宫炎冲洗前分泌物性状，冲洗后液体的性状

（3）促进子宫收缩，便于冲洗液和子宫内渗出物排出可给予垂体后叶素、缩宫素等。

（4）中药疗法

① 应用"失笑散"，其做法：将"失笑散"（蒲黄、五灵脂各 100 克）1 剂，用开水冲泡，以五灵脂泡开为度，大约需要 6 小时，1 次灌服，间隔 1～3 天再服 1 剂，也可视病情变化酌情给药，一般 1～3 剂即愈。

② 白术、白芍、白芷、白扁豆、白糖各 12 克，共研为细末，沸水冲调，候温灌服。

③ 生地炭、熟地炭、当归、焦白术、醋香附、延胡索、五灵脂、吴芋、炙甘草、棕炭各 25 克，川芎 15 克，炒白芍、炒小茴香各 30 克，茯苓、赤芍各 21 克，共研为细末，沸水冲调，候温灌服。

④ 益母草 500 克，鸡冠花 180 克，混合研末，分成 3 份，用沸水冲调，候温灌服。

⑤ 野菊花 200 克，煎水 400 毫升，候温注入子宫内，隔天使用 1 次，连用 3～5 次。

九、乳腺炎

乳腺炎是母畜乳腺的炎症，多发生在乳用家畜，特别是奶牛乳腺炎则更为常见，其特点是乳汁发生理化性质、细菌学变化，乳中的体细胞，特别是白细胞增多以及乳腺组织发生病理变化。本病不仅影响产奶量，造成经济损失，而且影响奶的品质，危及人的健康。

【发病原因】引起奶牛乳腺炎的病因复杂，可能是由一种或多种因素所致。造成乳腺炎的病因主要是感染了病原微生物，有细菌、霉菌、病毒和支原体等，共有 130 多种，较常见的有 23 种，其中细菌 14 种、支原体 2 种、真菌及病毒 7 种。感染乳腺炎的主要途径是病原体通过乳头管口和乳头管进入乳房。当乳房受到摩擦、挤压、碰撞、刺伤、划伤等机械因素刺激，尤以幼畜吮乳时用力碰撞和徒手挤乳的方法不当，使乳腺损伤，并通过厩舍、运动场、挤乳手指和用具而引起感染。某些传染病（布氏杆菌病、结核病等）也常并发乳腺炎；体内某些脏器疾病产生的毒素，病原微生物产生的毒素，以及饲料、饮水或药物中的毒素也可影响到乳房而引起炎症；还与遗传有关。另外，泌乳期饲喂精料过多而乳腺分泌机能过强，用激素治疗生殖器官疾病而引起激素平衡失调，是本病诱因。本病的发生与气候、饲养管理、泌乳量、泌乳阶段、乳头形态、不同乳区等因素有关。如在气温高、雨季、运动场积水、环境卫生差等情况下，发病率高。高产奶牛及产奶高峰期，乳头为皿形、口袋形和漏斗形发病率高，后乳区较前乳区发病率高等。此外，还可继发于子宫内膜炎、胎衣不下、创伤性网胃腹膜炎等疾病过程中。

【分类与临床症状】根据乳房和乳汁有无肉眼可见变化，可将乳腺炎分为非临床型（亚临床型）乳腺炎、临床型乳腺炎和慢性乳腺炎。

1. 非临床型（亚临床型）乳腺炎

通常又称为"隐性乳腺炎"。乳房和乳汁通常都无肉眼可见变化，要用特殊的试验才能检出乳汁的变化。

2. 临床型乳腺炎

乳房和乳汁均有肉眼可见的异常，发病率 2% ～ 5%。根据临床病变程度，可分为轻度临床型乳腺炎、重度临床型乳腺炎、急性全身性乳腺炎和坏疽性乳腺炎。

视频 5-15

（1）轻度临床型乳腺炎 触诊乳房无明显异常，或有轻度发热和疼痛或不热不痛，可能肿胀。乳汁中有絮片、凝块（图 5-73，视频 5-15），有时呈水样，pH 偏碱性，体细胞数和氯化物含量增加。从病程看，相当于亚急性乳腺炎。这类乳腺炎只要治疗及时，痊愈率高。

图 5-73　乳汁中有絮片、凝块　　　图 5-74　奶牛乳腺炎的急性肿胀

（2）重度临床型乳腺炎 患病乳区急性肿胀（图 5-74），皮肤发红，触诊乳房发热、有硬块（图 5-75）、疼痛敏感，常常拒绝触摸。奶产量减少，乳汁为黄白色或血清样，内有乳凝块（图 5-76）。全身症状不明显，体温正常或略高，精神、食欲基本正常。从病程看，相当于急性乳腺炎。这类乳腺炎，如果早治疗，可以较快痊愈，预后一般良好。

（3）急性全身性乳腺炎 患病乳区肿胀严重（图 5-77），皮肤发红发亮（图 5-78），乳头也随之肿胀（图 5-79）。触诊乳房发热、疼痛，全乳区质硬，挤不出奶（图 5-80），或仅能挤出少量水样乳汁。患牛伴有全身症状，体温持续升高（40.5 ～ 41.5℃），心率增速，呼吸增加，精神萎靡，食欲降低，进而拒食、喜卧。从病程看，相当于最急性乳腺炎。如治疗不及时，可危及患牛生命。

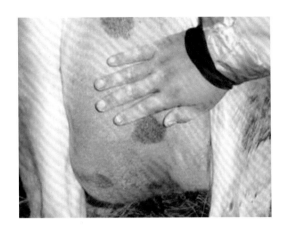

图 5-75 乳房皮肤发红,触诊发热、有硬块

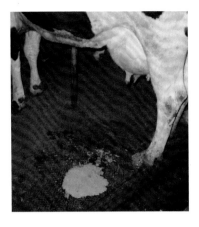

图 5-76 奶产量减少,乳汁为黄白色,内有乳凝块

图 5-77 患病乳区肿胀严重

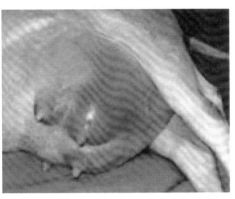

图 5-78 患病乳区皮肤发红发亮

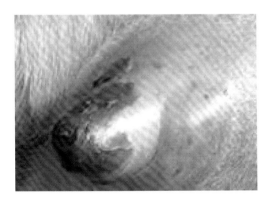

图 5-79 患病乳区乳头肿胀

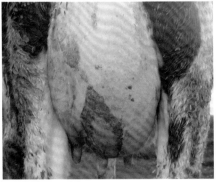

图 5-80 全乳区质硬,挤不出奶

(4)坏疽性乳腺炎 又称"乳房坏疽"。最急性者分娩后不久即表现症状,最初乳房肿大、坚实(图 5-81),触诊硬、痛。随疾病演变恶化,患部皮肤由粉红(图 5-82)逐渐变为深红色(图 5-83)、紫色甚至蓝色(图 5-84)。最后全区完全失去感觉,皮肤湿冷。有时并发气肿,捏之有捻发音,叩之呈鼓音。如发生组织分解,可见呈浅红色或红褐色油

膏样恶臭分泌物排出和组织脱落。患牛有全身症状，体温升高，呈稽留热型。食欲废绝，反刍停止，剧烈腹泻，喜卧（图5-85），可能在发病后 1 ～ 2 天后死于毒血症。

图 5-81　病初乳房肿大、坚实

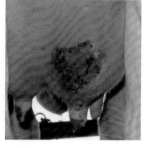
图 5-82　乳房皮肤粉红色

图 5-83　乳房皮肤深红色

图 5-84　乳房皮肤蓝紫色

图 5-85　患牛体温升高，稽留热，食欲废绝，反刍停止，腹泻，卧地不起

3. 慢性乳腺炎

通常是由于急性乳腺炎没能及时处理或由于持续感染，而使乳腺组织处于持续性发炎的状态。一般局部临诊症状可能不明显，全身也无异常，但奶产量下降。此类乳腺炎治疗价值不大，病牛可能成为牛群中一种持续的感染源，应视情况及早淘汰。

【诊断】临床型乳腺炎病例根据其乳汁、乳房组织和出现的全身反应，就可做出诊断。隐性乳腺炎的诊断需要采用一些特殊的仪器和检测手段，并根据具体情况确定标准。

【预防措施】

（1）搞好卫生　保持厩舍、运动场、挤奶人员手指和挤乳用具的清洁，创造良好的卫生条件，作好传染病的防检工作。

（2）正确挤乳　挤乳前，先用温水将各乳区洗净，然后认真按摩。挤乳时姿势要正确，用力均匀并尽量挤尽乳汁。每挤完 1 头牛最好洗手 1 次。逐渐停乳，停乳后注意乳房的充盈度和收缩情况，发现异常及时检查处理。

（3）加强护理　奶牛产前要及时并彻底停乳，在停乳后期与分娩前，特别是在乳房明显膨胀时，应适当减少多汁饲料和精料的饲喂量；分娩后加强护理，从生殖器官排出的恶露或炎性分泌物，及时清除消毒，并经常消毒外阴部及尾部，同时控制饮水适当增加运动和挤乳次数。有乳腺炎征兆时，除采取医疗措施外，并根据情况隔离病牛。

（4）隔离病牛　病牛要隔离治疗，挤奶时先挤健牛后挤病牛，先挤健叶后挤病叶。从病叶挤出的奶汁必须废弃，并消毒好容器。

【安全用药】乳腺炎的治疗主要是针对临床型的，对隐性乳腺炎则主要是控制和预防。并且越早治效果越好。及时采用以下局部和全身治疗的综合性措施。

（1）挤乳及按摩疗法　白天每经 2～3 小时挤乳 1 次，夜间 5～6 小时挤乳 1 次。每次挤乳时，按摩乳房 15～20 分钟。

（2）冷疗、热疗及涂搽刺激剂　在初期需冷疗（视频 5-16），2～3 天后热疗或红外线照射等。涂搽樟脑软膏或涂搽用醋调制的复方醋酸铅散等药物，以促进炎性渗出物吸收，消散炎症。

视频 5-16

（3）乳房内注入药物　常选用青霉素 160 万单位和链霉素 100 万单位或土霉素 100 万单位，溶解后用注射器借乳导管通过乳头管注入，然后抖动乳头基部和乳房，每天 2 次，连续用 2～4 天。注药前要尽量使乳房内残留的乳汁和分泌物排出。还可应用大环内酯类（红霉素、替米考星）、三甲氧苄二氨嘧啶、四环素和氟喹诺酮类药物等。

（4）乳房基底封闭　即将 0.25% 或 0.5% 盐酸普鲁卡因溶液注入乳房基底结缔组织中和用 2% 普鲁卡因溶液进行生殖股神经注射，对浆液性乳腺炎有一定疗效，溶液中加入适量抗生素可提高疗效。

（5）外科疗法　乳房的浅表脓肿，可行切开排脓、冲洗、撒布消炎药等一般外科处理。深部脓肿，可穿刺排脓并配合抑菌药治疗。当其破溃，炎症被抑制后，取二期愈合。

（6）抗菌疗法　主要采用抗生素，也可用磺胺类药物。常用的抗菌药物有青霉素、链霉素、四环素、环丙沙星、恩诺沙星、卡那霉素和磺胺类药等。一般采取肌内注射给药。出现全身症状的病牛，可采取输液疗法，同时采取对症疗法。

（7）中药疗法

① 急性乳腺炎。可选用"肿疡消散饮"，处方及用法为：金银花 60 克，连翘 30 克，归尾、甘草、赤芍、乳香、没药、花粉、贝母各 15 克，防风、白芷、陈皮各 12 克，共为细末，黄酒 100 毫升为引，开水冲调，候温灌服。

② 慢性乳腺炎。可口服"黄芪散"或局部涂抹"冲和膏"。黄芪散的处方及用法为：生黄芪、全当归、元参各 30 克，肉桂 6 克，连翘、金银花、乳香、没药各 15 克，生香附、青皮各 12 克，有硬结者加穿山甲 9 克、皂刺 15 克，煎汁灌服。冲和膏的处方及用法为：炒紫荆皮 15 克、独活 90 克、炒赤芍 60 克、白芷 120 克、石菖蒲 45 克，共研为细末，葱汁酒调，敷于患部。

③ 乳房上有肿块的可用"降痈饮"。处方及用法为：当归 90 克，生黄芪 60 克，甘草 30 克，酒煎灌服，日服 1 剂，连服 2～8 剂。

④ 局部治疗。鲜韭菜用沸水浸泡后，捣烂，敷于患部；或用枸杞叶、醋糟等量，捣烂，敷于患部；或用马齿苋 500 克，明矾 30 克，捣烂，加醋调敷患处；或用油菜叶适量，捣烂，敷于患处；或用生烟叶或羌活适量，捣烂加醋调敷患处。

十、不孕症

不孕是指由于各种因素而使母畜的生殖机能暂时丧失或降低的疾病。不孕症则为引起母畜繁殖障碍的各种疾病的统称。一般认为，超过始配年龄的或产后的奶牛，经过三个发情周期（65 天以上）仍不发情，或繁殖适龄母牛经过三个发情周期（或产后发情周期）的配种仍然不能受孕或不能配种的（管理利用性不育），就是不育。

【**发病原因**】引起不孕症的原因比较复杂，按其性质不同可概括为八类：先天性（或遗传性）因素、营养因素、管理利用因素、繁殖技术因素、环境气候因素、衰老性因素、疾病性因素和免疫性因素。临床上主要是疾病性因素为主。

【**临床症状**】一般分为两大类症状。

（1）症状一　表现为性周期无规律，发情频繁，持续时间长，间情期短；大多数牛常试图爬跨其他母牛并拒绝接受爬跨，常像公牛一样表现攻击性性行为，寻找接近发情或正在发情的母牛爬跨（图 5-86）。直肠检查，在卵巢的一侧或两侧卵泡大而明显，但不成熟，最后发展为卵泡囊肿（图 5-87）。或久不发情，直肠检查，卵巢萎缩如豌豆大小，卵巢质地较硬，由于卵巢萎缩而引起子宫变小。或发情周期停滞，长期不发情或情期间隔较长，直肠检查，一侧或两侧卵巢体积增大，卵巢上有大小不等的黄体存在（图 5-88，图 5-89），同时有小卵泡存在，数目不一。

图 5-86　爬跨其他发情母牛

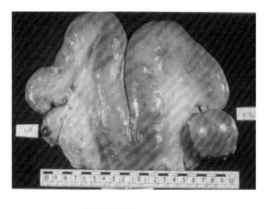

图 5-87　卵泡囊肿

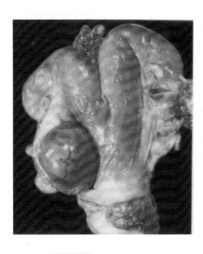

图 5-88　黄体囊肿

图 5-89　持久黄体

（2）症状二　表现性周期正常，却屡配不孕；直肠检查，卵巢上有发育好的卵泡，有发育成熟的滤泡，但卵泡壁较厚，致使排卵困难，产生久配不孕。

【预防措施】①搞好饲养管理是增强母牛健康、减少营养性不孕症的基本方法；②搞好分娩护理，分娩时搞好产房的护理是确保下胎母牛发情配种的重要措施。因为母牛在产房期间的护理会直接影响泌乳、子宫恢复及下一次配种；③准确掌握发情，正确判定母牛发情，不漏掉发情母牛，不错过发情期，是防止母牛不孕症的先决条件；④抓好适时配种，在正确发情鉴定的前提下，掌握正确的配种时间是提高母牛受胎率的关键一环；⑤除做好以上四项工作外，还要对具体疾病所造成的不孕症要及时进行针对性治疗。

【安全用药】

（1）激素疗法　适用于表现症状一的不孕症母牛。①用促黄体素释放激素进行治疗，方法是：初情期当天肌内注射促黄体素释放激素 200 微克，隔天再肌内注射相同剂量，第 2 次注射后即进行授精，隔天复配一次。②在促黄体素释放激素缺乏的情况下，可使用复方黄体酮治疗，方法是：在初情期，每天 1 次肌内注射复方黄体酮 40 毫克，连续肌内注射 3 天，第 4 天即进行授精。③对久不发情的母牛，可先用己烯雌酚注射液每天肌内注射 1 次，连续 3 次，每次剂量为 25 毫克，待发情后再用复方黄体酮治疗；若 6 天后仍无性欲，可用绒毛膜促性腺激素（绒促性素）1000～5000 单位，肌内注射。还可使用孕马血清促性腺激素（孕马血清）1000～2000 单位，皮下或肌内注射。或三合激素，肌内注射，剂量为 5～10 毫升。

（2）促卵泡素疗法　适用于表现症状二的不孕症母牛的治疗。方法是：当直肠检查发现有成熟的卵泡后，在授精前 12 小时肌内注射促卵泡素 100 单位，授精后再肌内注射相同剂量的促卵泡素，隔天再复配 1 次。

（3）中药疗法　不孕症的牛还可用中药疗法。当归、益母草各 100 克，党参 90 克，枸杞子 80 克，白术、补骨脂各 60 克，熟地、白芍、阳起石、生蒲黄各 50 克，牛膝、川断续各 45 克，红花、巴戟天、淫羊藿各 35 克。混合煎汁，候温灌服。

十一、布氏杆菌病

布氏杆菌病（简称"布病"）是由布氏杆菌引起的人兽共患的传染性疾病，牛、绵羊、山羊、猪、犬等家养动物和人均可感染发病。动物以母畜发生流产、不育、生殖器官和胎膜发炎，公畜发生关节炎、睾丸炎为特征，人感染后引起"波浪热"。该病在我国民间也被称为"波浪热""流产病""懒汉病"或"爬床病"等。本病危害养殖业，影响人类健康。近年来，国内外人兽的布氏杆菌病疫情均呈现回升势头，出现新的流行病学特征，应引起高度重视。

【病原】病原是布氏杆菌，又称为"布鲁氏菌"，是一组小的、不运动、不形成芽孢的革兰氏阴性、球形球杆形或短杆状的细菌（图 5-90）。根据其病原性、生化特性等不同，可分为 6 个种 20 个生物型，其中羊种布鲁氏菌 3 个型、牛种布鲁氏菌 9 个型、猪种布鲁氏菌 5 个型，还有犬种布鲁氏菌、绵羊附睾种布鲁氏菌和沙林鼠种布鲁氏菌，在我国发现的主要是前 3 种。它存在于患病动物的生殖器官、内脏和血液中。该菌对外界的抵抗力很强，在 pH7.0 时可存活时间较长，在干燥的土壤中可存活 37 天，在冷暗处和胎儿体内可存活 6 个月。布氏杆菌对各种物理和化学因子比较敏感。巴氏消毒法可以杀灭该菌，70℃ 10 分钟也可杀死，高压消毒瞬间即亡。对寒冷的抵抗力较强，低温下可存活 1 个月左右。该菌对消毒剂较敏感，1％来苏尔溶液、2％福尔马林溶液、5％生石灰水 15 分钟可杀死该菌。本菌有很强的侵袭力，不仅能从损伤的黏膜、皮肤侵入机体，也从正常的皮肤、黏膜侵入体内。

【流行特征】该病的传染源主要是患病动物及带菌动物，最危险的是受感染的妊娠母畜。病菌存在于流产的胎儿、胎衣、羊水及阴道分泌物中。患病动物乳汁或精液中也有病菌存在。也可经过粪尿向外排菌。牛羊是人类散发性布氏杆菌病的主要传染源。本病主要经消化道感染，也可经伤口、皮肤和呼吸道、眼结膜和生殖器黏膜感染。因配种致使生殖系统黏膜感染尤为常见，也可因昆虫叮咬而感染。本病一年四季均

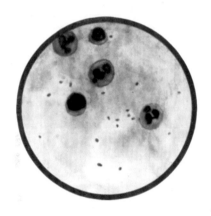

图 5-90　布氏杆菌的形状

可发生，但有明显的季节性，以夏秋季节发病率较高。成年母牛的易感性较犊牛高，母牛的易感性较公牛高。目前已知道的易感动物有 60 多种，包括马、牛、猪、绵羊、山羊、骆驼、鹿、兔、犬等各种家畜，野生哺乳动物，啮齿动物，鸟类，爬行类，两栖类和鱼类。本病常呈地方性流行，感染的牛常终身带菌，新疫区往往可使大批妊娠母牛流产，老疫区则妊娠母牛流产逐渐减少，但关节炎、子宫内膜炎、胎衣不下、屡配不孕、睾丸炎等增多。

人布氏杆菌病的传播途径主要有三种：第一种是经皮肤黏膜接触感染，是最为多见的感染方式；第二种是经消化道感染，可经过吃生肉、喝生奶等感染，如吃未烧熟的羊（牛）肉串、涮羊（牛）肉等；第三种是经呼吸道感染，多见于皮毛加工等情况。当前，我国布病发生有增加的趋势，其中非职业人群布病感染率呈上升趋势，非传统牧区也有本病发生，流行优势布鲁氏菌发生了新的变化。

【临床症状】潜伏期 2 周至 6 个月，通常取决于病原菌毒力、感染剂量及感染时母牛所处妊娠阶段而定。患牛多为隐性感染，母牛最主要症状是流产，流产可发生于妊娠后的任何时期，通常发生于妊娠后 3 ～ 7 个月（图 5-91）。流产前体温升高、食欲减退，有的长卧不起，由阴道流出黏液或带血样分泌物等（图 5-92）。流产胎儿多为死胎，或弱胎，但多在生后 1 ～ 2 天内死亡，少数呈木乃伊胎（图 5-93）。流产后常伴有胎衣停滞或子宫内膜炎，从阴道流出红褐色污秽不洁、恶臭的分泌物，甚至子宫积脓而导致不孕症。有的母牛发生腕、跗、膝关节炎（图 5-94）。在老疫区发生流产的大都是妊娠第一胎的牛，并出现胎衣不下、子宫炎、关节炎、乳腺炎等。公牛除发生关节炎外，常发生睾丸炎和附睾炎，初期肿大、疼痛，随后无热痛，质地坚硬，有时可见阴茎潮红肿胀，精液质量和精子活力下降，重者导致不育。

【剖检变化】本病主要病变是胎衣呈黄色胶冻样浸润，有些部位覆有纤维蛋白絮片和脓液，有的增厚，夹杂有出血点。绒毛叶部分或全部贫血呈苍白色，或覆有灰色或黄绿色纤维蛋白或脓汁絮片，或覆有脂肪状渗出物。胎儿和新生犊牛可见肺炎病灶。胎儿皮下水肿（图 5-95），关节腔积液（图 5-96），胸腹腔积液（图 5-97），淋巴结、脾脏、肝脏有程度不等的肿胀，有的散在炎性坏死灶（图 5-98）。肾脏呈紫葡萄样（图 5-99）。胎儿胃（主要是皱胃）内有淡黄色或白色黏液絮状物（图 5-100），肠胃和膀胱的浆膜下可能见到有

点状或线状出血；脐带常呈黏液性浸润、肥厚。公牛生殖器官可能有出血点或坏死灶，睾丸和附睾可能有炎性坏死灶（图 5-101）和化脓灶。皮下呈出血性浆液性浸润（图 5-102）。

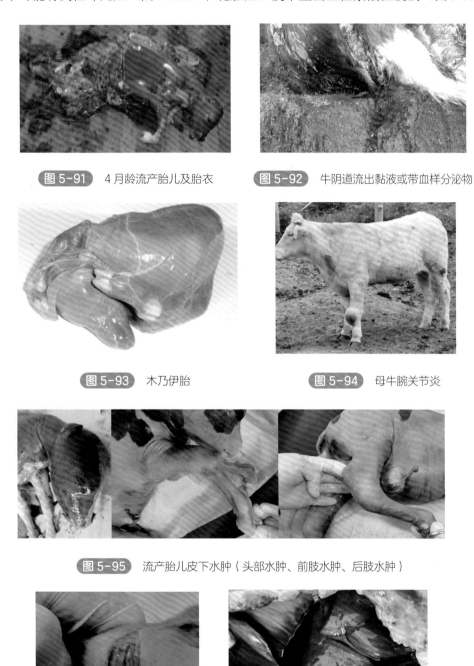

图 5-91　4月龄流产胎儿及胎衣

图 5-92　牛阴道流出黏液或带血样分泌物

图 5-93　木乃伊胎

图 5-94　母牛腕关节炎

图 5-95　流产胎儿皮下水肿（头部水肿、前肢水肿、后肢水肿）

图 5-96　关节腔积液

图 5-97　胸腹腔积液

图 5-98 脾脏肿胀，有散在炎性坏死灶

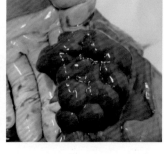

图 5-99 肾脏呈紫葡萄样

图 5-100 胎儿皱胃内有淡黄色黏液絮状物

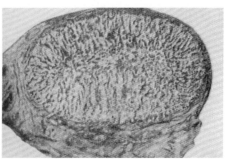

图 5-101 布病公牛睾丸切面的坏死灶

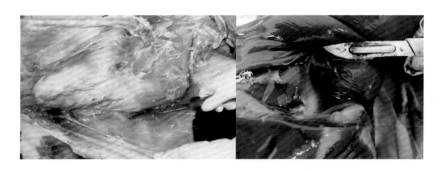

图 5-102 皮下呈出血性浆液性浸润

【诊断】根据流行特征、临床症状、流产胎儿及胎衣的剖检变化可怀疑为本病。引起动物流产的疾病较多，确诊需做细菌分离鉴定和血清学检验。目前最常用的诊断方法是血清学诊断。其中以平板凝集试验或试管凝集试验为准。

【类症鉴别】

1. 与弯杆菌病的鉴别

（1）相似点 流产，阴道黏膜充血，流黏液。

（2）不同点 弯杆菌病病牛多在怀孕 5～6 个月流产，子宫颈部发炎严重，阴道黏膜无粟粒状结节。胎衣水肿，无出血点，胎膜绒毛叶涂片镜检，可见到如胎儿样的弯杆菌。

2. 与毛滴虫病的鉴别

（1）相似点　阴道黏膜发炎，有结节，流产，流灰白色分泌物。公牛阴茎发炎。

（2）不同点　毛滴虫病病牛阴道黏膜有密集的毛滴虫结节，触摸如砂纸。孕后不久即流产。公牛阴茎黏膜有红色小结节，睾丸不显肿胀。

3. 与阴道炎的鉴别

（1）相似点　阴道黏膜发炎、肿胀，流分泌物。

（2）不同点　阴道炎病牛的阴道黏膜不出现结节，不流产。

4. 与钩端螺旋体病的鉴别

（1）相似点　体温升高，流产。

（2）不同点　钩端螺旋体病病牛黏膜发黄，尿色发暗（血红蛋白尿、胆色素），皮肤常见干裂、坏死、溃疡。

5. 与衣原体病的鉴别

（1）相似点　患流产型母牛怀孕后期流产，胎衣有出血点，公牛睾丸、附睾发炎。

（2）不同点　衣原体病病牛一般流产时不发生胎衣滞留，阴道黏膜无粟粒状结节。流产胎儿的器官、胎盘涂片镜检，可见到衣原体。

【预防措施】应当着重体现"预防为主"的原则，坚持自繁自养，引种时严格执行检疫。

（1）检疫措施　对疫区内的所有家畜、从布病疫区调运的家畜、进入市场交易的家畜及进出口牲畜均应进行布病检疫，查清当地疫情程度和分布范围，掌握畜间布病流行规律和特点，并杜绝传染源的输出和输入，避免非疫区受染。对阳性动物一般不予治疗，直接淘汰。

（2）控制和消灭传染源　患病动物的流产物和病死动物必须深埋，对其污染的环境用20%漂白粉溶液或10%石灰乳或5%热的氢氧化钠溶液严格消毒；患病动物的乳及其制品必须煮沸消毒；皮毛可用过氧乙烷熏蒸消毒并放置3个月以上再运出疫区；应将患病动物与健康动物分群分区放牧；患病动物用过的牧场需经3个月自然净化后才能供给健康动物使用。

（3）保护易感人群及健康动物　密切接触动物及其产品的人员，应做好个人防护，特别在产犊季节更要注意。处理可疑患病动物时，需要戴口罩、眼镜和手套，穿防护衣，皮肤有伤口者应暂时避免接触动物，防止经皮肤、黏膜和呼吸道感染本病。最好在从事这些工作前1个月进行预防接种，且需年年进行。

（4）免疫接种　疫苗接种是预防布病的重要措施。我国主要使用布鲁氏菌19号疫苗、猪布鲁氏菌S2株疫苗和羊型5号（M5）弱毒活菌苗。严格按照疫苗的使用说明进行。

（5）建立健康牛群　对于污染牛群，可通过反复检测并淘汰阳性牛，同群阴性牛作为假定健康牛，在一年之内检疫两次均为阴性，且已正常分娩，可认为是无病牛群。另外，从患病群体中培养健康牛群，主要是早期隔离后代，经两次检疫而全为阴性即可。

【安全用药】对于需要治疗的病牛，应在严格隔离的情况下进行治疗。

（1）用0.1%温高锰酸钾溶液冲洗子宫，每天1次，连用3～4天。

（2）长效土霉素2克，稀释后于颈部皮下分点注射，结合用硫酸链霉素，每千克体重20毫克，一次静脉注射。

（3）若发生胎衣不下，可在 300 毫升蒸馏水中加 1 克金霉素粉或 2 克土霉素粉，进行子宫灌注，隔日 1 次，直至其分泌物清亮透明为止。

（4）中药治疗　可用益母草 30 克，黄芩 18 克，川芎、当归、熟地黄、白术、金银花、连翘、白芍各 15 克，研末，沸水冲调，一次灌服，每天 1 剂，连用 2～3 天。

十二、牛传染性鼻气管炎（生殖系型——母牛）

见"第二章　牛呼吸系统疾病的类症鉴别诊断与安全用药"中"第一节　有传染性的呼吸系统疾病"中的"五、牛传染性鼻气管炎"。

第二节　公牛生殖系统疾病

一、公牛布氏杆菌病

见本章第一节中"十一　布氏杆菌病"。

二、公牛结核病

见"第二章　牛呼吸系统疾病的类症鉴别诊断与安全用药"中"第一节　有传染性的呼吸系统疾病"中的"七、牛结核病"。

三、衣原体病（公牛）

动物衣原体病是由鹦鹉热衣原体和反刍动物衣原体等引起多种动物临床上从不明显、慢性到急性型表现的传染病。临床特征是流产、肺炎、肠炎、结膜炎、多发性关节炎、脑炎等。

【病原】衣原体系一类严格在真核细胞内寄生的原核细胞型微生物。根据衣原体的抗原结构和 DNA 同源性，将衣原体分为四个种，包括鹦鹉热衣原体、沙眼衣原体、肺炎衣原体和反刍动物衣原体。鹦鹉热衣原体可引起绵羊、牛、山羊等流产，牛脑脊髓炎，牛、绵羊、山羊等的肺炎，牛的肠炎，绵羊、牛的关节炎，绵羊的结膜炎等。反刍动物衣原体引起家畜肺炎、多发性关节炎、脑脊髓炎、流产、腹泻等。衣原体对高温的抵抗力不强，在低温下则可存活较长时间，如 4℃可存活 5 天，0℃存活数周。0.1% 福尔马林溶液、0.5% 石炭酸溶液、70% 酒精溶液、2% 来苏尔溶液、3% 氢氧化钠溶液均能将其灭活。衣原体对青霉素、四环素、氯霉素、红霉素等抗生素敏感，而对链霉素、杆菌肽等有抵抗力。对磺胺类药物，沙眼衣原体敏感，而鹦鹉热衣原体则有抵抗力。

【**流行特征**】许多野生动物和禽类是本病的自然贮存宿主。患病动物和带菌动物为主要传染源，病原体可通过粪便、尿液、乳汁、泪液、鼻分泌物以及流产的胎儿、胎衣、羊水排出，污染水源、饲料及环境。本病主要经呼吸道、消化道及损伤的皮肤、黏膜感染；也可通过交配或用患病公畜的精液人工授精发生感染，子宫内感染也有可能；蜱、螨等吸血昆虫叮咬也可能传播本病。本病流行形式多样，如多发性关节炎、流产等多呈地方性流行，而脑脊髓炎则为散发性。密集饲养、营养缺乏、长途运输或迁徙、寄生虫侵袭等应激因素可促进本病的发生、流行。

【**临床症状**】主要有下列几种病型。

（1）肠炎和肺炎型　主要见于 6 月龄以内的犊牛。潜伏期 1～10 天。病犊沉郁，呈现黏液性、水样、血样下痢（图 5-103），体温升高至 40.6℃，流泪，流浆液性鼻液（图5-104）。随后出现咳嗽和支气管肺炎症状。病犊临床症状轻重不一，一般呈急性、亚急性、慢性或隐性经过。

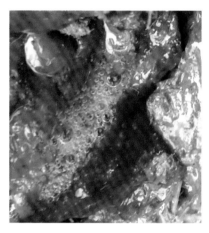 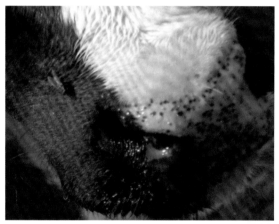

图 5-103　病犊牛排的含有血的粪便　　　**图 5-104**　病犊牛流浆液性鼻液

（2）关节炎型　又称"多发性关节炎型"。多发生于 3 月龄内的犊牛。被感染犊牛体温升高到 40℃ 以上，厌食，轻度腹泻，不愿站立（图 5-105），懒于走动，步态僵硬，肢体和关节肿胀，后肢关节症状严重。重者出现神经症状。病犊的 60% 常在出现症状后2～12 天死亡。病死率高。

（3）脑脊髓炎型　又名"伯斯病"。以 2 岁以内的牛发病为多，主要感染 6 月龄以下的犊牛。潜伏期 4～27 天。病初体温突然升高，达40.5～41.5℃。病牛食欲减退或停食，流涎，咳嗽，消瘦，衰竭，体重减轻，行走摇摆，呈踩高跷样步伐，有的病牛有转圈运动，或以头抵硬物（视频 5-17）。四肢主要关节肿胀，疼痛。部分病例出现鼻漏或腹泻。末期，有些病牛角弓反张或痉挛。出现临床症状的病牛约 30% 归于死亡。耐过牛有持久免疫力。

视频 5-17

（4）流产型　流产常发生于妊娠 7～9 月龄，流产前无任何临诊症状，偶尔按期娩出死胎（图 5-106）或弱犊，胎盘滞留，产乳量下降。流产前通常无任何特殊征兆，有的体温升高 1～2℃。有的发生子宫内膜炎、阴道炎。同群的青年公牛常发生精囊炎综合征，精液品质下降，精囊、副性腺、附睾和睾丸呈慢性炎症，有的睾丸萎缩。

图 5-105　病犊牛卧地不愿站立

图 5-106　病牛娩出死胎

【剖检变化】

视频 5-18

（1）肠炎和肺炎型　病犊呈现有结膜炎、浆液性卡他性鼻炎、急性或亚急性卡他性胃肠炎等炎症变化。肠系膜和纵膈淋巴结肿胀充血；肺脏有灰红色病灶，常膨胀不全（图 5-107），有时有胸膜炎；肝脏、肾脏和心肌营养不良，心内外膜有出血点，肾脏包膜下出血，大脑血管充血；有时可见纤维素性腹膜炎，此时腹腔脏器发生粘连（图 5-108，视频 5-18）；脾脏肿大，肢体关节多有浆液性炎症。

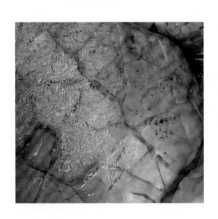

图 5-107　肺脏灰红色病灶，膨胀不全

图 5-108　纤维素性腹膜炎，脏器发生粘连

（2）关节炎型　主要病变在关节部位。眼观可见大的肢关节和寰枕关节的关节囊扩张，关节囊内集聚有大量琥珀色炎性渗出物，滑膜附有疏松的纤维素性絮片，从纤维层直到邻近的肌肉水肿、充血和有小出血点。患病数周的关节滑膜层由于绒毛样增生而变粗糙。肝脏、脾脏及淋巴结肿胀。肺脏表面呈现粉红色萎陷区和轻度实变区。双眼呈滤泡性结膜炎。

（3）脑脊髓炎型　尸体消瘦、脱水。胸腹腔和心包腔初有浆液渗出，以后浆膜面被纤维素性薄膜覆盖，并与附近脏器粘连。淋巴结、脾脏一般肿大。脑膜和中央神经系统血管充血。组织学检查呈严重的弥漫性脑脊髓炎和脑膜脑炎。

（4）流产型　流产母牛经常发生子宫内膜炎、子宫颈炎和阴道炎，并伴有生殖道黏膜和局部淋巴结出血。胎膜高度水肿，绒毛叶充血、出血，上有灰白色病灶。胎儿和胎盘的病变取决于妊娠期。妊娠 6 个月以前流产者，仅出现皮下水肿（图 5-109）和体腔中微红色透明液体增加（图 5-110）。在妊娠 7～9 个月流产时，可见胎儿苍白（图 5-111），皮肤和皮下组织水肿（图 5-112），口腔黏膜和舌上有出血点。脏器、淋巴结、黏膜和浆膜上有淤血状出血（图 5-113）。腹腔充满大量腹水，淡黄色。肝脏肿大、坚实，表面粗糙，淡黄色至橙黄色（图 5-114），并有灰黄色结节状病灶。在胎儿的皱胃、小肠黏膜、肝脏、脾脏、肾脏及胎盘涂片中可发现衣原体和胞浆内包涵体。组织学检查，所有器官有弥漫性和局灶性网状内皮细胞增生变化。

图 5-109　妊娠不足 6 个月流产胎儿的皮下水肿

图 5-110　妊娠不足 6 个月流产胎儿的体腔中微红色透明液体

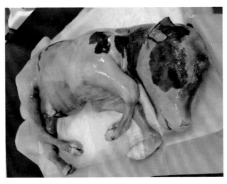

图 5-111　流产胎儿苍白

图 5-112　流产胎儿皮肤和皮下组织水肿

图 5-113　脾脏表面有淤血状出血

图 5-114　肝脏肿大、坚实，表面粗糙，淡黄色

【诊断】根据流行特征、临床症状和剖检变化可做出初步诊断。确诊需进行实验室诊断。

【类症鉴别】

1. 与睾丸炎的鉴别

（1）相似点　睾丸缩小变硬。

（2）不同点　睾丸炎病牛无传染性。慢性之前的急性过程时睾丸肿大热痛，精索变粗，步态强拘。

2. 与布氏杆菌病（公牛）的鉴别

（1）相似点　有传染性。睾丸、附睾肿大，触之坚硬。

（2）不同点　布氏杆菌病病牛急性期阴茎潮红肿胀，间或有小结节，3周后转为慢性，症状减轻。布氏血清凝集反应阳性。

3. 与公牛结核病的鉴别

（1）相似点　有传染性。睾丸、附睾肿大。

（2）不同点　结核病公牛体表淋巴结肿大，阴茎前部发生小结节、糜烂，还有干咳气喘。结核菌素试验阳性。

【预防措施】加强饲养管理，搞好环境卫生，消除各种诱发因素，防止寄生虫侵袭，增强牛群体质。发生本病时，将病牛及时隔离治疗。流产胎盘、产出的死胎应予销毁。被污染的牛舍、场地等环境用2%氢氧化钠溶液、2%来苏尔溶液等进行彻底消毒。牛场内不得养鸡、鸽和其他鸟类，以免传染病原。

【安全用药】

1. 用于肠炎和肺炎型病牛

（1）5%葡萄糖生理盐水1500～2500毫升、盐酸多西环素粉针（每千克体重5毫克）、10%樟脑磺酸钠注射液10～20毫升、10%维生素C注射液10～20毫升、30%安乃近注射液10～20毫升，静脉注射，每天2次，连用3～5天；发热病牛再用复方氨基比林注射液，每次每头牛用10～20毫升，肌内注射，每天2次，连用3～5天；腹泻病牛再用白头翁散，每头每次200克灌服，每天1次，连用3次；咳嗽病牛再用白矾散，每头每次200克灌服，每天1次，连用3天。

（2）5%葡萄糖生理盐水1500毫升、氨苄西林钠粉针（每千克体重25毫克）、10%樟脑磺酸钠注射液10～20毫升、地塞米松磷酸钠注射液10毫克、30%安乃近注射液10～20毫升，静脉注射，每天2次，连用3～5天；发热病牛再用复方氨基比林注射液，每次每头牛用10～20毫升，肌内注射，每天2次，连用3～5天；咳嗽病牛再用清肺止咳散，每头每次350克，温开水冲匀，灌服，每天1次，连用3～5天。

2. 用于关节炎型、结膜炎病牛

（1）肿大关节涂抹鱼石脂软膏，每天1次，连用数日；再肌内注射氯唑西林钠粉针，每千克体重每次 5 ～ 10 毫克，每天 2 次，连用 3 ～ 5 天。

（2）注射用氨苄西林钠 0.5 克、0.5% 盐酸普鲁卡因注射液 10 毫升，以 9 号注射针头刺入晴明穴，缓慢注射，注意不要刺入眼球内，两天 1 次；再以红霉素眼药膏点眼，每天 2 次，连用数日；同时灌服决明散 350 克、蜂蜜 60 克、鸡蛋 2 枚，温开水冲匀，每天 1 次，连用 3 ～ 5 天。

3. 用于脑脊髓炎型病牛

（1）10% 葡萄糖注射液 1500 毫升、5% 碳酸氢钠注射液 250 ～ 500 毫升、磺胺甲噁唑注射液首次量用每千克体重 100 毫克（维持量减半）、10% 樟脑磺酸钠注射液 10 ～ 20 毫升、地塞米松磷酸钠注射液 10 毫克，静脉注射，每天 2 次，连用 3 ～ 5 天；再肌内注射 30% 安乃近注射液，每头牛每次 10 ～ 20 毫升，每天 1 ～ 3 次，连用 3 ～ 5 天。

（2）10% 葡萄糖注射液 1500 毫升、20% 甘露醇注射液 1500 毫升、5% 碳酸氢钠注射液 250 ～ 500 毫升、复方磺胺嘧啶钠注射液首次剂量每千克体重 60 毫克（以磺胺嘧啶钠计，维持量减半），静脉注射，每天 2 次，连用 3 ～ 5 天；再分别肌内注射 10% 樟脑磺酸钠注射液（每头牛每次 10 ～ 20 毫升，每天 2 ～ 3 次，连用 3 ～ 5 天）和地塞米松磷酸钠注射液（每头牛每次 10 毫克，每天 2 ～ 3 次，连用 3 ～ 5 天）。

4. 用于流产型病牛

（1）土霉素注射液，每千克体重 5 ～ 10 毫克，每天 1 次，肌内注射，连用 3 ～ 5 天；温的 0.1% 高锰酸钾溶液反复冲洗子宫，排净冲洗液后，将 1.5% 露它净溶液 30 ～ 40 毫升与氯霉素注射液 10 毫升混匀后注入子宫，每天 1 次，连用 3 ～ 5 天。

（2）5% 左旋氧氟沙星注射液，每千克体重 0.1 毫升，肌内注射，每天 2 次，连用 3 ～ 5 天；温的 0.1% 高锰酸钾溶液反复冲洗子宫，排净冲洗液后，将 1.5% 露它净溶液 30 ～ 40 毫升与氯霉素注射液 10 毫升混匀后注入子宫，每天 1 次，连用 3 ～ 5 天。

四、牛传染性鼻气管炎（生殖系型——公牛）

见"第二章　牛呼吸系统疾病的类症鉴别诊断与安全用药"中"第一节　有传染性的呼吸系统疾病"中的"五、牛传染性鼻气管炎"。

五、睾丸炎及附睾炎

睾丸炎是睾丸实质的炎症。由于睾丸和附睾紧密相连，常同时伴发附睾炎。根据病程，睾丸炎可分为急性睾丸炎和慢性睾丸炎。

【发病原因】主要是由外伤引起，如打击、蹴踢、挤压、尖锐硬物刺入、咬伤、挂伤或撕裂等，损伤多为一侧发病；其次是由占位性病变引起，如肿瘤、囊肿；也可因睾丸附近组织发炎而继发，或由于布氏杆菌病、结核病、沙门氏杆菌病、放线菌病等转移而来，感染多为两侧性发病。

【**临床症状**】急性睾丸炎时，一侧或两侧睾丸及附睾呈不同程度的肿大、疼痛、增温（图5-115）。精神沉郁，两后肢外展，不愿走动，体温增高，食欲减退。若发生化脓性感染，局部和全身症状剧重。脓液蓄积于总鞘膜腔内，或向外破溃形成瘘管，或沿着鞘膜管蔓延上行进入腹腔，继发弥漫性化脓性腹膜炎。慢性睾丸炎由急性睾丸炎治疗不及时或不当发展而来，或由肿瘤、肉芽肿、囊肿等引起。临床上表现睾丸变小、硬固、表面不规则，无热痛。由布氏杆菌病转移而来的病例，大部分患牛呈现跛行，关节肿大、疼痛，关节囊内常有液体。

【**剖检变化**】剖检可见睾丸和附睾实质变性、脓肿（图5-116）。除急性炎症外，尚有慢性间质性炎症，多因急性期失治转来，表现硬肿无痛，睾丸及附睾严重萎缩，局部温度不高，有时比正常略低，常与周围组织粘连。

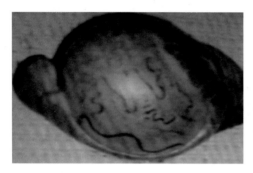
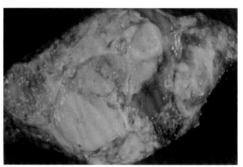

图5-115 睾丸及附睾肿大　　**图5-116** 睾丸及附睾实质变性、脓肿

【**安全用药**】

（1）对急性睾丸炎的病牛，如果不作种用，去势是首选的治疗方法；去势后使用广谱抗生素治疗7～10天。对睾丸肿瘤的治疗方法也是去势。

（2）对有价值的患牛，在发病24小时内可局部冷敷，以后改用温敷、红外线照射等温热疗法。

（3）局部肿胀、疼痛严重时，可用盐酸普鲁卡因溶液加青霉素作精索内封闭，还可使用抗炎药物（如强的松、阿司匹林）可减轻炎症反应和局部肿胀。

（4）对由创伤引起的急性睾丸炎，还应作清创处理和创伤治疗；对细菌性睾丸炎可用广谱抗生素治疗；对真菌性感染则用抗真菌制剂进行治疗。

（5）如果细菌培养呈阳性，可用敏感抗生素治疗3周以上，如果活组织穿刺检查结果显示为免疫反应性炎症（淋巴细胞和浆细胞浸润），则可用免疫抑制剂（如强的松）治疗。糖皮质激素对丘脑下部-脑垂体-性腺轴有抑制作用，长期大剂量使用可导致睾丸萎缩和不育。

（6）慢性睾丸炎的病因常不清楚，治疗较困难。

第六章

牛可视黏膜黄疸（黄染）、苍白、消瘦疾病的类症鉴别诊断与安全用药

第一节 传染病

一、钩端螺旋体病

钩端螺旋体病，简称"钩体病"，是由致病性钩端螺旋体（简称"钩体"）引起的一种人兽共患和自然疫源性传染病，动物多为隐性感染，有时可表现复杂多样的临床症状，如发热、黄疸、血红蛋白尿、出血性素质、皮肤黏膜坏死、水肿及妊娠动物流产等。

【病原】致病性钩体为本病的病原。在分类上属于钩端螺旋体属，钩体呈细长丝状，圆柱形，螺旋盘绕细致，有 12～18 个螺旋，规则而紧密，状如未拉开弹簧表带样（图 6-1）。钩体的一端或两端弯曲成钩状，使菌体呈"C"或"S""O"字形（图 6-2）。钩体运动活泼，沿长轴旋转运动，菌体中央部分较僵直，两端柔软，有较强的穿透力。钩体革兰氏染色为阴性，不易被碱性染料着色，姬姆萨染色呈淡紫红色，镀银法染色呈棕黑色。钩端螺旋体的血清型众多，已知有 19 个血清群、172 个血清型。其中致病力较强的血清型为出血性黄疸型、犬型、澳洲 A 型和澳洲 B 型等。本菌为严格需氧，最适宜培养温度为 28～30℃，最适 pH 值为 7.2～7.5。钩体对理化因素的抵抗力较弱，如紫外线、温热 50～55℃ 30 分钟均可被杀灭。钩体对干燥非常敏感，在干燥环境下数分钟即可死亡，极易被稀盐酸、70% 酒精、漂白粉、来苏尔、石炭酸、肥皂水和 0.5% 升汞灭活。本菌对链霉素及四环素族药物较敏感。但对自然环境有较强的抵抗力，在水田、池塘、沼泽里及淤泥中可以生存数月或更长时间。

【流行特征】几乎所有恒温动物都可感染钩端螺旋体，以幼龄动物发病为多。畜禽以牛、猪和鸭的感染率较高，鼠类是最重要的贮存宿主。患病动物和带毒动物为传染源，其中牛、猪及鼠类等动物是主要传染源。病原通过各种途径特别是尿液排出，污染水源、土壤、圈舍、饲料以及用具等，使人和家畜感染。本病通过直接或间接接触方式传播，主要通过损伤的皮肤、黏膜和消化道感染，也可通过交配、人工授精和菌血症期间吸血昆虫的叮咬而传播。此外，还可经胎盘感染。本病主要分布于气候温暖、多雨的热带和亚热带地

区。发病有明显季节性，我国南方多见于 6 ～ 10 月份，北方多见于 7 ～ 10 月份。本病的发生与流行与饲养管理有直接关系，饥饿、饲养不合理或其他疾病使机体衰弱时，原为隐性感染的牛就会表现出临床症状，甚至死亡。管理不善，牛舍、运动场的粪尿、污水未及时清理等常常成为本病暴发的重要因素。

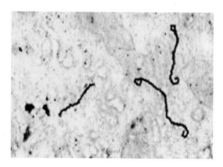

图 6-1 钩端螺旋体的形态（负染，×19 200）　　**图 6-2** 钩端螺旋体的形状

【**临床症状**】潜伏期 2 ～ 20 天。牛感染本病后一般呈隐性经过。少数病例可表现出急性或亚急性症状。急性型多见于犊牛，通常呈流行性或散发性发生。病牛突然高热稽留，达 40℃以上，沉郁、黄疸、蛋白尿甚至血尿和贫血，并常见有皮肤干裂、坏死和溃疡的变化（图 6-3）。采食、反刍停止，红细胞骤减 100 万～ 200 万个 / 立方厘米，常于 1 天内窒息死亡。有的病牛出现呼吸困难、腹泻、结膜炎以及脑膜炎，后期表现为嗜睡与尿毒症，常于 3 ～ 7 天内死亡，死亡率为 5% ～ 15%。妊娠母牛感染出现流产或"弱犊综合征"（图 6-4），尤其是青年母牛多发。某些牛群发生本病的唯一症状就是流产。亚急性型感染常见于奶牛，主要表现为体温升高、食欲减少、黏膜黄染、产奶量迅速下降或停止，乳汁黏稠呈初乳状、色黄并且含有血凝块，病牛很少死亡，有的出现神经症状，经 6 ～ 8 周奶产量可能逐渐恢复。某些牛群感染时，主要表现为"产奶下降综合征"；有时则表现为繁殖失败或不育。

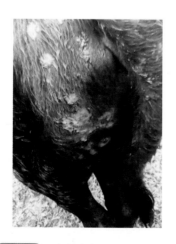
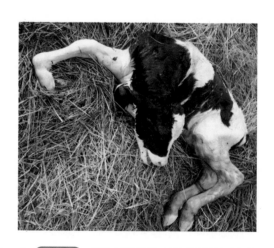

图 6-3 病牛皮肤干裂、坏死和溃疡　　**图 6-4** 新生早产犊牛表现"弱犊综合征"

【**剖检变化**】病变以黄疸、出血、严重贫血为特征。唇、齿龈、舌面、鼻镜、耳颈部、腋下、外生殖器的黏膜和皮肤发生局灶性坏死与溃疡（图 6-5）。可视黏膜、皮下组织及浆膜明显黄染（图 6-6）。皮下、肌间、胸腹下、肾周围组织发生弥漫性胶冻样水肿与散在性点状出血（图 6-7）。体腔及心包腔内有过量的黄色或含胆红素的液体（图 6-8）。肺苍白、水肿、膨大。心肌柔软，呈淡红色，心外膜常见点状出血（图 6-9），血液凝固不良。肝脏肿大、质脆，呈黄棕色（图 6-10），被膜下偶见点状出血。肾脏肿大，被膜易剥离，质地柔软，表面有不均匀的充血与点状出血（图 6-11）。膀胱积有深黄色或红色浑浊的尿液（6-12）。全身淋巴结肿大、出血。

图 6-5 皮肤发生的局灶性坏死与溃疡

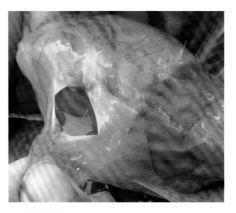

图 6-6 浆膜明显黄染

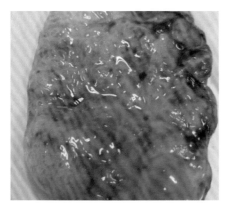

图 6-7 肾周围组织发生弥漫性的胶冻样水肿
与散在性点状出血

图 6-8 心包腔内有过量的黄色液体

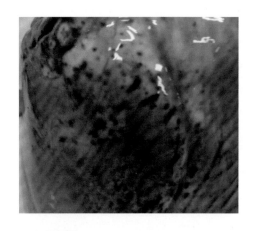

图 6-9　心外膜常见点状出血

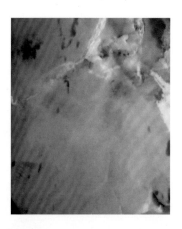

图 6-10　肝脏肿大、质脆，呈黄棕色

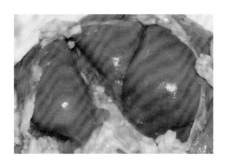

图 6-11　肾脏肿大，被膜易剥离，质地柔软，表面有不均匀的充血与点状出血

图 6-12　膀胱积有深黄色浑浊的尿液

　　【诊断】根据流行特征、临床症状和剖检变化只能提供初步诊断，确诊必须依靠实验室诊断。实验室诊断主要包括病原学诊断、血清学诊断和紧急接种性诊断等。

　　【类症鉴别】

1. 与牛焦虫病的鉴别

　　（1）相似点　有传染性，体温高（40℃以上），贫血，黄疸，下痢，血尿。

　　（2）不同点　焦虫病牛没有皮肤干裂、坏死和溃疡的变化，血液涂片检出虫体。

2. 与附红细胞体病的鉴别

　　（1）相似点　有传染性，体温高（40～42℃），贫血，黄疸，下痢，血尿。

　　（2）不同点　附红细胞体病牛没有皮肤干裂、坏死和溃疡的变化，血液涂片或压片检出附红细胞体。

　　【预防措施】预防本病应搞好综合性防疫措施，包括及时消除传染源和防止环境污染、加强饲养管理、药物预防及免疫接种等。具体措施如下：

　　（1）及时消除传染源和防止环境污染　开展群众性捕鼠、灭鼠工作，防止饲料和水源被污染，及时清理淤泥、排出污水，被污染的水用漂白粉消毒（按每立方米加入 25% 有效氯的漂白粉 8 克计算），污染的牛舍、用具和环境用 5% 漂白粉溶液、2% 氢氧化钠溶液、3% 来苏尔溶液等消毒，以防止传染和散播。

（2）加强饲养管理　提高牛的特异性和非特异性抵抗力。

（3）药物预防　可用链霉素、土霉素、四环素等抗生素。

（4）免疫接种　可用钩端螺旋体多价苗，用法：1 岁以下的牛用 3 ～ 5 毫升，1 岁以上的牛用 10 毫升，一次皮下注射，第一年注射 2 次，间隔 7 天，第二年注射 1 次。

【**安全用药**】发生本病时应及时采取措施控制和扑灭疫情，防止疫病蔓延，同时搞好消毒、处理病牛尸体等工作。措施如下：

（1）血清疗法　可用钩端螺旋体高免血清，犊牛用 20 ～ 40 毫升，成年牛用 80 ～ 120 毫升，一次皮下注射。

（2）抗生素疗法

① 硫酸链霉素粉针，每千克体重 15 毫克，注射用水稀释，肌内注射，每天 2 次，连用 3 ～ 5 天。

② 注射用盐酸四环素 3 ～ 4 克、5% 葡萄糖生理盐水 2000 毫升，一次静脉注射，每天 1 次，连用 2 ～ 3 天。

③ 土霉素注射液，每千克体重 15 ～ 30 毫克，肌内注射，每天 1 次，连用 3 ～ 5 天。

④ 阿莫西林粉针，每千克体重 10 ～ 15 毫克，注射用水稀释，肌内注射，每天 2 次，连用 3 ～ 5 天。

（3）对症疗法　5% 葡萄糖生理盐水 500 ～ 1500 毫升、10% 维生素 C 注射液 10 ～ 30 毫升、10% 安钠咖注射液 10 ～ 30 毫升，静脉注射，每天 1 ～ 2 次，连用 3 ～ 5 天。

二、附红细胞体病

附红细胞体病，简称"附红体病"，是由附红细胞体引起的一种人兽共患传染病，其临床特征是呈现急性黄疸性贫血、体温升高、下痢、消瘦。

【**病原**】本病的病原是附红细胞体。附红细胞体简称"附红体"，也称"血虫体"，是立克次体目无浆体科的成员。形态为多形性，如球形、盘形、哑铃形、球拍形及逗号形等。常寄生于红细胞和血浆中（图 6-13）。大小波动较大，寄生在人、牛、绵羊及啮齿类中的"附红体"直径约为 0.3 ～ 0.8 微米。瑞氏染色易于观察到附红细胞体，此时红细胞呈淡紫红色，病原体为淡天蓝色，轮廓清晰。病原体以二等分裂的出芽形式而增殖。到目前为止已发现附红细胞体属有 14 个种，其中主要为五种：即绵羊附红细胞体寄生于绵羊、鹿类中；温氏附红细胞体寄生于牛；猪附红细胞体寄生于猪；球状附红细胞体寄生于鼠类和兔类等啮齿类动物中；短小附红细胞体是家猪非致病性的寄生菌。附红细胞体对干燥和化学药品的抵抗力很低，一般浓度的消毒药可将其杀死，但耐低温。

【**流行特征**】患有附红细胞体病的牛为本病的传染源。温氏附红细胞体可感染牛及瘤牛，对绵羊、山羊、鹿不感染。出生犊牛、年老牛都能感染，无年龄区别。发病以 6 ～ 9 月份即夏、秋季流行，呈明显季节性。目前认为有昆虫传播（自然感染的媒介有蚊、蠓、蜱等）和子宫内感染（即垂直传播）两种。也可通过污染的针头、手术器械和交配传播。饲养管理粗放，牛舍卫生不良，运动场低洼而污水潴留，粪尿不及时清扫而存留，圈舍堆放杂物牧草，粪池、积水坑、下水道等不封盖，杂草丛生，饲料品质低劣，营养缺乏，饮水不足，气温潮湿等，均是本病发生的诱因。

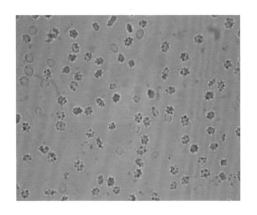

图 6-13　附红细胞体附着于红细胞表面

图 6-14　病初患牛异嗜沙石、土块

【临床症状】病初患牛食欲不振，异嗜沙石、土块（图 6-14，视频 6-1），喜喝水，随之精神沉郁，食欲剧减至废绝，反刍减少至停止；体温升高达 40 ～ 42℃，呼吸增数至 60 次 / 分钟（视频 6-2），脉搏增数至 100 ～ 120 次 / 分钟；腹泻，粪便恶臭（图 6-15）；四肢无力，走路摇摆，出汗；可视黏膜、乳房及阴户黏膜黄染（图 6-16）；怀孕牛可流产；严重者卧地不起，排出红褐色尿，流涎，流泪，全身肌肉震颤，黄疸严重，热骤退后死亡。

视频 6-1　　视频 6-2

图 6-15　患牛腹泻，粪便恶臭

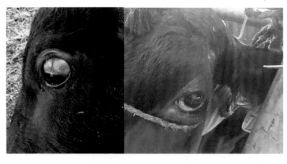

图 6-16　患牛结膜黄染

【剖检变化】剖检变化主要是尸体消瘦，可视黏膜苍白（图 6-17）；血液稀薄，凝固不良；在皮下、浆膜下、全身脏器有点状出血；胸腔积液，腹水增多；腹膜、网膜黄染（图 6-18）；肝脏肿大、质软、呈黄色（图 6-19）；胆囊肿大，胆汁浓稠呈泥沙样（视频 6-3），严重的呈胶冻样；脾脏肿大，质软；肾脏肿大，皮质出血，呈土黄色（图 6-20）；心冠状沟脂肪黄染（图 6-21），心内外膜有小点状出血（图 6-22）；脑出血；肺炎和肺水肿。

视频 6-3

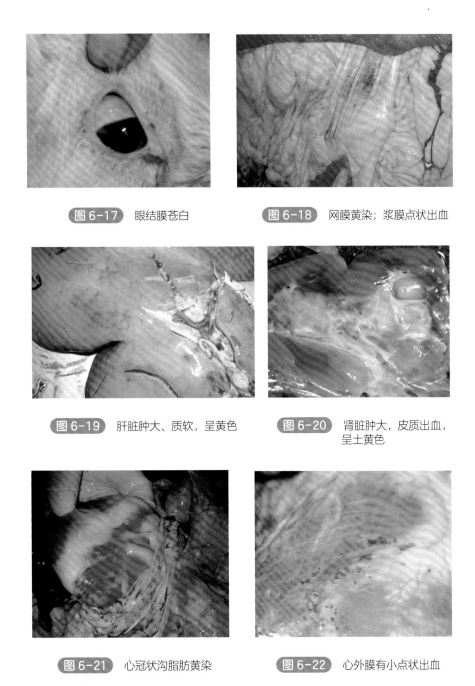

图 6-17　眼结膜苍白

图 6-18　网膜黄染；浆膜点状出血

图 6-19　肝脏肿大、质软，呈黄色

图 6-20　肾脏肿大，皮质出血，呈土黄色

图 6-21　心冠状沟脂肪黄染

图 6-22　心外膜有小点状出血

【诊断】根据流行特征、临床症状、剖检变化和血液学检查可初步诊断本病。确诊需进行实验室病原体检查。

【类症鉴别】

1. 与钩端螺旋体病的鉴别

（1）相似点　有传染性，体温高（40 ～ 42℃），贫血，黄疸，下痢，血尿。

（2）不同点　钩端螺旋体病牛的皮肤干裂、坏死和溃疡，血液镜检可见钩端螺旋体。

2. 与牛焦虫病的鉴别

（1）相似点 有传染性，体温高（40℃以上），贫血，黄疸，下痢，血尿。

（2）不同点 焦虫病牛的血液涂片可检出虫体。

【预防措施】

（1）以杀灭媒介来预防 根据蜱的生活习性进行杀灭，在发病季节，加强消灭蚊、蝇、蜱等吸血昆虫，阻断传播媒介。在夏初，牛场内可采用1%～2%敌百虫溶液、0.12%蝇毒磷溶液、0.15%敌杀磷溶液、0.5%马拉硫磷溶液或0.5%毒杀芬溶液等喷洒牛圈和牛体表。

（2）药物预防 发病牛场，每年在发病季节前（5月份），用贝尼尔（三氮脒），每千克体重3～7毫克，以生理盐水配成5%～7%的溶液，分点深部肌内注射，隔10～15天再注射1次，有较好的预防效果。或用新砷凡纳明（914）、四环素、土霉素等注射，可阻止病原体的感染。

【安全用药】对病牛应隔离饲养、精心护理。治疗原则是阻止病原体在体内增殖和感染。可采用全身疗法和对症治疗。

（1）全身疗法 ①贝尼尔（三氮脒），每千克体重3～7毫克，以生理盐水配成5%～7%的溶液，分点于深部肌内注射，每日1次，连用2次。②新砷凡纳明（914），剂量按每千克体重10毫克，直接溶于生理盐水或5%葡萄糖溶液中，制成5%～10%注射液，一次静脉注射，用药后15天，附红细胞体从血液中消失。③四环素，每日剂量按每千克体重7～15毫克，溶于5%葡萄糖生理盐水中制成0.5%以下的注射液，每天分1～2次静脉注射，连续注射3～5天。④土霉素、磺胺类药物等对此病也有效。

（2）对症治疗 治疗中，应注意病牛全身状况，对病情重剧、体质衰弱者，应及时采用静脉注射葡萄糖溶液、维生素C、维生素K等支持疗法，以增强机体抗病力，促进病牛康复。

第二节　寄生虫病

一、焦虫病

焦虫病现被称作"梨形虫病"，是由巴贝斯科和泰勒科的多种梨形虫寄生在红细胞内所引起的一种血液原虫病。牛梨形虫病病原在我国常见的有两种：一种是巴贝斯虫，引起巴贝斯虫病，我国主要是牛的巴贝斯虫病多见；另一种是泰勒虫，引起牛泰勒虫病。

【病原】

1. 形态特征

（1）牛巴贝斯虫病病原 主要是双芽巴贝斯虫、牛巴贝斯虫或卵形巴贝斯虫。双芽巴贝斯虫是大型虫体，长度大于红细胞半径，多形性，典型形态是成双的梨籽形虫体以尖端相连呈锐角（图6-23），每个虫体内有一团染色质。虫体多位于红细胞的中央，每个红细胞内虫体数目为 1～2 个，很少有 3 个以上。红细胞染虫率为 2%～15%。虫体经姬姆萨染色后，胞浆呈淡蓝色，染色质呈紫红色（图 6-24）。牛巴贝斯虫是小型虫体，长度小于红细胞半径，多形性，典型形态为成双的梨籽形虫体以尖端相连呈钝角，经姬姆萨染色，虫体胞浆呈淡蓝色（图 6-25）。卵形巴贝斯虫是大型虫体，长度大于红细胞半径，多形性，典型虫体中央往往不着色，形成空泡，双梨籽形虫体较宽大，位于红细胞中央，两个尖端呈锐角相连或不相连。

（2）牛泰勒虫病病原　主要是环形泰勒虫和瑟氏泰勒虫，尤其是环形泰勒虫更多见。环形泰勒虫寄生于红细胞内的虫体称为血液型虫体（配子体），虫体很小，形态多样。有环形、杆形、卵圆形、梨籽形、逗点形、十字形、三叶形等各种形状。其中以环形和卵圆形为主，占总数的 70%～80%（图 6-26）。典型虫体为环形，呈戒指状。寄生于单核巨噬系统细胞内进行裂体增殖时所形成的多核虫体为裂殖体（或称石榴体、柯赫氏蓝体）（图 6-27）。裂殖体呈圆形、椭圆形或肾形，位于淋巴细胞或巨噬细胞浆内或散在于细胞外。经姬姆萨染色，虫体胞浆呈淡蓝色，其中包含许多红紫色颗粒状的核。

图 6-23　双芽巴贝斯虫虫体形态

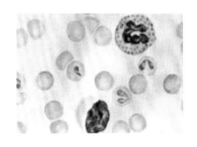

图 6-24　姬姆萨染色双芽巴贝斯虫，虫体胞浆呈淡蓝色

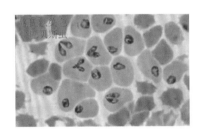

图 6-25　姬氏法染色牛巴贝斯虫虫体

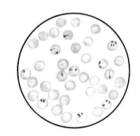

图 6-26　环形泰勒虫虫体形态

2. 发育过程

（1）牛巴贝斯虫病病原发育过程　巴贝斯虫病皆通过硬蜱媒介进行传播。当蜱在患牛体上吸血时，把含有虫体的红细胞吸入体内，虫体在蜱体内发育繁殖一段时间后，经蜱卵传递或经期间（变态过程）传递，将虫体延续到蜱的下一个世代或下一个发育阶段，再叮咬易感动物时，造成感染。

（2）牛泰勒虫病病原发育过程　泰勒虫发育经过裂殖生殖、配子生殖和孢子生殖三个阶段：即感染泰勒虫的硬蜱在牛体吸血时，子孢子随蜱的唾液进入牛体，首先侵入脾脏、淋巴结等组织的单核巨噬系统细胞内进行反复裂体增殖，形成大裂殖体（无性型）。

大裂殖体成熟后，破裂为许多大裂殖子，又侵入其他单核巨噬系统细胞内，重复上述裂殖过程。同时大裂殖子可随血液循环至全身各组织器官。裂体增殖反复进行到一定时期后，有的可形成小裂殖体（有性型）。而后小裂殖体成熟后破裂，许多小裂殖子进入宿主红细胞内变为配子体（血液型虫体）。当幼蜱或若蜱在病牛羊身上吸血时，把带有配子体的红细胞吸入蜱的胃内，配子体由红细胞逸出并变为大配子、小配子，二者结合形成合子（配子生殖），进入蜱的肠管及体腔各部。当蜱完成蜕化时，再进入蜱的唾液腺细胞内开始孢子增殖，分裂产生许多具有感染性的子孢子。当若蜱或成蜱在宿主体吸血时即造成感染。

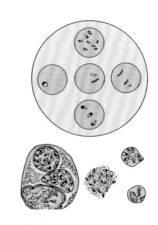

图6-27 红细胞中的环形泰勒虫及石榴体

【流行特征】

（1）巴贝斯虫病的流行特征　巴贝斯虫病呈世界性分布。牛双芽巴贝斯虫病在我国分布较广，已有14个省区报道，主要流行于南方各省及四川、青海、西藏等地；牛巴贝斯虫病发现于贵州、安徽、湖北、湖南、河南及陕西等省；卵形巴贝斯虫病曾见于河南等地。微小牛蜱为我国双芽巴贝斯虫和牛巴贝斯虫的传播者，两种虫体常混合感染。本病多发生在放牧时期。一般两岁以内的犊牛发病率高，但症状轻微，死亡率低；成年牛发病率低，但症状较重，死亡率高。当地牛对本病有抵抗力，良种牛和由外地引入的牛易感性较高。卵形巴贝斯虫的传播媒介为长角血蜱，故该虫常与牛瑟氏泰勒虫混合感染。

（2）环形泰勒虫病的流行特征　环形泰勒虫病在我国的传播者主要是残缘璃眼蜱，另一种是小亚璃眼蜱，报道仅见于新疆南部。本病主要在舍饲的条件下发生传播。1～3岁龄牛易发病；外地牛、土种牛易感且发病严重。环形泰勒虫病在世界上许多国家都有分布，在我国内蒙古、山西、河北、宁夏、陕西、甘肃、新疆、河南、山东、黑龙江、吉林、辽宁、广东、湖北、重庆、西藏都曾有过本病的报道。环形泰勒虫病在我国内蒙古地区的流行季节是6月份开始，7月份达高峰，8月份逐渐平息。耐过牛成为带虫者，带虫免疫可达2.5～6年，但在抵抗力下降（饲养管理不良、使役过度、感染其他疾病）时，仍可复发。

【临床症状】

视频6-4

视频6-5

（1）两种焦虫病相同的临床症状　体温升高到40℃以上，呈稽留热；精神不振，喜卧地，食欲减退或废绝；反刍无力或停止；眼结膜苍白（图6-28）；贫血，黄疸；便秘或下痢，粪便呈黑褐色，有恶性臭味（图6-29）；脉搏加快，呼吸急促，病牛迅速消瘦，行动迟缓或摇摆（视频6-4）。

（2）两种焦虫病不同的临床症状　巴贝斯虫病病牛有血尿，尿色由淡红色变为棕红色或黑红色。泰勒虫病病牛无血尿，尿色呈淡黄色或深黄色，体表淋巴结肿大，特别是肩前淋巴结肿大明显；眼睑下有溢血点，严重者皮肤上还有出血斑块。

【剖检变化】

（1）牛巴贝斯虫病的剖检变化　尸体消瘦，贫血，血稀如水。皮下组织及脂肪均呈黄色胶样水肿状（图6-30）。各内脏器官被膜均黄染。皱胃和肠黏膜潮红并有点状出血。肝、脾肿大，胆囊扩张（图 6-31）。肾肿大，淡红黄色，有点状出血（图 6-32）。膀胱膨大（图 6-33），存有多量红色尿液（图 6-34），黏膜有出血点（图 6-35，视频 6-5）。肺瘀血，水肿。心肌柔软，黄红色；心内外膜有出血点或斑点（图 6-36，图 6-37）。

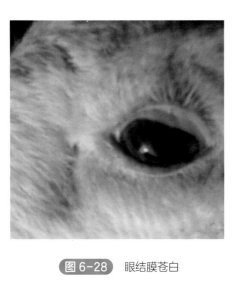

图 6-28　眼结膜苍白

图 6-29　恶臭的黑褐色粪便

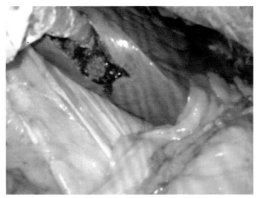

图 6-30　脂肪呈黄色胶样水肿状

图 6-31　肝脏肿大，胆囊扩张

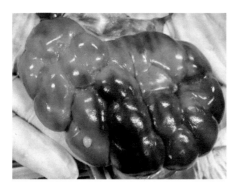

图 6-32　肾肿大，淡红黄色，有点状出血

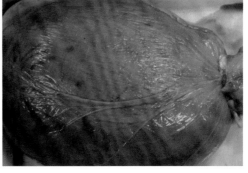

图 6-33　膀胱膨大

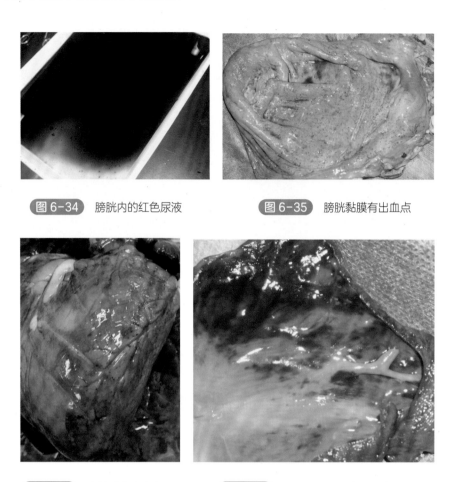

图 6-34　膀胱内的红色尿液　　　　　　图 6-35　膀胱黏膜有出血点

图 6-36　心外膜有出血点　　　　　　图 6-37　心内膜有出血点或斑点

（2）牛泰勒虫病的剖检变化　全身皮下、肌间、黏膜和浆膜上均有大量出血点和出血斑（图 6-38～图 6-40）；全身淋巴结肿大，以颈浅淋巴结、腹股沟淋巴结、肝淋巴结、脾淋巴结、肾淋巴结、胃淋巴结表现最为明显；在皱胃黏膜上，可见到高粱米到蚕豆大的溃疡斑，其边缘隆起呈红色，中央凹陷呈灰色（图 6-41）。严重者病变面积可达整个黏膜的一半以上。

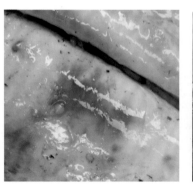

图 6-38　皮下有大量的出血点和出血斑　　　图 6-39　肌间有大量的出血点和出血斑

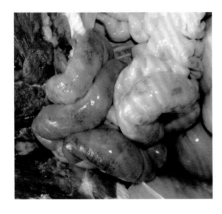

图 6-40 浆膜上有大量的出血点和出血斑　**图 6-41** 皱胃黏膜上大小不一的溃疡斑

【诊断】根据流行特征、临床症状和剖检变化可做出初步诊断。血液涂片检出虫体是确诊本病的主要依据。

【类症鉴别】

1. 与钩端螺旋体病的鉴别

（1）相似点　有传染性，体温高（40℃以上），贫血，黄疸，下痢，血尿。

（2）不同点　钩端螺旋体病病牛发生皮肤干裂、坏死和溃疡，血液镜检可见钩端螺旋体。

2. 与附红细胞体病的鉴别

（1）相似点　有传染性，体温高（40℃以上），贫血，黄疸，下痢，血尿。

（2）不同点　附红细胞体病牛血液涂片或压片检出附红细胞体。

【预防措施】关键在于消灭动物体表及周围环境中的蜱。通常采用以下方法措施：

（1）杀灭牛身上的蜱　①在蜱活动的季节，对寄生在牛体的垂肉、腿内侧、乳房等部位的各发育期的蜱，可用手摘除消灭。②药物灭蜱效果也很好，可采用敌杀死（2.5% 溴氰菊酯乳剂）稀释 250 倍喷洒牛体，每隔 15 天喷 1 次，连续 10 次，可在 1 年内防止梨形虫病的发生。

（2）消灭圈舍内的蜱　从秋末初冬开始，注意观察圈舍内幼蜱出现，用 2% 敌百虫溶液进行喷洒，杀死隐藏的蜱，并在春季将圈舍周围的杂草铲除，防止蜱类躲藏和滋生。

（3）避蜱放牧　在蜱大量繁殖活动的季节，为避免牛受到蜱的叮咬侵害而得病，可改放牧为舍饲，但要搞好圈舍周围环境的灭蜱工作。

（4）检疫观察　由外地调入的牛，首先要采血检疫，如发现病牛，应立即隔离治疗，以免将病原传入，并选择无蜱活动季节进行调动。

（5）药物预防注射　①流行地区的发病季节，对易感牛群用贝尼尔，每千克体重 3 毫克，配成 7% 溶液，分点深部肌内注射，每 20 天注射 1 次，以预防本病发生。②咪唑苯脲的保护期可达 2～10 周，台盼蓝的保护期约 1 个月，三氮脒或硫酸喹啉脲的保护期约 20 天。

（6）预防接种　应用抗巴贝斯虫弱毒苗或分泌性抗原疫苗进行免疫接种；在环形泰勒虫病流行地区，还可用"牛环形泰勒虫病裂殖体胶冻细胞苗"进行预防接种，接种后 20 天可产生免疫力，免疫持续期为 1 年以上。但此种虫苗对瑟氏泰勒虫病无交叉免疫保护作用。

【安全用药】 尽可能地早确诊、早治疗。在应用特效药物杀灭虫体的同时，应根据病牛机体状况，配合以强心、补液、止血、健胃、缓泻、疏肝利胆及抗生素类药物治疗，并加强护理。

1. 特效药物疗法

常用的特效药物有以下几种。

（1）三氮脒（贝尼尔或血虫净） 临用时将粉剂用蒸馏水配成5%～7%溶液做深部肌内分点注射，黄牛剂量为每千克体重3～7毫克；水牛剂量每千克体重1毫克；乳牛剂量每千克体重2～5毫克。除水牛仅能一次用药外，其他家畜可根据情况连续使用3次，每次间隔24小时。出现副作用时，可灌服茶叶水或肌内注射阿托品解救。休药期为28～35天。

（2）硫酸喹啉脲（阿卡普林、抗焦虫素） 剂量为每千克体重0.6～1毫克，配成5%溶液，皮下或肌内注射，48小时后再注射一次效果更好。如有代谢失调或心脏和血液循环疾患时，分2～3次注射，每次间隔数小时。治疗时可出现胆碱能神经兴奋的症状，如站立不稳、肌肉震颤、腹痛等，一般持续30～40分钟逐渐消失；严重的患牛频频起卧、呼吸困难、呼吸和心跳加快、频频排粪尿，最后可引起窒息而死亡；可在用药前或用药的同时皮下注射硫酸阿托品，每千克体重0.1毫克。需要注意妊娠牛在使用此药后可能出现流产，一定要慎用。

（3）咪唑苯脲（双咪苯脲或咪唑啉卡普） 剂量为每千克体重1～3毫克，将药物粉末配成10%水溶液，即为咪唑苯脲二盐酸盐注射液或咪唑苯脲二丙酸盐注射液，可肌内注射或皮下注射，每天1～2次，连用2～4次。本药安全性较好，仅有轻微副作用，表现为流涎、兴奋、轻微或中等程度的疝痛、胃肠蠕动加快等，应用小剂量阿托品能减轻。本药最好不要用于乳牛，休药期为28天。

（4）台盼蓝（锥蓝素） 剂量为每千克体重5毫克，用灭菌生理盐水或蒸馏水或注射用水配成1%溶液，加温溶解过滤后，在水浴锅内煮沸灭菌30分钟后静脉注射，勿使药液漏出血管外。注意药液要现用现配，注射时药液温度维持在30℃左右，注射速度要慢，有副作用时，可给予抗组胺类药物（如异丙嗪等），对体弱或重症患牛可分次注射。用药后乳汁或组织可呈蓝色。

（5）吖啶黄（黄色素、锥黄素） 剂量为每千克体重3～4毫克，动物极限量为2克/头。用0.5%的安瓿制剂静脉注射；或药物粉末用生理盐水或蒸馏水或注射用水配成0.5%～1%的溶液，滤过后在水浴锅内灭菌30分钟，注射前加温到37℃使用，注射时严格防止药液漏入皮下，注射完后避免强光照射动物（光敏反应）。一般用药不超过2次，每次间隔1～2天，以免对肝、肾发生损害。应用该药时，可配合使用链霉素或乌洛托品，连用1周，然后再注射黄色素一次，效果很好。

（6）磷酸伯氨喹 剂量为每千克体重0.75～1.5毫克，每天口服1次，连服3次。杀虫效果较好，给药后24小时，即发生作用；疗程结束后2～3天，染虫率可降到1%左右。被杀死的虫体表现为变形、变色、变小，1～2周内从红细胞内消失。

2. 中药疗法

（1）新鲜青蒿2～3千克，捣碎，用冷水浸泡1～2小时，连渣灌服，每天2次，连用 3 ～ 5 天。

（2）常山 50 克，青蒿粉 200 克，马鞭草、黄芩各 60 克，槟榔、使君子、黄柏、生山栀各 40 克，苦楝根皮 40 克，贯众 30 克。共研细末，开水冲调，候温冲入青蒿粉，灌服。

（3）水牛角、生地黄、玄参、金银花各 60 克，连翘、黄连、丹参、麦门冬各 45 克，竹叶心、黄连各 30 克，水煎灌服。

（4）党参、当归、白术、炙黄芪、龙眼肉、酸枣仁各 60 克，熟地黄、白芍、川芎、茯苓各 45 克，远志 30 克，木香、生姜、红枣各 20 克，炙甘草 15 克，水煎灌服。

3. 对症疗法

为了促进临床症状缓解，还应根据症状配合给予强心、补液、健胃、缓泻、疏肝利胆及抗生素类药物，并加强护理。

二、细颈囊尾蚴病

细颈囊尾蚴病是寄生于犬和野狼、狐等肉食动物小肠内的带科、带属的泡状带绦虫的中绦期幼虫——细颈囊尾蚴，寄生在羊、猪、牛和鹿等多种动物的肝脏浆膜、网膜及肠系膜等处所引起的寄生虫病。对幼龄动物有一定危害。其成虫则寄生于犬、狼、狐等肉食动物的小肠内。

【**病原**】病原为细颈囊尾蚴。

1. 形态特征

细颈囊尾蚴呈白色囊包状，囊内充满透明液体，俗称"水铃铛"，大小一般为豌豆到鸡蛋大或更大（图 6-42）。在囊泡上长有一个像高粱粒大的白色颗粒，就是向内凹陷的头节，上有 4 个吸盘和顶突，顶突上有两圈小钩，小钩数为 30 ～ 40 个。如将头节翻转出来，则见头节与囊体之间具有 1 个细长的颈部。其成虫为白色或淡黄色，长 75 ～ 500 厘米，链体由 250 ～ 300 个节片组成。虫体前部的节片宽而短，后部的节片逐渐变长，到孕节则长大于宽。孕节子宫每侧的分支数为 10 ～ 16 个，每个侧枝又有小分支。子宫内为虫卵所充满，虫卵呈无色透明的圆形或椭圆形，薄而脆弱，内有六钩蚴虫。

图 6-42　细颈囊尾蚴

2. 发育过程

成虫寄生于终末宿主犬科动物的小肠内，发育成熟后孕节或虫卵随粪便排出体外，污染草场、饲料和饮水。当中间宿主牛羊等误食了孕节或虫卵后，在消化道内孵化出六钩蚴，钻入肠壁血管，随血流到达肝脏，并由肝实质内逐渐移行到肝脏表面寄生，或进入腹腔内寄生于大网膜、肠系膜及腹腔的其他部位，甚至可进入胸腔寄生于肺脏。幼虫生长发育 3 个月左右具有感染能力。终末宿主肉食动物如吞食了含有细颈囊尾蚴的脏器后，在小肠内经过 52 ~ 78 天发育为成虫（图 6-43）。

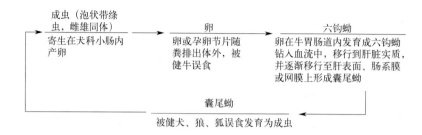

图 6-43　牛细颈囊尾蚴虫体发育过程

【流行特征】本病呈世界性分布，我国各地普遍流行，呈区域性或地方性流行。流行原因主要是由于感染泡状带绦虫的犬、狼等动物的粪便中排出绦虫的节片或虫卵，它们随着终宿主的活动污染了牧场、饲料和饮水而使牛、羊等中间宿主遭受感染。蝇类是不容忽视的重要传播媒介。每逢农村宰猪或牧区宰羊时，犬大多守立于旁，凡不宜食用的废弃内脏便丢弃在地，任由犬吞食，这是犬易于感染泡状带绦虫的主要原因。犬的这种感染方式和这种形式的循环，在我国不少农村很常见。本病主要危害幼龄羊和犊牛，成龄牛羊群常仅为带虫者。

【临床症状】患病犊牛的生长发育受阻，体重减轻，当大量感染时，可因肝脏严重受损而导致死亡。病犊的临床症状一般不甚明显，主要呈慢性经过，身体日渐消瘦，被毛逆立而无光泽，眼结膜及皮肤的颜色日益变淡，在去放牧过程中常常行动落后，平时往往舔食粪尿和其他污物，表现异嗜。病情严重时，患犊精神不振，采食和饮水减少，喜卧，生长发育缓慢，在寒冷季节和饲料单一而营养不足的情况下，容易发生死亡。

【剖检变化】病理变化慢性病例可见肝脏包膜（图 6-44）、大网膜（图 6-45）、肠系膜（图 6-46）、腹膜（图 6-47）、横膈膜及骨盆腔脏器外面等处具有数量不等、大小不一的虫体泡囊，严重时还可在肺和胸腔处发现虫体。急性病程时，可见急性肝炎及腹膜炎，肝脏肿大、表面有出血点，肝实质中有虫体移行的虫道，有时出现腹水并混有渗出的血液，病变部有尚在移行发育中的幼虫。

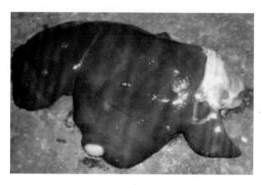

图 6-44　肝脏上寄生的细颈囊尾蚴

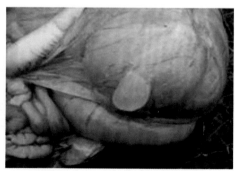

图 6-45　大网膜上寄生的细颈囊尾蚴

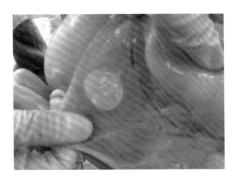

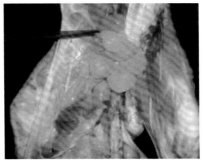

图 6-46　肠系膜上寄生的细颈囊尾蚴　　图 6-47　腹膜上寄生的细颈囊尾蚴

【诊断与类症鉴别】本病生前诊断非常困难，可用免疫血清学方法诊断。一般是在死后剖检发现细颈囊尾蚴而确诊。急性型的易与急性肝片吸虫病相混淆。在肝脏中发现细颈囊尾蚴时，应与棘球蚴相区别：细颈囊尾蚴只有一个头节，壁薄而且透明；而棘球蚴囊壁厚且不透明，头节数量非常多。

【预防措施】

（1）主要是禁止犬类进入牛羊舍及屠宰场所，避免饲草、饲料及饮水等被犬的粪便污染。

（2）含有细颈囊尾蚴的脏器应进行无害化处理，未经煮熟严禁喂犬。

（3）犬进行定期检查和驱虫，常用药物有吡喹酮（每千克体重 5～10 毫克）或丙硫咪唑（每千克体重 15～20 毫克）或氯硝柳胺（每千克体重 100～150 毫克），1 次口服。

（4）蝇在传播虫卵中起着重要作用，应采取可行方法灭蝇。

【安全用药】

（1）选用吡喹酮，以每千克体重 50 毫克内服，每天 1 次，连用 2 天。

（2）还可试用丙硫咪唑或甲苯咪唑治疗。

第七章

牛眼科疾病的类症鉴别诊断与安全用药

第一节 传染性疾病

一、牛传染性角膜结膜炎

牛传染性角膜结膜炎，又称"流行性眼炎""红眼病"，是世界范围内分布的一种高度接触性传染性眼病。临床特征主要以急性传染为特点，发病动物眼睛流出大量分泌物、结膜炎、角膜浑浊、溃疡甚至失明。本病是各国养牛业的一种重要眼病，它使患犊生长缓慢、肉牛掉膘和奶牛产奶量降低。

【病原】已证实本病是由牛莫拉菌所引起的。该菌为革兰氏阴性菌，有致病性，其毒力因子主要有菌毛和溶血毒素。牛莫拉菌的菌毛有助于该菌黏附于角膜上皮，使角膜感染，但目前还不清楚破坏角膜基质的具体化学介质。牛莫拉菌的强毒株感染后，机体可产生局部免疫和体液免疫，但保护力和免疫期尚不清楚。

视频 7-1

视频 7-2

视频 7-3

【流行特征】本病可发生牛、绵羊、山羊、骆驼和鹿，并且这些动物的感染无年龄、品种和性别差异，但以哺乳和育肥的犊牛、羔羊发病率较高，以母羊的症状较严重；无角牛羊比有角牛羊发病率高。它广为流行于青年牛和犊牛中，未曾感染的成年牛也可感染。通常多侵害一只眼（视频7-1），然后再侵及另一只眼（视频7-2），两眼同时发病的较少。某些品种牛（如海福特、短角牛、娟姗牛和荷斯坦牛）似较其他品种牛（如婆罗门牛和婆罗门杂交牛）易感性强。本病是各国养牛业的一种重要眼病，它使患犊生长缓慢、肉牛掉膘和奶牛产奶量降低。患病及隐性感染动物是本病的主要传染源，康复后的动物不能产生良好免疫，在临床症状消失后仍能带病原菌、排病原菌达几个月之久，而且可以重新发病。本病通过直接接触或间接接触被患病动物污染的器具而感染，也可通过飞蝇而传播。秋家蝇是传播牛莫拉菌的主要昆虫媒介（图7-1）。这些家蝇将莫拉菌强毒株从感染牛眼鼻分泌物携带至未感染牛眼中（图7-2）。本病的季节性不强，一年四季都有流行，但夏秋季节发病较多，一旦发病，1周内可迅速波及全群，甚至呈流行性或地方流行性

（视频 7-3）。不良的气候和环境因素可使本病症状加剧，尤其是强烈的日光照射。

 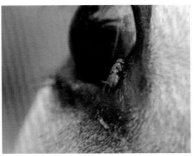

图 7-1 秋家蝇　　图 7-2 秋家蝇叮咬牛眼部周围而使其感染

【临床症状】本病的临床症状是羞明、流泪、眼睑痉挛和闭锁、局部增温，出现结膜炎和角膜炎。多数先一眼患病（图 7-3），然后波及另一眼。发病初期呈结膜炎症状（图7-4），流泪，羞明，眼睑半闭（图 7-5）。眼内角流出浆液或黏液性分泌物（图 7-6），不久则变成脓性（图 7-7）。上、下眼睑肿胀、疼痛，结膜潮红，并有树枝状充血，其后发生角膜炎（图 7-8）、角膜浑浊（图 7-9）、圆锥角膜（图 7-10）（圆锥角膜为本病的特征性病变）和角膜溃疡（图 7-11），眼前房积脓或角膜破裂，晶状体可能脱落，造成永久性失明。本病很少引起死亡，少数病牛多因结膜、角膜白斑，双目失明而被淘汰。

 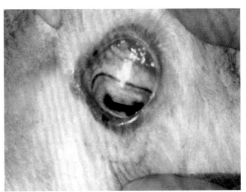

图 7-3 患牛初期一眼患角膜炎　　图 7-4 眼结膜充血、潮红

 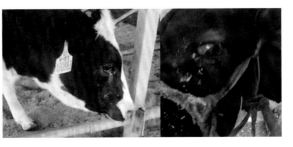

图 7-5 病牛眼睑半闭　　图 7-6 病牛患眼内眼角流出浆液性分泌物

图7-7 病牛患眼流出脓性分泌物

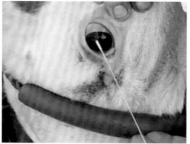
图7-8 病牛患眼角膜炎

图7-9 患眼角膜混浊

图7-10 病牛形成圆锥角膜

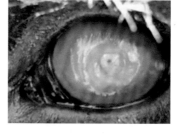
图7-11 病牛角膜溃疡

【剖检变化】结膜浮肿及高度充血（图7-12），结膜组织学变化表现含有多量淋巴细胞及浆细胞，上皮性细胞之间有中性粒细胞。角膜变化多种多样，可呈现出凹斑、白斑、白色混浊、隆起、突出等（图7-13），角膜组织学变化视不同类型而异，如白斑类型，固有层局限性胶原纤维增生和纤维化；白色混浊类型，可见上皮增生，固有层弥漫性玻璃样变性。

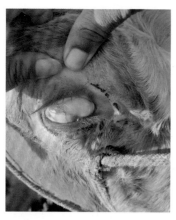

图7-12 结膜浮肿及树枝状充血

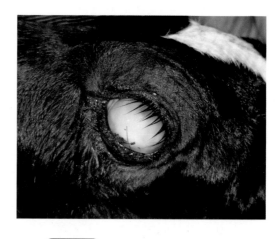
图7-13 角膜呈现出白斑、白色混浊

【诊断】根据本病夏秋季节发病较多、传染迅速等流行病学特征和眼角膜浑浊的典型临床症状可做出诊断。必要时可进行实验室检查，进行微生物学检查或应用荧光抗体技术确诊。

【类症鉴别】

1. 与角膜炎的鉴别

（1）相似点　角膜周围血管充血，角膜浑浊，羞明，流泪。

（2）不同点　角膜炎病牛的角膜不出现白色或灰白色小点，一般结膜、瞬膜不同时发炎或炎症较轻。无传染性。

2. 与结膜炎的鉴别

（1）相似点　眼结膜潮红、充血，羞明，流泪。

（2）不同点　结膜炎病牛一般角膜、瞬膜不同时发病。无传染性。

3. 与牛恶性卡他热的鉴别

（1）相似点　有传染性，羞明，流泪，角膜浑浊。

（2）不同点　牛恶性卡他热病牛体温高（41～42℃），鼻黏膜充血、糜烂，咽喉黏膜肿胀，头部肿胀、口腔黏膜坏死、糜烂，有臭味。

4. 与牛传染性鼻气管炎的鉴别

（1）相似点　有传染性。结膜发炎、流泪。

（2）不同点　传染性鼻气管炎病牛鼻黏膜充血，有溃疡，鼻窦、鼻镜发炎（有红鼻子之称），呼吸困难，有咳嗽。

【预防措施】在本病常发地区，应避免太阳光直射牛的眼睛，做好牛圈牛舍周围环境的灭虫灭蝇工作，并避免灰尘、蝇的侵袭。将牛放在暗的和无风的地方，可降低牛群发病率。应设法避免饲料和饮水遭受泪液和鼻液的污染。建议用 1.5% 硝酸银溶液做预防剂，即向所有牛角膜囊内滴入硝酸银液 5～10 滴，隔 4 天后重复点眼（每次点眼后应用生理盐水冲洗患眼）。新引进的牛在合群饲养前经局部或全身给予抗生素，可减少本病的发生。

【安全用药】首先应隔离病牛，消毒厩舍，转移变换牧场，消灭家蝇和牛体上的壁虱。对症治疗有一定的疗效。可向患眼滴入硝酸银溶液、蛋白银溶液（5%～10%）、硫酸锌溶液或葡萄糖溶液。也可涂擦 3% 甘汞软膏、抗生素眼膏。或向患眼眼睑结膜下注射庆大霉素 20～50 毫克或青霉素 30 万单位，每天 1 次，连续 3 天，效果比较理想。或肌内注射长效四环素，每千克体重 20 毫克，3 天后重复 1 次（避免泪液分泌，使眼部抗生素保持一定水平）。

二、牛吸吮线虫病

牛吸吮线虫病，又叫"牛眼虫病""寄生性结膜角膜炎"，由旋尾目吸吮科吸吮属的多种线虫寄生于牛的眼结膜囊、第三眼睑（瞬膜）和泪管所引起。我国各地普遍流行，对牛的危害甚大，可引起牛的结膜炎和角膜炎，甚至角膜糜烂和溃疡，严重者可导致失明。最常发于秋季。

【病原】吸吮属线虫寄生在眼球表面的结膜囊内，主要有罗氏吸吮线虫、大口吸吮线虫和斯氏吸吮线虫。其中罗氏吸吮线虫是我国最常见的一个种。

（1）形态特征　虫体呈乳白色，表皮上有显著的横纹，口囊小，无唇，边缘上有内外两圈乳突（图7-14）。雄虫长9.3～13毫米，通常有大量的肛前乳突；雌虫长14.5～17.7毫米，阴门位于虫体前部，胎生。

（2）发育过程　吸吮线虫的生活史中需要蝇（图7-15）参加，如胎生蝇、秋蝇等作为中间宿主。雌虫寄生在牛的结膜囊内，在此处产出幼虫，幼虫被舔食牛眼分泌物的蝇咽下，然后进入蝇的卵滤泡内发育并蜕化，约经1个月后变为感染性幼虫。感染性幼虫穿出卵滤泡，进入体腔，移行到达蝇的口器。带有感染性幼虫的蝇舔食牛眼分泌物时，感染性幼虫进入牛眼内，大约经过20天即可发育为成虫。成虫在牛眼内可生存1年左右。在牛眼内越冬的雌虫，是第二年春季流行的牛吸吮线虫病的吸吮线虫的主要来源。所以，春季是牛吸吮线虫病的预防和治疗的大好时机。

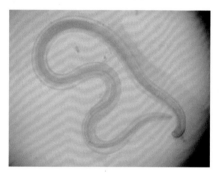

图7-14　罗氏吸吮线虫

图7-15　中间宿主——蝇

【流行特征】 本病的流行与蝇的活动季节密切相关，而蝇的繁殖速度和生长季节又决定于当地的气温和湿度等环境因素，故通常在温暖而湿度较高的季节常有大批牛只发病（5、6月份开始发病，8、9月份达到高峰，是冬轻夏重的一种眼虫病），干燥而寒冷的冬季则少见。各种年龄的牛都可感染，以犊牛和放牧牛多见。

【临床症状】 吸吮线虫的致病作用主要表现为机械性地损伤结膜和角膜，引起结膜炎、角膜炎，如继发细菌感染时，可导致失明。临床上常见患牛眼潮红、流泪（图7-16）和角膜浑浊（图7-17）等症状。病牛极度不安、摇头、摩擦眼部、食欲不振等。

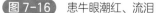

图7-16　患牛眼潮红、流泪

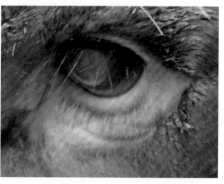

图7-17　患牛患眼角膜浑浊

【诊断】根据流行特征、临床症状可做出初步诊断，确诊需做病原学检查。扒开牛眼
发现线状长 10 ～ 20 毫米乳白色虫体在牛眼内活动，
虫体有时游走到眼球表面（图 7-18），更容易发现。
如能用牛的眼泪做涂片，在显微镜下检出幼虫，更
能进一步确诊。

图 7-18 游动到眼球表面的虫体

【类症鉴别】

1. 与结膜炎的鉴别

（1）相似点　结膜潮红、肿胀，羞明、流泪。
（2）不同点　结膜炎病牛的角膜不发炎，翻开
眼睑不见虫体。

2. 与角膜炎的鉴别

（1）相似点　羞明、流泪，角膜浑浊。
（2）不同点　角膜炎病牛的角膜四周有红晕，角膜、巩膜不见虫体。

【预防措施】本病的流行与蝇的活动季节密切相关，在蝇活动季节应该大量灭蝇、灭
蛆，清理蝇类孳生地；流行地区可于每年冬、春季及蝇类出现前对全部牛进行 1 次计划性
驱虫；对发病牛应及时治疗，防止病原传播。

【安全用药】

（1）药物治疗　可选用磷酸左旋咪唑，每千克体重 8 毫克，每天 1 次，口服，连续用
药 2 天。

（2）冲洗疗法　可任选下列一种药液：2% ～ 3% 硼酸溶液、0.2% 海群生溶液、稀碘
液（碘片 1 克、碘化钾 1.5 克、蒸馏水 1500 毫升）、1% 敌百虫溶液、0.5% 来苏尔溶液、
0.1% 雷佛奴尔溶液、3% 盐酸普鲁卡因溶液，用一个橡皮球或注射器吸取药液，冲洗第三
眼睑内侧和结膜囊，可杀死或冲出虫体。

（3）对症疗法　可选用青霉素软膏、黄降汞眼药膏或磺胺类药物治疗结膜炎或角
膜炎。

第二节　非传染性疾病

一、结膜炎

结膜炎是眼睑结膜和眼球结膜的表层或深层炎症，临床上呈急性或慢性经过。各种家
畜、动物均可发生，是最常见的一种眼病。根据其分泌物的性质可分为浆液性、黏液性和
化脓性结膜炎。根据病程长短可分急性结膜炎和慢性结膜炎。

【发病原因】主要是体内外各种因素对结膜的刺激。机械性因素，如结膜外伤、异物

落入结膜囊内或粘在结膜面上、眼睑位置改变（内翻、外翻、睫毛倒长等）、结膜囊或第三眼睑内寄生有眼吸吮线虫（图 7-19），对结膜造成机械刺激；化学性因素，如厩舍通风不良、有大量氨气存在、熏烟、使用被毛清洁剂或驱虫剂时误入眼内；传染性因素，正常时有多种微生物潜藏在眼结膜内，当结膜完整性遭到破坏时可引起感染，乳牛传染性鼻气管炎病毒可引起犊牛群发生结膜炎，放线菌病牛用碘化钾治疗时若发生碘中毒，常出现结膜炎；继发性因素，继发于上颌窦炎、角膜炎等相邻组织的疾病及流行性感冒、牛恶性卡他热、牛瘟等多种传染病等。

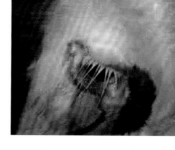

图 7-19 　眼吸吮线虫　　图 7-20 　急性结膜炎眼睛分泌的稀薄分泌物

【临床症状】结膜炎的共同症状是羞明、流泪、结膜充血和浮肿、眼睑痉挛、渗出物及白细胞浸润。临床上常见卡他性结膜炎和化脓性结膜炎两种。

1. 卡他性结膜炎

临床上最为常见，是多种结膜炎的早期症状，结膜潮红、肿胀、充血，眼内角流浆液、黏液或黏液脓性分泌物。可分为急性和慢性两型。

（1）急性型　轻时结膜及穹窿部轻度潮红、肿胀，呈鲜红色，分泌物稀薄（图 7-20），量少，继则变为黏液性（图 7-21）或脓性分泌物（图 7-22）。严重者，眼睑肿胀、热痛、羞明、充血明显，甚至见出血斑。炎症还可波及球结膜，有时角膜面也见轻微的浑浊（图 7-23）。若炎症侵及结膜下时，则结膜高度肿胀，疼痛剧烈。

（2）慢性型。常由急性型未及时治疗所致，症状往往不明显，患眼羞明很轻或见不到。充血轻微，结膜呈暗赤色、黄红色或黄色（图 7-24），疼痛常不明显。经久不愈可引起结膜增厚呈丝绒状，有少量分泌物。

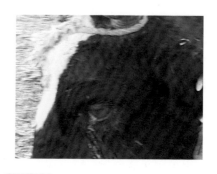

图 7-21 　急性结膜炎眼睛分泌的黏液性分泌物　　图 7-22 　急性结膜炎眼睛分泌的脓性分泌物

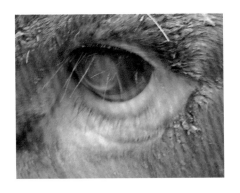

图 7-23　病牛角膜浑浊

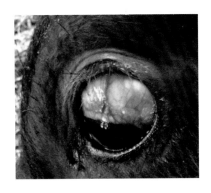

图 7-24　病牛结膜呈黄色

2. 化脓性结膜炎

眼部一般症状严重，眼内流出多量脓性分泌物（图 7-25），而且时间越久则越浓，上、下眼睑常粘在一起（图 7-26）。常波及角膜而形成角膜浑浊甚至溃疡，且常具有一定的传染性。

图 7-25　病牛眼内流出多量脓性分泌物

图 7-26　病牛的上、下眼睑常被粘在一起

【诊断】根据病史、临床症状和对症治疗方法的反应，可做出初步诊断，确诊需进一步做细胞学和细菌学检查。机械性或化学性因素所致结膜炎易通过病史和临床检查诊断；细菌、支原体和衣原体性结膜炎最初通常为一只眼发病，间隔一定时间可波及另一只眼，且一般广谱抗生素治疗有效；病毒性结膜炎常见于牛传染性鼻气管炎；由于其他严重眼病和全身性疾病常导致结膜炎的发生，因此，如果结膜炎的病因难以确定或对因治疗效果不明显，可做进一步的眼部和全身性检查。

【类症鉴别】

1. 与角膜炎的鉴别

（1）相似点　羞明、流泪。
（2）不同点　角膜炎病牛角膜浑浊，四周有红晕。

2. 与牛吸吮线虫病的鉴别

（1）相似点　结膜充血，羞明、流泪。

（2）不同点　吸吮线虫病牛翻开眼睑可见到活动的吸吮线虫。

3. 与传染性角膜结膜炎的鉴别

（1）相似点　结膜潮红、肿胀，羞明、流泪。

（2）不同点　传染性角膜结膜炎病牛有传染性。角膜、瞬膜也同样发炎，角膜有白色或灰白色小点，有时眼前房积脓，病程长。

【预防措施】保持厩舍和运动场的清洁卫生；注意通风换气与防止光线刺激，防止风尘的侵袭；严禁在厩舍里调制饲料和刷拭动物体；笼头不合适应加以调整；在麦收季节，可用0.9%生理盐水溶液经常冲洗眼，以防止眼吸吮线虫病发生；治疗眼病时，要特别注意药品的选用和使用浓度及有无变质的情况。

【安全用药】除去病因，消炎镇痛，防止光线刺激。以局部用药为主，必要时可辅助全身用药。

（1）除去病因　除去发病的主要原因。若是症候性结膜炎，则应以治疗原发病为主。若为环境因素引起，则要设法改善环境条件等。

（2）遮断光线　将患牛放在暗处或包扎眼绷带，避免强光刺激。但分泌物量多时不可装置眼绷带。

（3）清洗患眼　用2%～3%硼酸水，或0.9%氯化钠注射液、0.1%新洁尔灭溶液、0.1%利凡诺溶液等彻底洗眼，每天1～2次，洗除异物和分泌物。禁止使用强刺激性药物。

（4）对症疗法

① 消炎可选用青霉素、四环素、金霉素或可的松点眼，每日2～4次。

② 急性卡他性结膜炎。a.炎症初期充血肿胀严重时，可用冷敷疗法；分泌物变为黏液时，则改为温敷，再用0.5%～1%硝酸银溶液点眼（每天1～2次），用药后10分钟要用生理盐水冲洗。b.分泌物过多时，可用0.3%硫酸锌溶液、1%～2%明矾溶液或1%硫酸铜溶液洗眼，此外，可配合太阳穴或眼脉穴放血。c.若分泌物已见减少或将趋于吸收过程时，可用收敛药，如0.5%～2%硫酸锌溶液（每天2～3次），或2%～5%蛋白银溶液、0.5%～1%明矾溶液或2%黄降汞眼膏。d.疼痛显著时，可用下述配方点眼：0.5%硫酸锌溶液0.05～0.1毫升、0.5%盐酸普鲁卡因溶液0.5毫升、3%硼酸溶液0.3毫升、0.1%肾上腺素注射液2滴及蒸馏水10毫升；也可用10%～30%板蓝根溶液点眼；还可用0.5%盐酸普鲁卡因溶液2～3毫升，溶解青霉素或氨苄青霉素5万～10万单位，再加入氢化可的松2毫升（10毫克）或地塞米松磷酸钠注射液1毫升（5毫克），作球结膜注射或眼睑皮下注射（上、下眼睑分别注射），1日或隔日1次。

③ 慢性结膜炎。可采用刺激温敷疗法。a.局部可用较浓的硫酸锌或硝酸银溶液，或用硫酸铜棒轻轻擦上、下眼睑，擦后立即用硼酸水冲洗，然后再进行温敷；也可用2%黄降汞眼膏涂于结膜囊内。b.中药治疗。用川连1.5克、枯矾6克、防风9克，煎后过滤，洗眼的效果良好。c.对顽固的慢性结膜炎采用自家血疗法。

④ 病毒性结膜炎。可用5%的乙酰磺胺钠眼膏涂布眼内，或用0.1%碘苷（疱疹净）或4%盐酸吗啉胍等眼药水进行点眼；同时使用抗生素眼药水，以防继发和混合感染。

（5）全身药物治疗 一般局部治疗即可。严重感染者，可根据情况全身使用药物。

二、角膜炎

角膜炎是角膜上皮组织因受微生物、外伤、化学性物理性因素影响而发生的一种炎症，为最常见的眼病之一。

【发病原因】本病多因外伤（如鞭梢的打击、笼头的压迫、尖锐物体的刺激）或异物（如碎玻璃、碎铁片、麦芒、草尖等）误入眼内而引起（图7-27、图7-28）；化学因素刺激、某些邻近器官发生炎症、维生素A缺乏及某些传染病（如牛恶性卡他热、牛肺疫等）等也常继发或并发本病。

【临床症状】角膜炎的共同症状是羞明、流泪、疼痛、眼睑闭合、角膜浑浊、角膜缺损或溃疡，角膜周围形成新生血管或睫状体充血。临床上可分为表在性角膜炎、深在性角膜炎和化脓性角膜炎。

（1）浅在性角膜炎 角膜表层损伤，侧望可见表层上皮脱落及伤痕。当炎症侵害角膜表层，角膜表面变得粗糙，侧望无镜面状光泽，变为灰白色浑浊（图7-29），有时在眼角膜周围增生很多血管，呈树枝状侵入表面，形成所谓血管性角膜炎（图7-30）。

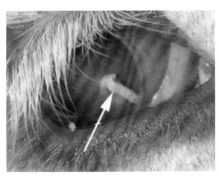

图7-27 由麦芒引起的异物性角膜炎   图7-28 有草尖引起的异物性角膜炎

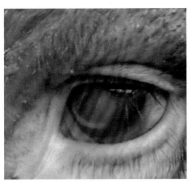

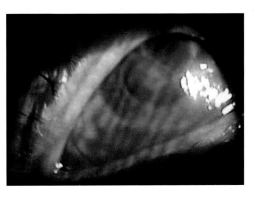

图7-29 角膜表面粗糙，为灰白色浑浊   图7-30 血管性角膜炎

（2）深在性角膜炎 一般症状如同浅在性角膜炎，不同处为角膜深部，呈点状、云雾状，呈灰白色（图7-31）、乳白色（图7-32）或绿色。角膜周围及边缘血管充血，血管增生，有时虹膜发生粘连。

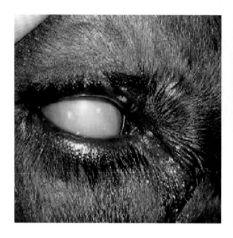 

图 7-31 深在性角膜炎角膜呈灰白色　　图 7-32 深在性角膜炎角膜呈乳白色

（3）化脓性角膜炎 角膜上呈现黄色局限性混浊，周围呈白色圈状（图7-33），破溃后流出脓汁，严重时引起全眼球化脓。

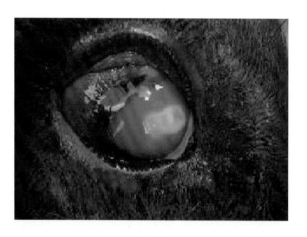

图 7-33 化脓性角膜炎角膜上呈现黄色的局限性浑浊，周围有白色圆圈

【诊断】根据发病病因和临床症状，基本可确诊。

【类症鉴别】

1. 与结膜炎的鉴别

（1）相似点 羞明、流泪，按压眼睑有痛感。
（2）不同点 结膜炎病牛仅结膜红肿，角膜无浑浊溃疡。

2. 与乳牛黄曲霉毒素中毒的鉴别

（1）相似点　角膜一侧或两侧浑浊。

（2）不同点　黄曲霉毒素中毒的乳牛因吃了黄曲霉污染的饲料而发病，还出现腹水和间歇性腹泻，死亡率高。

【**预防措施**】在使役经过有树木地区时防止树梢或灌木丛碰及眼睛，驱赶牛群防止鞭梢伤及眼睛。遇沙尘暴或扬场时将牛牵进牛舍，防止沙尘、壳芒、碎草等侵入眼裂。发生角膜炎、角膜溃疡时抓紧治疗，以免角膜穿孔引起眼球炎。

【**安全用药**】

（1）急性期的冲洗和用药与结膜炎的治疗大致相同。

（2）为了促进角膜浑浊的吸收，可向患眼吹入等份的甘汞和乳糖（白糖也可以）；40%葡萄糖溶液或自家血点眼；也可用自家血进行眼睑皮下注射或球结膜下注射；1%～2%黄降汞眼膏涂于患眼内；还可静脉注射5%碘化钾溶液20～40毫升，连用1周；或每日内服碘化钾5～10克，连用5～7天。

（3）疼痛剧烈时，可用10%颠茄软膏或5%狄奥宁软膏涂于患眼内。

（4）为防止虹膜粘连或当同时发生前色素层炎时，用0.5%～1%硫酸阿托品注射液点眼有效。

（5）如角膜未出现溃疡或穿孔，可用青霉素、普鲁卡因、氢化可的松作球结膜下注射或作患眼上、下眼睑皮下注射；或单纯使用醋酸强的松龙或甲强龙进行球结膜下注射，对外伤性角膜炎引起的角膜翳效果良好，但是，不能用于角膜有穿孔或溃疡的病例。

（6）角膜穿孔时，应严密消毒防止感染；1%三七灭菌液点眼可促进角膜创伤的愈合。同时内服"决明散"，方剂组成：煅石决明、决明子、黄芪、黄芩各30克，大黄、马尾连各25克，栀子、郁金、制没药、白药子、黄药子各20克，加适量清水共煎取汁后，再加适量清水煎1次，然后将2次药汁合在一起，每日分2次趁温热灌服。此汤每日用1剂，连用3剂。

（7）症候性、传染病性角膜炎，应注意治疗原发病。

附 录

一、奶牛饲养允许使用的抗菌药、抗寄生虫药和生殖激素类药及使用规定

奶牛饲养允许使用的抗菌药、抗寄生虫药和生殖激素类药及使用规定见附表1。

附表1 奶牛饲养允许使用的抗菌药、抗寄生虫药和生殖激素类药及使用规定

类别	药物名称	制剂	用法与用量（用量以有效成分计）	休药期
抗菌药	氨苄西林钠	注射用粉针	肌内、静脉注射，一次量，10～20毫克/千克体重，2～3次/天，连用2～3天	6天，奶废弃期2天
		注射液	皮下或肌内注射，一次量，5～7毫克/千克体重	
	氨苄西林钠＋氯唑西林钠（干乳期）	乳膏剂	乳管注入，干乳期奶牛，每乳室氨苄西林钠0.25克＋氯唑西林钠0.5克，隔3周再输注1次	28天，奶废弃期30天
	氨苄西林钠＋氯唑西林钠（泌乳期）	乳膏剂	乳管注入，泌乳期奶牛，每乳室氨苄西林钠0.075克＋氯唑西林钠0.2克，2次/天，连用数天	7天，奶废弃期2.5天
	苄星青霉素	注射用粉针	肌内注射，一次量2万～3万单位/千克体重，必要时3～4天重复1次	30天，奶废弃期3天
	苄星邻氯青霉素	注射液	乳管注入，每乳室50万单位	28天及产犊后4天的奶，泌乳期禁用
	青霉素钾（钠）	注射用粉针	肌内注射，一次量1万～2万单位/千克体重，2～3次/天，连用2～3天	奶废弃期3天
	硫酸小檗碱	注射液	肌内注射，一次量，0.15～0.4克	0天
	头孢氨苄	乳剂	乳管注入，每乳室200毫克，2次/天，连用2天	奶废弃期2天
	氯唑西林钠	注射用粉针	乳管注入，泌乳期奶牛，每乳室200毫克	10天，奶废弃期2天
			乳管注入，干乳期奶牛，每乳室200～500毫克	30天
	恩诺沙星	注射液	肌内注射，一次量2.5毫克/千克体重，1～2次/天，连用2～3天	28天，泌乳期禁用
	乳糖酸红霉素	注射用粉针	静脉注射，一次量，3～5毫克/千克体重，2次/天，连用2～3天	21天，泌乳期禁用
	土霉素	注射液（长效）	肌内注射，一次量10～20毫克/千克体重	28天，泌乳期禁用
	盐酸土霉素	注射用粉针	静脉注射，一次量5～10毫克/千克体重，2次/天，连用2～3天	19天，泌乳期禁用
	普鲁卡因青霉素	注射用粉针	肌内注射，一次量1万～2万单位/千克体重，1次/天，连用2～3天	10天，奶废弃期3天
	硫酸链霉素	注射用粉针	肌内注射，一次量10～15毫克/千克体重，2次/天，连用2～3天	14天，奶废弃期2天
	磺胺嘧啶	片剂	内服，一次量，首次量0.14～0.2克/千克体重，维持量0.07～0.1克/千克体重，2次/天，连用3～5天	8天，泌乳期禁用

续表

类别	药物名称	制剂	用法与用量（用量以有效成分计）	休药期
抗菌药 抗菌药	磺胺嘧啶钠	注射液	静脉注射，一次量 0.05～0.1 克/千克体重，1～2 次/天，连用 2～3 天	10 天，奶废弃期 2.5 天
	复方磺胺嘧啶钠	注射液	肌内注射，一次量 20～30 毫克/千克体重（以磺胺嘧啶计），1～2 次/天，连用 2～3 天	10 天，奶废弃期 2.5 天
	磺胺二甲嘧啶	片剂	内服，一次量，首次量 0.14～0.2 克/千克体重，维持量 0.07～0.1 克/千克体重，1～2 次/天，连用 3～5 天	10 天，泌乳期禁用
	磺胺二甲嘧啶钠	注射液	静脉注射，一次量 0.05～0.1 克/千克体重，1～2 次/天，连用 2～3 天	10 天，泌乳期禁用
抗寄生虫药	阿苯达唑	片剂	内服，一次量 10～15 毫克/千克体重	27 天，泌乳期禁用
	双甲脒	溶液	药浴、喷洒、涂擦，配成 0.025%～0.05% 的溶液	1 天，奶废弃期 2 天
	青蒿琥酯	片剂	内服，一次量 5 毫克/千克体重，首次量加倍，2 次/天，连用 2～4 天	0 天
	溴酚磷	片剂、粉剂	内服，一次量 12 毫克/千克体重	21 天，奶废弃期 5 天
	氯氰碘柳胺钠	片剂、混悬液	内服，一次量 5 毫克/千克体重	28 天，奶废弃期 28 天
		注射液	皮下或肌内注射，一次量 2.5～5 毫克/千克体重	
	芬苯达唑	片剂、粉剂	内服，一次量，5～7.5 毫克/千克体重	28 天，奶废弃期 4 天
	氰戊菊酯	溶液	喷雾，配成 0.05%～0.1% 的溶液	1 天，奶废弃期 0 天
	伊维菌素	注射液	皮下注射，一次量，0.2 毫克/千克体重	35 天，泌乳期禁用
	盐酸左旋咪唑	片剂	内服，一次量，7.5 毫克/千克体重	2 天，泌乳期禁用
		注射液	皮下、肌内注射，一次量 7.5 毫克/千克体重	14 天，泌乳期禁用
	奥芬达唑	片剂	内服，一次量 5 毫克/千克体重	11 天，泌乳期禁用
	碘醚柳胺	混悬液	内服，一次量 7～12 毫克/千克体重	60 天，泌乳期禁用
	三氯苯唑	混悬液	内服，一次量 6～12 毫克/千克体重	28 天，泌乳期禁用
生殖激素类药	甲基前列腺素 F_{2a}	注射液	肌内注射或宫颈内注入，一次量 2～4 毫克/千克体重	0 天
	绒促性素	注射用粉针	肌内注射，一次量 1000～5000 单位，2～3 次/周	泌乳期禁用
	苯甲酸雌二醇	注射液	肌内注射，一次量 5～20 毫克	泌乳期禁用
	醋酸促性腺激素释放激素	注射液	肌内注射，一次量 100～200 微克	泌乳期禁用
	促黄体素释放激素 A_2	注射用粉针	肌内注射，一次量，排卵迟滞 12.5～25 微克；卵巢静止 25 微克，1 次/天，可连用至 3 次；持久黄体或卵巢囊肿 25 微克，1 次/天，可连用至 4 次	泌乳期禁用
	促黄体素释放激素 A_3	注射用粉针	肌内注射，一次量 25 微克	泌乳期禁用
	垂体促卵泡素	注射用粉针	肌内注射，一次量 100～150 单位，隔 2 天 1 次，连用 2～3 次	泌乳期禁用
	垂体促黄体素	注射用粉针	肌内注射，一次量 100～200 单位	泌乳期禁用
	黄体酮	注射液	肌内注射，一次量 50～100 毫克	12 天，泌乳期禁用
	复方黄体酮	缓释圈	阴道插入，一次量黄体酮 1.55 克＋苯甲酸雌二醇 10 毫克	泌乳期禁用

续表

类别	药物名称	制剂	用法与用量（用量以有效成分计）	休药期
生殖激素类药	缩宫素	注射液	皮下、肌内注射，一次量 30 ～ 100 单位	泌乳期禁用
	氨基丁三醇前列腺素 F2a	注射液	肌内注射，一次量 25 毫克	泌乳期禁用
	血促性素	注射用粉针	皮下、肌内注射，一次量，催情 1000 ～ 2000 单位；超排 2000 ～ 4000 单位	泌乳期禁用

二、肉牛饲养允许使用的抗寄生虫药、抗菌药和饲料药物添加剂及使用规定

肉牛饲养允许使用的抗寄生虫药、抗菌药和饲料药物添加剂及使用规定见附表 2。

附表 2　肉牛饲养允许使用的抗寄生虫药、抗菌药和饲料药物添加剂及使用规定

类别	药品名称	制剂	用法与用量（用量以有效成分计）	休药期 / 天
抗寄生虫药	阿苯达唑	片剂	内服，一次量 10 ～ 15 毫克 / 千克体重	27
	双甲脒	溶液	药浴、喷洒、涂擦、配成 0.025% ～ 0.05% 的溶液	1
	青蒿琥酯	片剂	内服，一次量 5 毫克 / 千克体重，首次量加倍，2 次 / 天，连用 2 ～ 4 天	不少于 28
	溴酚磷	片剂、粉剂	内服，一次量 12 毫克 / 千克体重	21
	氯氰碘柳胺钠	片剂、混悬液	内服，一次量 5 毫克 / 千克体重	28
		注射液	皮下或肌内注射，一次量 2.5 ～ 5 毫克 / 千克体重	
	芬苯达唑	片剂、粉剂	内服，一次量 5 ～ 7.5 毫克 / 千克体重	28
	氰戊菊酯	溶液	喷雾，配成 0.05% ～ 0.1% 的溶液	1
	伊维菌素	注射液	皮下注射，一次量 0.2 毫克 / 千克体重	35
	盐酸左旋咪唑	片剂	内服，一次量 7.5 毫克 / 千克体重	2
		注射液	皮下、肌内注射，一次量 7.5 毫克 / 千克体重	14
	奥芬达唑	片剂	内服，一次量 5 毫克 / 千克体重	11
	碘醚柳胺	混悬液	内服，一次量 7 ～ 12 毫克 / 千克体重	60
	噻苯咪唑	粉剂	内服，一次量 50 ～ 100 毫克 / 千克体重	3
	三氯苯唑	混悬液	内服，一次量 6 ～ 12 毫克 / 千克体重	28
抗菌药	氨苄西林钠	注射用粉针	肌内、静脉注射，一次量 10 ～ 20 毫克 / 千克体重，2 ～ 3 次 / 天，连用 2 ～ 3 天	不少于 21
		注射液	皮下或肌内注射，一次量 5 ～ 7 毫克 / 千克体重	21
	苄星青霉素	注射用粉针	肌内注射，一次量 2 万 ～ 3 万单位 / 千克体重，必要时 3 ～ 4 天重复 1 次	30
	青霉素钾（钠）	注射用粉针	肌内注射，一次量 1 万 ～ 2 万单位 / 千克体重，2 ～ 3 次 / 天，连用 2 ～ 3 天	不少于 28
	硫酸小檗碱	注射液	肌内注射，一次量 0.15 ～ 0.4 克	0
		粉剂	内服，一次量 3 ～ 5 克	

续表

类别	药品名称	制剂	用法与用量（用量以有效成分计）	休药期/天
抗菌药	恩诺沙星	注射液	肌内注射，一次量，2.5毫克/千克体重，（1～2）次/天，连用2～3天	14
	乳糖酸红霉素	注射用粉针	静脉注射，一次量3～5毫克/千克体重，2次/天，连用2～3天	21
	土霉素	注射液（长效）	肌内注射，一次量10～20毫克/千克体重	28
	盐酸土霉素	注射用粉针	静脉注射，一次量5～10毫克/千克体重，2次/天，连用2～3天	19
	普鲁卡因青霉素	注射用粉针	肌内注射，一次量1万～2万单位/千克体重，1次/天，连用2～3天	10
	硫酸链霉素	注射用粉针	肌内注射，一次量10～15毫克/千克体重，2次/天，连用2～3天	14
	磺胺嘧啶	片剂	内服，一次量，首次量0.14～0.2克/千克体重，维持量0.07～0.1克/千克体重，2次/天，连用3～5天	8
	磺胺嘧啶钠	注射液	静脉注射，一次量0.05～0.1克/千克体重，1～2次/天，连用2～3天	10
	复方磺胺嘧啶钠	注射液	肌内注射，一次量20～30毫克/千克体重（以磺胺嘧啶计），1～2次/天，连用2～3天	28
	磺胺二甲嘧啶	片剂	内服，一次量，首次量0.14～0.2克/千克体重，维持量0.07～0.1克/千克体重，1～2次/天，连用3～5天	10
	磺胺二甲嘧啶钠	注射液	静脉注射，一次量0.05～0.1克/千克体重，1～2次/天，连用2～3天	10
饲料药物添加剂	莫能菌素钠	预混剂	混饲，200～360毫克（效价）/（头·日）	5
	杆菌肽锌	预混剂	混饲，每1000千克饲料，犊牛10～100克（3月龄以下），4～40克（3月～6月龄）	0
	黄霉素	预混剂	混饲，30～50毫克/（头·日）	0
	硫酸黏菌素	预混剂	混饲，每1000千克饲料，犊牛5～40克	7

三、食品动物禁用的兽药及其它化合物清单

食品动物禁用的兽药及其它化合物清单

（中华人民共和国农业部公告第193号）

为保证动物源性食品安全，维护人民身体健康，根据《兽药管理条例》的规定，我部制定了《食品动物禁用的兽药及其它化合物清单》（以下简称《禁用清单》，附表3），现公告如下：

一、《禁用清单》序号1至18所列品种的原料药及其单方、复方制剂产品停止生产，已在兽药国家标准、农业部专业标准及兽药地方标准中收载的品种，废止其质量标准，撤销其产品批准文号；已在我国注册登记的进口兽药，废止其进口兽药质量标准，注销其《进口兽药登记许可证》。

二、截至2002年5月15日，《禁用清单》序号1至18所列品种的原料药及其单方、

复方制剂产品停止经营和使用。

三、《禁用清单》序号 19 至 21 所列品种的原料药及其单方、复方制剂产品不准以抗应激、提高饲料报酬、促进动物生长为目的在食品动物饲养过程中使用。

附表3　食品动物禁用的兽药及其它化合物清单

序号	兽药及其它化合物名称	禁止用途	禁用动物
1	β-兴奋剂类：克仑特罗、沙丁胺醇、西马特罗及其盐、酯及制剂	所有用途	所有食品动物
2	性激素类：己烯雌酚及其盐、酯及制剂	所有用途	所有食品动物
3	具有雌激素样作用的物质：玉米赤霉醇、去甲雄三烯醇酮、醋酸甲孕酮及制剂	所有用途	所有食品动物
4	氯霉素及其盐、酯（包括琥珀氯霉素）及制剂	所有用途	所有食品动物
5	氨苯砜及制剂	所有用途	所有食品动物
6	硝基呋喃类：呋喃唑酮、呋喃它酮、呋喃苯烯酸钠及制剂	所有用途	所有食品动物
7	硝基化合物：硝基酚钠、硝呋烯腙及制剂	所有用途	所有食品动物
8	催眠、镇静类：安眠酮及制剂	所有用途	所有食品动物
9	林丹（丙体六六六）	杀虫剂	所有食品动物
10	毒杀芬（氯化烯）	杀虫剂、清塘剂	所有食品动物
11	呋喃丹（克百威）	杀虫剂	所有食品动物
12	杀虫脒（克死螨）	杀虫剂	所有食品动物
13	双甲脒	杀虫剂	水生食品动物
14	酒石酸锑钾	杀虫剂	所有食品动物
15	锥虫胂胺	杀虫剂	所有食品动物
16	孔雀石绿	抗菌、杀虫剂	所有食品动物
17	五氯酚酸钠	杀螺剂	所有食品动物
18	各种汞制剂包括：氯化亚汞（甘汞）、硝酸亚汞、醋酸汞、吡啶基醋酸汞	杀虫剂	所有食品动物
19	性激素类：甲基睾丸酮、丙酸睾酮、苯丙酸诺龙、苯甲酸雌二醇及其盐、酯及制剂	促生长	所有食品动物
20	催眠、镇静类：氯丙嗪、地西泮（安定）及其盐、酯及制剂	促生长	所有食品动物
21	硝基咪唑类：甲硝唑、地美硝唑及其盐、酯及制剂	促生长	所有食品动物

注：食品动物是指各种供人食用或其产品供人食用的动物

二〇〇二年四月

四、牛的免疫程序

1. 奶牛的免疫程序

奶牛的免疫程序见附表4。

附表4　奶牛的免疫程序

年龄	疫苗名称	接种方法及用量	预防疾病	免疫期及备注
1月龄	2号炭疽芽胞苗（或无毒炭疽芽胞苗）	皮下注射，1毫升（或皮下注射，0.5毫升）	炭疽	1年
	破伤风明矾沉淀类毒素	皮下注射，5毫升	破伤风	6个月
	气肿疽甲醛菌苗或明矾菌苗	皮下注射，5毫升	气肿疽	6个月

续表

年龄	疫苗名称	接种方法及用量	预防疾病	免疫期及备注
6月龄	狂犬病弱毒苗	皮下注射，25～50毫升	狂犬病	1年
	布氏杆菌19号活菌苗	皮下注射，5毫升	布氏杆菌病	1年
	气肿疽牛出血性败血病二联苗	皮下注射（用20%氢氧化铝盐水溶解），1毫升	气肿疽、牛出败	1年
12月龄	2号炭疽芽胞苗或无毒炭疽芽胞苗	皮下注射，1毫升（或皮下注射，0.5毫升）	炭疽	1年
	破伤风明矾沉淀类毒素	皮下注射，0.5毫升	破伤风	1年
	狂犬病疫苗	皮下注射，25～50毫升	狂犬病	6个月
	口蹄疫弱毒苗	皮下注射，5毫升	口蹄疫	6个月
18月龄	狂犬病疫苗	皮下注射，25～50毫升	狂犬病	6个月
	布氏杆菌19号苗	皮下注射，5毫升	布氏杆菌病	1年
18月龄	气肿疽牛出血性败血病二联干粉苗	皮下注射，1毫升（用20%氢氧化铝盐水溶解）	气肿疽、牛出败	1年
	口蹄疫弱毒苗	皮下注射或肌内注射，2毫升	口蹄疫	6个月
	牛羊厌氧氢氧化铝菌苗	皮下或肌内注射，5毫升	猝死症	6个月
24月龄	2号炭疽芽胞苗（或无毒炭疽芽胞苗）	皮下注射，1毫升	炭疽	1年
	破伤风明矾沉淀类毒素	皮下注射，0.5毫升	破伤风	1年
	狂犬病疫苗	皮下注射，25～50毫升	狂犬病	6个月
	口蹄疫弱毒苗	皮下注射或肌内注射，2毫升	口蹄疫	6个月
	牛羊厌氧氢氧化铝菌苗	皮下或肌内注射，5毫升	猝死症	6个月
成年牛	牛气肿疽甲醛菌苗或明矾菌苗	皮下注射，5毫升	气肿疽	每年春季接种1次
	炭疽菌苗	皮下注射，1毫升	炭疽	每年春季接种1次
	破伤风类毒素	皮下注射，1毫升	破伤风	每年定期接种1次
	口蹄疫弱毒苗	肌内注射，2毫升	口蹄疫	每年春、秋各接种1次
	狂犬病疫苗	皮下注射，25～50毫升	狂犬病	每年春、秋各接种1次
	牛羊厌氧氢氧化铝菌苗	皮下或肌内注射，5毫升	猝死症	6个月
妊娠牛	牛沙门氏菌病灭活苗	见疫苗生产标签	沙门氏菌病	母牛分娩前4周
	犊牛大肠杆菌菌苗	见疫苗生产标签	大肠杆菌病	母牛分娩前2～4周
	牛羊厌氧氢氧化铝菌苗	皮下注射，5毫升	猝死症	母牛分娩前4～6周

2. 肉牛的免疫程序

肉牛的免疫程序见附表5。

附表5 肉牛的免疫程序

免疫时间	疫苗名称	用法用量	预防疾病	免疫期
犊牛1～2月龄或6月龄各免疫1次	牛气肿疽灭活疫苗	颈部或肩胛部后缘皮下注射，5毫升/头。生效期14天左右	气肿疽	6个月
犊牛4～5月龄首免；以后每隔4～5个月免疫1次	口蹄疫苗	皮下或肌内注射，犊牛0.5～1毫升，成年牛2毫升/头。生效期14天	牛口蹄疫	6个月
犊牛4.5～5月龄首免；以后每年春、秋各一次	牛出血性败血病氢氧化铝苗	皮下或肌内注射；犊牛4毫升/头，成年牛6毫升/头。生效期21天	牛出血性败血病	9个月

续表

免疫时间	疫苗名称	用法用量	预防疾病	免疫期
每年 5 月或 10 月全群免疫一次	无毒炭疽芽孢苗	皮下注射，成年牛 2 毫升 / 头，犊牛 0.5 毫升 / 头。生效期 14 天	牛炭疽	1 年。
一年一次（3～4 月或 8～9 月）	布氏杆菌猪型 2 号	皮下或肌内注射，5 毫升 / 头。生效期 30 天	布氏杆菌病	1 年
一年一次（3～4 月或 9～10 月）	传染性胸膜肺炎	臀部肌内注射，成年牛 2 毫升 / 头，犊牛 1 毫升 / 头。生效期 21～28 天	传染性胸膜肺炎	1 年
一年一次（3～4 月）	牛环形泰勒虫病疫苗	肌内注射 1～2 毫升 / 头（含有 100 万～200 万个活细胞）。生效期 30 天	牛的环形泰勒虫病	1 年

参考文献

[1] 执业兽医资格考试应试指南编写组 . 2021 年执业兽医资格考试应试指南（兽医全科类）. 北京：中国农业出版社，
    2021

[2] 金东航 . 牛病诊疗与处方手册 . 北京：化学工业出版社 . 2021

[3] 金东航 . 牛病类症鉴别与诊治彩色图谱 . 北京：化学工业出版社 . 2020

[4] 金东航，马玉忠，张英海 . 牛病防治新技术宝典 . 北京：化学工业出版社 . 2017

[5] 张庆茹，史书军 . 牛病快速诊治实操图解 . 北京：中国农业出版社 . 2019

[6] 李建喜，杨志强 . 牛病防治及安全用药 . 北京：化学工业出版社 . 2020

[7] 金东航，马玉忠 . 牛羊常见病诊治彩色图谱 . 北京：化学工业出版社 . 2014

[8] 赵朴，魏刚才，阿不都热衣木·赛提 . 牛场卫生、消毒和防疫手册 . 北京：化学工业出版社 . 2015

[9] 赵月兰 . 规范化健康养殖奶牛疾病防治技术 . 北京：中国农业大学出版社 . 2015

[10] 吴文学，李秀波，王中杰 . 牛病诊疗手册 . 北京：中国农业科学技术出版社 . 2018

[11] 张子威，邢厚娟 . 奶牛异常症状的鉴别诊断与治疗 . 北京：中国农业科学技术出版社 . 2015

[12] 陈剑杰 . 实用牛场疾病防控技术 . 北京：中国农业科学技术出版社 . 2013

[13] 金东航 . 犊牛疾病防控技术问答 . 北京：金盾出版社 . 2014

[14] 金东航，顾宪锐，杨磊 . 牛病防治新技术问答 . 石家庄：河北科学技术出版社 . 2013

[15] 赵远良，柳旭伟，刘晓娜 . 察言观色看牛病 . 北京：金盾出版社，2014

[16] 史书军，张庆茹 . 轻轻松松诊牛病 . 北京：中国农业出版社 . 2010

[17] 汪得刚，陈玉库，王长林 . 中兽医防治技术 . 2 版 . 北京：中国农业大学出版社 . 2012

[18] 王世雄，薛增迪，黄解珠 . 兽医临床诊疗技术 . 武汉：华中科技大学出版社 . 2016

[19] 陈溥言 . 兽医传染病学 . 6 版 . 北京：中国农业出版社 . 2015

[20] 陆承平 . 兽医微生物学 . 5 版 . 北京：中国农业出版社 . 2013

[21] 张宏伟，欧阳清芳 . 动物疫病 . 3 版 . 北京：中国农业出版社 . 2016

[22] 东北农业大学 . 兽医临床诊断学 . 3 版 . 北京：中国农业出版社 . 2013

[23] 王春璈 . 奶牛疾病防控治疗学 . 北京：中国农业出版社 . 2013

[24] 钟秀会，陈玉库，赵炳芳等 . 新编中兽医学 . 北京：中国农业科学技术出版社 . 2012

[25] 齐长明 . 奶牛生产兽医及疾病管理 . 北京：中国农业出版社 . 2019

[26] 郭定宗 . 兽医内科学 . 2 版 . 北京：高等教育出版社 . 2016

[27] 赵兴旭 . 兽医产科学 5 版 . 北京：中国农业出版社 . 2016

[28] 王洪斌 . 兽医外科学 . 5 版 . 北京：中国农业出版社 . 2012

[29] 马玉忠 . 兽医外科学 . 北京：中国林业出版社 . 2017

[30] 郑世军，宋清明 . 现代动物传染病学 . 北京：中国农业出版社 . 2013

[31] 胡元亮 . 中兽医验方与妙用精编 . 北京：化学工业出版社 . 2019